U0320090

AutoCAD 2016 中文版

室内装潢 从入门到精通

实战案例版

宋杨 等编著

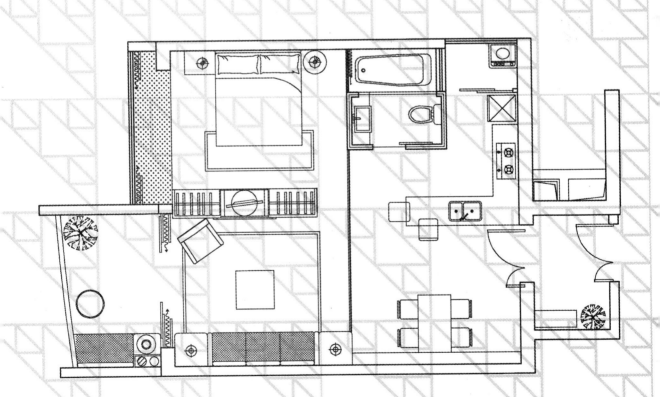

机械工业出版社

CHINA MACHINE PRESS

本书系统全面地讲解了 AutoCAD 2016 的基本功能及其在室内装潢设计中的具体应用。全书共 19 章，分为三篇，第一篇为设计基础篇，分别介绍了室内装潢设计的基本知识，以及 AutoCAD 2016 的基本操作，室内二维图形的绘制、编辑、标注、打印等内容；第二篇为家装设计篇，以一套别墅户型为例，按照家装设计的流程，分别介绍了室内家具图形、室内平面图、室内顶棚图、室内地材图、室内立面图、室内详图、室内电气图和给排水图的绘制；第三篇为公装设计篇，分别以办公空间、餐厅和专卖店室内装潢设计三个大型综合案例，详细讲解了公共空间室内设计与施工图绘制的方法和技巧。

本书免费赠送 DVD 多媒体教学光盘，其中提供了全书实例涉及的所有素材、效果文件及语音视频教学资源。

本书具有很强的针对性和实用性，结构严谨、实例丰富，既可作为大中专院校室内设计专业及 AutoCAD 培训机构的教材，也可作为从事 AutoCAD 室内装潢设计工作的技术人员的自学指南。

图书在版编目（CIP）数据

中文版 AutoCAD 2016 室内装潢从入门到精通：实战案例版 / 宋杨等编著. —2 版. —北京：机械工业出版社，2016.3

（CAD/CAM/CAE 工程应用丛书. AutoCAD 系列）

ISBN 978-7-111-53138-8

Ⅰ. ①中… Ⅱ. ①宋… Ⅲ. ①室内装饰设计-计算机辅助设计-AtuoCAD 软件 Ⅳ. ①TU238-39

中国版本图书馆 CIP 数据核字（2016）第 041194 号

机械工业出版社（北京市百万庄大街 22 号　邮政编码 100037）

策划编辑：丁　伦　　责任编辑：丁　伦
责任校对：张艳霞　　责任印制：乔　宇

北京铭成印刷有限公司印刷

2016 年 6 月第 2 版·第 1 次印刷
185mm×260mm·32 印张·794 千字
0001—3000 册
标准书号：ISBN 978-7-111-53138-8
　　　　　ISBN 978-7-89386-009-6（光盘）
定价：89.90 元（附赠 1DVD，含教学视频）

前　言

■ 软件简介

AutoCAD是美国Autodesk公司开发的一款绘图程序软件，也是目前市场上使用率极高的辅助设计软件，被广泛应用于建筑、机械、电子、服装、化工及室内装潢等工程设计领域。它可以轻松地帮助用户实现数据设计、图形绘制等多项功能，从而极大地提高了设计人员的工作效率，并成为广大工程技术人员必备的工具。2015年5月，Autodesk公司发布了最新的AutoCAD 2016版本。

■ 本书内容安排

本书全面地讲解了使用 AutoCAD 进行室内设计的方法和技巧，从简单的绘图命令到室内设计的专业知识，全部收罗其中。

篇　名	内　容　安　排
第一篇　设计基础篇 （第1章～第9章）	本篇依次介绍了室内设计的工作流程、施工步骤、空间设计要点等室内设计基础知识，以及 AutoCAD 2016 的基本功能和二维图形的绘制与编辑方法，使没有 AutoCAD 基础的读者能够快速熟悉和掌握 AutoCAD 2016 的使用方法和基本操作
第二篇　家装设计篇 （第10章～第16章）	本篇以一套别墅户型设计为例，按照家装设计的流程，依次讲解了平面布置、地面、顶棚、空间立面的设计和相应施工图的绘制方法。读者可从中掌握家装设计的思路和方法
第三篇　公装设计篇 （第17章～第19章）	本篇通过办公室内装潢设计、餐厅室内装潢设计和专卖店室内装潢设计 3 个案例，讲解目前常见的公共空间的设计思路和方法，包括全套施工图绘制的整个流程

■ 本书写作特色

总的来说，本书具有以下特色。

零点快速起步 室内设计全面掌握	本书从基本的室内装潢流程讲起，由浅入深，逐渐深入，结合室内装潢设计原理和 AutoCAD 软件的特点，通过大量课堂小案例，使广大读者全面掌握室内装潢设计的所有知识
工程案例实战 方法原理细心解说	本书在讲解 AutoCAD 软件使用方法的同时，还结合各室内空间类型的特点，介绍相应的设计原理和方法，即使是没有室内装潢设计基础的读者，也能轻松入门，快速掌握室内设计的基本方法
100 余个制作实例 绘制技能快速提升	本书详细讲解了 4 套家装和公装的设计过程，包括原始户型图、平面布置图、地面布置图、顶棚图、墙体立面图、剖面图、电气图和节点详图等各类室内设计图纸，将各类绘制技术一网打尽，使绘图技能能够得到快速提升
四大工程案例 家装公装全面接触	本书各案例全部来源于已经施工的实际工程案例，包括家装和公装常见各种空间类型，贴近室内设计实际，具有很高的参考和学习价值。读者可以从中积累实际工作经验，快速适应室内设计工作
高清视频讲解 学习效率轻松翻倍	本书配套光盘收录全书 100 余个实例的高清语音视频教学，可以享受专家课堂式的讲解，成倍提高学习效率

■ **本书创建团队**

本书由多位从事一线 CAD 辅助设计的专家、教授和设计师共同策划编写，他们对于 CAD、CAE、CAM 领域具有相当深厚的技术功底和理论研究。其中第 1 章到第 15 章，以及第 16 章和第 17 章由河北工程技术高等专科学校的宋杨负责主要编写工作，共约 75 万字。其他章节的内容编写和案例测试工作由张小雪、何辉、邹国庆、姚义琴、江涛、李雨旦、邬清华、向慧芳、袁圣超、陈萍、张范、李佳颖、邱凡铭、谢帆、周娟娟、张静玲、王晓飞、张智、席海燕、宋丽娟、黄玉香、董栋、董智斌、刘静、王疆、杨枭、李梦瑶、黄聪聪、毕绘婷、李红术等人完成。全书由宋杨负责统稿并审读。

由于编者水平有限，书中疏漏与不妥之处在所难免，欢迎广大读者批评指正、相互交流（具体联系方式参看图书封底）。

目　　录

第二篇　家装设计篇

第三篇　公装设计篇

第一篇 设计基础篇

第1章

室内设计基础

本章要点

- 室内装潢设计基础
- 室内设计风格
- 室内设计与人体工程学
- 室内设计装饰材料
- 室内装潢工程施工的工作流程
- 室内设计的工程预算

　　室内装潢设计即建筑物内部环境的设计，是以一定建筑空间为基础，运用技术和艺术元素制造的一种人工环境，它是一种以追求室内环境多种功能的完美结合，充分满足人们生活、工作中的物质需求和精神需求为目标的设计活动。

　　本章主要介绍了与室内设计有关的基础知识，为本书后面内容的学习打下坚实的基础。

1.1 室内装潢设计基础

现代室内设计是一门实用艺术，也是一门综合性科学。与传统意义上的室内装饰相比较，其内容更加丰富、深入，相关的因素更为广泛。

1.1.1 室内装潢设计概述

对建筑内部空间所进行的设计称为室内设计，它是运用物质技术手段和美学原理，为满足人类生活、工作的物质和精神要求，根据空间的使用性质、所处环境的相应标准所营造出的美观舒适、功能合理、符合人类生理与心理要求的内部空间环境，与此同时还应该反映相应的历史文脉、环境风格和气氛等文化内涵。

室内设计以人在室内的生理、心理和行为特点为前提，运用装饰、装修、家具、陈设、音响、照明、绿化等手段，并综合考虑室内各环境因素来组织空间，包括空间环境质量、艺术效果、材料结构和施工工艺等，结合人体工程学、视觉艺术心理、行为科学，从生态学的角度对室内空间做综合性的功能布置及艺术处理，以获得具有完善物质生活及精神生活的室内空间环境。

1.1.2 室内装潢设计内容

室内设计所涉及的范围很广泛，单从其设计内容来看，可以归纳为如下3个方面；这3个方面的内容，相互联系又相互区别。

1. 室内空间组织和界面的处理

室内设计的空间组织，包括平面布置，首先需要对原有建筑设计的意图充分理解，对建筑物的总体布局、功能分析、人流动向及结构体系等有深入的了解；在室内设计时对室内空间和平面布置予以完善、调整或再创造。

由于现代社会生活节奏加快，建筑功能发展或变换，需要对室内空间进行改造或重新组织，这在当前对各类建筑的更新改建任务中是最为常见的。室内空间组织和平面布置，也包括对室内空间各界面围合方式的设计。

房地产开发商提供的户型模型，可以很好地说明该户型的空间组织，如图1-1所示。

室内界面处理，是指对室内空间的各个围合——地面、墙面、隔断、平顶等各界面的使用功能和特点的分析，对界面的形状、图形线脚、肌理构成的设计，以及界面和结构的连接构造，界面和风、水、电等管线设施的协调配合等方面的设计。

值得注意的是，界面处理不一定要做"加法"，即在建筑物构件之上附加装饰物。从建筑的使用性质、功能特点等方面考虑，一些建筑物的结构构件，也可以不加装饰，以展现建筑物的本来面貌，可以起到意想不到的装饰效果。

在中式装修风格中，设计师喜用隔断来突出居室风格，以营造浓郁的古典装修风格，如图1-2所示。

室内空间组织和界面处理是确定室内环境基本形体和线形的设计内容，设计时应以物质功能和精神功能为依据，考虑相关的客观环境因素和主观的身心感受。

图1-1 空间组织

图1-2 使用隔断

2. 室内光照、色彩设计

室内光照分为两种，即室内环境的天然采光和人工照明。光照除了能满足正常的工作、生活环境的采光、照明要求外，光照产生的光影效果还能有效地烘托室内环境气氛。

特定的场所会配备可以衬托该居室格调的灯光设计，如图1-3所示为某会所使用的灯光设计，给人以神秘幽静的感觉。

色彩是居室设计中最为生动、活跃的因素之一，室内色彩往往给人们留下室内环境的第一印象，并奠定居室的装潢格调。色彩最具表现力，通过人们的视觉感受产生生理、心理和类似物理的效应，形成丰富的联想、深刻的寓意和象征。

地中海风格以蓝白色彩为主色调，强烈的色彩对比将地中海中的蓝天白云搬到居室中，让人有如沐海风之感，如图1-4所示。

光色不分离，除了光色以外，色彩还依附于界面、家具、室内织物、绿化等物体。室内的色彩使用需要根据建筑物的性格、室内的使用性质、工作活动的特点及停留时间长短等因素来确定室内主色调，选择适当的色彩配置。

图1-3 光照效果

图1-4 色彩选择

3. 室内材质的选用

材料的选用是室内设计中直接关系到实用效果和经济效益的重要环节，巧于用材是室内设计中的一大学问。

　　饰面材料的选用，应同时满足使用功能和人们身心感受这两方面的要求。如坚硬、平整的花岗石地面，平滑、精巧的镜面饰面，轻柔、细软的室内纺织品，以及自然、亲切的木质面材等，带给人们或刚硬、或精致、或柔和的感受。

　　需要注意的是，室内设计中的形、色最终必须和所选的载体相符合；这一物质构成相统一，在光照下，室内的形、色、质融为一体，赋予人们综合的视觉心理感受。

　　不同的居室风格，所选用的材质是不同的。中式风格多使用原木材质，包括家具、墙面及顶面装饰等，如图 1-5 所示为中式装饰风格的制作效果。

　　大理石、铁艺及色彩斑斓的壁纸，则是欧式风格的特定装饰元素，如图 1-6 所示为欧式风格的装饰效果。

图 1-5　中式材质　　　　　　　　　　　　　　图 1-6　欧式材质

1.1.3　室内装潢设计的原则

1. 功能性原则

　　室内装潢设计作为建筑设计的延续与完善，是一种创造性的活动。为了方便人们在其中的活动及使用，完善其功能，需要对这样的空间进行二次设计，室内装潢设计完成的就是这样的一种工作。

　　如图 1-7 所示为室内装修中厨房中备餐台的设置效果，充分体现了功能性原则。

2. 整体性原则

　　室内装潢设计既是一门相对独立的设计艺术，同时又是依附于建筑整体的设计。室内装潢设计是基于建筑整体设计，对各种环境、空间要素的重整合和再创造。在这一过程中，设计师个人意志的体现、个人风格的凸显、个人创新的追求固然重要，但更要的是将设计的艺术创造性和实用舒适性相结合，将创意构思的独特性和建筑空间的完整性相融合，这是室内装潢设计整体性原则的根本要求。

　　如图 1-8 所示为美式风格中客餐厅一体化的设计风格。

图 1-7 功能性原则

图 1-8 整体性原则

3. 经济性原则

室内装潢设计方案的设计需要考虑客户的经济承受能力，要善于控制造价，创造出实用、安全、经济、美观的室内环境，这既是现实社会的要求，也是室内装潢设计经济性原则的要求。

如图 1-9 所示为现代风格客厅的装饰效果，简洁的顶面、墙面、地面设计，衬以适量的家具陈设，符合经济性原则。

4. 艺术审美性原则

室内环境营造的目标之一，就是根据人们对居住、工作、学习、交往、休闲、娱乐等行为和生活方式的要求，不仅在物质层面上满足其对实用及舒适程度的要求，同时还要求最大程度地与视觉审美方面的要求相结合，这就是室内设计的艺术审美性要求。

如图 1-10 所示为室内装修中书房的设计效果，在满足使用功能的前提下，墙面及顶面装饰体现了艺术审美风格。

图 1-9 经济性原则

图 1-10 审美性原则

5. 环保性原则

尊重自然、关注环境、保护生态是生态环境原则最基本的内涵。使创造的室内环境能与社会经济、自然生态、环境保护统一发展，使人与自然能够和谐、健康地发展是环保性原则的核心。

如图 1-11 所示为室内装修中卧室的设计效果，简单的墙面装饰，辅以原木家具的摆设，符合家居设计中的环保性原则。

6. 创新的原则

创新是室内装潢设计活动的灵魂。这种创新不同于一般艺术创新的特点在于，它只有将委托设计方的意图与设计者的追求，结合技术创新将建筑空间的限制与空间创造的意图完美地统一起来，才是真正有价值的创新。

如图 1-12 所示为室内装修中卫生间的设计效果，茶室与盥洗区配套设计，为室内装修中的创新之举。

图 1-11 环保性原则

图 1-12 创新性原则

1.2 室内设计风格

室内设计风格的形成，是随着不同时代思潮和地域的特点，通过创作构思和表现，逐渐发展成为具有代表性的室内设计形式。

1.2.1 新中式风格

新中式风格是通过对传统文化的认识，将现代元素和传统元素结合在一起，以现代人的审美需求来打造富有传统韵味的事物，让传统艺术在当今社会得到合适的体现，表达对清雅含蓄、端庄丰华的东方式精神境界的追求。

新中式风格主要表现在传统家具（多以明清家具为主）、装饰品及以黑、红为主的装饰色彩上。室内多采用对称式的布局方式，格调高雅，造型简朴优美，色彩浓重而成熟。中国传统室内陈设包括字画、匾幅、挂屏、盆景、瓷器、古玩、屏风、博古架等，表现为追求一种修身养性的生活境界。迎合了中式家居追求内敛、质朴的设计风格，使中式风格更加实用，更富有现代感，如图 1-13 所示。

图 1-13 新中式风格

1.2.2 现代简约风格

现代简约风格强调突破旧传统，创造新建筑。重视功能和空间组织，注意发挥结构构成本身的形式美，造型简洁，反对多余装饰，崇尚合理的构成工艺，尊重材料的性能，讲究材料自身的质地和色彩的配置效果，发展了以非传统的功能布局为依据的不对称的构图手法，如图 1-14 所示。

图 1-14　现代简约风格

1.2.3　欧式古典风格

典型的欧式古典风格，以华丽的装饰、浓烈的色彩、精美的造型达到了雍容华贵的装饰效果。客厅顶部喜用大型灯池，并用华丽的枝形吊灯营造气氛。门窗上半部多做成圆弧形，并用带有花纹的石膏线勾边。室内有真正的壁炉或假的壁炉造型。墙面用高档壁纸或优质乳胶漆，以烘托豪华效果，如图 1-15 所示。

图 1-15　欧式古典风格

1.2.4　美式乡村风格

美式乡村风格摒弃了烦琐和奢华，并将不同风格中的优秀元素汇集融合，强调"回归自然"，使这种风格变得更加轻松、舒适。美式乡村风格突出了生活的舒适和自由，特别是在墙面色彩的选择上，自然、怀旧、散发着浓郁泥土芬芳的色彩是美式乡村风格的典型特征。

美式乡村风格的色彩以自然色调为主，绿色、土褐色最为常见；壁纸多为纯纸浆质地；

家具颜色多仿旧漆，样式厚重；设计中多有地中海样式的拱，如图 1-16 所示。

1.2.5 地中海风格

地中海风格是指于 9～11 世纪在地中海沿岸开始兴起的一种家居风格，最近几年在全世界都比较流行。具体说来，地中海风格强调的是文化的多元性和谐相容及对舒适自然生活的倡导。地中海风格的建筑特色是拱门与半拱门、马蹄状的门窗。建筑中的圆形拱门及回廊通常采用数个连接或以垂直交接的方式，在走动观赏中，出现延伸般的透视感，如图 1-17 所示。

图 1-16　美式乡村风格

图 1-17　地中海风格

1.2.6 新古典风格

新古典的设计风格是经过改良的古典主义风格。新古典风格从简单到繁杂、从整体到局部均精雕细琢、镶花刻金，都给人一丝不苟的印象。一方面保留了材质、色彩的大致风格，仍然可以很强烈地感受传统的历史痕迹与浑厚的文化底蕴，同时又摒弃了过于复杂的肌理和装饰，简化了线条，如图 1-18 所示。

图 1-18　新古典风格

1.2.7 东南亚风格

东南亚风格是一个结合东南亚民族岛屿特色及精致文化品位相结合的设计。东南亚风格的家居设计以其来自热带雨林的自然之美和浓郁的民族特色风靡世界，广泛地运用木材和其他的天然原材料，如藤条、竹子、石材、青铜和黄铜，深木色的家具，局部采用一些金色的壁纸、丝绸质感的布料，灯光的变化体现了稳重及豪华感。由于东南亚地处热带，气候闷热潮湿，为了避免空间的沉闷压抑，因此在装饰上用夸张艳丽的色彩冲破视觉的沉闷；斑斓的色彩其实就是大自然的色彩，色彩回归自然也是东南亚家居的特色，如图 1-19 所示。

图 1-19　东南亚风格

1.2.8 日式风格

日式设计风格受日本和式建筑的影响，讲究空间的流动与分隔，流动则为一室，分隔则分几个功能空间，空间中总能让人静静地思考，禅意无穷。

日式风格特别能与大自然融为一体，借用外在自然景色，为室内带来无限生机，材料的选用也特别注重自然质感，以便与大自然亲切交流，其乐融融，如图 1-20 所示。

图 1-20　日式风格

1.3 室内设计与人体工程学

人体工程学是室内设计不可缺少的基础之一。从室内设计的角度来说，人体工程学的主要作用在于通过对生理和心理的正确认识，根据人的体能结构、心理形态和活动需要等综合因素，充分运用科学的方法，通过合理的室内空间和设施、家具等的设计，使室内环境因素适用于人类生活活动的需要，进而达到提高室内环境质量，使人在室内的活动高效、安全和舒适的目的。

1.3.1 人体工程学的概述

人体工程学，也称人类工程学、人间工学或工效学。其主要以人为中心，研究人在劳动、工作和休息过程中，在保障人类安全、舒适、有效的基础上，提高室内环境空间的使用功能和精神品位。

1. 感觉、感知与室内设计

感觉和感知是指人对外界环境的一切刺激信息的接受和反映能力。它是人的生理活动的一个重要方面。了解感觉与感知，不但有助于对人类心理的了解，而且对在环境中的人的感觉和感知器官的适应能力的确定提供科学依据，人的感觉器官在什么情况下都可以感觉到刺激物，什么样的环境是可以接受的，什么是不能接受的，为室内环境设计确定适应人的标准，有助于我们根据人的特点去创造适用于人的生活环境。

2. 行为心理与室内设计

人的行为心理对室内空间具有决定性作用，如一个房间如何去使用，以及最终呈现的空间形态都是由人决定的。比如卧室、会议室、舞厅由于人的行为方式不同都必定会有不同形态。但反过来环境也会影响人的心理感受或行为方式，比如一个安静并且尺度亲切的环境会使人流连忘返，而一个空旷而又嘈杂的环境会使人敬而远之。这种空间环境与人的行为心理的对应关系是室内设计师在处理空间形态时的重要依据。

1.3.2 人体的基本尺寸

人体尺寸是人体工程学研究的最基本数据之一，可分为构造尺寸和功能尺寸。

1. 构造尺寸

人体构造尺寸往往是指静态的人体尺寸，它是人体处于固定的标准状态下进行测量的。可以测量许多不同的标准状态和不同部位，如手臂长度、腿长度和座高等。结构尺寸较为简单，它与人体关系密切的物体有较大的关系，如家具、服装和手动工具等。

2. 功能尺寸

功能尺寸指动态的人体尺寸，包括在工作状态或运动中的尺寸，是人在进行某种功能活动时肢体所能达到的空间范围，在动态的人体状态下测得。其由关节的活动、转动所产生的角度与肢体的长度协调产生的范围尺寸，功能尺寸比较复杂，对解决许多带有空间范围、位置的问题很有用。

1.3.3 特殊设计人群

在各个国家里，残疾人都占一定比例，因此残疾人是一个相当重要的社会群体，需要引起设计师的重视。

1. 乘轮椅患者

因为患者的类型不同，有四肢瘫痪或部分肢体瘫痪，程度不一样。由于肌肉机能障碍程度和乘轮椅对四肢的活动带来的影响等因素，人体各部分也不是水平或垂直的，因此按能够保持正常姿态的普通人的坐姿来设计尺寸。

2. 能走动的残疾人

对于能走动的残疾人，必须考虑是使用拐杖、手杖、助步车、支架或其他帮助行走的工具。所以，除了应知道一些人体测量数据之外，还应把这些工具当成一个整体来考虑。

1.4 室内设计装饰材料

材料是室内设计的重要组成部分，也是体现室内装饰效果的基本要素，而且室内设计在很大程度上还受到材料的制约。

1.4.1 装饰材料简介

装饰材料是用来提高主体使用功能和美观，保护主体结构在各种环境因素下的稳定性和耐久性的建筑材料及其制品，又称装饰材料、饰面材料。装饰材料主要有草、木、石、砂、砖、瓦、水泥、石膏、石棉、石灰、玻璃、马赛克、陶瓷、油漆涂料、纸、金属、塑料、织物等，以及各种复合制品。

1.4.2 装饰材料的使用原则

1. 装饰效果

选择材料最重要的一个因素，就是材料的装饰效果，即材料给人的视觉感受。材料的运用在室内设计当中满足了使用功能后，必须体现出它的审美价值，来满足人们在生理和心理上的需要。

不同质感的材料组合所产生的视觉效果也完全不一样，材料的纹理、肌理和软硬等也会因设计功能和审美的需要而产生千变万化的装饰效果，把室内点缀得色彩丰富、情趣盎然。

2. 耐久性

对室内设计材料的选择，要求既美观又耐久，是满足施工功能的一种需要，要能经受摩擦、潮湿和洗刷等考验。

3. 经济性

从经济角度考虑材料的选择，应有一个整体观念，既要考虑到一次性投资的多少，也要考虑到日后的维修费用。

4. 环保性

随着生活水平日益提高，在对室内设计材料进行选择时，人们越来越重视材料对健康和环境的影响，其环保性现已居装饰效果、耐久性、经济型和环保性四大因素之首。

1.4.3 装饰材料的分类

室内装饰材料主要分为墙体材料和地面材料。

1. 墙体材料

墙体材料常用的有建筑涂料、壁纸、墙面砖、饰面板、墙布和墙毡等。

建筑涂料：涂料是具有装饰性和保护性或其他特殊功能（如吸音）的物质。其施工工艺简便，适用于各种材料的表面，可任意调成所需颜色，工效高，经济性好，维修方便，因而应用极其广泛。涂料的种类主要有机涂料、无机涂料、溶剂型涂料和水性涂料等。室内墙体装饰常用的乳胶漆就是一种以水为介质的建筑涂料。

- ➢ 壁纸：市场上以塑料壁纸为主，其最大优点是色彩、图案和质感变化无穷，远比涂料丰富，如图 1-21 所示。选购壁纸时，主要是挑选其图案和色彩，注意在铺贴时色彩图案的组合，做到整体风格、色彩相统一。

- ➢ 饰面板：内墙面饰材有各种护墙壁板、木墙裙或罩面板，所用材料有胶合板、塑料板、铝合金板、不锈钢板及镀塑板、镀锌板、搪瓷板等。胶合板为内墙饰面板中的主要类型，按其层数可分为三合板、五合板等，按其树种可分为水曲柳、榉木、楠木、柚木等，如图 1-22 所示。

图 1-21　壁纸

图 1-22　饰面板

- ➢ 墙布（墙纸）：壁布的价位比壁纸高，具有隔音、吸音和调节室内湿度等功能。常用的有无纺贴墙布和玻璃纤维贴墙布，如图 1-23 所示。

- ➢ 墙面砖：在家庭装修中，经常用陶瓷制品来修饰墙面、铺地面和装饰厨卫。陶瓷制品吸水率低，抗腐蚀、抗老化能力强。瓷砖品种花样繁多，包括釉面砖、斑釉砖和白底图案砖等，如图 1-24 所示。

图 1-23　墙布

图 1-24　墙面砖

2. 地面材料

地面材料一般有实木地板、复合木地板、天然石材、人造石材地砖、纺织型产品制作的地毡和人造制品的地板（塑料）。

- ➢ 实木地板：实木地板是木材经烘干、加工后形成的地面装饰材料。它具有花纹自然、脚感好、施工简便、使用安全、装饰效果好的特点，如图 1-25 所示。

- ➢ 复合地板：复合地板是以原木为原料，经过粉碎、填加黏合及防腐材料后，加工制作成为地面铺装的型材，如图 1-26 所示。

图 1-25 实木地板

图 1-26 复合地板

➢ 实木复合地板：实木复合地板是实木地板与强化地板之间的新型地材，它具有实木地板的自然纹理、质感与弹性，又具有强化地板的抗变形、易清理等优点，如图 1-27 所示。

➢ 地砖：地砖是主要铺地材料之一，品种有通体砖、釉面砖、通体抛光砖、渗花砖、渗花抛光砖。它的特点是：质地坚实、耐热、耐磨、耐酸、耐碱、不渗水、易清洗、吸水率小、色彩图案多、装饰效果好，如图 1-28 所示。

图 1-27 实木复合地板

图 1-28 地砖

➢ 石材板材：石材板材是天然岩石经过荒料开采、锯切、磨光等加工过程制成的板状装饰面材。石材板材具有构造致密、强度大的特点，具有较强的耐潮湿、耐候性，如图 1-29 所示。

➢ 地毯：地毯具有质感柔软厚实、富有弹性的特点，并有很好的隔音、隔热效果，如图 1-30 所示。

图 1-29 石材

图 1-30 地毯

1.5 室内装潢工程施工的工作流程

在进行室内装潢施工中，有一套施工流程进行参考，下面对施工工作流程进行介绍。

1. 准备阶段

对居室监测墙面、地面、顶面的平整度和给排水管道；监测电、煤气、情况并做记录，交业主签字；准备施工材料、人员调度、工场与现场放样。

2. 拆除工程

拆除结构性的墙体要办理相关的手续，对墙面进行修整；将拆除的垃圾及废旧物资清除出场；做好施工场地清扫工作。如图 1-31 所示为室内装修中的拆除工程。

3. 水电、煤气工程

冷热水管的排放及供水设备安装；电源、电器、电讯、照明各线路排放，确定装暗盒位置，线箱开关插座定位安装；煤气管道和煤气器具的排放安装。如图 1-32 所示为室内装修中的水电安装工程。

图 1-31　拆除工程　　　　　　　　　　图 1-32　水电工程

4. 瓦工工程

砌砖、隔墙；粉刷（主要使用到的材料有水泥、沙、纸筋、石灰、801 胶）；贴瓷砖。如图 1-33 所示为室内装修中的瓦工工程。

5. 木工工程

木制品的制作：门窗套、护墙板、顶角线、吊顶、隔断、厨具、玄关等；家具制作（衣橱、书架、电视柜、鞋箱等）；铺设地板、踢脚线；玻璃制品的镶嵌配装。如图 1-34 所示为室内装修中的木工工程。

图 1-33　瓦工工程　　　　　　　　　　图 1-34　木工工程

6. 油漆工程

批嵌墙，顶面腻子，刷漆；木质制品批嵌腻子，刷漆；地板、踢脚线，刷漆；墙顶面粉刷乳胶漆。如图1-35所示为室内装修中的油漆工程。

7. 安装开关洁具

电器开关、插座面板安装、灯具及门锁、门铃的安装；卫生洁具三件套及五金配件（包括水龙头、皂缸、毛巾架、纸盒、浴缸扶手、镜面玻璃等）；油烟吸排器、热水器、排气扇的安装。如图1-36所示为室内装修中的安装工程。

图1-35　油漆工程　　　　　　　　　　图1-36　安装工程

8. 收尾工程

复查水电及制作细节；对居室进行卫生清洁。

9. 验收工程

过程中的分项工程验收；清场总体验收（如需整改再进行验收）；提供管线电路图；结算并签订保修合同。

1.6　室内设计的工程预算

工程定额预算是室内装修工程比较重要的一个组成部分，也是工程后期结算定额的标准与根据。一个工程预算到底需要多少钱，在一个地区，相对地存在着一个市场价格，俗称行价。市场价格受地域、竞争及物价的影响而呈现出不同的态势。相对的，在同一地区，不同的设计单位所给予的价格受到工程质量、设计质量和广告开支的影响也相对会有所不同。

工程定额预算的编制方法为：套用定额或单位估价表，计算直接费用。将计算出来的工程量，按照定额项目计量编号所要求的单位，逐一与定额中的人工费、材料费和机械费等相乘，其总额即为该项目的直接费用。逐个将各部分装修用料量乘以各自单价后累加，就得出了装修工程的总材料费用。

根据工程投资限额与建筑材料标准的不同，房屋装修预算费用差价极大，所以在装修时要从科学和艺术的角度精心分析，选用合适的材料，并使之合理搭配，来做好事先的预算工作。

室内装饰工程预算清单如图1-37所示。

XXXX装饰设计（概）算

工程（预算）清单

客户名称：				建筑面积：			工程地点：			时间：　年　月　日	

序号	工程项目	单位	工程造价			其中					备注
			数量	单价	金额	主材	辅材	机械	人工	损耗	
一、客厅、餐厅及过道											
1-101	顶面乳胶漆	M²	31.4	21.5	675.1	8.0	1.5	1.0	11.0	0.0	刮腻子，立邦美得丽乳胶漆三遍
1-102	墙面乳胶漆	M²	52.4	21.5	1126.6	8.0	1.5	1.0	11.0	0.0	刮腻子，立邦美得丽乳胶漆滚一遍，批一遍，刷一遍
1-103	顶面抹灰	M²	31.4	23.7	744.2	10.80	4.60	0.15	8.00	0.15	水泥砂浆抹砖墙
1-104	墙面抹灰	M²	52.4	23.7	1241.9	10.80	4.60	0.15	8.00	0.15	水泥砂浆抹砖墙
1-105	门套	M	4.9	43.8	214.6	23.5	4.5	1.5	13.0	1.3	木工板立架，木工板贴墙，饰面板饰面，实木线条封边
1-106	60*11实木门套线	M	4.9	20.2	99.0	14.6	0.5	0.5	3.5	1.1	线条定充，按2.2米/支运算
1-107	装饰木材面清漆	M²	4.9	45.3	222.0	20.30	4.20	0.00	19.80	1.00	生铆油漆，刮腻子，修色，三底二面
1-108	鞋柜	M²	1	380.4	380.4	260.00	23.20	2.10	95.00	5%	饰面板饰面，木工板立架，百叶门
1-109	鞋柜清漆	M²	1.5	45.3	68.0	20.30	4.20	0.00	19.80	1.00	生铆油漆，刮腻子，修色，三底二面
	小计				4771.6						
二、主卧、阳台1											
2-101	顶面乳胶漆	M²	14.6	21.5	313.9	8.0	1.5	1.0	11.0	0.0	刮腻子，立邦美得丽乳胶漆三遍
2-102	顶面抹灰	M²	14.6	23.7	346.0	10.80	4.60	0.15	8.00	0.15	水泥砂浆抹砖墙
2-103	墙面抹灰	M²	34.7	23.7	822.4	10.80	4.60	0.15	8.00	0.15	水泥砂浆抹砖墙
2-104	墙面乳胶漆	M²	34.7	21.5	746.1	8.0	1.5	1.0	11.0	0.0	刮腻子，立邦美得丽乳胶漆滚一遍，批一遍，刷一遍
2-105	阳台地面铺地砖	M²	7.8	39.2	305.8		20.20		17.00	2.00	主材价格按购价计价，损耗按实计算
2-106	房间门	扇	1.0	340.0	340.0	260.0			80.00		公司定购(包安装)款式自选价格一样
2-107	门套	M²	4.8	43.8	210.2	23.5	4.5	1.5	13.0	1.3	木工板立架，木工板贴墙，饰面板饰面，实木线条封边
2-108	60*11实木门套线	M	9.6	20.2	193.9	14.6	0.5	0.5	3.5	1.1	线条定充，按2.2米/支运算
2-109	装饰木材面清漆	M²	4.6	45.3	208.4	20.30	4.20	0.00	19.80	1.00	生铆油漆，刮腻子，修色，三底二面
2-110	大衣柜	m²	5.80	330.4	1916.0	210.00	23.20	2.10	95.00	5%	木工板立架，抽屉墙板杉木板，实木封边，抽屉底板九里板含门上吊柜
	小计				5402.7						

图 1-37　工程预算清单

第2章

室内设计制图基础

本章要点

- 室内设计制图内容
- 室内设计制图的要求及规范
- 室内设计工程图的绘制方法

在室内设计中，图样是表达设计师设计理念的重要工具，也是室内装饰施工的必备依据，在图样的制作过程中，应该遵循统一的制图规范。本章着重介绍室内设计制图的基本知识及注意事项，使初学者对室内设计制图有一个比较全面的认识及了解，为后面的深入学习打下基础。

2.1　室内设计制图的内容

完整的室内设计图包括施工图和效果图。施工图包括平面图、立面图、电气图和剖面图等。

2.1.1　施工图与效果图

施工图是表示工程项目总体布局，建筑物的外部形状、内部布置、结构构造、内外装修，以及设备、施工等要求的图样。

如图 2-1 所示为施工图中的地材图。

效果图反映的是装修的用材、家具布置和灯光设计的综合效果，由于是三维透视彩色图像，没有任何装修专业知识的普通业主也可以轻易地看懂设计方案，了解最终的装修效果。效果图一般使用 3ds Max 绘制，它根据施工图的设计进行建模、编辑材质、设置灯光和渲染，最终得到一张彩色效果图，如图 2-2 所示。

效果图是在施工图的基础上，把装修后的结果用彩色透视图的形式表现出来，以便对装修进行评估。

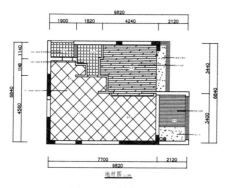

图 2-1　地材图

图 2-2　效果图

2.1.2　施工图的分类

施工图可分为平面图、立面图、剖面图和节点图 4 种类型。

平面图是以某一平行于地坪面的剖切面将建筑物剖切后，移去上部分而形成的正投影图，通常该剖切面选择在距地坪面 1 500mm 左右的位置或略高于窗台的位置。

立面图是室内墙面与装饰物的正投影图，墙面装饰的样式及材料、位置尺寸，墙面与门、窗、隔断的高度尺寸，墙与顶、地的衔接方式等。它标明了室内的标高、吊顶装修的尺寸及梯次造型的相互关系尺寸。

剖面图是将装饰面剖切，以表达结构构成的方式、材料的形式和主要支承构件的相互关系等。

节点图应详细地表现出装饰面连接处的构造，注有详细的尺寸和收口、封边的施工方法。节点图是两个以上装饰面的交汇点，按垂直或水平方向切开，以标明装饰面之间的对接方式和固定方法。

在设计施工图时，无论是剖面图还是节点图，都应在立面图上标明以便正确指导施工。

2.1.3 施工图的组成

一套完整的室内设计施工图包括原始户型图、平面布置图、地材图、电气图、顶棚图、给排水图等。

1. 原始户型图

原始户型图需要绘制的内容有房型结构、空间关系、尺寸等，这是室内设计绘制的第一张图，即原始房型图。其他专业的施工图都是在原始房型图的基础上进行绘制的，包括平面布置图、顶棚图、地材图和电气图等。

2. 平面布置图

平面布置图是室内装饰施工图纸中的关键性图纸。它是在原建筑结构的基础上，根据业主的要求和设计师的设计意图，对室内空间进行详细的功能划分和室内设施定位。反映室内家具及其他设施的平面布置、绿化、窗帘和灯饰在平面中的位置。

3. 地材图

地材图是用来表示地面做法的图样，包括地面用材和形式。其形成方法与平面布置图相同，不同的是地面平面图不需要绘制室内家具，只需绘制地面所使用的材料和固定于地面的设备与设施图形。

4. 电气图

电气图包括配电箱规格、型号、配置，以及照明、插座、开关等线路的敷设方式和安装说明等。主要用来反映室内的配电情况。

5. 顶棚平面图

顶棚图是以室内地坪为整片镜面，并在该镜面上所形成的图像，主要用来表示顶棚的造型和灯具的布置，同时也反映了室内空间组合的标高关系和尺寸等。其内容主要包括各种装饰图形、灯具、说明文字、尺寸和标高。顶棚平面图也是室内装饰设计图中不可缺少的图样。

6. 主要空间和构件立面图

立面图通常是假设以一平行室内墙面的切面将前部切去而形成的正投影图。

立面图所要表达的内容为 4 个面（左右墙、地面和顶棚）所围合成的垂直界面的轮廓和轮廓里面的内容，包括按正投影原理能够投影到画面上的所有构配件，如门、窗、隔断和窗帘、壁饰、灯具、家具、设备与陈设等。

7. 给水施工图

在家庭装潢中，管道有给水（包括热水和冷水）和排水两个部分。给水施工图用于描述室内给水和排水管道、开关等用水设施的布置和安装情况。

2.2 室内设计制图的要求及规范

室内设计制图主要是指使用 AutoCAD 绘制的施工图。关于施工图的绘制，国家制定了一些制图标准来对施工图进行规范化管理，以保证制图质量，提高制图效率，做到图面清晰、简明，图示明确，符合设计、施工、审查、存档的要求，适应工程建设的需要。

2.2.1 室内设计制图概述

室内设计制图是表达室内设计工程设计的重要技术资料，也是进行施工的依据。为了统一制图技术，方便技术交流，并满足设计、施工管理等方面的要求，国家发布并实施了建筑工程各专业的制图标准。

2010 年，国家新颁布了制图标准，包括《房屋建筑制图统一标准》《总图制图标准》《建筑制图标准》等几部制图标准。2011 年 7 月 4 日，又针对室内制图颁布了《房屋建筑室内装饰装修制图标准》。

室内设计制图标准涉及图纸幅面与图纸编排顺序，以及图线、字体等绘图所包含的各方面的使用标准。本节为读者抽取一些制图标准中常用的知识来讲解。

2.2.2 图纸幅面

图纸幅面是指图纸的大小。

图纸幅面及图框的尺寸应符合表 2-1 的规定。

表 2-1 幅面及图框尺寸（mm）

幅面代号 尺寸代号	A0	A1	A2	A3	A4
	841×1189	594×841	420×594	297×420	210×297
c	10			5	
a	25				

表 2-1 的幅面及图框尺寸与《技术制图图纸幅面和格式》GB/T 14689 规定一致，但是图框内的标题栏根据室内装饰装修设计的需要略有调整。

图纸幅面及图框的尺寸应符合如图 2-3、图 2-4、图 2-5、图 2-6 所示的格式。

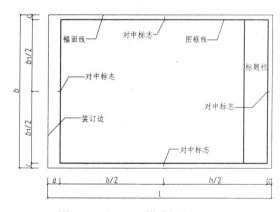

图 2-3 A0～A3 横式幅面（一）

b——幅面的短边尺寸；l——幅面的长边尺寸；.

c——图框线与幅面线间宽度；a——图框线与装订边间的宽度。

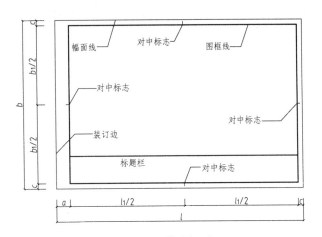

图 2-4　A0～A3 横式幅面（二）

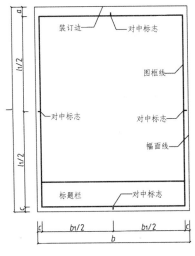

图 2-5　A0～A4 横式幅面（一）

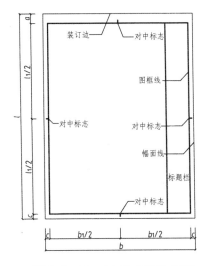

图 2-6　A0～A4 横式幅面（二）

　　需要微缩复制的图纸，其一个边上应附有一段准确米制尺度，4 个边上均附有对中标志，米制尺度的总长应为 100m，分格应为 10mm。对中标志应画在图纸各边长的中点处，线宽应为 0.35mm，伸入框内 5mm。

　　图纸内容的布置规则：为了能够清晰、快速地阅读图纸，图样在图面上要排列整体统一。

2.2.3　标题栏

　　图纸标题栏简称图标，是各专业技术人员绘图、审图的签名区及工程名称、设计单位名称、图号、图名的标注区。

　　图纸标题栏应符合下列规定：

　　➢ 横式使用的图纸，应按照如图 2-4 和图 2-5 所示的形式来布置。

　　➢ 立式使用的图纸，应按照如图 2-3 和图 2-6 所示的形式来布置。

　　标题栏应按照图 2-7 和图 2-8 所示，根据工程的需要选择确定其内容、尺寸、格式及分区。签字栏应该包括是实名列和签名列。

图 2-7 标题栏（一）

图 2-8 标题栏（二）

2.2.4 尺寸标注

绘制完成的图形仅能表达物体的形状，必须标注完整的尺寸数据并配以相关的文字说明，才能作为施工等工作的依据。

本节为读者介绍尺寸标注的知识，包括尺寸界线、尺寸线和尺寸起止符号的绘制，以及尺寸数字的标注规则和尺寸的排列与布置的要点。

1. 尺寸界线、尺寸线及尺寸起止符号

标注在图样上的尺寸，包括尺寸界线、尺寸线、尺寸起止符号和尺寸数字，标注的结果如图 2-9 所示。

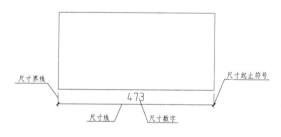

图 2-9 尺寸标注的组成

尺寸界线应用细实线绘制，一般应与被标注长度垂直，其一端应离开图样轮廓线不小于 2mm，另一端宜超出尺寸线 2mm～3mm。图样轮廓线可用做尺寸线，如图 2-10 所示。

尺寸线应用细实线绘制，应与被标注长度平行。图样本身的任何图线均不得用做尺寸线。

尺寸起止符号可用中粗短斜线来绘制，其倾斜方向应与尺寸界线成顺时针 45°角，长度宜为 2mm～3mm；可用黑色圆点绘制，其直径为 1mm。半径、直径、角度与弧长的尺寸起止符号，宜用箭头表示，如图 2-11 所示。

尺寸起止符号一般情况下可用短斜线，也可用小圆点，圆弧的直径、半径等用箭头，轴测图中用小圆点。

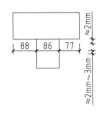

图 2-10　尺寸界线

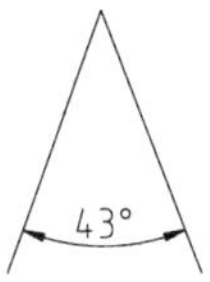

图 2-11　箭头尺寸起止符号

2. 尺寸数字

图样上的尺寸，应以尺寸数字为准，不得从图上直接截取。

图样上的尺寸单位，除标高及总平面图以米（m）为单位之外，其他必须以毫米（mm）为单位。

尺寸数字的方向，应按如图 2-12a 所示的规定注写。假如尺寸数字在填充斜线内，宜按照如图 2-12b 所示的形式来注写。

如图 2-12 所示，尺寸数字的注写方向和阅读方向规定为：当尺寸线为竖直时，尺寸数字注写在尺寸线的左侧，字头朝左；其他任何方向，尺寸数字字头应保持向上，且注写在尺寸线的上方。如果在填充斜线内注写，则容易引起误解，所以建议采用如图 2-12b 所示的两种水平注写方式。

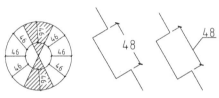

图 2-12　尺寸数字的标注方向

图 2-12a 中斜线区内尺寸数字注写方式为软件默认方式，图 2-12b 所示注写方式比较适合手绘操作，因此，制图标准中将图 2-12a 的注写方式定为首选方案。

尺寸数字一般应依据其方向注写在靠近尺寸线的上方中部。如注写位置相对密集，没有足够的注写位置，最外边的尺寸数字可注写在尺寸界线的外侧，中间相邻的尺寸数字可上下错开注写在离该尺寸线较近处，如图 2-13 所示。

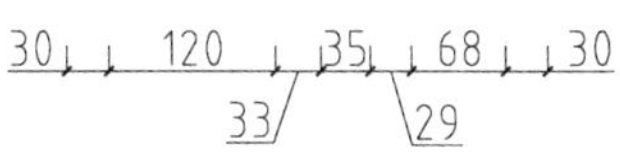

图 2-13　尺寸数字的注写位置

3. 尺寸的排列与布置

尺寸分为总尺寸、定位尺寸、细部尺寸 3 种。绘图时，应根据设计深度和图纸用途确定所需注写的尺寸。

尺寸标注应该清晰，不应该与图线、文字及符号等相交或重叠，如图 2-14 所示。

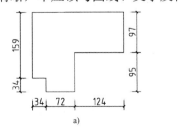

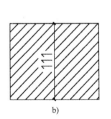

图 2-14　尺寸数字的注写

　　假如尺寸标注在图样轮廓内，且图样内已绘制了填充图案，则尺寸数字处的填充图案应断开。另外，图样轮廓线也可用做尺寸界线，如图 2-14b 所示。

　　尺寸宜标注在图样轮廓线以外，当需要标注在图样内时，不应与图线文字及符号等相交或重叠。

　　互相平行的尺寸线应从被注写的图样轮廓线由近向远整齐排列，较小的尺寸应离轮廓线较近，较大的尺寸应离轮廓线较远，如图 2-15 所示。

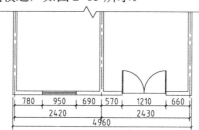

图 2-15　尺寸的排列

　　图样轮廓线以外的尺寸界线距图样最外轮廓的距离，不宜小于 10mm。平行排列的尺寸线的间距，宜为 7mm～10mm，并应保持一致，如图 2-15 所示。

　　总尺寸的尺寸界线应靠近所指部位，中间的分尺寸的尺寸界线可稍短，但是其长度应相等，如图 2-15 所示。

2.2.5　文字说明

　　在绘制施工图的时候，要正确地注写文字、数字和符号，以清晰地表达图纸内容。

　　图纸上所需书写的文字、数字或符号等，均应笔画清晰、字体端正、排列整齐；标点符号应清楚正确。

　　手工绘制的图纸，字体的选择及注写方法应符合《房屋建筑制图统一标准》的规定。对于计算机绘图，均可采用自行确定的常用字体等，《房屋建筑制图统一标准》未做强制规定。

　　文字的字高应从表 2-2 中选用。字高大于 10mm 的文字宜采用 TrueType 字体，如需书写更大的字，其高度应按 $\sqrt{2}$ 倍数递增。

表 2-2　文字的字高（mm）

字体种类	中文矢量字体	TrueType 字体及非中文矢量字体
字高	3.5、5、7、10、14、20	3、4、6、8、10、14、20

　　拉丁字母、阿拉伯数字与罗马数字，假如为斜体字，则其斜度应是从字的底线逆时针向上倾斜 75°。斜体字的高度和宽度应是与相应的直体字相等。

　　拉丁字母、阿拉伯数字与罗马数字的字高应不小于 2.5mm。

　　拉丁字母、阿拉伯数字与罗马数字与汉字并列书写时，其字高可比汉字小 1～2 号，如图 2-16 所示。

立面图 1:50

图 2-16　字高的表示

　　分数、百分数和比例数的注写，要采用阿拉伯数字和数学符号，比如：四分之一、百分之三十五和三比二十则应分别书写成 1/4、35%、3∶20。

在注写的数字小于 1 时，须写出各位的"0"，小数点应采用圆点，并齐基准线注写，比如 0.03。

长仿宋汉字、拉丁字母、阿拉伯数字与罗马数字的示例应符合现行国家标准《技术制图字体》GB/T 14691 的规定。

汉字的字高不应小于 3.5mm，手写汉字的字高则一般不小于 5mm。

2.2.6 常用材料符号

室内装饰装修材料的画法应该符合现行的国家标准《房屋建筑制图统一标准》GB/T 50001 中的规定，具体的规定如下。

在《房屋建筑制图统一标准》GB/T 50001 中，只规定了常用的建筑材料的图例画法，但是对图例的尺度和比例并不做具体的规定。在调用图例的时候，要根据图样的大小而定，且应符合下列规定。

（1）图线应间隔均匀，疏密适度，做到图例正确，并且表示清楚。

（2）不同品种的同类材料在使用同一图例的时候，要在图上附加必要的说明。

（3）相同的两个图例相接时，图例线要错开或者使其填充方向相反，如图 2-17 所示。

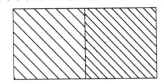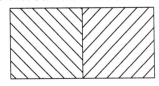

图 2-17　填充示意

出现以下情况时，可以不加图例，但是应该加文字说明。

（1）当一张图纸内的图样只用一种图例时。

（2）图形较小并且无法画出建筑材料图例时。

当需要绘制的建筑材料图例面积过大的时候，在断面轮廓线内沿轮廓线作局部表示也可以，如图 2-18 所示。

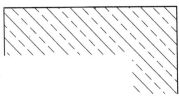

图 2-18　局部表示图例

常用房屋建筑材料、装饰装修材料的图例应按如表 2-3 所示的图例画法绘制。

表 2-3　常用建筑装饰装修材料图例表

序号	名称	图例	序号	名称	图例
1	夯实土壤		17	多层板	
2	砂砾石、碎砖三合土		18	木工板	

（续）

序号	名称	图例	序号	名称	图例
3	石材	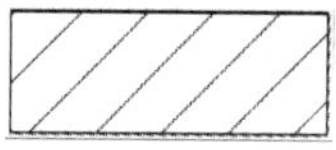	19	石膏板	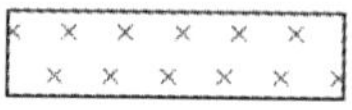
4	毛石	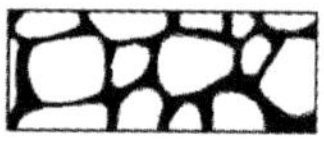	20	金属	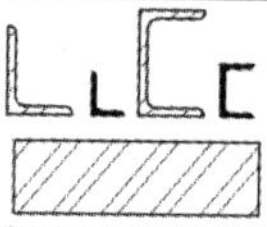
5	普通砖	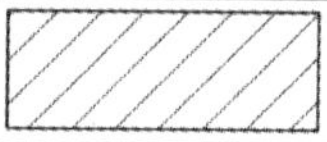	21	液体	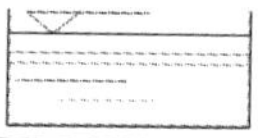
6	轻质砌块砖	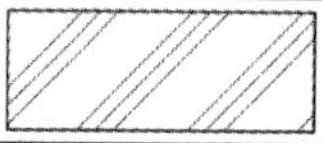	22	玻璃砖	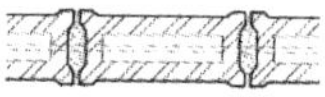
7	轻钢龙骨板材隔墙	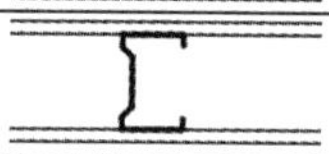	23	普通玻璃	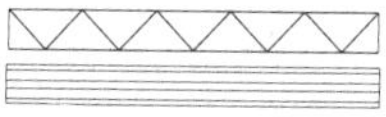
8	饰面砖		24	橡胶	
9	混凝土	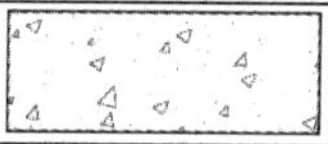	25	塑料	
10	钢筋混凝土	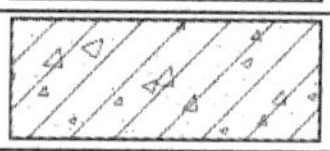	26	地毯	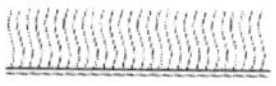
11	多孔材料		27	防水材料	
12	纤维材料	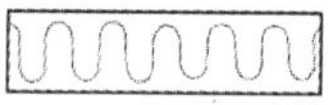	28	粉刷	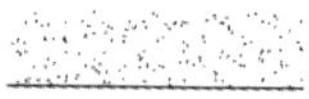
13	泡沫塑料材料	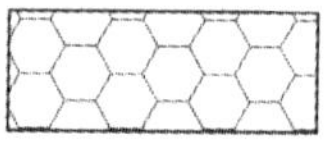	29	窗帘	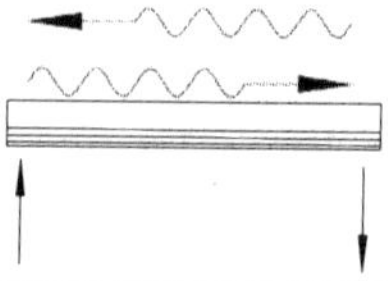
14	密度板	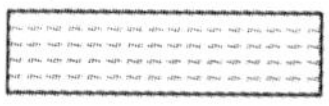	30	砂、灰土	
15	实木	垫木、木砖或木龙骨 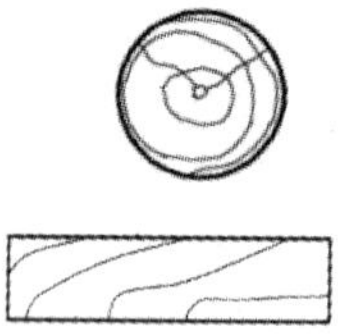 横断面 纵断面	31	胶黏剂	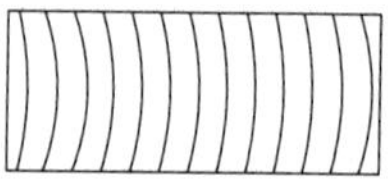
16	胶合板	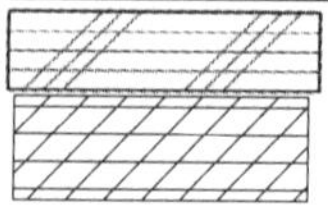			

2.2.7 常用绘图比例

比例可以表示图样尺寸和物体尺寸的比值。在建筑室内装饰装修制图中，所注写的比例能够在图纸上反映物体的实际尺寸。

图样的比例应是图形与实物相对应的线性尺寸之比。比例的大小是指其比值的大小，比如 1：30 大于 1：100。

比例的符号应书写为"："，比例数字则应以阿拉伯数字来表示，比如 1：2、1：3、1：100 等。

比例应注写在图名的右侧，字的基准线应取平；比例的字高应比图名的字高小一号或者二号，如图 2-19 所示。

图样比例的选取是根据图样的用途及所绘对象的复杂程度来定的。在绘制房屋建筑装饰装修图纸的时候，经常使用到的比例为 1：1、1：2、1：5、1：10、1：15、1：20、1：25、1：30、1：40、1：50、1：75、1：100、1：150、1：200。

平面图 1：100 ③ 1：25

图 2-19　比例的注写

在特殊的绘图情况下，可以自选绘图比例，在这种情况下，除了要标注绘图比例之外，还必须在适当位置绘制出相应的比例尺。

绘图所使用的比例，要根据房屋建筑室内装饰装修设计的不同部位、不同阶段的图纸内容和要求，从表 2-4 中选用。

表 2-4　绘图所用的比例

比例	部位	图纸内容
1：200 ～ 1：100	总平面、总顶面	总平面布置图、总顶棚平面布置图
1：100 ～ 1：50	局部平面、局部顶棚平面	局部平面布置图、局部顶棚平面布置图
1：100 ～ 1：50	不复杂立面	立面图、剖面图
1：50 ～ 1：30	较复杂立面	立面图、剖面图
1：30 ～ 1：10	复杂立面	立面放大图、剖面图
1：10 ～ 1：1	平面及立面中需要详细表示的部位	详图
1：10 ～ 1：1	重点部位的构造	节点图

在通常情况下，一个图样应只选用一个比例。但是可以根据图样所表达的目的不同，在同一图纸中的图样也可选用不同的比例。因为房屋建筑室内装饰装修设计制图中需要绘制的细部内容比较多，所以经常使用较大的比例，但是在较大型的房屋建筑室内装饰装修设计制图中，可根据要求来采用较小的比例。

2.3　室内设计工程图的绘制方法

室内设计工程图是按照装饰设计方案确定的空间尺度、构造做法、材料选用、施工工艺等，并且遵照建筑及装饰设计规范所规定的要求编制的用于指导装饰施工生产的技术性文件，同时也是进行造价管理、工程监理等工作的重要技术性文件。

本节将为读者介绍各室内设计工程图的形成和绘制方法。

2.3.1　平面图的画法

平面布置图是室内设计工程图的主要图样，是根据装饰设计原理、人体工程学及业主的需求画出的用于反映建筑平面布局、装饰空间及功能区域的划分、家具设备的布置、绿化及陈设的布局等内容的图样，是确定装饰空间平面尺度及装饰形体定位的主要依据。

平面布置图是假想用一个水平剖切平面，沿着每层的门窗洞口位置进行水平剖切，移去剖切平面以上的部分，对以下部分所做的水平正投影图。平面布置图其实是一种水平剖面图，其常用比例为1：50、1：100、1：150。

绘制平面布置图，首先要确定平面图的基本内容。

> 绘制定位轴线，以确定墙柱的具体位置，各功能分区与名称、门窗的位置和编号、门的开启方向等。
> 确定室内地面的标高。
> 确定室内固定家具、活动家具、家用电器的位置。
> 确定装饰陈设、绿化美化等位置及绘制图例符号。
> 绘制室内立面图的内视投影符号，按顺时针从上至下在圆圈中编号。
> 确定室内现场制作家具的定形、定位尺寸。
> 绘制索引符号、图名及必要的文字说明等。

如图2-20所示为绘制完成的三居室平面布置图。

2.3.2 地面图的画法

地面布置图同平面布置图的形成一样，区别是地面布置图不需要绘制家具及绿化等布置，只需画出地面的装饰分格，标注地面材质、尺寸和颜色、地面标高等。

地面布置图绘制的基本脉络是：

> 在地面布置图中，应包含平面布置图的基本内容。
> 根据室内地面材料的选用、颜色与分格尺寸，绘制地面铺装的填充图案，并确定地面标高等。
> 绘制地面的拼花造型。
> 绘制索引符号、图名及必要的文字说明等。

如图2-21所示为绘制完成的三居室地面布置图。

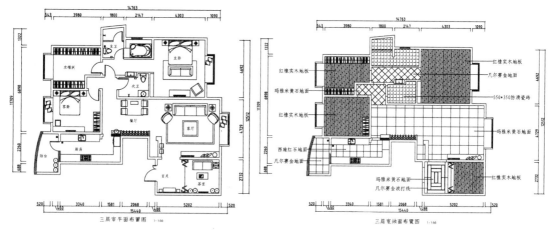

图2-20 三居室平面布置图　　　　图2-21 三居室地面布置图

2.3.3　顶棚图的画法

顶棚平面图是以镜像投影法画出反映顶棚平面形状、灯具位置、材料选用、尺寸标高及构造做法等内容的水平镜像投影图，是装饰施工图的主要图样之一。它是假想以一个水平剖切平面沿顶棚下方门窗洞口的位置进行剖切，移去下面部分后对上面的墙体、顶棚所做的镜像投影图。

顶棚平面图常用的比例为 1∶50、1∶100、1∶150。在顶棚平面图中剖切到的墙柱用粗实线，未剖切到但能看到的顶棚、灯具、风口等用细实线来表示。

顶棚图绘制的基本步骤如下。

- ➤ 在平面图的门洞绘制门洞边线，不需要绘制门扇及开启线。
- ➤ 绘制顶棚的造型、尺寸、做法和说明，有时可以画出顶棚的重合断面图并标注标高。
- ➤ 绘制顶棚灯具符号及具体位置，而灯具的规格、型号、安装方法则在电气施工图中反映。
- ➤ 绘制各顶棚的完成面标高，按每一层楼地面为±0.000 标注顶棚装饰面标高，这是实际施工中常用的方法。
- ➤ 绘制与顶棚相接的家具、设备的位置和尺寸。
- ➤ 绘制窗帘及窗帘盒、窗帘帷幕板等。
- ➤ 确定空调送风口位置、消防自动报警系统及与吊顶有关的音频设备的平面位置及安装位置。
- ➤ 绘制索引符号、图名及必要的文字说明等。

如图 2-22 所示为绘制完成的三居室顶面布置图。

2.3.4　立面图的画法

立面图是将房屋的室内墙面按内视投影符号的指向，向直立投影面所作的正投影图。用于反映室内空间垂直方向的装饰设计形式、尺寸与做法、材料与色彩的选用等内容，是装饰施工图中的主要图样之一，是确定墙面做法的依据。房屋室内立面图的名称，应根据平面布置图中内视投影符号的编号或字母确定，比如②立面图、B 立面图。

立面图应包括投影方向可见的室内轮廓线和装饰构造、门窗、构配件、墙面做法、固定家具、灯具等内容及必要的尺寸和标高，并需表达非固定家具、装饰构件等情况。立面图常用的比例为 1∶50，可用比例为 1∶30、1∶40。

绘制立面图的主要步骤如下。

- ➤ 绘制立面轮廓线，顶棚有吊顶时要绘制吊顶、叠级、灯槽等剖切轮廓线，使用粗实线表示，墙面与吊顶的收口形式、可见灯具投影图等也需要绘制。
- ➤ 绘制墙面装饰造型及陈设，比如壁挂、工艺品等；门窗造型及分格、墙面灯具、暖气罩等装饰内容。
- ➤ 绘制装饰选材、立面的尺寸标高及做法说明。
- ➤ 绘制附墙的固定家具及造型。
- ➤ 绘制索引符号、图名及必要的文字说明等。

如图 2-23 所示为绘制完成的三居室电视背景墙立面布置图。

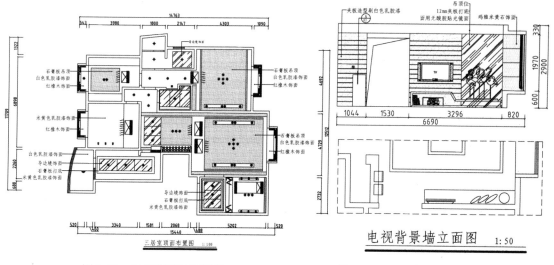

图 2-22　三居室顶面布置图　　　　图 2-23　三居室电视背景墙立面布置图

2.3.5　剖面图的画法

剖面图是指假想将建筑物剖开，使其内部构造显露出来，让看不见的形体部分变成了看得见的部分，然后用实线画出这些内部构造的投影图。

绘制剖面图的操作如下。

➢ 选定比例、图幅。
➢ 绘制地面、顶面、墙面的轮廓线。
➢ 绘制被剖切物体的构造层次。
➢ 标注尺寸。
➢ 绘制索引符号、图名及必要的文字说明等。

如图 2-24 所示为绘制完成的顶棚剖面图。

2.3.6　详图的画法

详图的图示内容主要包括：装饰形体的建筑做法、造型样式、材料选用、尺寸标高；所依附的建筑结构材料、连接做法，比如钢筋混凝土与木龙骨、轻钢及型钢龙骨等内部龙骨架的连接图示（剖面或者断面图），选用标准图时应加索引；装饰体基层板材的图示（剖面或者断面图），如石膏板、木工板、多层夹板、密度板、水泥压力板等用于找平的构造层次；装饰面层、胶缝及线角的图示（剖面或者断面图），复杂线角及造型等还应绘制大样图；色彩及做法说明、工艺要求等；索引符号、图名、比例等。

绘制装饰详图的一般步骤如下。

➢ 选定比例、图幅。
➢ 画墙（柱）的结构轮廓。
➢ 画出门套、门扇等装饰形体轮廓。
➢ 详细绘制各部位的构造层次及材料图例。
➢ 标注尺寸。

➢ 绘制索引符号、图名及必要的文字说明等。

如图 2-25 所示为绘制完成的酒柜节点大样图。

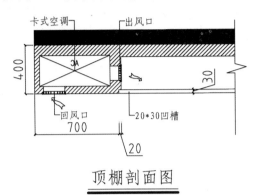

顶棚剖面图

图 2-24 顶棚剖面图

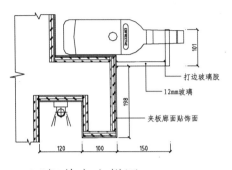

酒柜节点大样图

图 2-25 酒柜节点大样图

第 3 章

AutoCAD 2016 基本操作

本章要点

- 了解 AutoCAD 2016
- AutoCAD 2016 图形文件管理
- AutoCAD 2016 绘图环境
- 控制图形的显示
- AutoCAD 2016 命令调用的方法
- 精确绘制图形
- 设置图层

AutoCAD 是 Autodesk 公司开发的一款绘图软件，也是目前市场上使用率极高的辅助设计软件，被广泛应用于建筑、机械、电子、服装、化工及室内装潢等工程设计领域。它可以更轻松地帮助用户实现数据设计、图形绘制等多项功能，从而极大地提高了设计人员的工作效率，并成为广大工程技术人员必备的工具。

本章首先介绍 AutoCAD 2016 的基本功能、启动与退出、图形文件管理及绘图环境等基本知识，为后面章节的深入学习奠定坚实的基础。

3.1 了解 AutoCAD 2016

AutoCAD 作为一款通用的计算机辅助设计软件，它可以帮助用户在统一的环境下灵活地完成概念和细节设计，并创作、管理和分享设计作品，适用于广大普通用户。AutoCAD 是目前世界上应用最广的 CAD 软件之一，市场占有率居世界第一。AutoCAD 软件具有以下特点。

- 具有完善的图形绘制功能。
- 具有强大的图形编辑功能。
- 可以采用多种方式进行二次开发或用户定制。
- 可以进行多种图形格式的转换，具有较强的数据交换能力。
- 支持多种硬件设备。
- 支持多种操作平台。
- 具有通用性、易用性，适用于各类用户。

与以往版本相比，AutoCAD 2016 增添了许多强大的功能，借助视觉增强功能（例如线淡入）可更清晰地查看设计中的细节。可读性现在已得到增强，曲线显示更完美，而不是由直线段拼接而成。使用命令预览功能可让您在提交命令前就能看到结果，最大程度地减少撤消操作的次数，从而更加轻松地移动和复制大型选择集。

3.1.1 启动与退出 AutoCAD 2016

要使用 AutoCAD 绘制和编辑图形，首先必须启动 AutoCAD 软件。下面介绍启动与退出 AutoCAD 2016 的方法。

1. 启动 AutoCAD 2016

启动 AutoCAD 有以下几种方法。

- 桌面：双击桌面上的快捷方式图标 。
- 双击已经存在的 AutoCAD 2016 图形文件（*.dwg 格式）。
- "开始"菜单：单击"开始"按钮，在"开始"菜单中选择"程序" | Autodesk | AutoCAD 2016-Simplified Chinese | AutoCAD 2016-Simplified Chinese 命令，如图 3-1 所示。

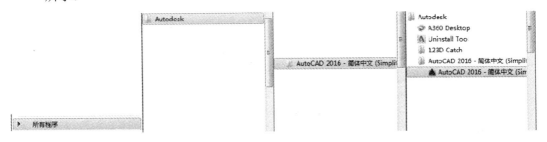

图 3-1 使用"开始"菜单打开 AutoCAD 2016

2. 退出 AutoCAD 2016

退出 AutoCAD 有以下几种方法。

- 软件窗口：单击窗口右上角的"关闭"按钮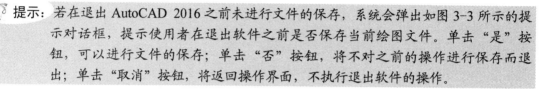。
- 菜单栏：选择"文件"|"退出"命令。
- 快捷键：按〈Alt+F4〉或〈Ctrl+Q〉组合键。
- 命令行：在命令行中输入 QUIT/EXIT 命令。
- "应用程序菜单"按钮：单击窗口左上角的"应用程序菜单"按钮，在展开菜单中选择"关闭"命令，如图 3-2 所示。

提示：若在退出 AutoCAD 2016 之前未进行文件的保存，系统会弹出如图 3-3 所示的提示对话框，提示使用者在退出软件之前是否保存当前绘图文件。单击"是"按钮，可以进行文件的保存；单击"否"按钮，将不对之前的操作进行保存而退出；单击"取消"按钮，将返回操作界面，不执行退出软件的操作。

图 3-2　使用"应用程序菜单"关闭软件　　　　图 3-3　退出提示对话框

3.1.2　AutoCAD 2016 工作空间

中文版 AutoCAD 2016 为用户提供了"草图与注释""三维基础"和"三维建模"3 种工作空间。不同的空间显示的绘图和编辑命令也不同，例如在"三维建模"空间下，可以方便地进行以三维建模为主的绘图操作。

AutoCAD 2016 的 3 种工作空间可以相互切换。切换工作空间的操作方法有以下 4 种。

- 快速访问工具栏：单击快速访问工具栏中的"切换工作空间"下拉按钮 ，在弹出的下拉列表中选择工作空间，如图 3-4 所示。
- 状态栏：单击状态栏右侧的"切换工作空间"按钮，在弹出的下拉菜单中进行选择，如图 3-5 所示。

图 3-4　通过下拉列表切换工作空间　　　　图 3-5　通过状态栏切换工作空间

- 工具栏：在"工作空间"工具栏的"工作空间控制"下拉列表框中进行选择，如

图 3-6 所示。

➢ 菜单栏：选择"工具"|"工作空间"命令，在子菜单中进行选择，如图 3-7 所示。

 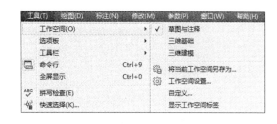

图 3-6 通过工具栏切换工作空间　　　　　图 3-7 通过菜单栏切换工作空间

1. "草图与注释"空间

AutoCAD 2016 默认的工作空间为"草图与注释"空间，其界面主要由"应用程序菜单"按钮、快速访问工具栏、功能区选项卡、绘图区、命令行窗口和状态栏等元素组成。在该空间中，可以方便地使用"默认"选项卡中的"绘图""修改""图层""标注""文字"和"表格"等面板绘制和编辑二维图形，如图 3-8 所示。

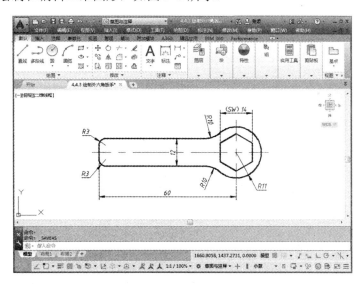

图 3-8 "草图与注释"空间

2. "三维基础"空间

在"三维基础"空间中能非常简单方便地创建基本的三维模型，其功能区提供了各种常用的三维建模、布尔运算及三维编辑工具按钮。"三维基础"空间界面如图 3-9 所示。

3. "三维建模"空间

"三维建模"空间界面与"草图与注释"空间界面较相似，但侧重的命令不同，其功能区选项卡中集中了实体、曲面和网格的多种建模和编辑命令，以及视觉样式、渲染等模型显示工具，为绘制和观察三维图形、附加材质、创建动画、设置光源等操作提供了非常便利的环境，如图 3-10 所示。

图 3-9 "三维基础"空间

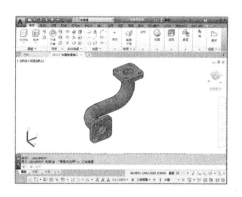

图 3-10 "三维建模"空间

3.1.3 AutoCAD 2016 工作界面

启动 AutoCAD 2016 后，默认的界面为"草图与注释"工作空间，在前边介绍的 3 种工作空间中，以"草图与注释"工作空间最为常用，因此本书主要以"草图与注释"工作空间讲解 AutoCAD 的各种操作。该空间界面包括应用程序按钮、快速访问工具栏、标题栏、菜单栏、工具栏、十字光标、绘图区、坐标系、命令行、标签栏、状态栏及文本窗口等，如图 3-11 所示。

图 3-11 AutoCAD 2016 默认的工作界面

下面将对 AutoCAD 工作界面中的各元素进行详细介绍。

1. "应用程序"按钮

"应用程序"按钮 位于窗口的左上角，单击该按钮，可以展开 AutoCAD 2016 管理图形文件的命令，如图 3-12 所示，用于新建、打开、保存、打印、输出及发布文件等。

2. 功能区

功能区位于绘图窗口的上方，由许多面板组成，这些面板被组织到依任务进行标记的选项卡中。功能区面板包含的很多工具和控件与工具栏和对话框中的相同。

默认的"草图和注释"空间中功能区共有 11 个选项卡：默认、插入、注释、参数化、视图、管理、输出、附加模块、

图 3-12 应用程序菜单

A360、精选应用和 Performance。每个选项卡中包含若干个面板，每个面板中又包含许多由图标表示的命令按钮，如图 3-13 所示。

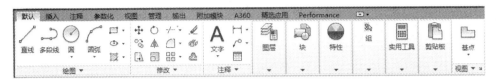

图 3-13　功能区选项卡

功能区主要选项卡的作用如下。

- ➢ 默认：用于二维图形的绘制和修改，以及标注等，包含绘图、修改、图层、注释、块、特性、实用工具、剪贴板等面板。
- ➢ 插入：用于各类数据的插入和编辑。包含块、块定义、参照、输入、点云、数据、链接和提取等面板。
- ➢ 注释：用于各类文字的标注和各类表格和注释的制作，包含文字、标注、引线、表格、标记、注释缩放等面板。
- ➢ 参数化：用于参数化绘图，包括各类图形的约束和标注的设置，以及参数化函数的设置，包含几何、标注、管理等面板。
- ➢ 视图：用于二维及三维制图视角的设置和图纸集的管理等。包含二维导航、视图、坐标、视觉样式、视口、选项板、窗口等面板。
- ➢ 管理：包含动作录制器、自定义设置、应用程序、CAD 标准等面板。用于动作的录制、CAD 界面的设置和 CAD 的二次开发及 CAD 配置等。
- ➢ 输出：用于打印、各类数据的输出等操作。包含打印和输出为 DWF/PDF 面板。

3. 标签栏

文件标签栏位于绘图窗口上方，每个打开的图形文件都会在标签栏显示一个标签，单击文件标签即可快速切换至相应的图形文件窗口，如图 3-14 所示。

单击标签上的 按钮，可以关闭该文件；单击标签栏右侧的 按钮，可以快速新建文件；右击标签栏空白处，会弹出快捷菜单（见图 3-15），利用该快捷菜单可以选择"新建""打开""全部保存""全部关闭"命令。

图 3-14　标签栏
图 3-15　快捷菜单 

4. 快速访问工具栏

快速访问工具栏位于标题栏的左侧，它提供了常用的快捷按钮，可以给用户提供更多的方便。默认的快速访问工具栏由 7 个快捷按钮组成，依次为"新建""打开""保存""另存为""打印""放弃"和"重做"，如图 3-16 所示。

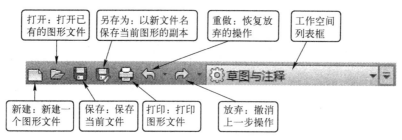

图 3-16　快速访问工具栏

　　AutoCAD 2016 提供了自定义快速访问工具栏的功能，可以在快速访问工具栏中增加或删除命令按钮。单击快速访问工具栏后面的展开箭头，如图 3-17 所示，在展开菜单中选中某一命令，即可将该命令按钮添加到快速访问工具栏中。选择"更多命令"还可以添加更多的其他命令按钮。

图 3-17　自定义快速访问工具栏

5. 菜单栏

　　在 AutoCAD 2016 中，菜单栏在任何工作空间都不会默认显示。在"快速访问"工具栏中单击下拉按钮，并在弹出的下拉菜单中选择"显示菜单栏"选项，即可将菜单栏显示出来，如图 3-18 所示。

　　菜单栏位于标题栏的下方，包括了 13 个菜单："文件""编辑""视图""插入""格式""工具""绘图""标注""修改""参数""窗口""数据视图"等，几乎包含了所有绘图命令和编辑命令，如图 3-19 所示。

图 3-18　显示菜单栏

图 3-19　菜单栏

技巧：单击菜单项或按下〈Alt〉键和菜单项中带下画线的字母（例如格式〈Alt+O〉），即可打开对应的下拉菜单。

6. 标题栏

标题栏位于 AutoCAD 窗口的顶部，如图 3-20 所示，它显示了系统正在运行的应用程序和用户正打开的图形文件的信息。第一次启动 AutoCAD 时，标题栏中显示的是 AutoCAD 启动时创建并打开的图形文件名，名称为 Drawing1.dwg，之后可以在保存文件时对其进行重命名操作。

图 3-20　标题栏

7. 绘图区

绘图区是屏幕上的一大片空白区域，是用户进行绘图的主要工作区域，如图 3-21 所示。绘图区域实际上是无限大的，用户可以通过"缩放""平移"等命令来观察绘图区的图形。有时为了增大绘图空间，可以根据需要关闭其他界面元素，例如工具栏和选项板等。

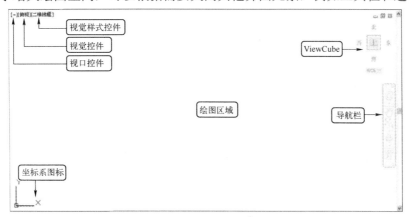

图 3-21　绘图区

绘图区左上角有 3 个快捷功能控件，可以快速修改图形的视图方向和视觉样式，如图 3-22 所示。

图 3-22　快捷功能控件菜单

在绘图区左下角显示了一个坐标系图标，以方便绘图人员了解当前的视图方向及视觉样式。此外，绘图区还会显示一个十字光标，其交点为光标在当前坐标系中的位置。移动鼠标时，光标的位置也会相应地改变。

绘图区右上角同样也有 3 个按钮："最小化"按钮 ▭、"最大化"按钮 ▢ 和"关闭"按钮 ✕，在 AutoCAD 中同时打开多个文件时，可通过这些按钮来切换和关闭图形文件。

8. 命令行

命令行窗口位于绘图区的底部，用于接收输入的命令，并显示 AutoCAD 提示信息。在 AutoCAD 2016 中，命令行可以拖动为浮动窗口，如图 3-23 所示。

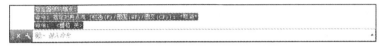

图 3-23　命令行浮动窗口

> 提示：将光标移至命令行窗口的上边缘，按住鼠标左键向上拖动即可增加命令行窗口的高度。

AutoCAD 文本窗口是记录 AutoCAD 命令的窗口，是放大的命令行窗口。执行 TEXTSCR 命令或按〈F2〉键，可打开文本窗口，如图 3-24 所示，记录了文档进行的所有编辑操作。

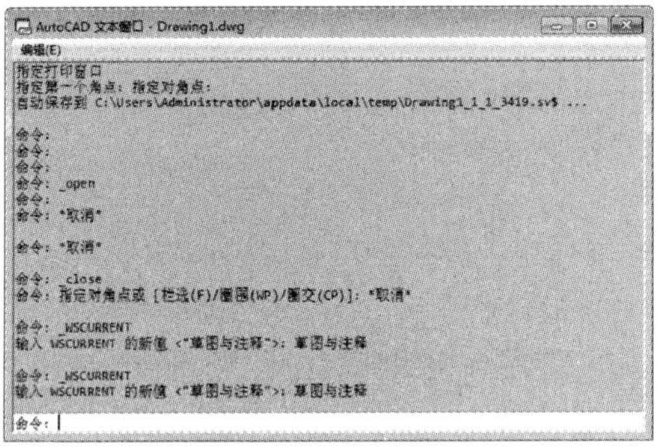

图 3-24　AutoCAD 文本窗口

9. 状态栏

状态栏用来显示 AutoCAD 当前的状态，如对象捕捉、极轴追踪等命令的工作状态。同时 AutoCAD 2016 将之前的模型布局标签栏和状态栏合并在一起，并且取消显示当前光标位置，如图 3-25 所示。

图 3-25　状态栏

在状态栏的空白位置右击，系统弹出右键快捷菜单，如图 3-26 所示。选择"绘图标准设置"命令，系统弹出"绘图标准"对话框，如图 3-27 所示，可以设置绘图的投影类型和着色效果。

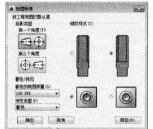

图 3-26　状态栏右键快捷菜单　　　　图 3-27　"绘图标准"对话框

状态栏中各按钮的含义如下。

➢ 推断约束 ♪：该按钮用于创建和编辑几何图形时推断几何约束。

➢ 捕捉模式 ▦：该按钮用于开启或者关闭捕捉模式。捕捉模式可以使光标能够很容易地抓取到每一个栅格上的点。

➢ 栅格显示 ▦：该按钮用于开启或者关闭栅格的显示。栅格即图幅的显示范围。

➢ 正交模式 ∟：该按钮用于开启或者关闭正交模式。正交即光标只能走 X 轴或者 Y 轴方向，不能画斜线。

➢ 极轴追踪 ⊙：该按钮用于开启或者关闭极轴追踪模式。用于捕捉和绘制与起点水平线成一定角度的线段。

➢ 二维对象捕捉 ▢：该按钮用于开启或者关闭对象捕捉。对象捕捉能使光标在接近某些特殊点的时候能够自动指引到那些特殊的点。

➢ 三维对象捕捉 ▣：该按钮用于开启或者关闭三维对象捕捉。对象捕捉能使光标在接近三维对象某些特殊点的时候能够自动指引到那些特殊的点。

➢ 对象捕捉追踪 ∠：该按钮用于开启或者关闭对象捕捉追踪。该功能和对象捕捉功能一起使用，用于追踪捕捉点在线性方向上与其他对象的特殊点的交点。

➢ 允许/禁止动态 UCS ⌎：用于切换允许和禁止 UCS（用户坐标系）。

➢ 动态输入 ⊾：动态输入的开始和关闭。

➢ 线宽 ▤：该按钮控制线框的显示。

➢ 透明度 ▨：该按钮控制图形透明显示。

➢ 快捷特性 ▫：控制"快捷特性"选项板的禁用或者开启。

➢ 选择循环 ▨：开启该按钮可以在重叠对象上显示选择对象。

➢ 注释监视器 ＋：开启该按钮后，一旦发生模型文档编辑或更新事件，注释监视器会自动显示。

➢ 模型 模型：用于模型与图纸之间的转换。

➢ 注释比例 人 1:1 ▾：可通过此按钮调整注释对象的缩放比例。

➢ 注释可见性 人：单击该按钮，可选择仅显示当前比例的注释或是显示所有比例的注释。

➢ 切换工作空间 ❂ ▾：切换绘图空间，可通过此按钮切换 AutoCAD 2016 的工作空间。

➢ 全屏显示 ▨：AutoCAD 2016 的全屏显示或者退出。

➢ 自定义 ≡：单击该按钮，可以对当前状态栏中的按钮进行添加或是删除，方便管理。

3.2 AutoCAD 2016 图形文件管理

AutoCAD 2016 图形文件的基本操作主要包括新建图形文件、打开图形文件、保存图形文件等。

3.2.1 新建文件

在绘图前，应该首先创建一个新的图形文件。在 AutoCAD 2016 中，有以下 5 种创建新文件的方法。

➢ 应用程序：单击"应用程序"按钮，在弹出的快捷菜单中选择"新建"命令。

➢ 快速访问工具栏：单击快速访问工具栏中的"新建"按钮▢。

➢ 菜单栏：选择"文件"|"新建"菜单命令。

➢ 标签栏：单击标签栏上的▣按钮。

➢ 快捷键：按〈Ctrl+N〉组合键。

命令行：在命令行中输入 NEW|QNEW 命令。执行上述任一操作，系统弹出如图 3-28 所示"选择样板"对话框，用户可以在该对话框中选择不同的绘图样板，当用户选择好绘图样板时，系统会在对话框的右上角显示预览，然后单击"打开"按钮，即创建一个新图形文件，也可以在"打开"下拉菜单中选择其他打开方式。

图 3-28 "选择样板"对话框

3.2.2 打开文件

AutoCAD 文件的打开方式有很多种，下面介绍常见的几种。

➢ 应用程序：单击"应用程序"按钮，在弹出的快捷菜单中选择"打开"命令。

➢ 快速访问工具栏：单击快速访问工具栏中的"打开"按钮▷。

➢ 菜单栏：选择"文件"|"打开"菜单命令。

➢ 标签栏：在标签栏的空白位置右击，在弹出的右键快捷菜单中选择"打开"命令。

➢ 快捷键：按〈Ctrl+O〉组合键。

➢ 命令行：在命令行中输入 OPEN|QOPEN 命令。

执行以上操作都会弹出如图 3-29 所示"选择文件"对话框，该对话框用于选择已有的 AutoCAD 图形，单击"打开"下拉按钮，在弹出的下拉菜单中可以选择不同的打开方式。

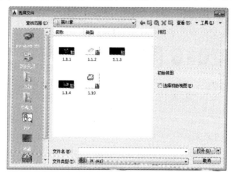

图 3-29 "选择文件"对话框

3.2.3 保存文件

保存文件不仅是将新绘制的或修改好的图形文件进行存盘，以便以后对图形进行查看、使用或修改、编辑等，还包括在绘制图形过程中随时对图形进行保存，以避免意外情况发生而导致文件丢失或不完整。

1. 保存新的图形文件

保存新文件就是对新绘制还没保存过文件进行保存。常用的保存图形方法有以下几种。

➤ 应用程序：单击"应用程序"按钮▲，在弹出的快捷菜单中选择"保存"命令。

➤ 快速访问工具栏：单击快速访问工具栏中的"保存"按钮■。

➤ 菜单栏：选择"文件"|"保存"菜单命令。

➤ 快捷键：按〈Ctrl+ S〉组合键。

➤ 命令行：在命令行中输入 SAVE|QSAVE。

选择"保存"命令后，系统弹出如图 3-30 所示的"图形另存为"对话框。在此对话框中，可以进行如下操作。

图 3-30 "图形另存为"对话框

➤ 设置存盘路径。打开"保存于"下拉列表，在展开的下拉列表内设置存盘路径。

➤ 设置文件名。在"文件名"文本框内输入文件名称，如我的文档等。

➤ 设置文件格式。打开对话框底部的"文件类型"下拉列表，在展开的下拉列表内设置文件的格式类型。

提示：默认的存储类型为"AutoCAD 2013 图形（*.dwg）"。使用此种格式将文件存盘后，文件只能被 AutoCAD 2014 及以后的版本打开。如果用户需要在 AutoCAD 早期版本中打开此文件，必须使用低版本的文件格式进行存盘。

2. 另存为其他文件

当用户在已存盘图形的基础上进行了其他修改工作，又不想覆盖原来的图形，可以使用

"另存为"命令，将修改后的图形以不同图形文件进行存盘。常用的"另存为"方法有以下几种。

- ➢ 应用程序：单击"应用程序"按钮▲，在弹出的快捷菜单中选择"另存为"命令。
- ➢ 快速访问工具栏：单击快速访问工具栏中的"另存为"按钮圆。
- ➢ 菜单栏：选择"文件"|"另存为"菜单命令。
- ➢ 快捷键：按〈Ctrl+Shift+S〉组合键。
- ➢ 命令行：在命令行中输入 SAVE As。

3. 定时保存图形文件

此外，还有一种比较好的保存文件的方法，即定时保存图形文件，可以免去随时手动保存的麻烦。设置定时保存后，系统会在一定的时间间隔内自动保存当前编辑的文件内容。

3.2.4 案例——定时保存图形文件

步骤 1 在命令行中输入 OP（选项）命令并按〈Enter〉键，系统弹出"选项"对话框，如图 3-31 所示。

步骤 2 单击"打开和保存"选项卡，在"文件安全措施"选项组中选中"自动保存"复选框，根据需要在下面的文本框中输入合适的间隔时间和保存方式，如图 3-32 所示。

图 3-31 "选项"对话框

图 3-32 设置定时保存文件

步骤 3 单击"确定"按钮关闭对话框，定时保存设置即可生效。

提示：定时保存的时间间隔不宜设置过短，这样会影响软件的正常使用；也不宜设置过长，这样不利于实时保存，一般设置为 10 分钟左右较为合适。

3.2.5 关闭文件

为了避免同时打开过多的图形文件，需要关闭不再使用的文件，选择"关闭"命令的方法如下。

- ➢ 应用程序：单击"应用程序"按钮▲，在弹出的快捷菜单中选择"关闭"命令。
- ➢ 菜单栏：选择"文件"|"关闭"菜单命令。
- ➢ 文件窗口：单击文件窗口上的"关闭"按钮▣。注意不是软件窗口的"关闭"按钮，否则会退出软件。

➢ 标签栏：单击文件标签栏上的"关闭"按钮。

➢ 快捷键：按〈Ctrl+F4〉组合键。

➢ 命令行：在命令行中输入 CLOSE 并按〈Enter〉键。

执行该命令后，如果当前图形文件没有保存，那么关闭该图形文件时系统将提示是否需要保存修改。

3.3 AutoCAD 2016 绘图环境

在使用 AutoCAD 2016 前，经常需要对绘图环境的某些参数进行设置，使其更符合自己的使用习惯，从而提高绘图效率。一般新建绘图文件后，绘图单位和绘图界限都采用默认设置，此时可根据需要或者行业规定进行自定义设置。

3.3.1 案例——设置工作空间

工作空间就是绘图的操作界面。在 AutoCAD 中，不但可以选择系统默认的工作空间，还可以根据个人喜好自定义工作空间，具体步骤如下。

步骤 1 启动 AutoCAD 2016 软件。

步骤 2 单击快速访问工具栏中的"工作空间"下拉按钮，在弹出的下拉列表中选择"草图与注释"工作空间。

步骤 3 选择"工具"|"工具栏"|"AutoCAD"菜单命令，在弹出的子菜单中选择"多重引线"命令，打开"多重引线"工具栏。重复上述操作，分别打开"标注"和"文字"工具栏，如图 3-33 所示。

步骤 4 将鼠标指针移到工具栏的头部位置，拖动工具栏到绘图区左侧，如图 3-34 所示。

图 3-33 打开工具栏

图 3-34 调整工具栏的位置

步骤 5 单击状态栏中的"锁定"按钮，在弹出的快捷菜单中选择"全部"|"锁定"命令，锁定窗口元素的位置。

步骤 6 单击"工作空间"下拉按钮，在弹出的下拉列表中选择"将当前工作空间另存为"选项，如图 3-35 所示，弹出"保存工作空间"对话框，在该对话框中输入自定义的空间名称为"我的工作空间 1"，如图 3-36 所示。单击"保存"按钮完成工作空间的保存。

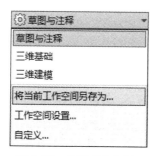

图 3-35 保存工作空间   图 3-36 "保存工作空间"对话框

步骤 7 在"工作空间"下拉列表中选择"工作空间设置"选项，弹出"工作空间设置"对话框。

步骤 8 在"菜单显示及顺序"列表框中选中"我的工作空间 1"复选框，如图 3-37 所示。若选择"自动保存工作空间修改"单选按钮，则可以在切换工作空间时自动保存工作空间的修改。

图 3-37 "工作空间设置"对话框

3.3.2 绘图界限的设置

绘图界限是在绘图空间中假想的一个绘图区域，用可见栅格进行标示。图形界限相当于图纸的大小，一般根据国家关于图幅尺寸的标准规定设置。当打开图形界限边界检验功能时，一旦绘制的图形超出了绘图界限，系统将发出提示，并不允许绘制超出图形界限范围的点。

可以使用以下两种方式调用图形界限命令。

➤ 菜单栏：选择"格式"|"图形界限"菜单命令。

➤ 命令行：在命令行中输入 LIMITS 命令。

3.3.3 案例——设置 A3 大小图形界限

步骤 1 单击快速访问工具栏中的"新建"按钮，新建图形文件。在命令行中输入 LIMITS 并按〈Enter〉键，设置图形界限，命令行操作过程如下。

命令：LIMITS↙　　　　　　　　　　　　　　　//调用"图形界限"命令

重新设置模型空间界限：

指定左下角点或[开(ON)/关(OFF)]<0.000,0.000>:↙　　　//按空格键或者〈Enter〉键默认坐标原点

为图形界限的左下角点。此时若选择 ON 选项，则绘图时图形不能超出图形界限，若超出系统不予绘出，选

择 OFF 选项则准予超出界限图形

指定右上角点:420.000,297.000↙　　　　　　//输入图纸长度和宽度值，按下〈Enter〉

键确定，再按下〈Esc〉键退出，完成图形界限设置

步骤 2 再双击鼠标滚轮，使图形界限最大化显示在绘图区域中，然后单击状态栏中的"栅格显示"按钮▦，即可直观地观察到图形界限范围。

步骤 3 结束上述操作后，显示超出界限的栅格。此时可在状态栏栅格按钮▦上右击，选择"设置"命令，打开如图 3-38 所示的"草图设置"对话框，取消选中"显示超出界限的栅格"复选框。单击"确定"按钮关闭对话框，结果如图 3-39 所示。

图 3-38 "草图设置"对话框

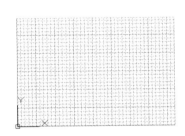

图 3-39 取消超出界限栅格显示

3.3.4 绘图单位的设置

在绘制图形前，一般需要先设置绘图单位，比如将绘图比例设置为 1:1，则所有图形的尺寸都会按照实际绘制尺寸来标出。设置绘图单位，主要包括长度和角度的类型、精度和起始方向等内容。

设置图形单位主要有以下两种方法。

➢ 菜单栏：选择"格式"|"单位"菜单命令。

➢ 命令行：在命令行中输入 UNITS/UN 命令。

执行上述任一命令后，系统弹出如图 3-40 所示的"图形单位"对话框。该对话框中各选项的含义如下。

➢ "长度"：用于选择长度单位的类型和精确度。

➢ "角度"：用于选择角度单位的类型和精确度。

➢ "顺时针"复选框：用于设置旋转方向。如选中此复选框，则表示按顺时针旋转的角度为正方向，未选中则表示按逆时针旋转的角度为正方向。

➢ "插入时的缩放单位"：用于选择插入图块时的单位，也是当前绘图环境的尺寸单位。

➢ "方向"按钮：用于设置角度方向。单击该按钮将弹出如图 3-41 所示的"方向控制"对话框，在其中可以设置基准角度，即设置 0 度角。

图 3-40 "图形单位"对话框

图 3-41 "方向控制"对话框

3.3.5 设置十字光标大小

在 AutoCAD 中，十字光标随着鼠标的移动而变换位置，十字光标代表当前点的坐标，为了满足绘图的需要，有时需对光标的大小进行设置。

选择"工具"|"选项"命令，打开"选项"对话框，然后选择"显示"选项卡，在"十字光标大小"选项区域中，用户可以根据自己的操作习惯，调整十字光标的大小，十字光标可以延伸到屏幕边缘。拖动右下方"十字光标大小"区域的滑块 ，如图 3-42 所示，即可调整光标长度，如图 3-43 所示。

图 3-42 拖动滑块

图 3-43 较大的十字光标

提示： 十字光标预设尺寸为 5，其大小的取值范围为 1～100，数值越大，十字光标越长，100 表示全屏显示。

3.3.6 案例——设置绘图区颜色

在 AutoCAD 中，用户可以根据个人的习惯设置环境的颜色，从而使工作环境更舒服。例如，首次启动 AutoCAD 时，绘图区的颜色为深蓝色，用户也可以根据自己的喜好和习惯来设置绘图区的颜色。

步骤 1 在命令行中输入 OP（选项）命令，打开"选项"对话框，在"显示"选项卡中单击"窗口元素"选项区域的"颜色"按钮，如图 3-44 所示。

步骤 2 在打开的"图形窗口颜色"对话框中依次选择"二维模型空间"和"统一背景"选项，然后在右上方的"颜色"下拉列表中选择"白"选项，如图 3-45 所示。

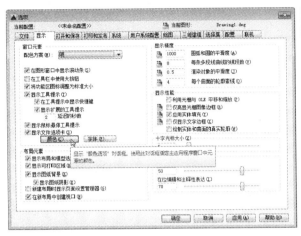

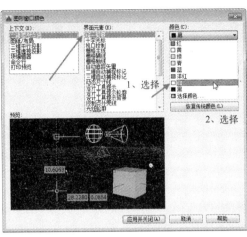

图 3-44　单击"颜色"按钮　　　　　　　　　图 3-45　设置背景颜色

步骤 3 单击"应用并关闭"按钮，然后返回"选项"对话框，单击"确定"按钮，即可将绘图区的背景颜色修改为白色。

提示： AutoCAD 默认绘图区颜色为黑色，单击"恢复传统颜色"按钮，系统将自动恢复到默认颜色。在日常工作中，为了保护用户的案例，建议将绘图区的颜色设置为黑色或深蓝色。本书为了更好地显示图形的效果，所以将绘图区的颜色设置为白色。

3.3.7 设置鼠标右键功能

为了更快速、高效地绘制图形，可以对鼠标右键功能进行设置。

在命令行输入 OP（选项）命令，在弹出的"选项"对话框中切换到"用户系统配置"选项卡，单击"自定义右键单击"按钮，弹出"自定义右键单击"对话框，如图 3-46 所示。在该对话框中，可以设置在各种工作模式下鼠标右键单击的快捷功能，设定后单击"应用并关闭"按钮即可。

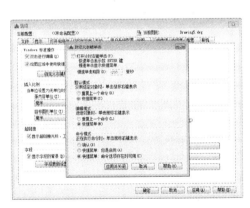

图 3-46　"自定义右键单击"对话框

3.3.8 案例——设置室内绘图环境

良好的绘图环境是工作效率的保证，用户可以根据绘图需要自定义相应的工作环境，并将其保存为 DWT 样板文件，在以后的绘图工作中可以快速调用。

步骤 1 新建 AutoCAD 文件。单击快速访问工具栏中的"新建"按钮，系统弹出"选择样板"对话框，如图 3-47 所示。选择所需的图形样板，单击"打开"按钮，进入绘图界面，如图 3-48 所示。

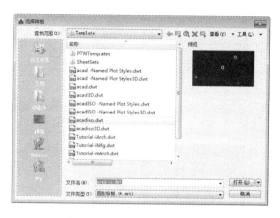

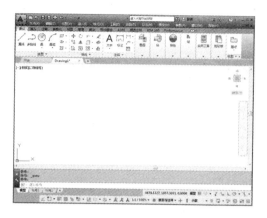

图 3-47 "选择样板"对话框　　　　　　　　　　图 3-48　绘图界面

步骤 2 设置图形界限。在命令行中输入 Limits（图形界限）命令并按〈Enter〉键，设置 A4 图纸的图形界限，命令行操作如下。

命令：LIMITS↙　　　　　　　　　　　　　　　　　//调用"图形界限"命令

重新设置模型空间界限：

指定左下角点或[开(ON)/关(OFF)]<0.000,0.000>:↙　　//输入左下角点

指定右上角点<420.0000,297.0000>:210.000，297.000↙　　// 输入右上角点，按下

〈Enter〉键完成图形界限设置

步骤 3 在命令行中输入 DS（草图设置）命令并按〈Enter〉键，系统弹出"草图设置"对话框，在"捕捉和栅格"选项卡中，取消选中"显示超出界限的栅格"复选框。

步骤 4 设置图形单位。在命令行中输入 UN（图形单位）命令并按〈Enter〉键，系统打开"图形单位"对话框，在弹出的对话框中根据需要设置参数，如图 3-49 所示。

步骤 5 完成绘图环境的设置后，单击快速访问工具栏中的"保存"按钮，将文件保存为 DWT 样板文件。

图 3-49　"图形单位"对话框

3.4　控制图形的显示

本节主要介绍如何在 AutoCAD 2016 中控制图形的显示。AutoCAD 2016 的控制图形显示功能非常强大，可以通过改变观察者的位置和角度，使图形以不同的比例显示出来。

另外，还可以放大复杂图形中的某个部分以查看细节，或者同时在一个屏幕上显示多个视口，每个视口显示整个图形中的不同部分等。

3.4.1　视图缩放

视图缩放只是改变视图的比例，并不改变图形中对象的绝对大小，打印出来的图形仍是设置的大小。

在 AutoCAD 2016 中可以通过以下几种方法执行"视图缩放"命令。

➤ 菜单栏：选择"视图"|"缩放"菜单命令。

> 面板：单击"视图"选项卡中的"导航"面板，以及绘图区导航栏中的范围缩放按钮。
> 工具栏：单击"缩放"工具栏中的按钮。
> 命令行：在命令行中输入 ZOM/Z 命令。

执行上述命令后，命令行的提示如下。

命令：Z↙   ZOOM   //调用"缩放"命令

指定窗口的角点，输入比例因子 (nX 或 nXP)，或者

[全部(A)/中心(C)/动态(D)/范围(E)/上一个(P)/比例(S)/窗口(W)/对象(O)] <实时>:

下面介绍命令行中各选项的含义。

1. 全部缩放

在当前视窗中显示整个模型空间界限范围之内的所有图形对象，包括绘图界限范围内和范围外的所有对象及视图辅助工具（如栅格），如图 3-50 所示为缩放前后的对比效果。

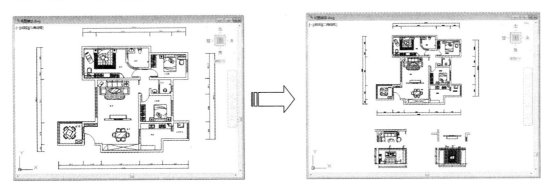

图 3-50 全部缩放前后对比

2. 中心缩放

以指定点为中心点，整个图形按照指定的比例缩放，而这个点在缩放操作之后，称为"新视图的中心点"。

3. 动态缩放

对图形进行动态缩放。选择该选项后，绘图区将显示几个不同颜色的方框，拖动鼠标移动当前视区到所需位置，单击鼠标左键调整大小后按〈Enter〉键，即可将当前视区框内的图形最大化显示，如图 3-51 所示为缩放前后的对比效果。

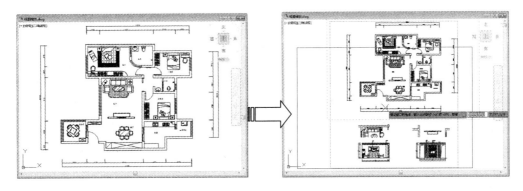

图 3-51 动态缩放前后对比

4. 范围缩放

单击该按钮使所有图形对象最大化显示，充满整个视口。视图包含已关闭图层上的对象，但冻结图层上的除外。

> **技巧**：双击鼠标中键可以快速进行视图范围缩放。

5. 缩放上一个

恢复到前一个视图显示的图形状态。

6. 缩放比例

根据输入的值进行比例缩放。有 3 种输入方法：直接输入数值，表示相对于图形界限进行缩放；在数值后加 X，表示相对于当前视图进行缩放；在数值后加 XP，表示相对于图纸空间单位进行缩放。如图 3-52 所示为相当于当前视图缩放一倍后的对比效果。

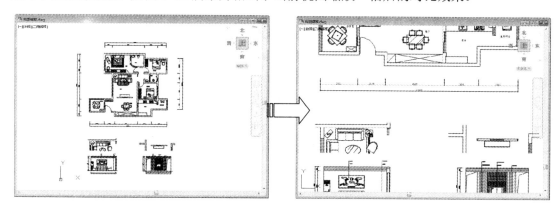

图 3-52　缩放比例前后对比

7. 窗口缩放

窗口缩放命令可以将矩形窗口内选中的图形充满当前视窗显示。

执行完操作后，用光标确定窗口对角点，这两个角点确定了一个矩形框窗口，系统将矩形框窗口内的图形放大至整个屏幕，如图 3-53 所示。

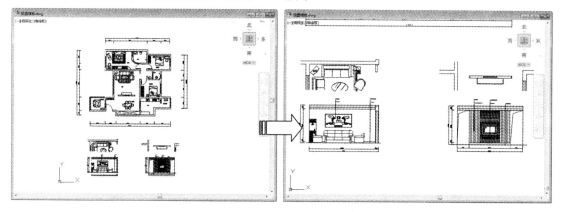

图 3-53　窗口缩放前后对比

8. 缩放对象

选中的图形对象最大限度地显示在屏幕上，如图 3-54 所示为将电视背景墙缩放后的前后对比效果。

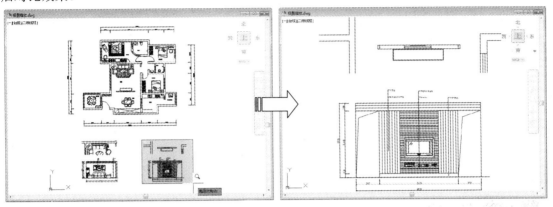

图 3-54　缩放对象前后对比

9. 实时缩放

该选项为默认选项。执行缩放命令后直接按〈Enter〉键即可使用该选项。在屏幕上会出现一个 🔍 形状的光标，按住鼠标左键向上或向下拖动，则可实现图形的放大或缩小。

技巧：滚动鼠标滚轮，可以快速实现缩放视图。

10. 放大

单击该按钮一次，视图中的实体显示比当前视图大一倍。

11. 缩小

单击该按钮一次，视图中的实体显示是当前视图的 50%。

3.4.2　视图平移

视图的平移是指在当前视口中移动视图。对视图的平移操作不会改变视图的大小，只是改变其位置，以便观察图形的其他部分，如图 3-55 所示。

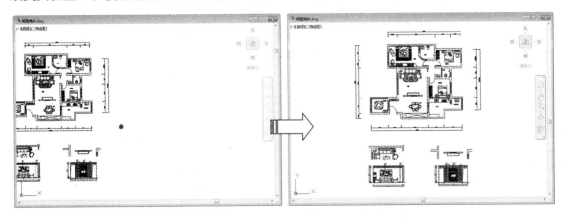

图 3-55　视图平移前后对比

在 AutoCAD 2016 中可以通过以下 3 种方法执行"平移"命令。

➢ 菜单栏：选择"视图"|"平移"菜单命令。

➢ 功能区：单击"视图"选项卡中"导航"面板中的"平移"按钮。

➢ 命令行：在命令行中输入 PAN/P 命令。

在"平移"子菜单中，"左""右""上""下"分别表示将视图向左、右、上、下 4 个方向移动。视图平移可以分为"实时平移"和"定点平移"两种，其含义如下。

➢ 实时平移：光标形状变为手形✋，按住鼠标左键拖动可以使图形的显示位置随鼠标向同一方向移动。

➢ 定点平移：通过指定平移起始点和目标点的方式进行平移。

 提示： 按住鼠标滚轮拖动，可以快速进行视图平移。

3.4.3 命名视图

绘图区中显示的内容称为"视图"，命名视图是将某些视图范围命名并保存下来，供以后随时调用。

在 AutoCAD 2016 中可以通过以下 3 种方法执行"命名视图"命令。

➢ 菜单栏：选择"视图"|"命名视图"菜单命令。

➢ 功能区：单击"视图"面板中的"视图管理器"按钮。

➢ 命令行：在命令行中输入 VIEW/V 命令。

执行上述命令后，打开如图 3-56 所示的"视图管理器"对话框，可以在其中进行视图的命名和保存。

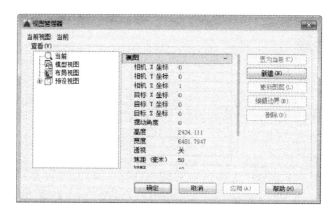

图 3-56 "视图管理器"对话框

3.4.4 重画视图

AutoCAD 常用数据库以浮点数据的形式储存图形对象的信息，浮点格式精度高，但计算时间长。AutoCAD 重生成对象时，需要把浮点数值转换为适当的屏幕坐标，因此对于复杂的图形，重新生成需要花费较长时间。

AutoCAD 提供了另一个速度较快的刷新命令——重画（REDRAWALL）。重画只刷新屏幕显示，而重生成不仅刷新显示，还更新图形数据库中所有图形对象的屏幕坐标。

在 AutoCAD 2016 中可以通过以下两种方法执行"重画"命令。

➤ 菜单栏：选择"视图"|"重画"菜单命令。

➤ 命令行：在命令行中输入 REDRAWALL/REDRAW/RA 命令。

3.4.5 重生成视图

在 AutoCAD 中，某些操作完成后，操作效果往往不会立即显示出来，或在屏幕上留下绘图的痕迹与标记。因此，需要通过视图刷新对当前视图进行重新生成，以观察到最新的编辑效果。

重生成（REGEN）命令不仅重新计算当前视区中所有对象的屏幕坐标，并重新生成整个图形，还重新建立图形数据库索引，从而优化显示和对象选择的性能。

在 AutoCAD 2016 中可以通过以下两种方法执行"重生成"命令。

➤ 菜单栏：选择"视图"|"重生成"菜单命令。

➤ 命令行：在命令行中输入 REGEN/RE 命令。

执行"重生成"命令后，效果对比如图 3-57 所示。

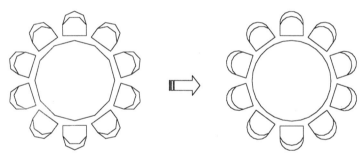

图 3-57 重生成前后对比

另外，使用"全部重生成"命令不仅重生为当前视图中的内容，而且重生成所有图形中的内容。

执行"全部重生成"命令的方法如下。

➤ 菜单栏：选择"视图"|"全部重生成"菜单命令。

➤ 命令行：在命令行中输入 REGENALL/REA 命令。

在进行复杂的图形处理时，应当充分考虑到"重画"和"重生成"命令的不同功能作用，并合理使用。"重画"命令耗时较短，可以经常使用以刷新屏幕。每隔一段较长的时间，或"重画"命令无效时，可以使用一次"重生成"命令，更新后台数据库。

3.4.6 新建视口

在创建图形时，经常需要将图形局部放大以显示细节，同时又需要观察图形的整体效果，这时仅使用单一的视图已经无法满足用户的需求了。在 AutoCAD 中使用"新建视口"命令，便可将绘制窗口划分为若干个视口，以便于查看图形。各个视口可以独立进行编辑，当修改一个视图中的图形时，在其他视图中也能够体现。单击视口区域可以在不同视口间切换。

在 AutoCAD 2016 中可以通过以下 4 种方式执行"新建视口"命令。

> 菜单栏：选择"视图"|"视口"|"新建视口"菜单命令。
> 工具栏：单击"视口"工具栏中的"显示'视口'对话框"按钮。
> 功能区：在"视图"选项卡中，单击"模型视口"面板中的"命名"按钮 命名。
> 命令行：在命令行中输入 VPORTS 命令。

执行上述任意操作后，系统将弹出"视口"对话框，选中"新建视口"选项，如图 3-58 所示。该对话框列出一个标准视口配置列表，可以用来创建层叠视口，还可以对视图的布局、数量和类型进行设置，最后单击"确定"按钮即可使视口设置生效。

图 3-58 "新建视口"选项卡

3.4.7 案例——新建视口

步骤 1 打开文件。按快捷键〈Ctrl+O〉，打开本书配套光盘中的"第 03 章\3.4.7 案例——新建视口.dwg"素材文件，如图 3-59 所示。

步骤 2 调用"新建视口"命令。在"视图"选项卡中，单击"视口模型"面板中的"命名"按钮 命名。

步骤 3 创建视口。在弹出的"视口"对话框中的"新名称"文本框中输入"平铺视口"，在"标准视口"列表框中选择"两个：水平"选项，如图 3-60 所示。

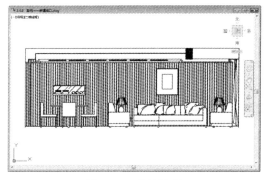

图 3-59 素材图形

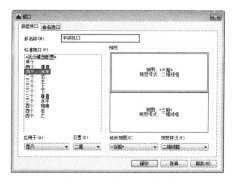

图 3-60 "视口"对话框

步骤 4 单击该对话框中的"确定"按钮，完成新建视口的操作，如图 3-61 所示。

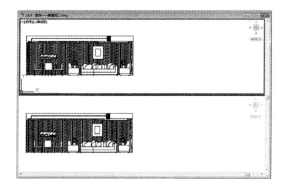

图 3-61 新建视口

3.4.8 命名视口

命名视口用于给新建的视口命名。

在 AutoCAD 2016 中可以通过以下 4 种方法执行"命名视口"命令。

➢ 菜单栏：选择"视图"|"视口"|"命名视口"菜单命令。

➢ 工具栏：单击"视口"工具栏中的"显示'视口'对话框"按钮 。

➢ 功能区：在"视图"选项卡中，单击"视口模型"面板中的"命名"按钮 。

➢ 命令行：在命令行中输入 VPORTS 命令。

执行上述操作后，系统将弹出"视口"对话框，选择"命名视口"选项卡。该选项卡用来显示保存在图形文件中的视口配置。其中"当前名称"提示行显示当前视口名；"命名视口"列表框用来显示保存的视口配置；"预览"显示框用来预览选择的视口配置。

3.4.9 案例——命名视口

步骤 1 打开文件。按快捷键〈Ctrl+O〉，打开本书配套光盘中的"第 03 章\3.4.9 案例——命名视口.dwg"素材文件，如图 3-62 所示。

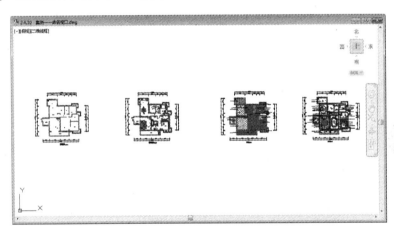

图 3-62　新建视口

步骤 2 调用"新建视口"命令。在"视图"选项卡中，单击"视口模型"面板中的"命名"按钮 。

步骤 3 创建视口。在弹出的"视口"对话框中的"新名称"文本框中输入"平铺视口"，在"标准视口"列表框中选择"四个：相等"选项，如图 3-63 所示。

步骤 4 单击"确定"按钮，系统在绘图区自动创建 4 个新的视口。

步骤 5 调用"命名视口"命令。在"视图"选项卡中，单击"视口模型"面板中的"命名"按钮 ，在弹出的"视口"对话框中的"命名视口"列表框中选中"平铺视口"选项，然后右击，在弹出的右键快捷菜单中选择"重命名"命令，显示如图 3-64 所示的"命名视口"选项卡，可以对视口进行重命名。

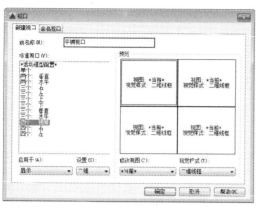

图 3-63　素材图形

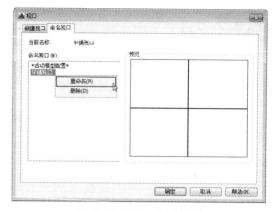

图 3-64　"视口"对话框

步骤 6 调整视口中的视图，以便观察户型设计的细节，最终效果如图 3-65 所示。

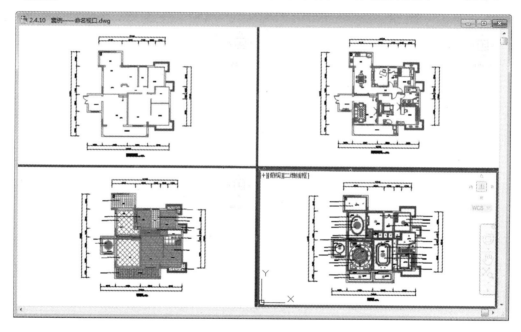

图 3-65　新建视口

3.5　AutoCAD 2016 命令调用的方法

命令是 AutoCAD 用户与软件交换信息的重要方式，在 AutoCAD 2016 中，执行命令的方式是比较灵活的，有通过键盘输入、功能区、工具栏、下拉菜单、快捷菜单等几种调用命令的方法。

3.5.1　使用菜单栏调用命令的方法

菜单栏是 AutoCAD 2016 提供的功能最全、最强大的命令调用方法。AutoCAD 绝大多数常用命令都分门别类地放置在菜单栏中。例如，若需要在菜单栏中调用"多边形"命令，

选择"绘图"|"多边形"菜单命令即可，如图3-66所示。

3.5.2 使用功能区调用命令的方法

三个工作空间都是以功能区作为调整命令的主要方式的。相比其他调用命令的方法，功能区调用命令更为直观，非常适合不能熟记绘图命令的AutoCAD初学者。

功能区可以使绘图界面无须显示多个工具栏，系统会自动显示与当前绘图操作相应的面板，从而使应用程序窗口更加整洁。因此，可以将进行操作的区域最大化，使用单个界面来加快和简化工作，如图3-67所示。

图3-66 菜单栏调用
"多边形"命令

图3-67 功能区面板

3.5.3 使用工具栏按钮调用命令的方法

与菜单栏一样，工具栏不显示于3个工作空间中，需要通过"工具"|"工具栏"|"AutoCAD"命令调出。单击工具栏中的按钮，即可执行相应的命令。用户可以在其他工作空间绘图，也可以根据实际需要调出工具栏，如"UCS""三维导航""建模""视图""视口"等。

> **技巧**：为了获取更多的绘图空间，可以按住快捷键〈Ctrl+0〉隐藏工具栏，再按一次即可重新显示。

3.5.4 在命令行输入命令的方法

使用命令行输入命令是AutoCAD的一大特色功能，同时也是最快捷的绘图方式。这就要求用户熟记各种绘图命令，一般对AutoCAD比较熟悉的用户都用此方式绘制图形，因为这样可以大大提高绘图的速度和效率。

AutoCAD的绝大多数命令都有其相应的简写方式。如"直线"命令LINE的简写方式是L，"矩形"命令RECTANGLE的简写方式是REC，如图3-68所示。对于常用的命令，用简写方式输入将大大减少键盘输入的工作量，提高工作效率。另外，在AutoCAD中，命令或参数的输入不区分大小写，因此操作者不必考虑输入的大小写。

图3-68 命令行调用"矩形"命令

在命令行输入命令后，可以使用以下方法响应其他任何提示和选项。

> ➤ 要接受显示在尖括号"[　]"中的默认选项，则按〈Enter〉键。
> ➤ 要响应提示，则输入值或单击图形中的某个位置。

要指定提示选项，可以在提示列表（命令行）中输入所需提示选项对应的亮显字母，然后按〈Enter〉键。也可以使用鼠标选择所需要的选项，在命令行中选择"倒角（C）"选项，等同于在此命令行提示下输入"C"并按〈Enter〉键。

3.5.5　案例——使用功能区调用命令的方法绘制矩形

步骤1 启动 AutoCAD 2016，单击快速访问工具栏中的"新建"按钮，新建空白文件。

步骤2 单击"绘图"面板中的"矩形"按钮囗，如图 3-69 所示，绘制尺寸为 300×200 的矩形，命令行具体操作如下。

命令：_rectang	//调用"矩形"命令
指定第一个角点或 [倒角(C)/标高(E)/圆角(F)/厚度(T)/宽度(W)]:	//在绘图区任意拾取一点
指定另一个角点或 [面积(A)/尺寸(D)/旋转(R)]: D↙	//输入 D 选项
指定矩形的长度 <10.0000>: 300	//指定矩形长度
指定矩形的宽度 <10.0000>: 200	//指定矩形宽度
指定另一个角点或 [面积(A)/尺寸(D)/旋转(R)]:	//指定矩形另一个角点位

置，结束命令

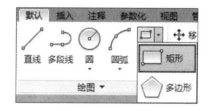

图 3-69　"绘图"功能面板

3.6　精确绘制图形

在 AutoCAD 2016 中可以绘制出十分精准的图形，这主要得益于各种辅助绘图工具，如正交、捕捉、对象捕捉、对象捕捉追踪等。同时，灵活使用这些辅助绘图工具，能够大幅提高绘图的工作效率。

3.6.1　栅格

栅格的作用如同传统纸面制图中使用的坐标纸，按照相等的间距在屏幕上设置了栅格点，绘图时可以通过栅格数量来确定距离，从而达到精确绘图的目的。栅格不是图形的一部分，打印时不会被输出。

控制栅格是否显示的方法如下。

> ➤ 快捷键：按〈F7〉键，可以在开、关状态之间切换。
> ➤ 状态栏：单击状态栏上的"栅格"按钮▦。

选择"工具"|"绘图设置"命令，在弹出的"草图设置"对话框中选择"捕捉和栅格"选项卡，选中"启用栅格"复选框，将启用栅格功能，如图 3-70 所示。

"捕捉和栅格"选项卡中部分选项的含义如下。

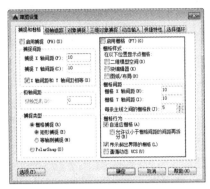

> "栅格样式"选项区域用于设置在哪个位置下显示点栅格，如在"二维模型空间""块编辑器"或"图纸/布局"中。

> "栅格间距"选项区域用于控制栅格的显示，这样有助于形象化显示距离。

> "栅格行为"选项区域用于控制当使用 图3-70 "捕捉和栅格"选项卡 VSCURRENT 命令设置为除二维线框之外的任何视觉样式时，所显示栅格线的外观。

3.6.2 捕捉

选择"工具"|"绘图设置"命令，或右击状态栏中的"捕捉模式"按钮，然后在弹出的菜单中选择"捕捉设置"命令，如图 3-71 所示。打开"草图设置"对话框，在"捕捉和栅格"选项卡中可以进行捕捉设置，选中"启用捕捉"复选框，将启用捕捉功能，如图 3-72 所示。

控制捕捉模式是否开启的方法如下。

> 快捷键：按〈F9〉键，可以在开、关状态之间切换。

> 状态栏：单击状态栏上的"捕捉模式"按钮。

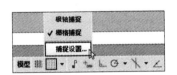

图 3-71 选择命令

图 3-72 "草图设置"对话框

3.6.3 正交

在绘图过程中，使用"正交"功能便可以将鼠标限制在水平或者垂直轴向上，同时也限制在当前的栅格旋转角度内。使用"正交"功能就如同使用了直尺绘图，使绘制的线条自动处于水平和垂直方向，在绘制水平和垂直方向的直线段时十分有用，如图 3-73 所示。

打开或关闭正交开关的方法如下。

> 快捷键：按〈F8〉键可以切换正交开、关模式。

> 状态栏：单击"正交"按钮，若亮显则为开启，如图 3-74 所示。

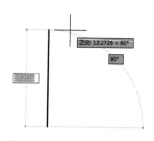

图 3-73　开启"正交"功能　　　　　　　图 3-74　单击"正交"按钮

> **提示：** 在 AutoCAD 中绘制水平或垂直线条时，利用正交功能可以有效地提高绘图速度。如果要绘制非水平、垂直的直线，可以按下〈F8〉键，关闭正交功能。另外，"正交"模式和极轴追踪不能同时打开，打开"正交"功能将关闭极轴追踪功能。

3.6.4　极轴追踪

　　"极轴追踪"功能实际上是极坐标的一个应用。使用"极轴追踪"功能绘制直线时，捕捉到一定的极轴方向即确定了极角，然后输入直线的长度，即确定了极半径，因此和利用"正交"功能绘制直线一样，利用"极轴追踪"功能绘制直线一般使用长度输入确定直线的第二点，代替坐标输入。"极轴追踪"功能可以用来绘制带角度的直线，如图 3-75 所示。

　　利用"极轴追踪"功能可以用来绘制带角度的直线，包括水平的 0°、180°与垂直的 90°、270°等，因此某些情况下可以代替"正交"功能。"极轴追踪"绘制的图形如图 3-76 所示。

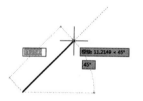

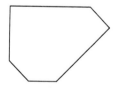

图 3-75　开启"极轴追踪"功能　　　　图 3-76　"极轴追踪"模式绘制的直线

　　"极轴追踪"功能的开、关切换有以下两种方法。

➤ 快捷键：按〈F10〉键切换开、关状态。

➤ 状态栏：单击状态栏上的"极轴追踪"按钮 ，若亮显则为开启。

　　右击状态栏上的"极轴追踪"按钮 ，如图 3-77 所示，其中的数值便为启用"极轴追踪"时的捕捉角度。然后在弹出的快捷菜单中选择"正在追踪设置"命令，系统弹出"草图设置"对话框，在"极轴追踪"选项卡中可设置极轴追踪的开关和其他角度值的增量角等，如图 3-78 所示。

　　"极轴追踪"选项卡中各选项的含义如下。

➤ 启用极轴追踪：用于打开或关闭"极轴追踪"功能。

➤ 极轴角设置：设置极轴追踪的对齐角度。

➤ 增加量：设置用来显示极轴追踪对齐路径的极轴角增量。

➤ 附加角：对极轴追踪使用列表中的任何一种附加角度。注意附加角度是绝对的，而非增量的。

> 新建：最多可以添加 10 个附加极轴追踪对齐角度。

图 3-77 选择"正在追踪设置"命令　　　　图 3-78 "极轴追踪"选项卡

3.6.5 对象捕捉

AutoCAD 提供了精确的对象捕捉特殊点功能，运用该功能可以精确地绘制出所需要的图形。进行精准绘图之前，需要进行正确的对象捕捉设置。

1. 开启"对象捕捉"功能

开启和关闭"对象捕捉"功能有以下 4 种方法。

> 菜单栏：选择"工具"|"草图设置"菜单命令，弹出"草图设置"对话框。选择
> "对象捕捉"选项卡，选中或取消选中"启用对象捕捉"复选框，也可以打开或关闭
> "对象捕捉"功能，但这种操作太烦琐，绘图过程中一般不使用。
> 命令行：在命令行输入 OSNAP 命令，弹出"草图设置"对话框。其他操作与在菜单
> 栏开启中的操作相同。
> 快捷键：按〈F3〉键，可以在开、关状态间切换。
> 状态栏：单击状态栏中的"对象捕捉"按钮□，若亮显则为开启。

2. 对象捕捉设置

在使用"对象捕捉"功能之前，需要设置捕捉的特殊点类型，根据绘图的需要设置捕捉对象，这样能够快速准确地定位目标点。右击状态栏上的"对象捕捉"按钮□，如图 3-79 所示，在弹出的快捷菜单中选择"对象捕捉设置"命令，系统弹出"草图设置"对话框，显示"对象捕捉"选项卡，如图 3-80 所示。

图 3-79 选择"设置"命令　　　　图 3-80 "对象捕捉"选项卡

在"对象捕捉"模式中，各选项的含义如下。

- ➤ 端点：捕捉直线或是曲线的端点。
- ➤ 中点：捕捉直线或是弧段的中心点。
- ➤ 圆心：捕捉圆、椭圆或弧的中心点。
- ➤ 几何中心：捕捉多段线、二维多段线和二维样条曲线的几何中心点。
- ➤ 节点：捕捉用"点"命令绘制的点对象。
- ➤ 象限点：捕捉位于圆、椭圆或是弧段上0°、90°、180°和270°处的点。
- ➤ 交点：捕捉两条直线或是弧段的交点。
- ➤ 延长线：捕捉直线延长线路径上的点。
- ➤ 插入点：捕捉图块、标注对象或外部参照的插入点。
- ➤ 垂足：捕捉从已知点到已知直线的垂线的垂足。
- ➤ 切点：捕捉圆、弧段及其他曲线的切点。
- ➤ 最近点：捕捉处在直线、弧段、椭圆或样条曲线上，而且距离鼠标最近的特征点。
- ➤ 外观交点：在三维视图中，从某个角度观察两个对象可能相交，但实际并不一定相交，可以使用"外观交点"功能捕捉对象在外观上相交的点。
- ➤ 平行线：选定路径上的一点，使通过该点的直线与已知直线平行。

启用"对象捕捉"功能之后，在绘图过程中，当鼠标靠近这些被启用的捕捉特殊点后，将自动对其进行捕捉，如图3-81所示为启用了端点捕捉功能的效果。

3. 临时捕捉

临时捕捉是一种一次性的捕捉模式，这种捕捉模式不是自动的，当用户需要临时捕捉某个特征点时，需要在捕捉之前手工设置需要捕捉的特征点，然后进行对象捕捉。这种捕捉不能反复使用，再次使用捕捉功能需重新选择捕捉类型。

在命令行提示输入点的坐标时，如果要使用临时捕捉模式，按住〈Shift〉键然后右击，系统弹出捕捉命令，如图3-82所示，可以在其中选择需要的捕捉类型。

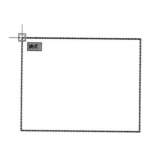

图3-81 捕捉端点

图3-82 捕捉类型

3.6.6 案例——应用"对象捕捉"功能完善室内桌椅

步骤 1 打开文件。按〈Ctrl+O〉组合键，打开配套光盘提供的"第 3 章\3.6.6 案例——应用对象捕捉完善室内桌椅"素材文件，结果如图3-83所示。

步骤 2 调用 C（圆）命令，捕捉大圆的圆心，结果如图 3-84 所示。

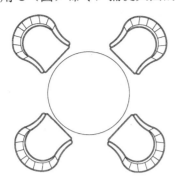

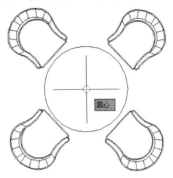

图 3-83 素材文件　　　　　　　图 3-84 捕捉大圆圆心

步骤 3 输入半径值为 300，结果如图 3-85 所示。

步骤 4 按〈Enter〉键结束绘制，完成圆桌的平面图形的绘制，结果如图 3-86 所示。

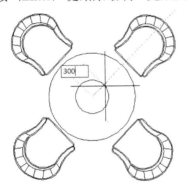

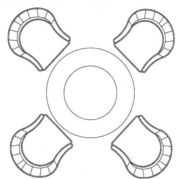

图 3-85 输入圆半径　　　　　　　图 3-86 完成效果

3.6.7 对象捕捉追踪

在绘图过程中，除了需要掌握对象捕捉的设置外，也需要掌握对象追踪的相关知识和应用的方法，从而提高绘图的效率。

"对象捕捉追踪"功能的开、关切换有以下两种方法。

➤ 快捷键：按〈F11〉键切换开、关状态。

➤ 状态栏：单击状态栏上的"对象捕捉追踪"按钮。

启用"对象捕捉追踪"功能后，在绘图区中指定点时，光标可以沿基于其他对象捕捉点的对齐路径进行追踪，如图 3-87 所示为中点捕捉追踪效果，如图 3-88 所示为交点捕捉追踪效果。

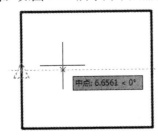

图 3-87 中点捕捉追踪　　　　　　　图 3-88 交点捕捉追踪

提示：由于"对象捕捉追踪"功能的使用是基于对象捕捉进行操作的，因此，要使用对象捕捉追踪功能，必须打开一个或多个对象捕捉功能。

3.6.8 案例——绘制插座图形

该图形如图 3-89 所示，通过对插座图形的绘制，可以加深读者对于 AutoCAD 中对象追踪的理解。具体绘制步骤如下。

步骤 1 单击快速访问工具栏中的"打开"按钮 📂，打开配套光盘提供的"第 2 章\2.38 绘制插座图形.dwg"素材文件，如图 3-90 所示。

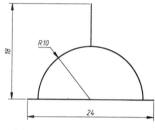

图 3-89 图形最终效果

图 3-90 素材文件

步骤 2 选择"工具"|"绘图设置"命令，在系统弹出的"草图设置"对话框中选择"对象捕捉"选项卡，然后选择其中的"启用对象捕捉""启用对象捕捉追踪""圆心"复选框并确定，如图 3-91 所示。

步骤 3 单击"绘图"面板中的"直线"按钮 ⬚，当命令行中提示"指定第一点"时，移动鼠标捕捉圆弧的圆心，然后单击鼠标将其指定为第一个点，如图 3-92 所示。

图 3-91 设置捕捉模式

图 3-92 捕捉圆心

步骤 4 将鼠标向左移动，引出水平追踪线，然后在动态输入框中输入 12，再按空格键，即可确定直线的第一个点，如图 3-93 所示。

步骤 5 此时将鼠标向右移动，引出水平追踪线，在动态输入框中输入 24，按空格键，即可绘制出直线，如图 3-94 所示。

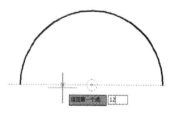

图 3-93 指定直线的起点

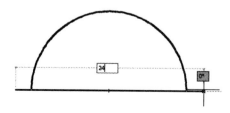

图 3-94 指定直线的终点

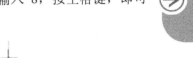

步骤 6 单击"绘图"面板中的"直线"按钮☑,当命令行中提示"指定第一点"时,移动鼠标捕捉圆弧的圆心,然后向上移动引出垂直追踪线,在动态输入框中输入 10,按空格键,确定直线的起点,如图 3-95 所示。

步骤 7 再将鼠标沿着垂直追踪线向上移动,在动态输入框中输入 8,按空格键,即可绘制出垂直的直线,如图 3-96 所示。

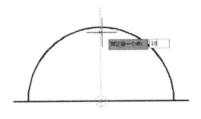

图 3-95 指定直线的起点

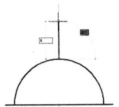

图 3-96 指定直线的终点

3.6.9 动态输入

在 AutoCAD 中,单击状态栏中的"动态输入"按钮,可在指针位置处显示指针输入或标注输入命令提示等信息,从而极大地提高了绘图的效率。动态输入模式界面包含 3 个组件,即指针输入、标注输入和动态显示。

"动态输入"功能的开、关切换有以下两种方法。

➤ 快捷键:按〈F12〉键切换开、关状态。

➤ 状态栏:单击状态栏上的"动态输入"按钮。

1. 启用指针输入

在"草图设置"对话框的"动态输入"选项卡中,可以控制在启用"动态输入"时每个部件所显示的内容,如图 3-97 所示。单击"指针输入"选项区的"设置"按钮,打开"指针输入设置"对话框,如图 3-98 所示。可以在其中设置指针的格式和可见性。在工具提示中,十字光标所在位置的坐标值将显示在光标旁边。命令行提示用户输入点时,可以在工具提示(而非命令窗口)中输入坐标值。

图 3-97 "动态输入"选项卡

图 3-98 "指针输入设置"对话框

2. 启用标注输入

在"草图设置"对话框的"动态输入"选项卡中,选择"可能时启用标注输入"复选框，启用标注输入功能。单击"标注输入"选项区域的"设置"按钮，打开如图 3-99 所示的"标注输入的设置"对话框。利用该对话框可以设置夹点拉伸时标注输入的可见性等。

3. 显示动态提示

在"动态输入"选项卡中，启用"动态显示"选项组中的"在十字光标附近显示命令提示和命令输入"复选框，可在光标附近显示命令提示。单击"绘图工具提示外观"按钮，弹出如图 3-100 所示的"工具提示外观"对话框，从中进行颜色、大小、透明度和应用场合的设置。

图 3-99　"标注输入的设置"对话框

图 3-100　"工具提示外观"对话框

3.7　设置图层

图层是查看和管理图形的强有力工具。用户可以根据需要在不同的图层中定义不同的颜色、线型、线宽等，以便更好地实现绘图标准化，使图形信息更清晰、有序。对以后图形的观察、修改、打印更加方便、快捷。

3.7.1　创建图层

AutoCAD 中的每一个图层就好比一张透明的图纸，由用户在该"图纸"上绘制图形对象；若干个图层重叠在一起就好比是若干张图纸叠放在一起，从而构成所需要的图形效果。一般一张相对复杂的工程图纸有中心线层、轮廓线层、虚线层、剖面线层、尺寸标注层、文字说明层等。

打开"图层特性管理器"选项板有以下 4 种方法。

➤ 菜单栏：选择"格式"|"图层"菜单命令。
➤ 功能区：在"默认"选项卡中，单击"图层"面板中的"图层特性"按钮▤。
➤ 工具栏：单击"图层"工具栏中的"图层特性"按钮▤。
➤ 命令行：在命令行中输入 LAYER/LA 命令。

3.7.2　案例——创建室内施工图的图层

步骤 1 选择"格式"|"图层"菜单命令，系统弹出"图层特性管理器"选项板，如图 3-101 所示。其中"0"图层是系统默认创建的图层，无法将其删除。

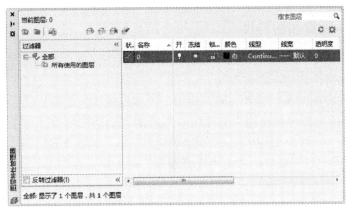

图 3-101 "图层特性管理器"选项板

步骤 2 单击"新建"按钮 ，新建图层。系统默认"图层 1"为新建图层的名称，如图 3-102 所示。

步骤 3 此时文本框呈可编辑状态，在其中输入文字"轴线"并按〈Enter〉键，完成中心线图层的创建，如图 3-103 所示。按下〈F2〉键，可以重命名图层。

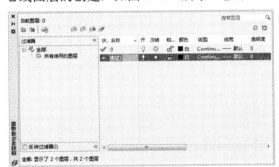

图 3-102 新建图层   图 3-103 修改图层名称

步骤 4 重复操作，继续新建图层，并为图层重新命名，结果如图 3-104 所示。

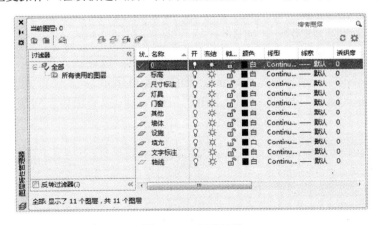

图 3-104 创建结果

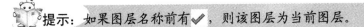 提示：如果图层名称前有 ，则该图层为当前图层。

3.7.3　案例——设置图层特性

每个图形都会有不同的颜色、线型或者线宽，以便于区别。改变图层的属性，位于该图层上的图形对象的属性则相应地被改变。

本节以修改室内图的图层特性为例，介绍更改图层属性的步骤。

步骤 1 在"图层特性管理器"选项板中，单击"颜色"属性，弹出"选择颜色"对话框，选择"红色"，如图 3-105 所示。单击"确定"按钮，返回"图层特性管理器"选项板。

步骤 2 单击"线型"属性，弹出"选择线型"对话框，如图 3-106 所示。

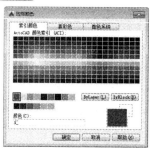

图 3-105　设置图层颜色

图 3-106　"选择线型"对话框

步骤 3 在对话框中单击"加载"按钮，在弹出的"加载或重载线型"对话框中选择 CENTER 线型，如图 3-107 所示。单击"确定"按钮，返回"选择线型"对话框。再次选择 CENTER 线型，如图 3-108 所示。

图 3-107　"加载或重载线型"对话框

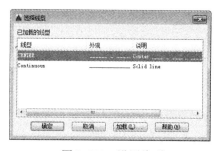

图 3-108　设置线型

步骤 4 单击"确定"按钮，返回"图层特性管理器"选项板。单击"线宽"属性，在弹出的"线宽"对话框中，选择线宽 0.15mm，如图 3-109 所示。

步骤 5 单击"确定"按钮，返回"图层特性管理器"选项板。设置的中心线图层如图 3-110 所示。

图 3-109　选择线宽

图 3-110　设置的中心线图层

步骤 6 如图 3-111 所示为更改轴网线型的前后效果对比。

步骤 7 重复上述步骤，分别创建"标高"层、"墙体"层、"设施"层和"门窗"层等，为各图层设置合适的颜色、线型和线宽特性，结果如图 3-112 所示。

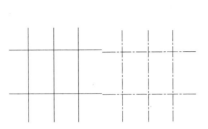

图 3-111　轴线前后效果对比　　　　　图 3-112　图层设置结果

提示：有时绘制的非连续线（如虚线、中心线）会显示出实线的效果，这通常是由于线型的比例过大，修改数值即可显示出正确的线型效果。选中要修改的对象，然后右击，在弹出的快捷菜单中选择"特性"命令，最后在"特性"选项板中减小"线型比例"数值即可。

若先选择一个图层再新建另一个图层，则新图层与被选中的图层具有相同的颜色、线型、线宽等设置。

3.7.4　控制图层状态

图层状态是用户对图层整体特性的开/关设置，包括隐藏或显示、冻结或解冻、锁定或解锁、打印或不打印等，对图层的状态进行控制，可以更方便地管理特定图层上的图形对象。控制图层状态可以通过"图层特性管理器"选项板、"图层控制"下拉列表，以及"图层"面板上各功能按钮来完成。

图层状态主要包括以下几点。

➤ 打开与关闭：单击"开/关图层"按钮，打开或关闭图层，此时可打开的图层可见、可打印属性。关闭的图层则相反。

➤ 冻结与解冻：单击"冻结/解冻"按钮，冻结或解冻图层。将长期不需要显示的图层冻结，可以提高系统运行速度，减少图形刷新的时间。AutoCAD 中被冻结图层上的对象不会显示、打印或重生成。

➤ 锁定与解锁：单击"锁定/解锁"按钮，锁定或解锁图层。被锁定图层上的对象不能被编辑、选择和删除，但该层的对象仍然可见，而且可以在该图层上添加新的图形对象。

➤ 打印与不打印：单击"打印"按钮，设置图层是否被打印。指定图层不被打印，该图层上的图形对象仍然可见。

3.7.5　案例——修改室内图的图层状态

步骤 1 单击"图层特性管理器"选项板中的"图层状态"栏下的按钮，可以控制图层的状态。单击"轴线"图层中的"锁定"按钮，在按钮变成状态时，如图 3-113 所示，该图层即被锁定。

（步骤 2）被锁定的图层在绘图区中呈灰色显示，如图 3-114 所示，不能对其进行选择编辑。

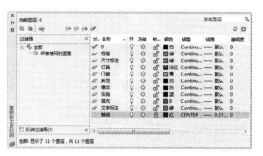 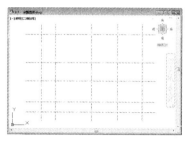

图 3-113　锁定图层　　　　　　　　　图 3-114　锁定结果

（步骤 3）此外，当更改状态的图层为当前图层时，单击"开"按钮 💡 时，系统会弹出提示对话框，如图 3-115 所示。用户可以根据需要来选择相应的选项。

（步骤 4）当更改状态的图层为当前图层时，单击"冻结"按钮 ☼，系统也会弹出提示对话框，如图 3-116 所示，显示当前图层无法冻结。

 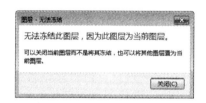

图 3-115　提示对话框　　　　　　　　图 3-116　无法冻结

提示：单击图层的"打印"按钮 🖶，当按钮变成 🖶 时，则位于该图层上的图形则不能被打印输出。

3.8 设计专栏

3.8.1 上机实训

（1）使用相对直角坐标绘制如图 3-117 所示的轮廓。

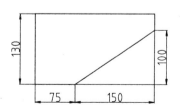

图 3-117　使用相对直角坐标绘制图形

（2）执行"重生成"命令，对图 3-118 所示的图形执行刷新操作，刷新结果如图 3-119 所示。

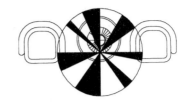

图 3-118　刷新前　　　　　　　　　图 3-119　刷新后

3.8.2 辅助绘图锦囊

　　捕捉对于 AutoCAD 绘图来说非常重要，尤其是在绘制精度要求较高的机械图样时，目标捕捉是精确定点的最佳工具。Autodesk 公司对此也非常重视，每次版本升级，目标捕捉的功能都有很大提高。切忌用光标线直接定点，这样的点不可能很准确。

　　除了之前介绍的方法，还可以使用键盘上的〈Tab〉键来帮助我们进行捕捉。

　　当需要捕捉一个物体上的点时，只要将鼠标靠近某个或某些物体，不断地按〈Tab〉键，这个或这些物体的某些特殊点（如直线的端点、中间点、垂直点、与物体的交点、圆的四分圆点、中心点、切点、垂直点、交点）就会轮换显示出来，选择需要的点单击即可以捕捉这些点，如图 3-120 所示。

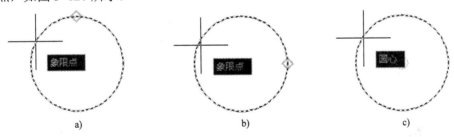

图 3-120　按〈Tab〉键切换捕捉点

a) 第一次按〈Tab〉键　b) 第二次按〈Tab〉键　c) 第三次按〈Tab〉键

　　注意当鼠标靠近两个物体的交点附近时，这两个物体的特殊点将先后轮换显示出来（其所属物体会变为虚线），如图 3-121 所示。这对于在图形局部较为复杂时捕捉点很有用。

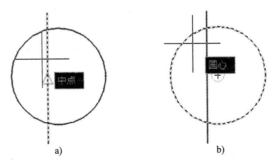

图 3-121　按〈Tab〉键在不同对象的特征点中切换

a) 切换至直线的中点　b) 切换至圆心

第 **4** 章

AutoCAD 室内二维图形的绘制

本章要点

- 点对象的绘制
- 直线型对象的绘制
- 曲线对象的绘制
- 多边形对象的绘制
- 图案填充
- 设计专栏

任何复杂的二维图形都是由基本二维图形经过组合和编辑构成的。AutoCAD 2016 提供了一系列绘图命令，利用这些命令可以绘制常见的图形。在本章的学习中，将介绍二维图形的绘制方法。

4.1 点对象的绘制

AutoCAD 中的点是组成图形最基本的元素，还可以用来标识图形的某些特殊部分，比如绘制直线时需要确定中点、绘制矩形的时候需要确定两个对角点、绘制圆或圆弧时需要确定圆心等。本节介绍点对象的绘制。

4.1.1 设置点样式

AutoCAD 2016 中的点没有大小，这将给图纸绘制带来不便，但可以通过设置点的样式来使点以不同的形式显示出来。

通过以下两种方式打开"点样式"对话框。

➢ 菜单栏：选择"格式"|"点样式"菜单命令。

➢ 功能区：在"默认"选项卡中，单击"实用工具"面板上的"点样式"按钮 。

➢ 命令行：在命令行中输入 DDPTYPE 命令。

执行上述命令后，系统将弹出如图 4-1 所示的"点样式"对话框，默认点样式为第一种，即显示为"."。在该对话框中可以设置 20 种不同的点样式，包括点的大小和形状，以满足用户绘图时的不同需要，如图 4-2 所示。对点样式进行更改后，在绘图区中的点对象也将发生相应的变化。

图 4-1 "点样式"对话框

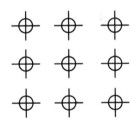

图 4-2 点效果

4.1.2 绘制单点与多点

在 AutoCAD 2016 中，"默认"选项卡的"绘图"面板中和菜单栏中的"绘图"|"点"子菜单中提供了所有绘制点的工具。在 AutoCAD 中，绘制点对象的操作包括绘制单点和绘制多点的，绘制单点和绘制多点的操作方法如下。

1. 绘制单点

在 AutoCAD 2016 中，执行"绘制单点"命令通常有以下两种方法。

➢ 菜单栏：选择"绘图"|"点"|"单点"菜单命令。

➢ 命令行：在命令行中输入 POINT/PO 命令。

执行"绘制单点"命令后，系统将出现"指定点："的提示，用户在绘图区中单击指定点的位置，当在绘图区内单击时，即可创建一个点，如图 4-3 所示。

2. 绘制多点

在 AutoCAD 2016 中，执行"绘制多点"命令通过有以下两种方法。

➢ 菜单栏：执行"绘图"|"点"|"多点"菜单命令。

➢ 功能区：在"默认"选项卡中，单击"绘图"面板中的"多点"按钮■。

执行"绘制多点"命令后，系统将出现"指定点："的提示，用户在绘图区中单击即可创建点对象，如图 4-4 所示。

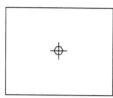

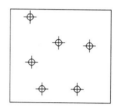

图 4-3　绘制单点效果　　　　　图 4-4　绘制多点效果

提示：执行"绘制多点"命令后，则可以在绘图区连续绘制多个点，直到按下"Esc"键才可以终止操作。

4.1.3　绘制定数等分点

使用 DIV "定数等分点"命令能够在某一图形上以等分数目创建点或插入图块，被等分的对象可以是直线、圆、圆弧、多段线等。

绘制定数等分点可通过以下 3 种方式。

➢ 菜单栏：选择"绘图"|"点"|"定数等分"菜单命令。

➢ 功能区：在"默认"选项卡中，单击"绘图"面板中的"定数等分"按钮。

➢ 命令行：在命令行中输入 DIVIDE/DIV 命令。

执行"定数等分"命令后，命令行提示如下。

命令：DIVIDE↙	//执行定数等分命令
选择要定数等分的对象：	//选择要等分的对象
输入线段数目或 [块(B)]:	//输入要等分的数目
	//按〈Esc〉键退出

提示：使用 DIVIDE 命令创建的点对象主要用于作为其他图形的捕捉点，生成的点标记只是起到等分测量的作用，而非将图形断开。

4.1.4　案例——绘制储藏柜平面图形

步骤 1　按〈Ctrl+O〉组合键，打开配套光盘提供的"第 04 章\4.1.4 绘制储藏柜平面图形.dwg"素材文件，结果如图 4-5 所示。

步骤 2　调用 DIV（定数等分）命令，根据命令行的提示选择要定数等分的对象，结果如图 4-6 所示。

图 4-5　打开素材　　　　　　　　　　　图 4-6　选择对象

步骤 3　输入等分线段的数目 5，结果如图 4-7 所示。

步骤 4　按〈Enter〉键，完成对物体的等分，结果如图 4-8 所示。

图 4-7　指定数目　　　　　　　　　　　图 4-8　等分结果

步骤 5　调用 L（直线）命令，以等分点为标准绘制直线，即可完成储藏柜平面图形的绘制，结果如图 4-9 所示。

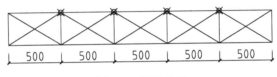

图 4-9　绘制结果

4.1.5　绘制定距等分点

在 AutoCAD 中，除了可以将图形定数等分外，还可以将图形定距等分，即对一个对象以一定的距离进行划分。使用 ME（定距等分）命令，便可以在选择对象上创建指定距离的点或图块，将图形以指定的长度分段。

绘制定距等分点可通过以下 3 种方式。

➢ 菜单栏：选择"绘图" | "点" | "定距等分"菜单命令。

➢ 功能区：在"默认"选项卡中，单击"绘图"面板中的"定距等分"按钮。

➢ 命令行：在命令行中输入 MEASURE/ME 命令。

执行"定距等分"命令后，命令行提示如下。

命令: ME↙　　　　　　　　　　　　　　　//执行定距等分命令

选择要定距等分的对象:　　　　　　　　　　//选择定距等分对象

输入线段数目或 [块(B)]:　　　　　　　　　　//输入等分的距离

　　　　　　　　　　　　　　　　　　　　　//按〈Esc〉键退出

4.1.6　案例——绘制柜子的立面图

步骤 1　按〈Ctrl+O〉组合键，打开配套光盘提供的"第 04 章\4.1.6 绘制柜子的立面图.dwg"素材文件，结果如图 4-10 所示。

步骤 2　调用 ME（定距等分）命令，选择矩形的下边作为等分对象；在命令行提示"指定线段长度或 [块(B)]:"时，输入 400，等分结果如图 4-11 所示。

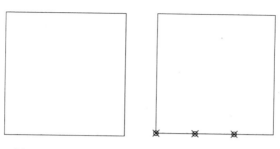

图 4-10 打开素材   图 4-11 等分结果

步骤 3 调用 L（直线）命令，以等分点为起点绘制直线。调用 REC（矩形）命令，绘制矩形作为柜子的把手，柜子的立面图结果如图 4-12 所示。

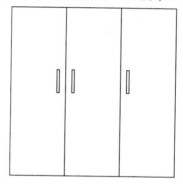

图 4-12 绘制结果

4.2 直线型对象的绘制

在绘制室内设计装饰装修施工图纸的过程中，直线是最常绘制及常用到的图形，常常用来表示物体的外轮廓，比如墙体、散水等。

本节介绍在 AutoCAD 中，绘制直线对象的方法，包括命令的调用及图形的绘制。

4.2.1 绘制直线

AutoCAD 2016 中的直线是有限长的，是指有两个端点的线段，这与数学中的直线定义不同。直线一般可用于绘制外轮廓、中心线等。

执行"直线"命令的常用方法有如下 4 种。

➤ 菜单栏：选择"绘图"|"直线"菜单命令。

➤ 功能区：在"默认"选项卡中，单击"绘图"面板中的"直线"按钮▨。

➤ 工具栏：单击"绘图"工具栏中的"直线"按钮◢。

➤ 命令行：在命令行中输入 LINE/L 命令。

在使用 L 直线命令绘图的过程中，如果绘制了多条线段，系统将提示"指定下一点或 [闭合（C）/放弃（U）]:"，如图 4-13 所示。下面介绍该提示中各选项的含义。

➤ 指定下一点：要求用户指定线段的下一端点。

> 闭合（C）：在绘制多条线段后，如果输入 C 并按下空格键进行确定，则最后一个端点将与第一条线段的起点重合，从而组成一个封闭的图形，如图 4-14 所示。
> 放弃（U）：输入 U 并按下空格键进行确定，则最后绘制的线段将被删除。

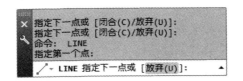

图 4-13　命令提示

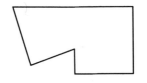

图 4-14　绘制的封闭图形

 提示： 在绘制直线的过程中，如需准确地绘制水平直线和垂直直线，可以单击状态栏中的"正交"按钮，以打开"正交"模式进行绘制。

4.2.2　案例——绘制置物架

步骤 1 调用 L（直线）命令，绘制置物架图形，命令行提示如下。

命令:L　　LINE	//调用"直线"命令
指定第一个点:0,0↙	//指定坐标原点为直线起点
指定下一点或 [放弃(U)]: 0, -100↙	//输入绝对直角坐标确定直线第 2 点
指定下一点或 [放弃(U)]: @900, 0↙	//输入相对直角坐标确定直线第 3 点
指定下一点或 [闭合(C)/放弃(U)]: @0, 100↙	//输入相对直角坐标确定直线第 4 点
指定下一点或 [闭合(C)/放弃(U)]: @-40, 0↙	//输入相对直角坐标确定直线第 5 点
指定下一点或 [闭合(C)/放弃(U)]: @0, -60↙	//输入相对直角坐标确定直线第 6 点
指定下一点或 [闭合(C)/放弃(U)]: @820<180↙	//输入相对极坐标确定直线第 7 点
指定下一点或 [闭合(C)/放弃(U)]: @60<90↙	//输入相对极坐标确定直线第 8 点
指定下一点或 [闭合(C)/放弃(U)]: C↙	//激活"闭合"选项，闭合图形

步骤 2 绘制完成的的置物架如图 4-15 所示。

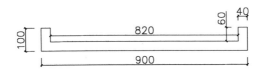

图 4-15　绘制的置物架

步骤 3 按〈Ctrl+O〉组合键，打开"第 04 章\家具图例.dwg"文件，将其中的"书本"图形复制粘贴至当前图形中，结果如图 4-16 所示。

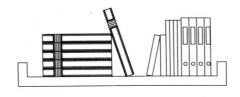

图 4-16　调入图块

4.2.3 绘制射线

射线即在一个方向无限延伸的线，一般作为辅助线。使用射线代替构造线，有助于降低视觉混乱。

在 AutoCAD 2016 中，通过指定射线的起点和通过点来绘制射线。每执行一次射线绘制命令，可绘制一簇射线，这些射线以指定的第一点为共同的起点，如图 4-17 所示。

执行"射线"命令的常用方法有如下 3 种。

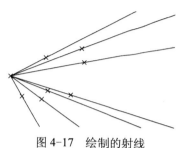

图 4-17 绘制的射线

> 菜单栏：执行"绘图"|"射线"菜单命令。
> 功能区：在"默认"选项卡中，单击"绘图"面板中的"射线"按钮 ⬚。
> 命令行：在命令行中的输入 RAY 命令。

4.2.4 绘制构造线

构造线是指没有起点和终点，两端可以无限延长的直线。构造线与射线相同，常常作为辅助线出现在绘制图形的过程当中。

在 AutoCAD 2016 中，绘制构造线的方式有以下 4 种。

> 命令行：在命令行中输入 XLINE/XL 命令并按〈Enter〉键。
> 菜单栏：选择"绘图"|"构造线"命令。
> 功能区：在"默认"选项卡中，单击"绘图"面板中的"构造线"按钮 ⬚。
> 工具栏：单击"绘图"工具栏上的"构造线"按钮 ⬚。

调用 XL（构造线）命令，命令行提示如下。

执行该命令后命令行提示如下。

命令: _xline 指定点或[水平(H)/垂直(V)/角度(A)/二等分(B)/偏移(O)]:

选择"水平"或"垂直"选项，可以绘制水平和垂直的构造线，如图 4-18 所示；选择"角度"选项，可以绘制一定倾斜角度的构造线，如图 4-19 所示。

选择"二等分"选项，可以绘制两条相交直线的角平分线，如图 4-20 所示。绘制角平分线时，使用捕捉功能依次拾取顶点 O、起点 A 和端点 B 即可。

选择"偏移"选项，可以由已有直线偏移出平行线。该选项的功能类似于"偏移"命令。通过输入偏移距离和选择要偏移的直线来绘制与该直线平行的构造线。

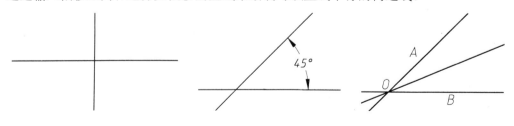

图 4-18 水平和垂直构造线　　图 4-19 成角度的构造线　　图 4-20 二等分构造线

4.2.5 案例——绘制餐桌椅

通过对餐桌椅的绘制，用户熟练掌握绘制直线的过程和技巧，具体步骤如下。

步骤 1 绘制餐桌。在"默认"选项卡中，单击"绘图"面板中的"直线"按钮，绘制长为 1200mm、宽为 650mm 的矩形作为餐桌平面图，如图 4-21 所示。命令行操作过程如下。

命令: _line	//执行"直线"命令
指定第一个点:	//在绘图区中任意位置单击确定第一点
指定下一点或 [放弃(U)]: 1200✓	//向右移动光标，输入线段的长度为1200
指定下一点或 [放弃(U)]: 650✓	//向上移动光标，输入线段的长度为650
指定下一点或 [闭合(C)/放弃(U)]: 1200✓	//向左移动光标，输入线段的长度为1200
指定下一点或 [闭合(C)/放弃(U)]: C✓	//激活C选项，封闭图形

步骤 2 绘制椅子。按〈F8〉键打开"正交"模式，在命令行中输入 XL（构造线）命令，绘制垂直于餐桌的构造线，如图 4-22 所示。命令行操作过程如下。

命令: XL XLINE✓	//执行"构造线"命令
指定点或 [水平(H)/垂直(V)/角度(A)/二等分(B)/偏移(O)]:	//在餐桌面上单击指定起点
指定通过点:	//在垂直方向上任意单击一点确定通过点，并按〈Esc〉键退出命令

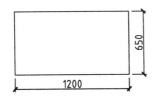

图 4-21　绘制餐桌平面

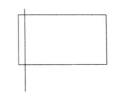

图 4-22　绘制第一条构造线

步骤 3 按空格键重复"构造线"命令，绘制偏移的构造线，如图 4-23 所示。命令行操作过程如下。

命令: _xline	
指定点或 [水平(H)/垂直(V)/角度(A)/二等分(B)/偏移(O)]: O	//选择"偏移"选项
指定偏移距离或 [通过(T)] <205.0000>: 400	//输入偏移距离
选择直线对象:	//选择第一条构造线
指定向哪侧偏移:	//向右拖动鼠标并单击确定，并按
〈Esc〉键退出命令	

步骤 4 重复"构造线"命令，绘制与餐桌水平边线平行的构造线，如图 4-24 所示。命令行操作过程如下。

命令: _xline	
指定点或 [水平(H)/垂直(V)/角度(A)/二等分(B)/偏移(O)]: O✓	//选择"偏移"选项
指定偏移距离或 [通过(T)] <400.0000>: 205✓	//输入偏移距离
选择直线对象:	//选择餐桌下边直线
指定向哪侧偏移:	//向下拖动鼠标并单击以确定，并按
〈Esc〉键退出命令	

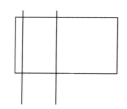

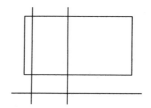

图 4-23　偏移构造线　　　　　图 4-24　绘制与餐桌水平边线平行的构造线

步骤 5 重复"构造线"命令，绘制与水平构造线平行的第二条构造线，如图 4-25 所示。命令行操作如下。

命令:_xline

指定点或 [水平(H)/垂直(V)/角度(A)/二等分(B)/偏移(O)]: O↙　　　　//选择"偏移"选项

指定偏移距离或 [通过(T)] <205.0000>: 40↙　//输入偏移距离

选择直线对象:　　　　　　　　　　　//选择刚绘制的水平构造线

指定向哪侧偏移:　　　　　　　　　　//向上拖动鼠标并单击以确定，并按〈Esc〉键退出命令

步骤 6 删除多余的构造线，结果如图 4-26 所示。使用相同的方法创建其他椅子的平面图，完成餐桌椅的绘制，然后进行调整，如图 4-27 所示。

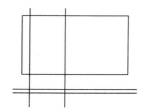

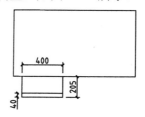

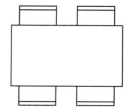

图 4-25　绘制第二条平行构造线　　　图 4-26　椅子平面效果　　　图 4-27　餐桌椅子平面效果

4.2.6　绘制多段线

多段线是指由等宽或不等宽的直线或圆弧等多条线段构成的特殊线段。由多段线所构成的图形是一个整体，可以统一对其进行编辑修改。

执行"多线段"命令的方法有以下 4 种。

➢ 菜单栏：选择"格式"|"多段线"菜单命令。

➢ 功能区：在"默认"选项卡中，单击"绘图"面板中的"多段线"按钮。

➢ 工具栏：单击"绘图"工具栏中的"多段线"按钮。

➢ 命令行：在命令行中输入 PLINE/PL 命令。

执行"多段线"命令之后，在指定多段线起点后，命令行提示如下。

指定下一个点或 [圆弧(A)/半宽(H)/长度(L)/放弃(U)/宽度(W)]:

命令行中各选项的含义如下。

➢ 圆弧（A）：激活该选项，将以绘制圆弧的方式绘制多段线。

➢ 半宽（H）：激活该选项，将指定多段线的半宽值，AutoCAD 将提示用户输入多段线的起点宽度和终点宽度，常用此选项绘制箭头。

➢ 长度（L）：激活该选项，将定义下一条多段线的长度。

➢ 放弃（U）：激活该选项，将取消上一次绘制的一段多段线。

➢ 宽度（W）：激活该选项，可以设置多段线宽度值。建筑制图中常用此选项来绘制具

有一定宽度的地平线等元素。

提示：在绘制多段线时，AutoCAD 将按照上一线段的方向绘制一段新的多段线。若上一段是圆弧，将绘制出与此圆弧相切的选段。

4.2.7 案例——绘制阳台轮廓

步骤 1 调用 PL（多段线）命令，绘制阳台轮廓，命令行提示如下。

命令: PL↙　　　PLINE　　　　　　　　　　　　　　　　//调用"多段线"命令
指定起点:　　　　　　　　　　　　　　　　　　　　　//任意拾取一点，作为多段线的起点
当前线宽为 0.0000
指定下一个点或 [圆弧(A)/半宽(H)/长度(L)/放弃(U)/宽度(W)]:@-1000, 0　　//输入第 2 点相对坐标
指定下一点或 [圆弧(A)/闭合(C)/半宽(H)/长度(L)/放弃(U)/宽度(W)]:@350<-90//输入第 3 点相对极坐标
指定下一点或 [圆弧(A)/闭合(C)/半宽(H)/长度(L)/放弃(U)/宽度(W)]: A↙　　//激活"圆弧"选项
指定圆弧的端点或[角度(A)/圆心(CE)/闭合(CL)/方向(D)/半宽(H)/直线(L)/半径(R)/第二个点(S)/放弃(U)/
宽度(W)]: R↙　　　　　　　　　　　　　　　　　　//激活"半径"选项
指定圆弧的半径: 900↙　　　　　　　　　　　　　　　//指定圆弧半径
指定圆弧的端点或 [角度(A)]:@-1000<0　　　　　　　　//指定圆弧的另一个端点
指定圆弧的端点或[角度(A)/圆心(CE)/闭合(CL)/方向(D)/半宽(H)/直线(L)/半径(R)/第二个点(S)/放弃(U)/
宽度(W)]: L　　　　　　　　　　　　　　　　　　　//激活"直线"选项
指定下一点或 [圆弧(A)/闭合(C)/半宽(H)/长度(L)/放弃(U)/宽度(W)]: C↙　　//激活"闭合"选项，绘制
结果如图 4-28 所示

步骤 2 调用 O（偏移）命令，设置偏移距离为 50，向内偏移多段线，如图 4-29 所示，过道端景平面图绘制完成。

图 4-28　绘制多段线

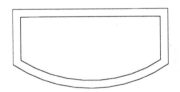

图 4-29　偏移结果

步骤 3 按〈Ctrl+O〉组合键，打开"第 04 章\家具图例.dwg"文件，将其中的"盆景"图形复制粘贴至当前图形中，结果如图 4-30 所示。

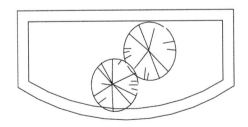

图 4-30　插入盆景图块

4.2.8 编辑多段线

多段线绘制完成后，如需修改，AutoCAD 2016 提供专门的多段线编辑工具对其进行编辑。执行编辑多段线命令的方法有以下 4 种。

➢ 菜单栏：选择"修改"|"对象"|"多段线"菜单命令。

➢ 功能区：在"默认"选项卡中，单击"修改"面板中的"编辑多段线"按钮✐。

➢ 工具栏：单击"修改Ⅱ"工具栏的"编辑多段线"按钮✐。

➢ 命令行：在命令行中输入 PEDIT/PE 命令。

执行上述命令后，选择需编辑的多段线，命令行提示如下。

输入选项 [闭合()/合并(J)/宽度(W)/编辑顶点(E)/拟合(F)/样条曲线(S)/非曲线化(D)/线型生成(L)/反转(R)/放弃(U)]:

其中各选项的含义如下。

➢ 闭合（C）：可以将原多段线通过修改的方式闭合起来。执行此选项后，命令将自动变为"打开(O)"，如果再执行"打开"命令又会切换回来。

➢ 合并（J）：可以将多段线与其他线段合并成一个整体。注意，如果合并的对象是直线或圆弧，则必须与多段线首或尾相连接；如果合并的对象是多个多段线，命令行将提示输入合并多段线的允许距离。此选项在绘图过程中应用相当广泛。

➢ 宽度（W）：可以将整个多线段指定统一的宽度。

➢ 编辑顶点（E）：用于对多段线的各个顶点逐个进行编辑。

➢ 拟合（F）：创建用圆弧拟合多段线，即转换为由圆弧连接每个顶点的平滑曲线。

➢ 样条曲线（S）：将多段线用做样条曲线拟合。

➢ 非曲线化（D）：删除圆弧拟合或样条曲线拟合的多段线，并拉直多段线的所有线段。

➢ 线型生成（L）：生成通过多段线顶点的连续图案的线型。此选项关闭时，将生成始末顶点处为虚线的线型。

➢ 放弃（U）：撤销上一步操作，可一直返回到使用 PEDIT 命令之前的状态。

4.2.9 案例——完善音响图形

步骤 1 按〈Ctrl+O〉组合键，打开配套光盘提供的"第 04 章\4.2.9 完善音响图形.dwg"素材文件，结果如图 4-31 所示。

步骤 2 选择"修改"|"对象"|"多段线"菜单命令，选择素材图形的外轮廓线，在弹出的快捷菜单中选择"闭合"选项，结果如图 4-32 所示。

步骤 3 按〈Enter〉键结束操作，完成对图形外轮廓的编辑，结果如图 4-33 所示。

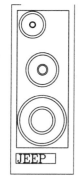
图 4-31　打开素材

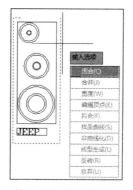
图 4-32　快捷菜单

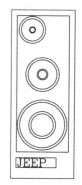
图 4-33　编辑结果

步骤 4 选择"修改"|"对象"|"多段线"命令，选择素材图形的外轮廓线，在弹出的快捷菜单中选择"宽度"选项，结果如图4-34所示。

步骤 5 输入新的宽度参数10，结果如图4-35所示。

步骤 6 按〈Esc〉键退出绘制，编辑修改的结果如图4-36所示。

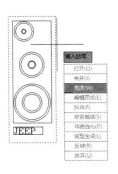
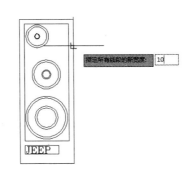
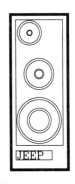

图4-34 快捷菜单　　　　　　图4-35 输入参数　　　　　　图4-36 修改结果

4.2.10 定义多线样式

系统默认的多线样式称为 STANDARD 样式，它由两条平行线组成，并且平行线的间距是定值。如需绘制不同样式的多线，则可以在打开的"多线样式"对话框中设置多线的线型、颜色、线宽、偏移等特性。

执行"多线样式"命令的方法有以下两种。

➤ 菜单栏：选择"格式"|"多线样式"菜单命令。

➤ 命令行：在命令行中输入 MLSTYLE 命令。

4.2.11 设置多线样式

步骤 1 选择"格式"|"多线样式"命令，弹出"多线样式"对话框，如图4-37所示。

步骤 2 在对话框中单击"新建"按钮，弹出"创建新的多线样式"对话框；输入新样式名称，结果如图4-38所示。

图4-37 "多线样式"对话框　　　　图4-38 "创建新的多线样式"对话框

步骤 3 在对话框在中单击"继续"按钮，弹出"新建多线样式：外墙"对话框，参数设置如图 4-39 所示。

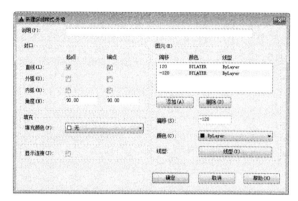

图 4-39 "新建多线样式：外墙"对话框

步骤 4 参数设置完成后，在对话框中单击"确定"按钮，关闭对话框；返回"多线样式"对话框，将"外墙"样式设置为当前样式，单击"确定"按钮，关闭"多线样式"对话框。

4.2.12 绘制多线

通过多线的样式，用户可以自定义元素的类型及元素间的间距。多线一般多用于建筑图的墙体、公路和电子线路等平行线对象。

执行"多线"命令的方法有以下两种。

➢ 菜单栏：选择"绘图"|"多线"菜单命令。

➢ 命令行：在命令行中输入 MLINE/ML 命令。

执行"多线"命令之后，命令行提示如下。

指定起点或 [对正(J)/比例(S)/样式(ST)]:

各选项的含义介绍如下。

➢ 对正（J）：设置绘制多线相对于用户输入端点的偏移位置。该选项有"上""无"和
"下" 3 个选项，"上"表示多线顶端的线随着光标进行移动；"无"表示多线的中心线随着光标点移动；"下"表示多线底端的线随着光标点移动。3 种对正方式如图 4-40 所示。

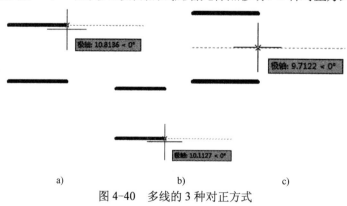

a)　　　　　　　　　　b)　　　　　　　　c)

图 4-40 多线的 3 种对正方式

a) 上对齐　b) 无对齐　c) 下对齐

➢ 比例（S）：设置多线的宽度比例。如图 4-41 所示，比例因子为 10 和 100。比例因子为 0 时，将使多线变为单一的直线。

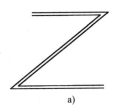
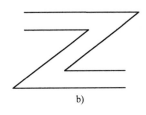

a)   b)

图 4-41   多线的比例

a) 比例为 10   b) 比例为 100

➤ 样式（ST）：用于设置多线的样式。激活"样式"选项后，命令行出现"输入多线样式或[?]"提示信息，此时可直接输入已定义的多线样式名称。输入"？"，则会显示已定义的多线样式。

> **提示：** 多线的绘制方法与直线相似，不同的是多线由多条线性相同的平行线组成。绘制的每一条多线都是一个完整的整体，不能对其进行偏移、延伸、修剪等编辑操作，只能将其分解为多条直线后才能编辑。

4.2.13   案例——绘制墙体

步骤 1 按〈Ctrl+O〉组合键，打开配套光盘提供的"第 04 章\4.2.13 绘制墙体.dwg"素材文件，如图 4-42 所示。

步骤 2 调用 ML（多线）命令，绘制外墙和内墙，命令行提示如下。

命令: ML↙ MLINE	//调用"多线"命令
当前设置: 对正 = 上，比例 = 20.00，样式 = 外墙	
指定起点或 [对正(J)/比例(S)/样式(ST)]: J↙	//激活"对正"选项
输入对正类型 [上(T)/无(Z)/下(B)] <上>: Z↙	//激活"无"选项
当前设置: 对正 = 无，比例 = 20.00，样式 =外墙	
指定起点或 [对正(J)/比例(S)/样式(ST)]: S↙	//激活"比例"选项
输入多线比例 <20.00>: 1↙	//指定多线比例
当前设置: 对正 = 无，比例 = 240.00，样式 =外墙	
指定起点或 [对正(J)/比例(S)/样式(ST)]:	//捕捉外墙轴线交点指定起点
指定下一点:	//继续捕捉外墙轴线交点指定多线下一点
指定下一点或 [放弃(U)]:	//绘制外墙墙线结果如图 4-43 所示

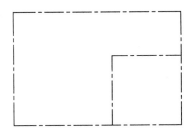

图 4-42   打开素材

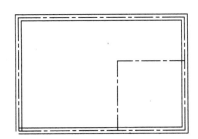

图 4-43   绘制外墙墙线

步骤 **3** 重复调用 ML（多线）命令，设置多线比例为 0.5，绘制隔墙如图 4-44 所示。

步骤 **4** 选择"修改"|"对象"|"多线"菜单命令，打开如图 4-45 所示的"多线编辑工具"对话框。

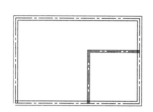

图 4-44　绘制隔墙　　　　　　　图 4-45　"多线编辑工具"对话框

步骤 **5** 在"多线编辑工具"对话框中单击"角点结合"按钮，依次单击垂直墙体和水平墙体并编辑，结果如图 4-46 所示。

步骤 **6** 在"多线编辑工具"对话框中单击"T 形打开"按钮，编辑墙体的最终结果如图 4-47 所示。

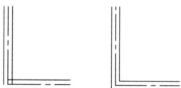

图 4-46　编辑结果　　　　　　　图 4-47　最终结果

4.3　曲线对象的绘制

在 AutoCAD 中，圆、圆弧、椭圆、椭圆弧及圆环都属于曲线对象。在绘制方法上，相对于直线对象来说要复杂一些。本节介绍绘制曲线对象的方法。

4.3.1　绘制样条曲线

样条曲线是一种能够自由编辑的曲线，在曲线周围将显示控制点，可以通过调整曲线上的起点、控制点来控制曲线形状。样条曲线是指一种能够自由编辑的曲线。

在 AutoCAD 中，绘制样条曲线的方法有如下 4 种。

➢ 菜单栏：选择"绘图"|"样条曲线"菜单命令。

➢ 功能区：在"默认"选项卡中，单击"绘图"面板中的"样条曲线拟合"按钮 ∿ 或"样条曲线控制点"按钮 ∿。

➢ 工具栏：单击"绘图"工具栏中的"样条曲线"按钮 ⁎。

➢ 命令行：在命令行中输入 SPLINE/SPL 命令。

4.3.2　案例——绘制样条曲线

步骤 **1** 按〈Ctrl+O〉快捷键，打开配套光盘提供的"第 04 章\4.3.2 绘制样条曲线.dwg"素材文件，如图 4-48 所示。

步骤 2 调用 SPL（样条曲线）命令，绘制样条曲线连接两个图形，命令提示行操作如下：

命令: SPL✓　　SPLINE　　　　　　　　　　　　　//调用"样条曲线"命令

当前设置: 方式=拟合　节点=弦

指定第一个点或 [方式(M)/节点(K)/对象(O)]:　　　　//在剖面图的圆上指定一点作为样条曲线的起点

输入下一个点或 [起点切向(T)/公差(L)]:　　　　　　//指定样条曲线的下一个点

输入下一个点或 [端点相切(T)/公差(L)/放弃(U)]:　　//再次指定样条曲线的下一个点

输入下一个点或 [端点相切(T)/公差(L)/放弃(U)/闭合(C)]: ✓　//结束绘制，按〈Enter〉键结束点的指定

输入下一个点或 [端点相切(T)/公差(L)/放弃(U)/闭合(C)]:　//指定样条曲线起点切线方向

输入下一个点或 [端点相切(T)/公差(L)/放弃(U)/闭合(C)]:　//指定样条曲线起点切线方向

步骤 3 样条曲线绘制结果如图 4-49 所示。

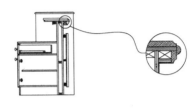

图 4-48　打开图形　　　　　　　　　　　图 4-49　绘制样条曲线

提示：在选择需要编辑的样条曲线之后，曲线周围会显示控制点，用户可以根据自己的实际需要，通过调整曲线上的起点、控制点来控制曲线的形状，如图 4-50 所示。

图 4-50　样条曲线

4.3.3　绘制圆

在 AutoCAD 2016 中，可以通过指定圆心、半径、直径、圆周上的点和其他对象上的点的不同组合来绘制圆。在室内设计制图中，圆可用来表示简易绘制的椅子、灯具，以及管道的分布情况；在工程制图中常常用来表示柱子、孔洞、轴等基本构件。

执行"圆"命令的方法有以下 4 种。

➢ 菜单栏：选择"绘图"|"圆"菜单命令。

➢ 功能区：在"默认"选项卡中，单击"绘图"面板中的"圆"按钮⊙。

➢ 工具栏：单击"绘图"工具栏中的"圆"按钮⊙。

➢ 命令行：在命令行中输入 CIRCLE/C 命令。

在 AutoCAD 2016 中，有 6 种绘制圆的方法，如图 4-51 所示。

➢ 圆心、半径：用圆心和半径方式绘制圆。

➢ 圆心、直径：用圆心和直径方式绘制圆。

➢ 三点：通过 3 点绘制圆，系统会提示指定第一点、第二点和第三点。

➤ 两点：通过两个点绘制圆，系统会提示指定圆直径的第一端点和第二端点。

➤ 相切、相切、半径：通过两个其他对象的切点和输入半径值来绘制圆。系统会提示指定圆的第一切线和第二切线上的点及圆的半径。

➤ 相切、相切、相切：通过指定 3 个相切对象绘制圆。

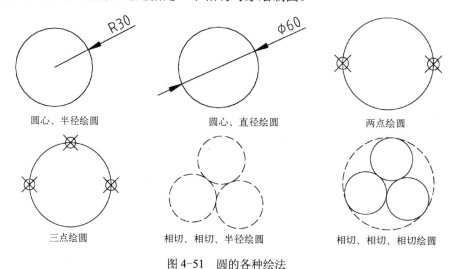

图 4-51　圆的各种绘法

4.3.4　案例——绘制吧椅

下面以绘制吧椅的平面图为例，介绍"圆"命令在实际绘图中的调用方法。

步骤 1 调用 C（圆）命令，绘制半径分别为 175、155 的圆形，如图 4-52 所示。

步骤 2 绘制椅背。调用 L（直线）命令，绘制直线，结果如图 4-53 所示。

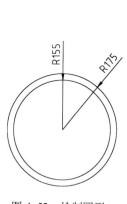

图 4-52　绘制圆形

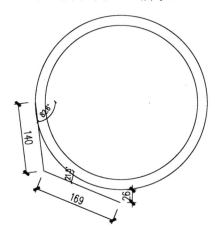

图 4-53　绘制直线

步骤 3 调用 MI（镜像）命令，镜像复制直线图形，结果如图 4-54 所示。

步骤 4 调用 O（偏移）命令，设置偏移距离为 20，往外偏移直线图形。调用 L（直线）命令，绘制闭合直线。调用 F（圆角）命令，设置圆角半径为 0，对所偏移的直线进行圆角处理，结果如图 4-55 所示。

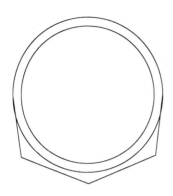

图4-54　镜像复制

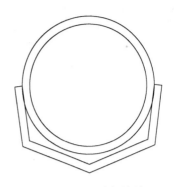

图4-55　编辑结果

步骤 5 调用 L（直线）命令，绘制直线。调用 C（圆）命令，绘制半径为 10 的圆形，结果如图 4-56 所示。

步骤 6 调用 A（圆弧）命令，绘制圆弧，完成吧椅的绘制，结果如图 4-57 所示。

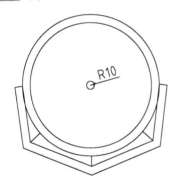

图4-56　绘制结果

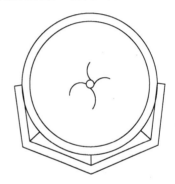

图4-57　绘制圆弧

4.3.5　绘制圆弧

AutoCAD 2016 提供了多种方法用于绘制圆弧，如可通过指定圆弧的圆心、端点、起点、半径、角度、弦长和方向值的各种组合形式。

执行"圆弧"命令的方法有以下 4 种。

➤ 菜单栏：选择"绘图"|"圆弧"菜单命令。

➤ 功能区：在"默认"选项卡中，单击"绘图"面板中的"圆弧"按钮 。

➤ 工具栏：单击"绘图"工具栏中的"圆弧"按钮 。

➤ 命令行：在命令行中输入 ARC/A 命令。

在 AutoCAD 2016 中，有 11 种绘制圆弧的方法，如图 4-58 所示。

➤ 三点：通过指定圆弧上的三点绘制圆弧，需要指定圆弧的起点、通过的第二个点和端点。

➤ 起点、圆心、端点：通过指定圆弧的起点、圆心、端点绘制圆弧。

➤ 起点、圆心、角度：通过指定圆弧的起点、圆心、包含角绘制圆弧。执行此命令时会出现"指定包含角："的提示，在输入角度时，如果当前环境设置逆时针方向为角度正方向，且输入正的角度值，则绘制的圆弧是从起点绕圆心沿逆时针方向绘制，反之则沿顺时针方向绘制。

➢ 起点、圆心、长度：通过指定圆弧的起点、圆心、弦长绘制圆弧。另外，在命令行的"指定弦长："提示信息下，如果所输入的值为负，则该值的绝对值将作为对应整圆的空缺部分圆弧的弦长。

➢ 起点、端点、角度：通过指定圆弧的起点、端点、包含角绘制圆弧。

➢ 起点、端点、方向：通过指定圆弧的起点、端点和圆弧的起点切向绘制圆弧。在命令执行过程中会出现"指定圆弧的起点切向："提示信息，此时拖动鼠标动态地确定圆弧在起始点处的切线方向与水平方向的夹角。拖动鼠标时，AutoCAD 会在当前光标与圆弧起始点之间形成一条线，即圆弧在起始点处的切线。确定切线方向后，单击拾取键即可得到相应的圆弧。

➢ 起点、端点、半径：通过指定圆弧的起点、端点和圆弧半径绘制圆弧。

➢ 圆心、起点、端点：以圆弧的圆心、起点、端点方式绘制圆弧。

➢ 圆心、起点、角度：以圆弧的圆心、起点、圆心角方式绘制圆弧。

➢ 圆心、起点、长度：以圆弧的圆心、起点、弦长方式绘制圆弧。

➢ 继续：绘制其他直线或非封闭曲线后选择"绘图"|"圆弧"|"继续"命令，系统将自动以刚才绘制的对象的终点作为即将绘制的圆弧的起点。

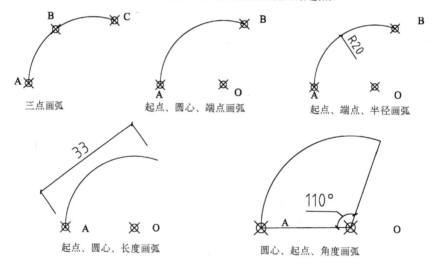

图 4-58 圆弧的各种绘法

4.3.6 案例——完善浴缸图形

步骤 1 按〈Ctrl+O〉组合键，打开配套光盘提供的"第 04 章\4.3.6 完善浴缸图形.dwg"素材文件，结果如图 4-59 所示。

步骤 2 选择"绘图"|"起点、端点、半径"命令，命令行提示如下：

命令: _arc	//调用"圆弧"命令
指定圆弧的起点或 [圆心(C)]:	//指定 A 点
指定圆弧的第二个点或 [圆心(C)/端点(E)]: _e	

指定圆弧的端点: //指定 *B* 点

指定圆弧的圆心或 [角度(A)/方向(D)/半径(R)]: _r

指定圆弧的半径: 320   //绘制圆弧的结果如图 4-60 所示

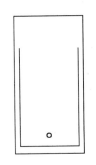 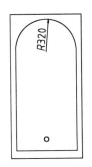

图 4-59   打开素材   图 4-60   绘制圆弧

4.3.7   椭圆与椭圆弧

椭圆是基于中心点、长轴及短轴绘制的，是平面上到定点的距离与到直线间距离之比为常数的所有点的集合。椭圆弧是椭圆的一部分，它的起点和终点没有闭合。

1. 椭圆

执行"椭圆"命令的方法有以下 4 种：

➢ 菜单栏：选择"绘图"|"椭圆"菜单命令。

➢ 功能区：在"默认"选项卡中，单击"绘图"面板中的"椭圆"按钮 ◉ 。

➢ 工具栏：单击"绘图"工具栏中的"椭圆"按钮 ◉ 。

➢ 命令行：在命令行中输入 ELLIPSE/EL 命令。

AutoCAD 2016 菜单栏上的"绘图"|"椭圆"子菜单中提供了两种绘制椭圆的命令，其命令的具体含义如下：

➢ 圆心（C）：通过指定椭圆的中心点，再指定椭圆两条轴的长度绘制椭圆，如图 4-61a 所示。

➢ 轴、端点（E）：通过指定椭圆一条轴的两个端点，再指定另一条轴的半轴长度绘制椭圆，如图 4-61b 所示。

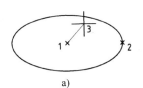

图 4-61   绘制椭圆

a) 通过"圆心"绘制椭圆   b) 通过"轴、端点"绘制椭圆

执行上述"椭圆"命令后，命令行提示如下。

指定椭圆的轴端点或 [圆弧(A)/中心点(C)]:

➢ 轴端点：指定椭圆轴端点绘制椭圆。

➢ 圆弧(A)：用于创建椭圆弧。

➢ 中心点(C)：通过椭圆圆心和两轴端点绘制椭圆。

2. 椭圆弧

执行"椭圆弧"命令的方法有以下 3 种。

➢ 菜单栏：选择"绘图"|"椭圆"|"椭圆弧"菜单命令。

➢ 功能区：在"默认"选项卡中，单击"绘图"面板中的"椭圆弧"按钮⬚。

➢ 工具栏：单击"绘图"工具栏中的"椭圆弧"按钮⬚。

执行上述"椭圆弧"命令后，命令行提示如下。

指定椭圆弧的轴端点或 [中心点(C)]:

4.3.8 案例——绘制洗面台

通过绘制洗漱台，读者可以熟练掌握绘制椭圆对象的方法和过程。

步骤 1 打开文件。单击快速访问工具栏中的"打开"按钮📂，打开配套光盘提供的 "第 04 章\4.3.8 案例——绘制洗面盆台.dwg"素材文件，素材文件内已经绘制好了中心线，如图 4-62 所示。

步骤 2 在命令行中输入 EL（椭圆）命令，绘制洗面台外轮廓，如图 4-63 所示。命令行提示如下：

命令: EL✓   ELLIPSE   //调用"椭圆"命令

指定椭圆的轴端点或 [圆弧(A)/中心点(C)]: C✓   //以中心点的方式绘制椭圆

指定椭圆的中心点: //指定中心线交点为椭圆中心点

指定轴的端点: //指定水平中心线端点为轴的端点

指定另一条半轴长度或 [旋转(R)]:   //指定垂直中心线端点来定义另一条半轴的长度

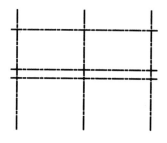

图 4-62　素材文件

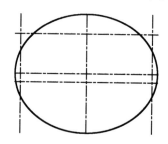

图 4-63　创建洗面台外轮廓

步骤 3 按空格键重复 EL（椭圆）命令，细化洗漱台，如图 4-64 所示。命令行提示如下。

命令: ELLIPSE   //调用"椭圆"命令

指定椭圆的轴端点或 [圆弧(A)/中心点(C)]:   //指定中心线右侧交点为轴端点

指定轴的另一个端点: //指定中心线左侧交点为轴另一个端点

指定另一条半轴长度或 [旋转(R)]:   //指定中心线交点为另一条半轴长度

步骤 4 在"默认"选项卡中，单击"绘图"面板中的"圆"按钮⊙，绘制半径为 11 的圆，如图 4-65 所示。

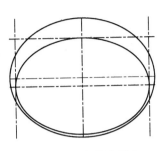

图 4-64　细化洗漱台

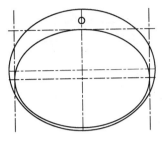

图 4-65　绘制圆

步骤 5 重复命令操作，绘制 3 个半径为 20mm 的圆，结果如图 4-66 所示。

步骤 6 在命令行中输入 REC（矩形）命令，绘制尺寸为 784mm×521mm 的矩形，并删除辅助线，结果如图 4-67 所示。

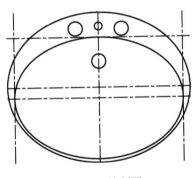

图 4-66　绘制圆

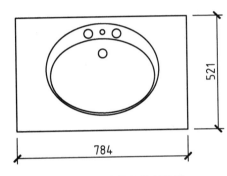

图 4-67　洗漱台绘制效果

4.3.9　绘制圆环和填充圆

　　圆环是由同一圆心、不同直径的两个同心圆组成的，控制圆环的参数是圆心、内直径和外直径。圆环可分为"填充环"（两个圆形中间的面积填充）和"实体填充圆"（圆环的内直径为 0）。

　　执行"圆环"命令的方法有以下 3 种。

　　➢ 菜单栏：选择"绘图" | "圆环"菜单命令。

　　➢ 功能区：在"默认"选项卡中，单击"绘图"面板中的"圆环"按钮◎。

　　➢ 命令行：在命令行中输入 DONUT/DO 命令。

　　AutoCAD 在默认情况下，所绘制的圆环为填充的实心图形。如果在绘制圆环之前在命令行中输入 FILL，则可以控制圆环和圆的填充可见性。执行 FILL 命令后，命令行提示如下。

命令：FILL↙

输入模式[开(ON)]|[关(OFF)]<开>:　　　　　　　　　//选择填充开、关

　　在命令行中输入 ON，选择"开"模式，表示要填充绘制的圆环和圆，如图 4-68 所示；在命令行中输入 OFF，选择"关"模式，表示不要填充绘制的圆环和圆，如图 4-69 所示。

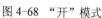
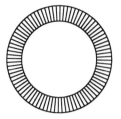

图 4-68　"开"模式　　　　　　　　图 4-69　"关"模式

4.4　多边形对象的绘制

在 AutoCAD 中，多边形对象主要是指矩形、正多边形等图形对象。这些多边形对象多作为物体的外轮廓出现，经编辑修改后，得到我们常用的图形对象。

本节主要介绍在 AutoCAD 中比较常用的多边形对象（如矩形、正多边形）的绘制。

4.4.1　绘制矩形

矩形命令在室内设计中应用广泛，如家具类的桌椅、台柜，铺贴类的地砖、门槛石，吊顶类的石膏板等。AutoCAD 2016 的矩形是通过确定矩形的两个对角点而绘制完成的。既可以通过单击鼠标指定两个对角点绘制矩形，也可以通过输入坐标指定两个对角点的方式绘制矩形，如图 4-70a 所示。

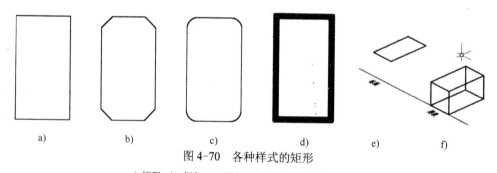

a)　　　　　　b)　　　　　　c)　　　　　　d)　　　　e)　　　　　f)

图 4-70　各种样式的矩形

a) 矩形　b) 倒角　c) 圆角　d) 宽度　e) 标高　f) 厚度

启动"绘制矩形"命令有以下 4 种方法。

➢ 菜单栏：选择"绘图"｜"矩形"菜单命令。

➢ 功能区：在"默认"选项卡中，单击"绘图"面板中的"矩形"按钮▢。

➢ 工具栏：单击"绘图"工具栏中的"矩形"按钮▢。

➢ 命令行：在命令行中输入 RECTANG/REC 命令。

执行 REC（矩形）命令后，命令行操作如下：

指定第一个角点或 [倒角(C)/标高(E)/圆角(F)/厚度(T)/宽度(W)]：

指定另一个角点或 [面积(A)/尺寸(D)/旋转(R)]：

其中各选项的含义如下。

➢ 倒角（C）：用于设置矩形的倒角距离，如图 4-70b 所示。

➢ 标高（E）：用于设置矩形在三维空间中的基面高度，如图 4-70e 所示。

> ➤ 圆角（F）：用于设置矩形的圆角半径，如图 4-70c 所示。
> ➤ 厚度（T）：用于设置矩形的厚度，即三维空间 Z 轴方向的高度，如图 4-70f 所示。
> ➤ 宽度（W）：用于设置矩形的线条粗细，如图 4-70d 所示。
> ➤ 面积（A）：通过确认矩形面积大小的方式绘制矩形。
> ➤ 尺寸（D）：通过输入矩形的长、宽确定矩形的大小。
> ➤ 旋转（R）：通过指定的旋转角度绘制矩形。

提示： 在绘制圆角或倒角时，如果矩形的长度和宽度太小，而无法使用当前设置创建矩形时，绘制出来的矩形将不进行圆角或倒角处理。

4.4.2 案例——绘制单开门

步骤 1 调用 REC（矩形）命令，绘制尺寸为 900×2000 的矩形，作为单门的外轮廓，如图 4-71 所示。

步骤 2 按〈Enter〉键继续调用"矩形"命令，绘制尺寸为 430×300 的矩形，如图 4-72 所示。

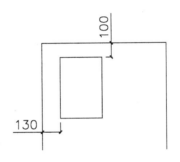

　　　图 4-71　绘制外轮廓　　　　　　　　　　图 4-72　绘制小矩形

步骤 3 重复操作，继续绘制尺寸为 430×300 的矩形，如图 4-73 所示。

步骤 4 调用 O（偏移）命令，设置偏移距离为 30，向内偏移尺寸为 430×300 的矩形，如图 4-74 所示，单开门立面图绘制完成。

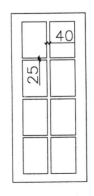

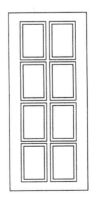

　　　图 4-73　绘制结果　　　　　　　　　　　图 4-74　偏移矩形

4.4.3 绘制正多边形

正多边形是由 3 条或 3 条以上长度相等的线段首尾相接形成的闭合图形，其边数范围值在 3～1024 之间，如图 4-75 所示为各种正多边形效果。

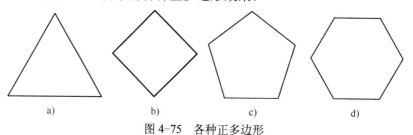

图 4-75 各种正多边形

a) 三角形 b) 四边形 c) 五边形 d) 六边形

启动"多边形"命令有以下 4 种方法。

➤ 菜单栏：选择"绘图"|"多边形"菜单命令。

➤ 功能区：在"默认"选项卡中，单击"绘图"面板中的"多边形"按钮⬠。

➤ 工具栏：单击"绘图"工具栏中的"多边形"按钮⬠。

➤ 命令行：在命令行中 POLYGON/POL 命令。

执行"多边形"命令后，命令行将出现如下提示。

命令: POLYGON✓	//执行"多边形"命令
输入侧面数 <4>:	//指定多边形的边数，默认状态为四边形
指定正多边形的中心点或 [边(E)]:	//确定多边形的一条边来绘制正多边形，由边数和边长确定
输入选项 [内接于圆(I)/外切于圆(C)] <I>:	//选择正多边形的创建方式
指定圆的半径:	//指定创建正多边形时内接于圆或外切于圆的半径

其部分选项含义如下。

➤ 中心点：通过指定正多边形中心点的方式来绘制正多边形。

➤ 内接于圆(I)/外切于圆(C)：内接于圆表示以指定正多边形内接圆半径的方式来绘制正多边形；外切于圆表示以指定正多边形外切圆半径的方式来绘制正多边形。

➤ 边：通过指定多边形边的方式来绘制正多边形。该方式将通过边的数量和长度确定正多边形。

4.4.4 案例——绘制多边形

通过案例的讲解，读者可以熟练地掌握绘制多边形的方法和过程。

步骤 1 绘制正多边形。在"默认"选项卡中，单击"绘图"面板中的"正多边形"按钮⬠。绘制正六边形，内接圆的半径为 11，如图 4-76 所示。命令行操作如下。

命令: _polygon	//执行"多边形"命令
输入侧面数 <4>: 6✓	//指定多边形的边数
指定正多边形的中心点或 [边(E)]:	//在绘图区中单击指定中心点
输入选项 [内接于圆(I)/外切于圆(C)] <I>: I✓	//选择内接于圆类型
指定圆的半径: 11✓	//输入圆的半径值，按〈Enter〉键确定

步骤2 按空格键重复 POL（多边形）命令，指定刚绘制的六边形边的方式来绘制正五边形，如图 4-77 所示。命令行操作如下。

命令: _polygon   //执行"多边形"命令

输入侧面数 <6>: 5↙   //指定多边形的边数

指定正多边形的中心点或 [边(E)]: E↙   //激活"边"选项

指定边的第一个端点: //指定六边形边的端点为第一个端点

指定边的第二个端点: //指定六边形边的端点为第二个端点

步骤3 重复命令操作，用上述方法继续绘制五边形，在此不再进行详细讲解，结果如图 4-78 所示。

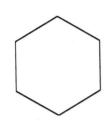

图 4-76　绘制内接于圆的正六边形

图 4-77　创建正五边形

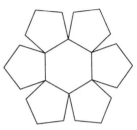

图 4-78　绘制正五边形

步骤4 在"默认"选项卡中，单击"绘图"面板中的"圆"按钮⊙，以正六边形的中点为圆心，捕捉正五边形的端点确定半径绘制圆，如图 4-79 所示。

步骤5 重复命令操作，绘制内接于六边形的圆，绘制结果如图 4-80 所示。

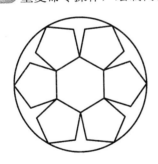

图 4-79　绘制外切圆

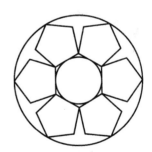

图 4-80　绘制内接圆

4.5 图案填充

图案填充是指用某种图案充满图像中指定的区域，可以使用预定义的填充图案、使用当前的线型定义简单的直线图案，或者创建更加复杂的填充图案。也可以创建渐变色填充，渐变色填充是在一种颜色的不同灰度之间或两种颜色之间使用过渡，可用于增强演示图形的效果，使其呈现出光在对象上的反射效果。

4.5.1 创建图案填充

图案填充的操作在"图案填充创建"选项卡中进行，打开该选项卡的方法有以下 3 种。

> 面板：单击"绘图"面板中的"图案填充"按钮⊞。
> 菜单栏：选择"绘图"|"图案填充"命令。
> 命令行：在命令行输入 BHATCH 或 BH 或 H 命令。

执行该命令后，系统会弹出"图案填充创建"选项卡，如图 4-81 所示。通过该选项卡可以设置图形的填充方案。

图 4-81　"图案填充创建"选项卡

再在命令行中选择"设置"选项，即可打开"图案填充和渐变色"对话框，如图 4-82 所示。该对话框中有"图案填充"和"渐变色"两种填充方案，下面进行详细介绍。

1. 图案填充

图案填充是在某一区域填充均匀的纹理图案。

（1）"类型和图案"选项组

该选项组用于设置图案填充的方式和图案样式，单击其右侧的下拉按钮，可以打开下拉列表来选择填充类型和样式。

> 类型：其下拉列表框中包括"预定义""用户定义"和"自定义"3 种图案类型。
> 图案：选择"预定义"选项，可激活该选项组，除了在下拉列表中选择相应的图案外，还可以单击⊞按钮，弹出"填充图案选项板"对话框，然后通过 4 个选项卡设置相应的图案样式，如图 4-83 所示。

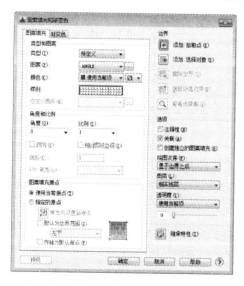

图 4-82　"图案填充和渐变色"对话框

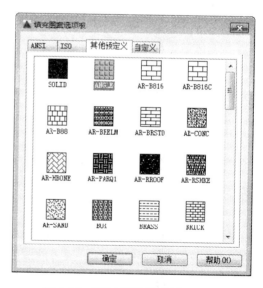

图 4-83　"填充图案选项板"对话框

（2）"角度和比例"选项组

该选项组用于设置图案填充的填充角度、比例或者图案间距等参数。

> 角度：设置填充图案的角度，默认情况下填充角度为0。
> 比例：设置填充图案的比例值，填充比例越大，则图案越稀疏。
> 间距：设置填充直线之间的距离，当选择"用户定义"填充图案类型时可用。
> ISO 笔宽：主要针对用户选择"预定义"填充图案类型，同时又选择了 ISO 预定义图案时，可以通过改变笔宽值来改变填充效果。

（3）"图案填充原点"选项组

选择"使用当前原点"单选按钮，可以设置填充图案生成的起始位置，因为许多图案填充时，需要对齐填充边界上的某一个点。选择"使用当前原点"单选按钮，将默认使用当前UCS 的原点（0，0）作为图案填充的原点。选择"指定的原点"单选按钮，则可自定义图案填充原点。

（4）边界

"边界"选项组主要用于指定图案填充的边界，也可以通过对边界的删除或重新创建等操作直接改变区域填充的效果。

> 拾取点：单击此按钮将切换至绘图区，在需要填充的区域内任意一点单击，系统自动判断填充边界。
> 选择对象：单击此按钮将切换到绘图区，选择一个封闭区域的边界线，边界以内的区域作为填充区域。

2. 渐变色填充

渐变色填充分为单色和双色填充。

切换到"图案填充和渐变色"对话框中的"渐变色"选项卡，或选择"绘图"|"渐变色"命令，对话框如图 4-84 所示。通过该选项卡可以在指定对象上创建具有渐变色彩的填充图案。渐变色填充在两种颜色之间，或者一种颜色的不同灰度之间使用过渡。渐变色填充的效果如图 4-85 所示。

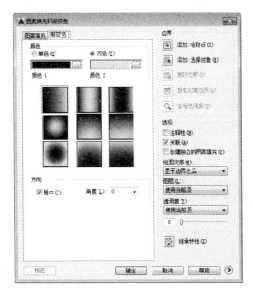

图 4-84 "渐变色"选项卡

图 4-85 渐变色填充效果

4.5.2 编辑图案填充

在为图形填充了图案后，如果对填充效果不满意，可以通过编辑图案填充命令对其进行编辑，可以修改填充比例、旋转角度和填充图案等。

执行编辑图案填充命令的方法有以下两种。

➢ 菜单栏：选择"修改" | "对象" | "图案填充"命令。
➢ 命令行：在命令行输入 HATCHEDIT 或 HE 命令。
➢ 直接单击要编辑的图案填充。

执行上述命令后，先选择图案填充对象，系统将弹出"图案填充编辑"对话框。该对话框中的参数与对话框中的参数一致，按照创建填充图案的方法可以重新设置图案填充参数。

4.5.3 案例——填充室内鞋柜立面

通过填充室内鞋柜立面，读者可以熟练地掌握图案填充的方法。

步骤 1 打开文件。单击快速访问工具栏中的"打开"按钮 📂，打开配套光盘提供的"第 04 章\4.5.3 填充室内鞋柜立面.dwg"素材文件，如图 4-86 所示。

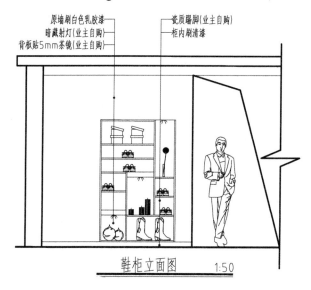

图 4-86　素材图形

步骤 2 填充墙体结构图案。在命令行中输入 H（图案填充）命令并按〈Enter〉键，系统在面板上弹出"图案填充创建"选项卡，如图 4-87 所示，在"图案"面板中设置"ANSI31"，在"特性"面板中设置"填充图案颜色"为 8、"填充图案比例"为 10，设置完成后，拾取墙体为内部拾取点填充，按空格键退出，填充效果如图 4-88 所示。

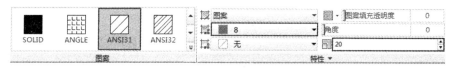

图 4-87　"图案填充创建"选项卡

步骤 3 继续填充墙体结构图案。按空格键再次调用"图案填充"命令，选择"图案"为"AR-CON""填充图案颜色"为8、"填充图案比例"为1，填充效果如图4-89所示。

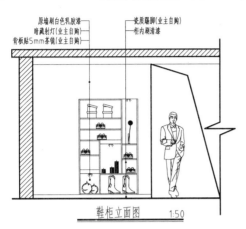

图4-88 填充墙体钢筋

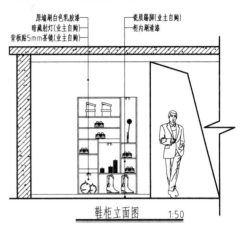

图4-89 填充墙体混凝土

步骤 4 填充鞋柜背景墙面。按空格键再次调用"图案填充"命令，选择"图案"为"AR-SAND""填充图案颜色"为8、"填充图案比例"为3，填充效果如图4-90所示。

步骤 5 填充鞋柜。按空格键再次调用"图案填充"命令，选择"图案"为"AR-RROOF""填充图案颜色"为8、"填充图案比例"为10，最终填充效果如图4-91所示。

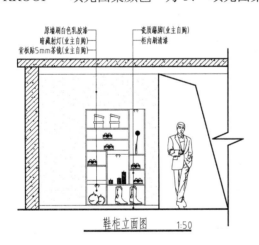

图4-90 鞋柜背景墙面

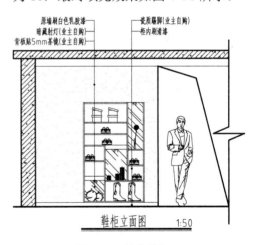

图4-91 填充鞋柜

4.6 设计专栏

4.6.1 上机实训

（1）使用本章所学的知识，调用 PL（多段线）命令，绘制盥水池外轮廓，结果如图4-92所示。

（2）使用前面所学知识绘制如图4-93所示的拱门图形。

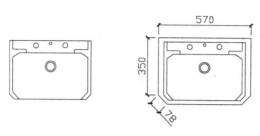

图 4-92 绘制盥水池外轮廓

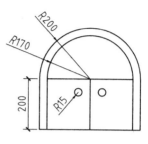

图 4-93 拱门图形

具体的绘制步骤提示如下。

步骤 1 单击"绘图"面板中的"圆心，起点，角度"命令，绘制一段半径为 200 的半圆弧。

步骤 2 重复命令，绘制半径为170的半圆弧，其圆心位置与上一步所绘制的半圆弧相同。

步骤 3 过圆弧的 4 个端点分别绘制 4 条垂直直线，并细化图形。

步骤 4 执行 C（圆）命令，在图形中的合适位置绘制两个半径为 15 的圆，图形绘制完成。

4.6.2 辅助绘图锦囊

对于室内制图来说，填充的使用非常频繁，因此也集中了相当一部分的使用问题，这些问题的常见症状及解决方法如下。

1. 图案填充找不到范围

在使用"图案填充"命令时常常遇到找不到线段封闭范围的情况，尤其是文件本身比较大的时候。此时可以使用"Layiso"（图层隔离）命令让欲填充的范围线所在的层"孤立"或"冻结"，再用"图案填充"命令就可以快速找到所需填充范围。

2. 图案填充时提示对象不封闭

如果图形不封闭，就会出现这种情况，弹出"图案填充-边界定义错误"对话框，如图4-94所示；而且在图纸中会用红色圆圈标示出没有封闭的区域，如图4-95所示。

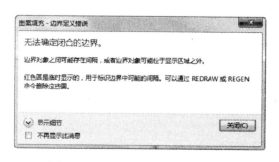

图 4-94 "边界定义错误"对话框

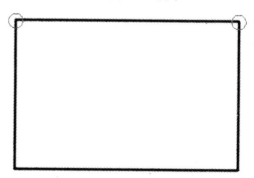

图 4-95 红色圆圈圈出未封闭区域

这时可以在命令行中输入 Hpgaptol 命令，即可输入一个新的数值，以指定图案填充时可忽略的最小间隙，小于输入数值的间隙都不会影响填充效果，结果如图 4-96 所示。

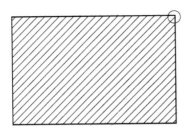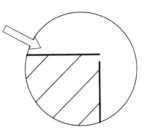

图 4-96　忽略微小间隙进行填充

第 **5** 章

AutoCAD 室内二维
图形的编辑

本章要点

- 选择对象的方法
- 复制类命令
- 移动类命令
- 修改类命令
- 使用夹点编辑对象
- 设计专栏

　　在 AutoCAD 中提供了一系列如删除、复制、镜像、偏移等操作命令，利用这些命令可以方便快捷地修改图形的大小、方向、位置和形状。在实际工作中，编辑命令的使用比绘图命令还要频繁，因此本章便结合实际，对各种编辑命令着重讲解，对各个命令都提供了操作性的案例，以加深读者的理解。

5.1　选择对象的方法

在 AutoCAD 中，使用大多数编辑命令都可以先选择对象，再执行命令，也可以先执行命令，再选择对象。两者的选择方式相同，不同的是执行命令后选择的对象呈虚线显示，如图 5-1 所示。在不执行命令的情况下选取对象后，被选中的对象上出现一些小正方形，在 AutoCAD 中称之为夹点，如图 5-2 所示。

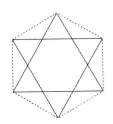

图 5-1　先执行命令再选择对象

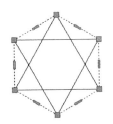

图 5-2　无命令执行时选择对象

在 AutoCAD 2016 中，有点选、框选、围选、栏选等多种选择方法。在命令行中输入 SELECT 并按〈Enter〉键，然后输入 "？"，命令行提示如下。

命令: SELECT↙

选择对象: ?

需要点或　窗口(W)/上一个(L)/窗交(C)/框(BOX)/全部(ALL)/栏选(F)/圈围(WP)/圈交(CP)/编组(G)/添加(A)/删除(R)/多个(M)/前一个(P)/放弃(U)/自动(AU)/单个(SI)/子对象(SU)/对象(O)

命令行中提供了各种选择方式。执行 SELECT 命令之后，在命令行输入对应的字母并按〈Enter〉键，即可使用该选择方式。

5.1.1　点选图形对象

点选对象是逐一选择多个对象的方式，其方法为：将光标移动到要选取的对象上，然后单击即可，如图 5-3 所示。在选择完一个对象之后，还可以继续选择其他的对象，所选的多个对象称为一个选择集，如图 5-4 所示。如果要取消选择集中的某些对象，可以在按住〈Shift〉键的同时单击要取消选择的对象。

图 5-3　选择单个对象

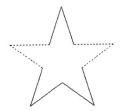

图 5-4　选择多个对象

5.1.2　窗口与窗交

窗选对象是通过拖动生成一个矩形区域（长按鼠标左键则生成套索区域）的，将区域内的对象选择。根据拖动方向的不同，窗选又分为窗口选择和窗交选择。

1．窗口选择对象

窗口选择对象是按住左键向右上方或右下方拖动，此时绘图区将会出现一个实线的矩形框，如图 5-5 所示。释放鼠标左键后，完全处于矩形范围内的对象将被选中，如图 5-6 所示的虚线部分为被选择的部分。

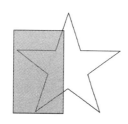

图 5-5　窗口选择对象

图 5-6　窗口选择后的效果

2．窗交选择对象

窗交选择是按住鼠标左键向左上方或左下方拖动，此时绘图区将出现一个虚线的矩形框，如图 5-7 所示。释放鼠标左键后，部分或完全在矩形内的对象都将被选中，如图 5-8 所示的虚线部分为被选择的部分。

图 5-7　窗交选择对象

图 5-8　窗交选择后的效果

5.1.3 圈围与圈交

围选对象是根据需要自行绘制不规则的选择范围，包括圈围和圈交两种方法。

1．圈围对象

圈围是一种多边形窗口选择方法，与窗口选择对象的方法类似，不同的是圈围方法可以构造任意形状的多边形，如图 5-9 所示。完全包含在多边形区域内的对象才能被选中，如图 5-10 所示的虚线部分为被选择的部分。

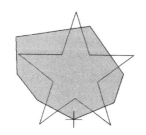

图 5-9　圈围选择对象

图 5-10　圈围选择后的效果

在命令行中输入 SELECT 并按〈Enter〉键，再输入 WP 并按〈Enter〉键，即可进入圈围选择模式。

2．圈交对象

圈交是一种多边形窗交选择方法，与窗交选择对象的方法类似，不同的是圈交使用多边形边界框选择图形，如图 5-11 所示。部分或全部处于多边形范围内的图形都被选中，如图 5-12 所示的虚线部分为被选择的部分。

在命令行中输入 SELECT 按〈Enter〉键，再输入 CP 并按〈Enter〉键，即可进入圈交选择模式。

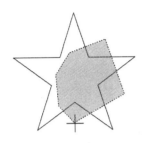

图 5-11　圈交选择对象

图 5-12　圈交选择后的效果

5.1.4　栏选图形对象

栏选图形即在选择图形时拖出任意折线，如图 5-13 所示。凡是与折线相交的图形对象均被选中，如图 5-14 所示的虚线部分为被选择的部分。使用该方式选择连续性对象非常方便，但栏选线不能封闭与相交。

在命令行中输入 SELECT 并按〈Enter〉键，再输入 F 并按〈Enter〉键，即可进入栏选模式。

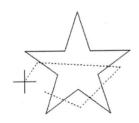

图 5-13　栏选选择对象

图 5-14　栏选选择后的效果

5.1.5　其他选择方式

SELECT 命令还有其他几种选项，对应不同的选择方式。执行 SELECT 命令之后在命令行输入对应字母并按〈Enter〉键，即可进入该选择模式。

➢ 上一个（L）：选择该项可以选中最近一次绘制的对象。

➢ 全部（ALL）：选择该项可以选中绘图区内的所有对象。

➢ 自动（AU）：该选项方式相当于多个选择和框选方式的结合。

5.1.6　快速选择图形对象

快速选择可以根据对象的图层、线型、颜色、图案填充等特性选择对象，从而可以准确快速地从复杂的图形中选择满足某种特性的图形对象。

选择"工具"|"快速选择"命令，弹出"快速选择"对话框，如图 5-15 所示。用户可以根据要求设置选择范围，单击"确定"按钮，完成选择操作。

如要选择图 5-16 中的圆弧，除了手动选择的方法外，就可以利用快速选择功能来进行选取。选择"工具"|"快速选择"命令，弹出"快速选择"对话框，在"对象类型"下拉列表中选择"圆弧"选项，单击"确定"按钮，选择结果如图 5-17 所示。

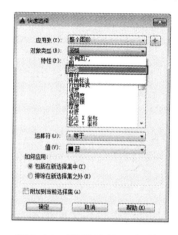

图 5-15　"快速选择"对话框

图 5-16　示例图形

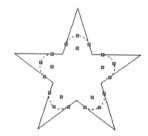

图 5-17　快速选择后的结果

5.2　复制类命令

AutoCAD 为用户提供的复制对象命令，可以以现有图形对象为源对象，绘制出与源对象相同或相似的图形。该类命令实现了绘制图形的简捷化，在绘制具有重复性或近似性特点的图形的时候，既可减少工作量，也可保证图形的准确性，以达到提高绘图效率和绘图精度的作用。

本节介绍复制对象命令的使用方法，包括删除、复制、镜像对象等命令的使用。

5.2.1　删除

在 AutoCAD 2016 中，可以使用"删除"命令将所选择的图形对象进行删除，在 AutoCAD 中，调用"删除"命令的方法有以下 4 种。

➢ 菜单栏：执行"修改"|"删除"命令。

➢ 功能区：在"默认"选项卡中，单击"修改"面板中的"删除"按钮。

➢ 工具栏：单击"修改"工具栏中的"删除"按钮。

➢ 命令行：在命令行中输入 ERASE / E 命令。

执行上述命令后，命令行提示如下。

命令: ERASE↙

选择对象:

调用命令后，选择亟待删除的图形对象，按〈Enter〉键即可完成操作。

提示： 选中要删除的对象后，直接按〈Delete〉键，也可以将对象删除。

5.2.2 复制

复制是指将原对象以指定的角度和方向创建一个或多个对象的副本。在命令执行过程中，配合坐标、对象捕捉、栅格捕捉等其他工具，可以精确地复制图形。

执行"复制"命令的方法有以下4种。

➤ 菜单栏：选择"修改"|"复制"菜单命令。

➤ 功能区：在"默认"选项卡中，单击"修改"面板中的"复制"按钮。

➤ 工具栏：单击"修改"工具栏中的"复制"按钮。

➤ 命令行：在命令行中输入 COPY/CO/CP 命令。

执行上述命令后，命令行的提示如下。

命令: _copy↙	//执行"复制"命令
选择对象:	//选择要复制的对象
指定基点或 [位移(D)/模式(O)] <位移>:	//指定复制基点
指定第二个点或 [阵列(A)] <使用第一个点作为位移>:	//指定目标点
指定第二个点或 [阵列(A)/退出(E)/放弃(U)] <退出>:	//按〈Enter〉键结束操作

其中各选项含义如下。

➤ 位移（D）：使用坐标值指定复制的位移矢量。

➤ 模式（O）：用于控制是否自动重复该命令。激活该选项后，当命令行提示"输入复制模式选项 [单个（S）/多个（M）] <多个>:"时，默认模式为"多个（M）"，即自动重复复制命令，若选择"单个（S）"选项，则执行一次复制操作只创建一个对象副本。

➤ 阵列（A）：快速复制对象以呈现出指定项目数的效果。

提示： 在复制过程中，首先要确定复制的基点，然后通过指定目标点位置与基点位置的距离来复制图形。使用 copy（复制）命令可以将同一个图形连续复制多份，直到按〈Esc〉键终止复制操作。

5.2.3 案例——复制图形

步骤 1 按〈Ctrl+O〉组合键，打开配套光盘提供的"第 05 章\5.2.3 复制图形"素材文件，效果如图 5-18 所示。

步骤 2 调用 CO（复制）命令并按〈Enter〉键，命令行提示如下。

命令: CO↙ COPY	//调用"复制"命令
选择对象: 找到 1 个	//选择对象，如图 5-19 所示

当前设置: 复制模式 = 多个

指定基点或 [位移(D)/模式(O)] <位移>:   //指定基点

指定第二个点或 [阵列(A)] <使用第一个点作为位移>:   //指定第二个点，如图 5-20 所示；按

〈Enter〉键结束绘制，结果如图 5-21 所示

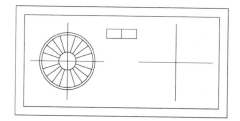

图 5-18 打开素材

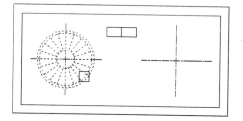

图 5-19 选择对象

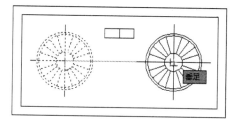

图 5-20 指定基点、第二个点

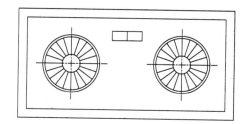

图 5-21 复制结果

5.2.4 镜像

"镜像"命令是指将图形绕指定轴（镜像线）镜像复制。AutoCAD 2016 通过指定临时镜像线镜像对象，镜像时可选择删除或保留源对象。

执行"镜像"命令的方法有以下 4 种。

➤ 菜单栏：选择"修改" | "镜像"菜单命令。

➤ 功能区：在"默认"选项卡中，单击"修改"面板中的"镜像"按钮 。

➤ 工具栏：单击"修改"工具栏中的"镜像"按钮 。

➤ 命令行：在命令行中输入 MIRROR/MI 命令。

5.2.5 案例——镜像复制床头柜

步骤 1 打开文件。单击快速访问工具栏中的"打开"按钮 ，打开配套光盘提供的"第 05 章\5.2.5 镜像复制床头柜.dwg"素材文件，素材图形如图 5-22 所示。

步骤 2 镜像复制图形。在"默认"选项卡中，单击"修改"面板中的"镜像"按钮 ，以床两边的中线为镜像线，镜像复制床头柜，如图 5-23 所示，命令行提示如下。

命令: _mirror↙   //执行"镜像"命令

选择对象: 指定对角点: 找到 11 个   //框选左侧床头柜图形

选择对象: //按 Enter 键确定

指定镜像线的第一点: //捕捉确定对称轴第一点

指定镜像线的第二点: //捕捉确定对称轴第二点

要删除源对象吗? [是(Y)/否(N)] <N>:N↙   //选择不删除源对象,按 Enter 键确定完成镜像

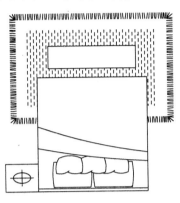

图 5-22　素材图形

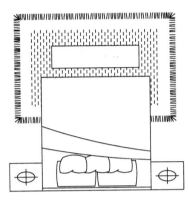

图 5-23　镜像图形后的效果

　提示:　对于水平或垂直的对称轴,更简便的方法是使用"正交"功能。确定了对称轴的
第一点后,打开"正交"开关。此时光标只能在经过第一点的水平或垂直路径上
移动,此时任取一点作为对称轴上的第二点即可。

5.2.6　偏移

"偏移"命令是指将选定的图形对象以一定的距离进行平行复制,可以用"偏移"命令
来创建同心圆、平行线和平行曲线等。

执行"偏移"命令的方法有以下 4 种。

➢ 菜单栏:选择"修改"|"偏移"菜单命令。

➢ 功能区:在"默认"选项卡中,单击"修改"面板中的"偏移"按钮 。

➢ 工具栏:单击"修改"工具栏中的"偏移"按钮 。

➢ 命令行:在命令行中输入 OFFSET/O 命令。

在命令执行过程中,需要确定偏移源对象、偏移距离和偏移方向。执行上述命令后,命
令行提示如下。

指定偏移距离或 [通过(T)/删除(E)/图层(L)] <通过>:

其中各选项的含义如下。

➢ 通过(T):通过指定点来偏移对象。

➢ 删除(E):用于设置是否在偏移源对象后将其删除。

➢ 图层(L):用于设置将偏移对象创建在当前图层上还是源对象所在的图层上。

5.2.7　案例——完善洗菜盆

步骤 1 按〈Ctrl+O〉组合键,打开配套光盘提供的"第 5 章\5.2.7 完善洗菜盆"素材文
件,结果如图 5-24 所示。

步骤 2 调用 O(偏移)命令,偏移出洗菜盆的厚度,命令行提示如下。

命令: O↙　　　OFFSET　　　　　　　　　　　　　　//调用"偏移"命令

当前设置: 删除源=否　图层=源　OFFSETGAPTYPE=0

指定偏移距离或 [通过(T)/删除(E)/图层(L)] <0>:10↙　　　//指定偏移距离为 10

选择要偏移的对象，或 [退出(E)/放弃(U)] <退出>:　　　　//鼠标移至洗菜盆的外轮廓上

指定要偏移的那一侧上的点，或 [退出(E)/多个(M)/放弃(U)] <退出>://单击洗菜盆的外轮廓，鼠标向内移动

选择要偏移的对象，或 [退出(E)/放弃(U)] <退出>: *取消*　　　//按〈Esc〉键退出绘制，偏移结果如图 5-25 所示

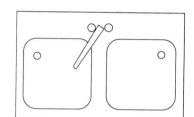

图 5-24　打开素材

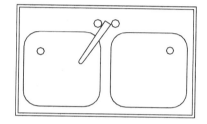

图 5-25　偏移结果

步骤 3 重复调用 O（偏移）命令，继续绘制洗菜盆图形，结果如图 5-26 所示。

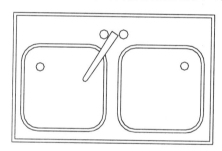

图 5-26　绘制结果

5.2.8　矩形阵列

矩形阵列是按照矩形排列方式创建多个对象的副本。执行"矩形阵列"命令的方法有以下 4 种。

➢ 菜单栏：选择"修改"|"阵列"|"矩形阵列"菜单命令。

➢ 功能区：在"默认"选项卡中，单击"修改"面板中的"矩形阵列"按钮 ▦。

➢ 工具栏：单击"修改"工具栏中的"矩形阵列"按钮 ▦。

➢ 命令行：在命令行中输入 ARRAYRECT 命令。

矩形阵列可以控制行数、列数及行距和列距，或添加倾斜角度。

执行上述命令操作后，系统弹出"阵列创建"选项卡，如图 5-27 所示，命令行提示如下。

命令: ARRAYRECT↙　　　　　　　　　　　　　　//调用"矩形阵列"命令

选择对象:　　　　　　　　　　　　　　　　　　//选择阵列对象并按〈Enter〉键

类型 = 矩形　关联 = 是

选择夹点以编辑阵列或 [关联(AS)/基点(B)/计数(COU)/间距(S)/列数(COL)/行数(R)/层数(L)/退出(X)] <退出>: //设置阵列参数，按〈Enter〉键退出

图 5-27 "阵列创建"选项卡

其中各选项含义如下。

➤ 关联（AS）：指定阵列中的对象是关联的还是独立的。

➤ 基点（B）：定义阵列基点和基点夹点的位置。

➤ 计数（COU）：指定行数和列数，并使用户在移动光标时可以动态地观察结果（一种比"行"和"列"选项更快捷的方法）。

➤ 间距（S）：指定行间距和列间距，并使用户在移动光标时可以动态地观察结果。

➤ 列数（OL）：编辑列数和列间距。

➤ 行数（R）：指定阵列中的行数、它们之间的距离及行之间的增量标高。

➤ 层数（L）：指定三维阵列的层数和层间距。

> **提示：** 在矩形阵列的过程中，如果希望阵列的图形往相反的方向复制，则需在列间距或行间距前面加"–"符号。

5.2.9 案例——绘制鞋柜百叶门

（步骤 1）打开文件。单击快速访问工具栏中的"打开"按钮，打开配套光盘提供的"第 05 章\5.2.9 绘制鞋柜百叶门.dwg"素材文件，如图 5-28 所示。

（步骤 2）选择柜门内的 4 条直线，在命令行中输入 ARRAYRECT（矩形阵列）命令，在弹出的"阵列创建"选项卡中设置相应的参数，设置完成后按〈Enter〉键确定，完成矩形阵列操作，如图 5-29 所示。命令行提示如下。

命令:_arrayrect //执行"矩形阵列"命令

选择对象: 指定对角点: 找到 2 个 //选择柜门内的 4 条直线作为阵列对象

选择对象:

类型 = 矩形　关联 = 是

选择夹点以编辑阵列或 [关联(AS)/基点(B)/计数(COU)/间距(S)/列数(COL)/行数(R)/层数(L)/退出(X)] <退出>: COL ✓ //激活"列数"选项

　　输入列数数或 [表达式(E)] <4>:1 ✓ //输入列数

　　指定 列数 之间的距离或 [总计(T)/表达式(E)] <15>: 1 ✓ //输入列间距

选择夹点以编辑阵列或 [关联(AS)/基点(B)/计数(COU)/间距(S)/列数(COL)/行数(R)/层数(L)/退出(X)] <退出>: R ✓ //激活"行数"选项

　　输入行数数或 [表达式(E)] <3>:13 ✓ //输入行数

　　指定 行数 之间的距离或 [总计(T)/表达式(E)] <15>: 45 ✓ //输入行间距

指定 行数 之间的标高增量或 [表达式(E)] <0>:0↙   //使用 0 增量

选择夹点以编辑阵列或 [关联(AS)/基点(B)/计数(COU)/间距(S)/列数(COL)/行数(R)/层数(L)/退出(X)] <

退出>:↙   //按〈Enter〉键完成阵列

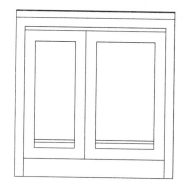   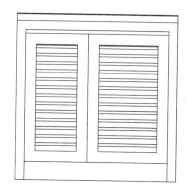

　　　　图 5-28　素材文件　　　　　　　　　　　　　　　　图 5-29　矩形阵列结果

5.2.10　路径阵列

　　路径阵列可沿曲线轨迹复制图形，通过设置不同的基点，能得到不同的阵列结果。

　　执行"路径阵列"命令的方法有以下 4 种。

➤ 菜单栏：选择"修改"|"阵列"|"路径阵列"菜单命令。

➤ 功能区：在"默认"选项卡中，单击"修改"面板中的"路径阵列"按钮📟。

➤ 工具栏：单击"修改"工具栏中的"路径阵列"按钮📟。

➤ 命令行：在命令行中输入 ARRAYPATH 命令。

　　路径阵列可以控制阵列路径、阵列对象、阵列数量、方向等。

　　执行上述命令后，系统弹出"阵列创建"选项卡，如图 5-30 所示，命令行提示如下。

命令：ARRAYPATH↙   //调用"路径阵列"命令

选择对象：   //选择阵列对象并按〈Enter〉键

类型 = 路径　关联 = 是

选择路径曲线：   //选择路径曲线

选择夹点以编辑阵列或 [关联(AS)/方法(M)/基点(B)/切向(T)/项目(I)/行(R)/层(L)/对齐项目(A)/Z 方向

(Z)/退出(X)] <退出>：   //设置阵列参数，按〈Enter〉键退出

图 5-30　"阵列创建"选项卡

　　命令行中各选项的含义如下。

➤ 关联（AS）：指定是否创建阵列对象，或者是否创建选定对象的非关联副本。

➤ 方法（M）：控制如何沿路径分布项目，包括定数等分（D）和定距等分（M）。

➤ 基点（B）：定义阵列的基点。路径阵列中的项目相对于基点放置。

> 切向（T）：指定阵列中的项目如何相对于路径的起始方向对齐。
> 项目（I）：根据"方法"设置，指定项目数或项目之间的距离。
> 行（R）：指定阵列中的行数、它们之间的距离及行之间的增量标高。
> 层（L）：指定三维阵列的层数和层间距。
> 对齐项目（A）：指定是否对齐每个项目以与路径的方向相切。对齐相对于第一个项目的方向。
> Z方向（Z）：控制是否保持项目的原始 Z 方向或沿三维路径自然倾斜项目。

 提示： 在路径阵列过程中，设置不同的切向，阵列对象将按不同的方向沿路径排列。

5.2.11 案例——沿弧线复制座椅

步骤 1 打开文件。单击快速访问工具栏中的"打开"按钮，打开配套光盘提供的"第 05 章\5.2.11 沿弧线复制座椅.dwg"素材文件，如图 5-31 所示。

步骤 2 在命令行中输入 ARRAYPATH（路径阵列）命令，在弹出的"阵列创建"选项卡中设置相应的参数，设置完成后按〈Enter〉键确定，将座椅沿弧形桌面进行排列，完成路径阵列操作，如图 5-32 所示。命令行提示如下。

```
命令：_arraypath↙                              //执行"路径阵列"命令
选择对象：找到 1 个                            //选择桌椅为阵列对象
选择对象：
类型 = 路径  关联 = 是
选择路径曲线：                                //选择桌面外圆弧
选择夹点以编辑阵列或 [关联(AS)/方法(M)/基点(B)/切向(T)/项目(I)/行(R)/层(L)/对齐项目(A)/Z 方向
(Z)/退出(X)] <退出>：I↙                        //激活"项目"选项
指定沿路径的项目之间的距离或 [表达式(E)] <16.444>: 670↙    //输入阵列图形之间的距离
最大项目数 = 8
指定项目数或 [填写完整路径(F)/表达式(E)] <8>: 8↙          //输入阵列的项数
选择夹点以编辑阵列或 [关联(AS)/方法(M)/基点(B)/切向(T)/项目(I)/行(R)/层(L)/对齐项目(A)/Z 方向
(Z)/退出(X)] <退出>：↙                         //按〈Enter〉键应用阵列
```

图 5-31　素材文件

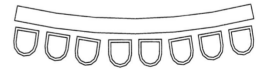

图 5-32　路径阵列结果

5.2.12 环形阵列

环形阵列又称为极轴阵列，是以某一点为中心点进行环形复制，阵列结果是阵列对象沿圆周均匀分布。执行"环形阵列"命令的方法有以下 4 种。

> 菜单栏：选择"修改"|"阵列"|"环形阵列"菜单命令。

➤ 功能区：在"默认"选项卡中，单击"修改"面板中的"环形阵列"按钮 🔡。

➤ 工具栏：单击"修改"工具栏中的"环形阵列"按钮 🔡。

➤ 命令行：在命令行中输入 ARRAYPOLAR 命令。

环形阵列可以设置的参数有阵列的源对象、项目总数、中心点位置和填充角度。

执行上述命令后，系统弹出"阵列创建"选项卡，如图 5-33 所示，命令行提示如下。

命令: ARRAYPOLAR✓	//调用"环形阵列"命令
选择对象:	//选择阵列对象并按〈Enter〉键

类型 = 极轴 关联 = 是

指定阵列的中心点或 [基点(B)/旋转轴(A)]:	//选择阵列中心点

选择夹点以编辑阵列或 [关联(AS)/基点(B)/项目(I)/项目间角度(A)/填充角度(F)/行(ROW)/层(L)/旋转项目(ROT)/退出(X)] <退出>: //设置列阵参数，按〈Enter〉键退出

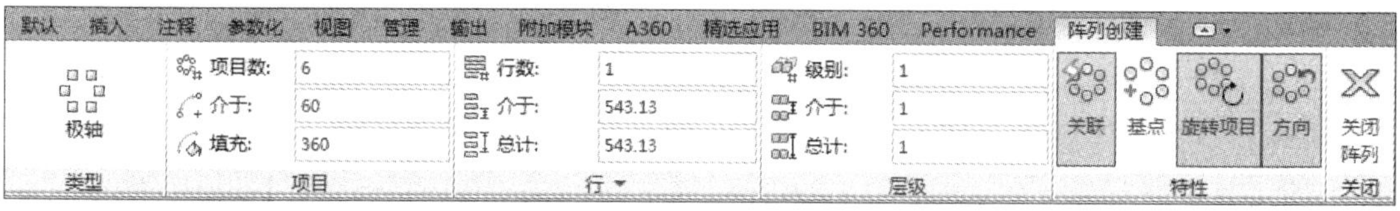

图 5-33 "阵列创建"选项卡

命令行各选项含义的介绍如下。

➤ 基点（B）：指定阵列的基点。

➤ 项目（I）：指定阵列中的项目数。

➤ 项目间角度（A）：设置相邻的项目间的角度。

➤ 填充角度（F）：对象环形阵列的总角度。

➤ 旋转项目（ROT）：控制在阵列时是否旋转项。

5.2.13 案例——绘制铺地图案

下面通过实例介绍，使读者熟练掌握"环形阵列"命令的方法。

步骤 1 打开文件。单击快速访问工具栏中的"打开"按钮 📂，打开配套光盘提供的"第 05 章\5.2.13 绘制铺地图案.dwg"素材文件，如图 5-34 所示。

步骤 2 在命令行中输入 ARRAYPOLAR（环形阵列）命令，在弹出的"阵列创建"选项卡中设置相应的参数，设置完成后按〈Enter〉键确定，完成环形阵列操作，如图 5-35 所示。命令行提示如下。

命令: _arraypolar	//执行"环形阵列"命令
选择对象: 找到 1 个	//选择阵列对象
选择对象:	

类型 = 极轴 关联 = 是

指定阵列的中心点或 [基点(B)/旋转轴(A)]:	//以圆的圆心为中心点

选择夹点以编辑阵列或 [关联(AS)/基点(B)/项目(I)/项目间角度(A)/填充角度(F)/行(ROW)/层(L)/旋转项目(ROT)/退出(X)] <退出>: I✓ //激活"项目"选项

输入阵列中的项目数或 [表达式(E)] <6>: 6　✓　　　　　　　　//输入项目数

选择夹点以编辑阵列或 [关联(AS)/基点(B)/项目(I)/项目间角度(A)/填充角度(F)/行(ROW)/层(L)/旋转项目(ROT)/退出(X)] <退出>: F✓　　　　　　　　//激活"填充角度"选项

指定填充角度(+=逆时针、-=顺时针)或 [表达式(EX)] <360>: 360✓　　　　//输入填充角度

选择夹点以编辑阵列或 [关联(AS)/基点(B)/项目(I)/项目间角度(A)/填充角度(F)/行(ROW)/层(L)/旋转项目(ROT)/退出(X)] <退出>:　　　　　　　　//按〈Enter〉键完成环形阵列

步骤 3 使用"直线"工具完善图形，结果如图 5-36 所示。

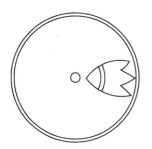

图 5-34　素材文件　　　　　　图 5-35　环形阵列效果　　　　　图 5-36　完成效果

5.3　移动类命令

AutoCAD 中的移动和旋转命令主要对图形的位置进行调整，该类工具在 AutoCAD 中的使用非常频繁。本节所介绍的编辑工具则主要是对图形位置、角度进行调整，此类工具在室内设计的过程中使用更是非常频繁。

5.3.1　移动

移动图形是指移动对象位置，其大小、形状和角度都不改变。执行"移动"命令的方法有以下 4 种。

> ➢ 菜单栏：选择"修改"|"移动"菜单命令。
> ➢ 功能区：在"默认"选项卡中，单击"修改"面板中的"移动"按钮。
> ➢ 工具栏：单击"修改"工具栏中的"移动"按钮。
> ➢ 命令行：在命令行中输入 MOVE/M 命令。

执行"移动"命令后，即可选择需要移动的图形对象，然后分别确定移动的基点（起点）和终点，完成移动的操作。

5.3.2　案例——移动图形

步骤 1 按〈Ctrl+O〉组合键，打开配套光盘提供的"第 05 章\5.3.2 移动图形.dwg"素材文件，如图 5-37 所示。

步骤 2 调用 M（移动）命令，选择"冰箱"图形，将其移动到厨房平面图中，结果如图 5-38 所示。

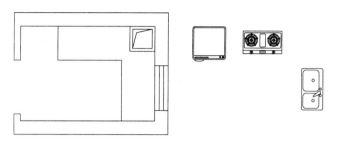

图 5-37　打开素材

步骤 3　重复调用 M（移动）命令，将"灶台"和"洗涤盆"图形移动到厨房平面图中，结果如图 5-39 所示。

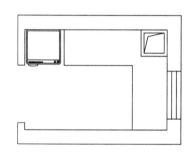

图 5-38　移动冰箱图形

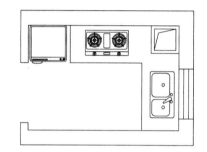

图 5-39　移动其他图形

5.3.3　旋转

旋转图形是指图形以指定的角度绕某个基点旋转。执行"旋转"命令方法有以下 4 种。

➢ 菜单栏：选择"修改"|"旋转"菜单命令。

➢ 功能区：在"默认"选项卡中，单击"修改"面板中的"旋转"按钮▣。

➢ 工具栏：单击"修改"工具栏中的"旋转"按钮▣。

➢ 命令行：在命令行中输入 ROTATE/RO 命令。

执行上述"旋转"命令，选择要移动的图形，然后指定旋转基点之后，命令行提示如下。

指定旋转角度，或 [复制(C)/参照(R)] <0>:

其中各选项的含义如下。

➢ 旋转角度：逆时针旋转的角度为正值，顺时针旋转的角度为负值。

➢ 复制（C）：用于创建要旋转对象的副本，旋转后源对象不会被删除。

➢ 参照（R）：用于将对象从指定的角度旋转到新的绝对角度。

5.3.4　案例——旋转图形

步骤 1　打开文件。单击快速访问工具栏中的"打开"按钮📂，打开配套光盘提供的"第 05 章\5.3.4 旋转图形.dwg"素材文件，素材图形如图 5-40 所示。

步骤 2　在"默认"选项卡中，单击"修改"面板中的"旋转"按钮▣，旋转指针图形，将指针图形旋转-90°，并保留源对象，如图 5-41 与图 5-42 所示。命令行提示如下。

命令: _rotate↙　　　　　　　　　　　　　　　　//执行"旋转"命令

UCS 当前的正角方向: ANGDIR=逆时针　ANGBASE=0

选择对象: 指定对角点: 找到 1 个　　　　　　　//选择指针

选择对象:　　　　　　　　　　　　　　　　　　//按〈Enter〉键确定

指定基点:　　　　　　　　　　　　　　　　　　//指定圆心为旋转中心

指定旋转角度，或 [复制(C)/参照(R)] <0>: C↙　//激活"复制"选项

旋转一组选定对象

指定旋转角度，或 [复制(C)/参照(R)] <0>: -90↙　//输入旋转角度并按〈Enter〉键确定

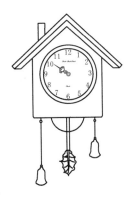
图 5-40　素材文件

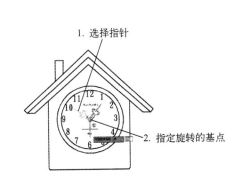
1. 选择指针
2. 指定旋转的基点
图 5-41　旋转复制指针

图 5-42　完成效果图

5.3.5　拉伸

执行"拉伸"命令可以通过沿拉伸路径平移图形夹点的位置，使图形产生拉伸变形的效果。在调用命令的过程中，需要确定的参数有拉伸对象、拉伸基点的起点和拉伸位移。拉伸位移决定了拉伸的方向和距离。

执行"拉伸"命令的方法有以下 4 种。

➤ 菜单栏: 选择"修改"|"拉伸"菜单命令。

➤ 功能区: 在"默认"选项卡中，单击"修改"面板中的"拉伸"按钮⬚。

➤ 工具栏: 单击"修改"工具栏中的"拉伸"按钮⬚。

➤ 命令行: 在命令行中输入 STRETCH/S 命令。

拉伸图形需遵循以下两点原则。

➤ 通过单击选择和窗口选择获得的拉伸对象将只被平移，不被拉伸。

➤ 通过交叉选择获得的拉伸对象，如果所有夹点都落入选择框内，图形将发生平移；如果只有部分夹点落入选择框，则图形将沿拉伸位移拉伸；如果没有夹点落入选择窗口，则图形将保持不变。

5.3.6　案例——拉伸吊灯

步骤 1 打开文件。单击快速访问工具栏中的"打开"按钮🖿，打开配套光盘提供的"第 05 章\5.3.6 拉伸吊灯.dwg"素材文件，如图 5-43 所示。

步骤 2 在命令行中输入 S（拉伸）命令，将铁支垂吊长度拉伸 230，命令行操作如下。

命令: S↙   stretch   //执行"拉伸"命令

以交叉窗口或交叉多边形选择要拉伸的对象...

选择对象: 指定对角点: 找到 11 个   //框选铁支垂吊，如图 5-44 所示

选择对象: //按〈Enter〉键确定

指定基点或 [位移(D)] <位移>:

指定第二个点或 <使用第一个点作为位移>: 230↙   //垂直向上移动鼠标，输入拉伸距离并按
〈Enter〉键确定

步骤 3 吊灯拉伸结果如图 5-45 所示。

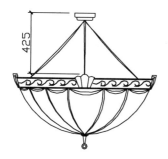

图 5-43　素材图形

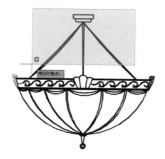

图 5-44　选择拉伸对象

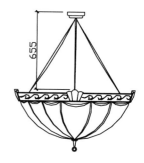

图 5-45　吊灯拉伸效果

提示: 命令行中的提示"以交叉窗口或交叉多边形选择要拉伸的对象..."，如果以窗口形式选择或直接用鼠标单击选择，则所选图形全部在选择窗口内，那么拉伸操作只对所选对象进行。

5.3.7　缩放

缩放图形是将图形对象以指定的缩放基点，进行等比例缩放。在调用命令的过程中，需要确定的参数有缩放对象、缩放基点和比例因子。与"旋转"命令类似，可以选择"复制"选项，在生成缩放对象时保留源对象。

执行"缩放"命令的方法有以下 4 种。

➢ 菜单栏：选择"修改"|"缩放"菜单命令。

➢ 功能区：在"默认"选项卡中，单击"修改"面板中的"缩放"按钮 。

➢ 工具栏：单击"修改"工具栏中的"缩放"按钮 。

➢ 命令行：在命令行中输入 SCALE/SC 命令。

使用上述命令指定缩放对象和基点后，命令行提示如下。

指定比例因子或 [复制(C)/参照(R)]:

其中各选项的含义如下。

➢ 比例因子：缩放或放大的比例值。大于 1 为放大，小于 1 为缩小。

➢ 复制（C）：表示对象缩放后不删除源对象，创建要缩放对象的副本。

➢ 参照（R）：表示参照长度和指定新长度缩放所选对象。

5.3.8 案例——缩放图形

步骤 1 打开文件。单击快速访问工具栏中的"打开"按钮 ，打开配套光盘提供的"第 05 章\5.3.8 缩放图形.dwg"素材文件，如图 5-46 所示。可以发现此时调入的餐桌图形明显过大，餐厅区域无法放置。

步骤 2 在"默认"选项卡中，单击"修改"面板中的"缩放"按钮 ，将餐桌图形进行缩放，将其缩放 0.72，如图 5-47 所示。命令行操作如下：

命令：_scale   //执行"缩放"命令
SCALE 找到 1 个   //选择餐桌图形
指定基点：   //指定餐桌左下角点为基点
指定比例因子或 [复制(C)/参照(R)]: 0.72↙   //输入比例因子，并按〈Enter〉键结束操作

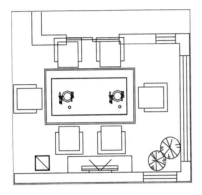

图 5-46　素材文件

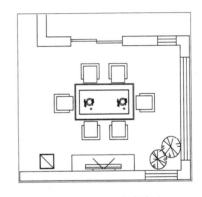

图 5-47　缩放结果

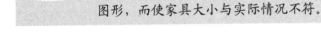

注意： 在进行室内家具布置时，应了解和掌握常见家具的尺寸，而不能随意缩放家具图形，而使家具大小与实际情况不符。

5.4　修改类命令

本节主要介绍如何编辑图形对象。在 AutoCAD 中，可以通过修剪、延伸、倒角、圆角等方式来编辑图形对象。

5.4.1 修剪

选择"修剪"命令可将超出边界的多余部分删除。修剪操作可以修剪直线、圆、弧、多段线、样条曲线和射线等。在调用命令的过程中，需要设置的参数有修剪边界和修剪对象两类。

执行"修剪"命令的方法有以下 4 种。

➢ 菜单栏：选择"修改"|"修剪"菜单命令。
➢ 功能区：在"默认"选项卡中，单击"修改"面板中的"修剪"按钮 。
➢ 工具栏：单击"修改"工具栏中的"修剪"按钮 。

➤ 命令行：在命令行中输入 TRIM/TR 命令。

执行上述命令，选择要修剪的对象后，命令行提示如下。

选择要修剪的对象，或按住〈Shift〉键选择要延伸的对象，或[栏选(F)/窗交(C)/投影(P)/边(E)/删除(R)/放弃(U)]:

其中部分选项的含义如下。

➤ 投影（P）：可以指定执行修剪的空间，主要应用于三维空间中两个对象的修剪，可将对象投影到某一平面上执行修剪操作。

➤ 边（E）：选择该选项时，命令行显示"输入隐含边延伸模式[延伸(E)/不延伸(N)]<延伸>:"提示信息。如果选择"延伸"选项，则当剪切边太短而且没有与被修剪对象相交时，可延伸修剪边，然后进行修剪；如果选择"不延伸"选项，只有当剪切边与被修剪对象真正相交时，才能进行修剪。

➤ 删除（R）：删除选定的对象。

➤ 放弃（U）：取消上一次操作。

5.4.2 案例——修剪图形

步骤 1 按〈Ctrl+O〉组合键，打开配套光盘提供"第 5 章\5.4.2 修剪图形"文件，效果如图 5-48 示。

步骤 2 调用 TR（修剪）命令，修剪多余的图案。命令行提示如下。

命令: TR↵　　TRIM　　　　　　　　　//调用"修剪"命令

当前设置:投影=UCS，边=无

选择剪切边　　　　　　　　　　　　//选择剪切边，如图 5-49 所示

选择对象或 <全部选择>: 找到 1 个　//选择对象，如图 5-50 所示

选择对象:

选择要修剪的对象，或按住 Shift 键选择要延伸的对象，或[栏选(F)/窗交(C)/投影(P)/边(E)/删除(R)/放弃(U)]:

　　　　　　　　　　　//按〈Esc〉键退出绘制，图形的修剪结果如图 5-51 所示

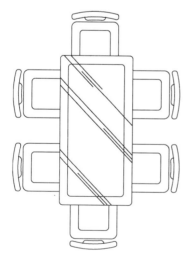

图 5-48　打开素材

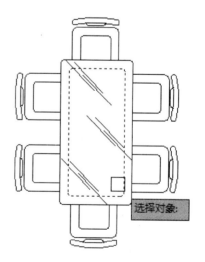

图 5-49　选择剪切边

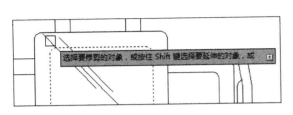

图 5-50　选择对象

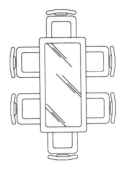

图 5-51　修剪结果

5.4.3 延伸

使用"延伸"命令可以将没有和边界相交的部分延伸补齐，它和"修剪"命令是一组相对的命令。在调用命令的过程中，需要设置的参数有延伸边界和延伸对象两类。

执行"延伸"命令的方法有以下 4 种。

➤ 菜单栏：选择"修改"|"延伸"菜单命令。

➤ 功能区：在"默认"选项卡中，单击"修改"面板中的"延伸"按钮 ⊡。

➤ 工具栏：单击"修改"工具栏中的"延伸"按钮 ⊡。

➤ 命令行：在命令行中输入 EXTEND/EX 命令。

使用上述命令，并选择延伸到的对象后，命令行提示如下。

选择要延伸的对象，或按住〈Shift〉键选择要修剪的对象，或[栏选(F)/窗交(C)/投影(P)/边(E)/放弃(U)]:

命令行中各选项含义如下。

➤ 栏选（F）：用栏选的方式选择要延伸的对象。

➤ 窗交（C）：用窗交方式选择要延伸的对象。

➤ 投影（P）：用指定延伸对象时使用的投影方式，即选择进行延伸的空间。

➤ 边（E）：指定是将对象延伸到另一个对象的隐含边还是延伸到三维空间中与其相交的对象。

➤ 放弃（U）：放弃上一次的延伸操作。

> **提示：** 在"延伸"命令中，选择延伸对象时按住〈Shift〉键，可以将该对象超过边界的部分修剪删除。从而节省更换命令的操作，大大提高绘图效率。

5.4.4 案例——延伸图形

步骤 1 按〈Ctrl+O〉组合键，打开配套光盘提供的"第 5 章\5.4.4 延伸图形"素材文件，效果如图 5-52 所示。

步骤 2 在命令行中输入 EX（延伸）命令并按〈Enter〉键，将衣柜门内直线进行延伸，如图 5-53 所示。命令行提示如下。

命令: EX✓　　　　　EXTEND　　　　　　　　　　　//执行"延伸"命令

当前设置:投影=UCS, 边=延伸

选择边界的边...

选择对象或 <全部选择>: 找到 1 个

选择对象: 找到 1 个　　　　　　　　　　　　　//选择圆弧 A 作为延伸边界

选择对象:　　　　　　　　　　　　　　　　//按空格键确定对象

选择要延伸的对象，或按住〈Shift〉键选择要修剪的对象，或

[栏选(F)/窗交(C)/投影(P)/边(E)/放弃(U)]:　　　//选择需延伸的对象

选择要延伸的对象，或按住〈Shift〉键选择要修剪的对象，或

[栏选(F)/窗交(C)/投影(P)/边(E)/放弃(U)]:　　　//按空格键退出"延伸"命令

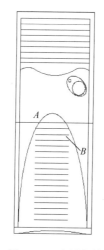

图 5-52　素材文件

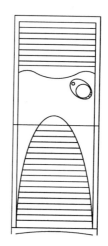

图 5-53　延伸结果

5.4.5　倒角

"倒角"命令用于在两条非平行直线上生成斜线以相连，从而连接两个对象，常用于机械制图中。

执行"倒角"命令的方法有以下 4 种。

➢ 菜单栏：选择"修改"|"倒角"菜单命令。

➢ 功能区：在"默认"选项卡中，单击"修改"面板中的"倒角"按钮◻。

➢ 工具栏：单击"修改"工具栏中的"倒角"按钮◻。

➢ 命令行：在命令行中输入 CHAMFER/CHA 命令。

执行上述命令后，命令行提示如下：

选择第一条直线或 [放弃(U)/多段线(P)/距离(D)/角度(A)/修剪(T)/方式(E)/多个(M)]:

命令行中各选项的含义如下。

➢ 放弃（U）：放弃上一次的倒角操作。

➢ 多段线（P）：对整个多段线每个顶点处的相交直线进行倒角，并且倒角后的线段将成为多段线的新线段。

➢ 距离（D）：通过设置两个倒角边的倒角距离来进行倒角操作。

➢ 角度（A）：通过设置一个角度和一个距离来进行倒角操作。

> 修剪（T）：设定是否对倒角进行修剪。
> 方式（E）：用于选择倒角方式，与选择"距离(D)"或"角度(A)"的作用相同。
> 多个（M）：用于对多组对象进行倒角。选择该选项后，倒角命令将重复，直到用户按〈Enter〉键结束。

 提示： 在进行倒角或圆角操作时，有时会发现操作后对象没有变化，此时应查看是不是倒角距离或圆角半径为0或太小、太大。

5.4.6 案例——倒角图形

步骤 1 按〈Ctrl+O〉组合键，打开配套光盘提供的"第 5 章\5.4.6 倒角图形"素材文件，效果如图 5-54 所示。

步骤 2 调用 CHA（倒角）命令，并按〈Enter〉键，对图形进行完善。命令行提示如下。

命令: CHA↙　　CHAMFER	//调用"倒角"命令

（"修剪"模式）当前倒角距离 1 = 700，距离 2 = 700

选择第一条直线或 [放弃(U)/多段线(P)/距离(D)/角度(A)/修剪(T)/方式(E)/多个(M)]:　D↙

//激活"距离"选项

指定 第一个 倒角距离 <700>: 600↙　　　　　　　//输入第一个倒角距离

指定 第二个 倒角距离 <600>:　　　　　　　　　//按〈Enter〉键，使用默认数值

选择第一条直线或 [放弃(U)/多段线(P)/距离(D)/角度(A)/修剪(T)/方式(E)/多个(M)]:

//选择第一条直线

选择第二条直线，或按住 Shift 键选择直线以应用角点或 [距离(D)/角度(A)/方法(M)]:

//选择第二条直线，如图 5-55 所示；倒角结果如图 5-56 所示

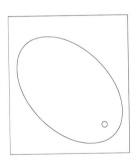　　　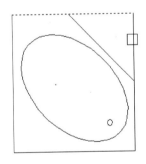　　　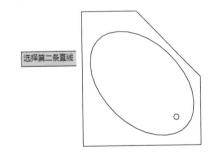

图 5-54　素材文件　　　　图 5-55　选择直线　　　　图 5-56　倒角结果

5.4.7 圆角

"圆角"命令用于将两条相交的直线通过一个圆弧连接起来。"圆角"命令的使用分为两步：第一步确定圆角大小，通过"半径"选项输入数值；第二步选定两条需要圆角的边。

执行"圆角"命令的方法有以下 4 种方法。

> 菜单栏：选择"修改"|"圆角"菜单命令。
> 功能区：在"默认"选项卡中，单击"修改"面板中的"圆角"按钮▣。

> 工具栏：单击"修改"工具栏中的"圆角"按钮◻。
> 命令行：在命令行中输入 FILLET/F 命令。

执行上述命令后，命令行提示如下。

选择第一个对象或 [放弃(U)/多段线(P)/半径(R)/修剪(T)/多个(M)]:

命令行中各选项的含义如下。

> 放弃（U）：放弃上一次的圆角操作。
> 多段线（P）：选择该项将对多段线中每个顶点处的相交直线进行圆角操作，并且在进行圆角操作后的圆弧线段将成为多段线的新线段。
> 半径（R）：选择该项，设置圆角的半径。
> 修剪（T）：选择该项，设置是否修剪对象。
> 多个（M）：选择该项，可以在依次调用命令的情况下对多个对象进行圆角。

提示： 重复"圆角"命令之后，圆角的半径和修剪选项无须重新设置，直接选择圆角对象即可，系统默认以上一次圆角的参数来创建之后的圆角。

5.4.8 案例——圆角图形

步骤 1 按〈Ctrl+O〉组合键，打开配套光盘提供的"第 5 章\5.4.8 圆角图形"素材文件，效果如图 5-57 所示。

步骤 2 调用 F（圆角）命令，圆角办公桌边线，命令行操作如下。

命令: F↙　　　　FILLET　　　　　　　　　　　　　　　//调用"圆角"命令
当前设置: 模式 = 修剪，半径 = 0.0000
选择第一个对象或 [放弃(U)/多段线(P)/半径(R)/修剪(T)/多个(M)]:R↙　　//激活"半径"选项
指定圆角半径 <0.0000>: 225↙　　　　　　　　　　　　//输入圆角半径值
选择第一个对象或[放弃(U)/多段线(P)/半径(R)/修剪(T)/多个(M)]:　　//选择第一条圆角边线
选择第二个对象，或按住 Shift 键选择要应用角点的对象:　　//选择第二条圆角连线，完成操作

步骤 3 办公桌边线圆角结果如图 5-58 所示。

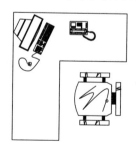

图 5-57　素材文件

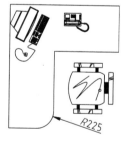

图 5-58　圆角结果

5.4.9 拉长

"拉长"命令就是改变原图形的长度，可以把原图形变长，也可以将其缩短。用户可以通过指定一个长度增量、角度增量（对于圆弧）、总长度或者相对于原长的百分比增量来改

变原图形的长度，也可以通过动态拖动的方式来直接改变原图形的长度，如图 5-59 所示。

执行"拉长"命令的方法有以下 4 种。

➤ 菜单栏：调用"修改"｜"拉长"菜单命令。

➤ 功能区：在"默认"选项卡中，单击"修改"面板中的"拉长"按钮 📐。

➤ 工具栏：单击"修改"工具栏中的"拉长"按钮 📐。

➤ 命令行：在命令行输入 LENGTHEN/LEN 命令。

调用该命令后，命令行提示如下。

> 选择对象或 [增量(DE)/百分数(P)/全部(T)/动态(DY)]:

各选项含义如下。

➤ 增量：表示以增量方式修改对象的长度。可以直接输入长度增量来拉长直线或者圆弧，长度增量为正时拉长对象，为负时缩短对象。也可以输入 A，通过指定圆弧的长度和角增量来修改圆弧的长度。

➤ 百分数：通过输入百分比来改变对象的长度或圆心角大小。百分比的数值以原长度为参照。

➤ 全部：通过输入对象的总长度来改变对象的长度或角度。

➤ 动态：用动态模式拖动对象的一个端点来改变对象的长度或角度。

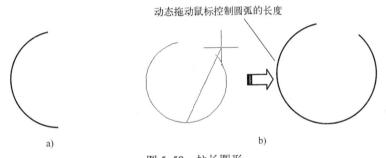

图 5-59 拉长图形

a) 原对象 b) 拉长圆弧的结果

> **提示：** "拉长"命令只能用于改变非封闭图形的长度，包括直线和圆弧，对于封闭图形（如矩形、圆和椭圆）无效。某些拉长结果与延伸和修剪效果相似。

5.4.10 打断

"打断"命令用于把原本是一个整体的线条分离成两段。该命令只能打断单独的线条，而不能打断组合形体，如图块等。

执行"打断"命令的方法有以下 4 种。

➤ 菜单栏：调用"修改"｜"打断"菜单命令。

➤ 功能区：在"默认"选项卡中，单击"修改"面板中的"打断"按钮 📖 或"打断于点"按钮 📖。

➤ 工具栏：单击"修改"工具栏中的"打断"按钮 📖 或"打断于点"按钮 📖。

➤ 命令行：在命令行输入 BREAK/BR 命令。

　　在 AutoCAD 2016 中，根据打断点数量的不同，"打断"命令可以分为"打断"和"打断于点"两种命令。

1. 打断

　　"打断"命令是指在两点之间打断选定的对象。在调用命令的过程中，需要确定的参数有打断对象、打断第一点和第二点。第一点和第二点之间的图形部分则被删除。如图 5-60 所示即为将圆打断后的前后效果。

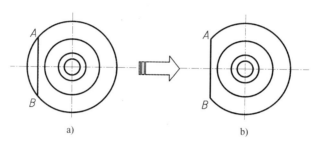

图 5-60　打断

a) 打断前　b) 打断后

2. 打断于点

　　打断于点是指通过指定一个打断点，将对象断开。在调用命令的过程中，需要确定的参数有打断对象和第一个打断点。打断对象之间没有间隙。如图 5-61 所示即为将圆弧在象限点处打断。

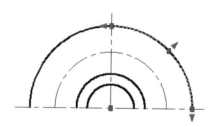

图 5-61　打断于点

5.4.11　案例——打断图形

　　步骤 1 按〈Ctrl+O〉组合键，打开配套光盘提供的"第 5 章\5.4.11 打断图形"素材文件，效果如图 5-62 所示。

　　步骤 2 在"默认"选项卡中，单击"修改"面板中的"打断"按钮🔲，去除多余的地毯图形，命令行操作如下。

命令:BREAK↵	//调用"打断"命令
选择对象:	//选择圆
指定第二个打断点 或 [第一点(F)]:f↵	//选择"第一点(F)"选项
指定第一个打断点:	//捕捉并单击圆边与床相交的点，指定第一个打断点
指定第二个打断点:	//捕捉并单击圆边与床相交的点，打断效果如图 5-63 所示

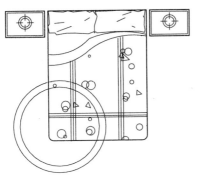
图 5-62 素材文件

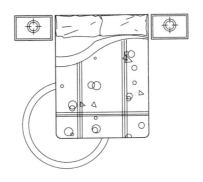
图 5-63 打断圆弧

5.4.12 合并

"合并"命令用于将独立的图形对象合并为一个整体。它可以将多个对象进行合并,包括圆弧、椭圆弧、直线、多线段和样条曲线等。执行"合并"命令的方法有以下 4 种。

> 菜单栏:调用"修改"|"合并"菜单命令。
> 功能区:在"默认"选项卡中,单击"修改"面板中的"合并"按钮。
> 工具栏:单击"修改"工具栏中的"合并"按钮。
> 命令行:在命令行输入 JOIN/J 命令。

执行上述命令后,选择要合并的图形对象并按〈Enter〉键,即可完成合并对象操作,如图 5-64 所示。

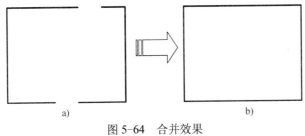
图 5-64 合并效果
a) 合并前 b) 合并后

5.4.13 光顺曲线

"光顺曲线"命令用于在两条开放曲线的端点之间,创建相切或平滑的样条曲线,有效对象包括:直线、圆弧、椭圆弧、螺线、没闭合的多段线和没闭合的样条曲线。

执行"光顺曲线"命令的方法有以下 4 种方法。

> 菜单栏:选择"修改"|"圆角"菜单命令。
> 功能区:在"默认"选项卡中,单击"修改"面板中的"光顺曲线"按钮。
> 工具栏:单击"修改"工具栏中的"光顺曲线"按钮。
> 命令行:在命令行中输入 BLEND 命令。

执行上述命令后,命令行提示如下。

命令: _BLEND↙   //调用"光顺曲线"命令

连续性 = 相切

选择第一个对象或 [连续性(CON)]:   //要光顺的对象

选择第二个点: CON↙   //激活"连续性"选项

输入连续性 [相切(T)/平滑(S)] <相切>: S↙   //激活"平滑"选项

选择第二个点: //单击第二点完成命令操作

其中各选项的含义如下。

➢ 连续性（CON）：设置连接曲线的过渡类型。

➢ 相切（T）：创建一条 3 阶样条曲线，在选定对象的端点处具有相切连续性。

➢ 平滑（S）：创建一条 5 阶样条曲线，在选定对象的端点处具有曲率连续性。

5.4.14 案例——光顺曲线操作

步骤 1 按〈Ctrl+O〉组合键，打开配套光盘提供的"第 5 章\5.4.14 光顺曲线"素材文件，效果如图 5-65 所示。

步骤 2 调用 BL（光顺曲线）命令并按〈Enter〉键，命令行提示如下：

命令: _BLEND↙

连续性 = 相切

选择第一个对象或 [连续性(CON)]:   //选择第一个对象，如图 5-66 所示

选择第二个点: //选择第二个点，如图 5-67 所示；绘制结果如图 5-68 所示

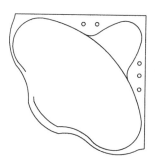

图 5-65 打开素材

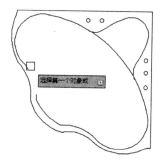

图 5-66 选择第一个对象

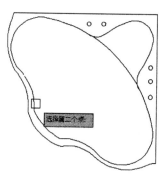

图 5-67 选择第二个点

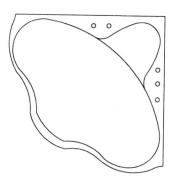

图 5-68 绘制结果

5.4.15 分解

对于由多个对象组成的组合对象如矩形、多边形、多段线、块和阵列等，如果需要对其中的单个对象进行编辑操作，就需要先利用"分解"命令将这些对象分解成单个的图形对象。

执行"分解"命令的方法有以下4种。

➤ 菜单栏：选择"修改"|"分解"菜单命令。

➤ 功能区：在"默认"选项卡中，单击"修改"面板中的"分解"按钮回。

➤ 工具栏：单击"修改"工具栏中的"分解"按钮回。

➤ 命令行：在命令行中输入 EXPLODE/X 命令。

执行该命令后，选择要分解的图形对象并按〈Enter〉键，即可完成分解操作，如图 5-69 所示。

a)

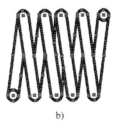
b)

图 5-69　分解图形

a) 原对象　b) 分解结果

> 提示：　"分解"命令不能分解用 MINSERT 和外部参照插入的块，以及外部参照依赖的块。分解一个包含属性的块将删除属性值并重新显示属性定义。

5.5　使用夹点编辑对象

所谓"夹点"，指的是图形对象上的一些特征点，如端点、顶点、中点、中心点等，图形的位置和形状通常是由夹点的位置决定的。在 AutoCAD 中，夹点是一种集成的编辑模式，利用夹点可以编辑图形的大小、位置、方向及对图形进行镜像复制操作等。

5.5.1 夹点模式概述

在夹点模式下，图形对象以虚线显示，图形上的特征点（如端点、圆心、象限点等）将显示为蓝色的小方框，如图 5-70 所示，这样的小方框称为夹点。

夹点有未激活和被激活两种状态。蓝色小方框显示的夹点处于未激活状态，单击某个未激活夹点，该夹点以红色小方框显示，处于被激活状态，被称为热夹点。以热夹点为基点，可以对图形对象进行拉伸、平移、复制、缩放和镜像等操作。

图 5-70　不同对象的夹点

 提示：激活热夹点时按住〈Shift〉键，可以选择激活多个热夹点。

5.5.2 利用夹点拉伸对象

在不执行任何命令的情况下选择对象，显示其夹点。然后单击其中一个夹点，进入编辑状态。

此时，AutoCAD 自动将其作为拉伸的基点，系统默认进入"拉伸"编辑模式，命令行将显示如下提示信息：

指定拉伸点或 [基点(B)/复制(C)/放弃(U)/退出(X)]:

命令行中各选项的功能如下。

➢ 基点（B）：重新确定拉伸基点。

➢ 复制（C）：允许确定一系列的拉伸点，以实现多次拉伸。

➢ 放弃（U）：取消上一次操作。

➢ 退出（X）：退出当前操作。

利用夹点拉伸对象的过程如图 5-71 所示。

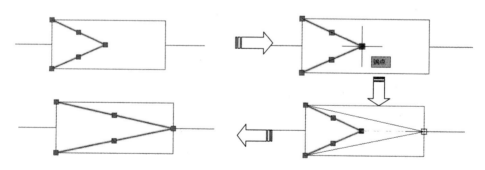

图 5-71　利用夹点拉伸对象

 提示：对于某些夹点，移动时只能移动对象而不能拉伸对象，如文字、块、直线中点、圆心、椭圆中心和点对象上的夹点。

5.5.3 利用夹点移动对象

对热夹点进行编辑操作时，可以在命令行输入 S、M、CO、SC、MI 等基本修改命令，也可以按〈Enter〉键或空格键在不同的修改命令间切换。在命令提示下输入 MO 并按〈Enter〉键，进入移动模式，命令行提示如下。

** 移动 **

指定移动点或 [基点(B)/复制(C)/放弃(U)/退出(X)]:

通过输入点的坐标或拾取点的方式来确定平移对象的目的
点后，即可以基点为平移的起点，以目的点为终点将所选对象
平移到新位置。

利用夹点移动对象如图 5-72 所示。

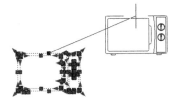

图 5-72　利用夹点移动图形

5.5.4　利用夹点旋转对象

在夹点编辑模式下确定基点后，在命令行提示下输入 RO 并按〈Enter〉键，进入旋转模
式，命令行提示如下。

** 旋转 **

指定旋转角度或 [基点(B)/复制(C)/放弃(U)/参照(R)/退出(X)]:

默认情况下，输入旋转角度值或通过拖动方式确定旋转角度后，即可将对象绕基点旋转
指定的角度。也可以选择"参照"选项，以参照方式旋转对象。

利用夹点旋转对象如图 5-73 所示。

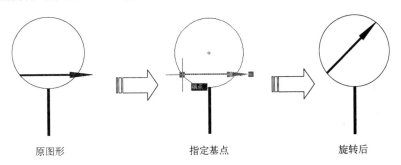

原图形　　　　　　　　指定基点　　　　　　　　旋转后

图 5-73　利用夹点旋转对象

5.5.5　利用夹点缩放对象

在夹点编辑模式下确定基点后，在命令行提示下输入 SC 并
按〈Enter〉键，进入缩放模式，命令行提示如下。

** 比例缩放 **

指定比例因子或 [基点(B)/复制(C)/放弃(U)/参照(R)/退出(X)]:

默认情况下，当确定了缩放的比例因子后，AutoCAD 将相对
于基点进行缩放对象操作。当比例因子大于 1 时放大对象；当比
例因子大于 0 而小于 1 时缩小对象。

利用夹点缩放对象如图 5-74 所示。

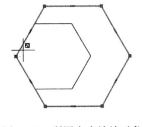

图 5-74　利用夹点缩放对象

5.5.6　利用夹点镜像对象

在夹点编辑模式下确定基点后，在命令行提示下输入 MI 并按〈Enter〉键，进入镜像模
式，命令行提示如下。

＊＊　镜像　＊＊

指定第二点或 [基点(B)/复制(C)/放弃(U)/退出(X)]:

指定镜像线上的第二点后，AutoCAD 将以基点作为镜像线上的第一点，将对象进行镜像操作并删除源对象。

利用夹点镜像对象如图 5-75 所示。

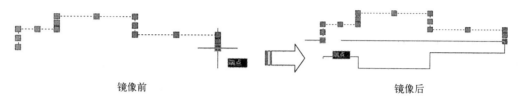

镜像前　　　　　　　　　　　　　　　　　　　镜像后

图 5-75　利用夹点镜像对象

5.6　设计专栏

5.6.1　上机实训

（1）按〈Ctrl+O〉组合键，打开配套光盘提供的"第 05 章\5.6.1 上机实训 01.dwg"素材文件，如图 5-76 所示。使用本章所学的编辑知识，使用矩形阵列、修剪等编辑命令绘制如图 5-77 所示的图形。

图 5-76　素材文件

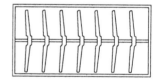

图 5-77　绘制图形

具体的绘制步骤提示如下：

步骤 1 调用"矩形阵列"命令，阵列的项目数为 7，完成衣架图形的绘制。

步骤 2 调用 TR（修剪）命令，修剪线段。

（2）使用本章所学的编辑知识，使用复制、剪切、偏移等编辑命令绘制如图 5-78 所示的图形。

具体的绘制步骤提示如下。

步骤 1 绘制边为 126 的最大的正三角形。

步骤 2 重复命令操作，以之前绘制的三角形的顶点为起点，绘制边为 60 的正三角形。

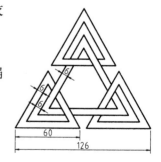

图 5-78　绘制图形

步骤 3 执行 O（偏移）命令，大三角形和小三角形向内偏移 6。

步骤 4 执行 CO（复制）命令，选择两个小三角形，以大三角形的顶点为参考点，复制两个小三角形。

步骤 5 执行 TR（修剪）命令，修剪图形，完成绘制。

5.6.2 辅助绘图锦囊

在进行图形编辑的时候，经常需要选择对象，在一般情况下，被选中的对象会呈现虚线显示，如图 5-79 所示。而有时由于操作者本人的失误，可能会使得 AutoCAD 的参数发生错误，从而在选择对象的时候未发生任何改变，仅显示出特征夹点，如图 5-80 所示。

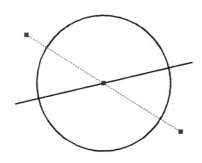
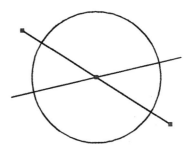

图 5-79　选中的对象虚线显示　　　　　图 5-80　选中的对象不发生变化

这时只需在命令行中输入 Highlight，然后将参数设置为 1 即可恢复正常，命令行操作如下。

命令: HIGHLIGHT　　　　　　　　　　　　//执行 Highlight 命令

输入 HIGHLIGHT 的新值 <0>: 1　　　　　　//执行参数值

值得注意的是，HIGHLIGHT 参数只能是 0 或者 1，0 则关闭虚线显示，1 则启用。

第 **6** 章

图块与设计中心

在绘制图形时，如果图形中有大量相同或相似的内容，或者所绘制的图形与已有的图形文件相同，都可以把要重复绘制的图形创建为块（也称为图块），并根据需要为块创建属性，指定块的名称、用途及设计者等信息，在需要时直接插入它们，从而提高绘图效率。

设计中心是 AutoCAD 提供给用户的一个强有力的资源管理工具，以便在设计过程中方便调用图形文件、样式、图块、标注、线型等内容，以提高 AutoCAD 系统的使用效率。

6.1 图块及其属性

在 AutoCAD 中，块是由多个对象组成的集合，并具有块名。块参照保存了包含在该块中对象的有关原图层、颜色和线型特性等信息，用户也可以根据需要，控制块中的对象是保留其源特性还是继承当前的图层、颜色或线宽设置。

块是系统提供给用户的重要绘图工具之一，具有提高绘图速度、节省储存空间、便于修改图形、便于数据管理等特点。

6.1.1 创建块

将一个或多个对象定义为新的单个对象，则定义的新单个对象即为块，保存在图形文件中的块又称内部块。可以对其进行移动、复制、缩放或旋转等操作。

在 AutoCAD 中，调用"创建块"命令的方法如下。

➤ 菜单栏：执行"绘图"｜"块"｜"创建"菜单命令。

➤ 功能区：在"默认"选项卡中，单击"块"面板中的"创建"按钮 ；或在"插入"选项卡中，单击"块定义"面板中的"创建块"按钮 。

➤ 工具栏：单击"绘图"工具栏中的"创建块"按钮 。

➤ 命令行：在命令行中输入 BLOCK / B 命令。

执行上述命令后，系统弹出"块定义"对话框，如图 6-1 所示。

图 6-1 "块定义"对话框

"块定义"对话框中主要选项的功能如下。

➤ "名称"文本框：用于输入块名称，还可以在下拉列表框中选择已有的块。

➤ "基点"选项区域：设置块的插入基点位置。用户可以直接在 X、Y、Z 文本框中输入，也可以单击"拾取点"按钮 ，切换到绘图窗口并选择基点。一般基点选在块的对称中心、左下角或其他有特征的位置。

➤ "对象"选项区域：选择组成块的对象。其中，单击"选择对象"按钮 ，可切换到绘图窗口选择组成块的各对象；单击"快速选择"按钮 ，可以使用弹出的"快速选择"对话框设置所选择对象的过滤条件；选中"保留"单选按钮，创建块后仍在绘图窗口中保留组成块的各对象；选中"转换为块"单选按钮，创建块后将组成块的各对象保留并把它们转换成块；选中"删除"单选按钮，创建块后删除绘图窗口中组成块的原对象。

➢ "方式"选项区域：设置组成块的对象显示方式。选择"注释性"复选框，可以将对象设置成注释性对象；选择"按同一比例缩放"复选框，设置对象是否按统一的比例进行缩放；选择"允许分解"复选框，设置对象是否允许被分解。

➢ "设置"选项区域：设置块的基本属性。单击"超链接"按钮，将弹出"插入超链接"对话框，在该对话框中可以插入超链接文档。

➢ "说明"文本框：用来输入当前块的说明部分。

6.1.2 案例——创建盆栽块

下面以创建盆栽为例，具体讲解如何定义创建块。

步骤 1 单击快速访问工具栏中的"打开"按钮，打开配套光盘提供的"第 06 章 \6.1.2 创建盆栽块.dwg"素材文件，如图 6-2 所示。

步骤 2 在命令行中输入 B（创建块）命令，并按回车键，系统弹出"块定义"对话框。

步骤 3 在"名称"文本框中输入块的名称"盆栽"。

步骤 4 在"基点"选项区域中单击"拾取点"按钮，配合"对象捕捉"功能拾取图形中的下方端点，确定基点位置。

步骤 5 单击"选择对象"按钮，选择整个图形，然后按〈Enter〉键返回"块定义"对话框。

步骤 6 在"块单位"下拉列表中选择"毫米"选项，设置单位为毫米。

步骤 7 单击"确定"按钮保存设置，完成图块的定义，如图 6-3 所示。

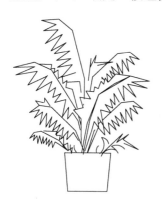

图 6-2 素材图形

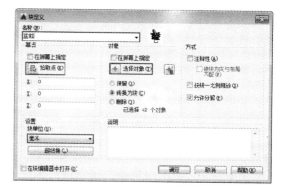

图 6-3 "块定义"对话框

提示： "创建块"命令所创建的块保存在当前图形文件中，可以随时调用并插入到当前图形文件中。其他图形文件如果要调用该图块，则可以通过设计中心或剪贴板。

6.1.3 插入块

创建完块后，即可以通过"插入"命令按一定比例和角度将图块插入到任一个指定位置。插入图块的命令包括插入单个图块、阵列插入图块、等分插入图块、等距插入图块。

在 AutoCAD 中，调用"插入"命令的方法有以下几种。

➤ 菜单栏：选择"插入"｜"块"菜单命令。

➤ 功能区：在"默认"选项卡中，单击"块"面板中的"插入"按钮 ；或在"插入"选项卡中，单击"块定义"面板中的"插入"按钮 。

➤ 工具栏：单击"绘图"工具栏中的"插入块"按钮 。

➤ 命令行：在命令行中输入 INSERT/I 命令。

执行上述命令后，系统弹出"插入"对话框。

该对话框中各选项的含义如下。

➤ "名称"下拉列表框：用于选择块或图形名称。也可以单击其后的"浏览"按钮，系统弹出"打开图形文件"对话框，选择保存的块和外部图形。

➤ "插入点"选项区域：设置块的插入点位置。用户可以直接在 X、Y、Z 文本框中输入，也可以通过选中"在屏幕上指定"复选框，在屏幕上选择插入点。

➤ "比例"选项区域：用于设置块的插入比例。可直接在 X、Y、Z 文本框中输入块在 3 个方向的比例；也可以通过选中"在屏幕上指定"复选框，在屏幕上指定。此外，该选项区域中的"统一比例"复选框用于确定所插入块在 X、Y、Z 3 个方向的插入比例是否相同，选中时表示相同，用户只需在 X 文本框中输入比例值即可。

➤ "旋转"选项区域：用于设置块的旋转角度。可直接在"角度"文本框中输入角度值，也可以通过选中"在屏幕上指定"复选框，在屏幕上指定旋转角度。

➤ "块单位"选项区域：用于设置块的单位及比例。

➤ "分解"复选框：可以将插入的块分解成块的各个基本对象。

6.1.4 案例——插入盆栽图块

步骤 1 单击快速访问工具栏中的"打开"按钮 ，打开配套光盘提供的"第 06 章 \6.1.4 插入盆栽图块.dwg"素材文件，如图 6-4 所示。

步骤 2 在命令行中输入 I（插入）命令并按〈Enter〉键，打开"插入"对话框，单击"浏览"按钮，如图 6-5 所示。

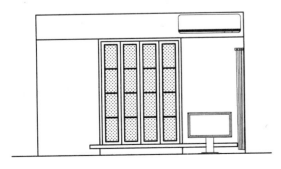

图 6-4 素材文件

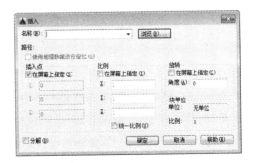

图 6-5 "插入"对话框

步骤 3 在弹出的"选择图形文件"对话框中选择并打开"盆栽.dwg"图块，如图 6-6 所示。然后返回"插入"对话框中单击"确定"按钮，如图 6-7 所示。

图 6-6 "选择图形文件"对话框

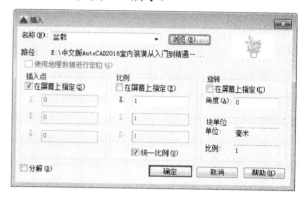

图 6-7 单击"确定"按钮

步骤 4 在绘图区中指定插入块的位置，如图 6-8 所示。

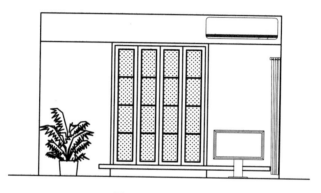

图 6-8 完成效果

提示：在命令行中输入 MIN 命令，根据提示进行操作，可以插入多个块。

6.1.5 写块

调用"创建块"命令所创建的块只能在定义该图块的文件内部使用，而"写块"命令则可以将图块让所有的 AutoCAD 文档共享。

写块的过程，实际上就是将图块保存为一个单独的 DWG 图形文件，因为 DWG 文件可以被其他 AutoCAD 文件使用。

在 AutoCAD 中，调用"写块"命令的方法如下。

➤ 功能区：在"插入"选项卡中，单击"块定义"面板中的"写块"按钮 。

➤ 命令行：在命令行中输入 WBLOCK / W 命令。

图 6-9 "写块"对话框

执行上述命令后，系统弹出"写块"对话框，如图6-9所示。

"写块"对话框中各选项的含义如下。

➤ "源"选项组：选择"块"单选按钮，将已经定义好的块保存，可以在下拉列表中选择已有的内部块。如果当前文件中没有定义的块，该单选按钮不可用。选择"整个图形"单选按钮，将当前工作区中的全部图形保存为外部块。选择"对象"单选按钮，选择图形对象定义外部块。该选项是默认选项，一般情况下选择此选项即可。

➤ "基点"选项组：该选项组用于确定插入基点。方法同块定义。

➤ "对象"选项组：该选项组用于选择保存为块的图形对象，操作方法与定义块时相同。

➤ "目标"选项组：设置写块文件的保存路径和文件名。单击该选项组中"文件名和路径"文本框右边的按钮，可以在打开的对话框中选择保存路径。

6.1.6 案例——创建外部块

步骤 1 按〈Ctrl+O〉组合键，打开配套光盘提供的"第06章\6.1.6 创建外部块.dwg"素材文件，效果如图6-10所示。

步骤 2 在命令行中输入 W（写块）命令按〈Enter〉键，系统弹出"写块"对话框，如图6-11所示。

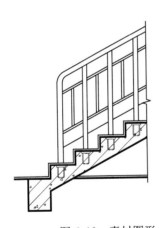

图6-10 素材图形

图6-11 "写块"对话框

步骤 3 在"对象"选项组中单击"选择对象"按钮，在绘图区中选择素材对象。在"基点"选项组中单击"拾取点"按钮，单击素材对象的左下角作为拾取点。

步骤 4 在"写块"对话框中单击按钮，弹出"浏览图形文件"对话框，如图6-12所示；设置文件名称及保存路径，单击"保存"按钮，即可完成写块的操作。

提示： 图块可以嵌套，即在一个块定义的内部还可以包含其他块定义，但不允许"循环嵌套"，也就是说在图块嵌套过程中不能包含图块自身，而只能嵌套其他图块。

图 6-12 "浏览图形文件"对话框

6.1.7 分解图块

分解图块可使其变成定义图块之前各自独立的状态。在 AutoCAD 中，分解图块可以使用"修改"面板中的"分解"按钮 来实现，它可以分解块参照、填充图案和标注等对象。

1. 分解特殊的块对象

特殊的块对象包括带有宽度特性的多段线和带有属性的块两种类型。带有宽度特性的多段线被分解后，将转换为宽度为 0 的直线和圆弧，并且分解后相应的信息也将丢失；分解带有宽度和相切信息的多段线时，还会提示信息丢失。如图 6-13 所示就是带有宽度的多段线被分解前后的效果。

图 6-13 分解多段线

当块定义中包含属性定义时，属性（如名称和数据）作为一种特殊的文本对象也被一同插入。此时包含属性的块被分解时，块中的属性将转换为原来的属性定义状态，即在屏幕上显示属性标记，同时丢失了在块插入时指定的属性值。

2. 分解块参照中的嵌套元素

在分解包含嵌套块和多段线的块参照时，只能分解一层。这是因为最高一层的块参照被分解，而嵌套块或者多段线仍保留其块特性或多段线特性。只有在它们已处于最高层时，才能被分解。

6.1.8 重定义图块

要对已进行"块定义"的图形进行重新定义，必须调用"分解"命令，将其分解后才能重新进行定义。

6.1.9 案例——重定义主卧床图块

步骤 1 按〈Ctrl+O〉组合键，打开配套光盘提供的"第 06 章\6.1.9 重定义主卧床图块.dwg"文件，效果如图 6-14 所示。

步骤 2 调用 X（分解）命令，将图块分解。

步骤 3 调用 E（删除）命令，删除床头柜图形，结果如图 6-15 所示。

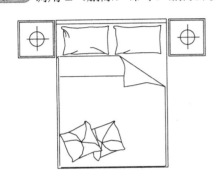

图 6-14　打开素材

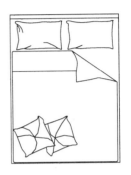

图 6-15　删除结果

步骤 4 调用 B（块定义）命令，弹出"块定义"对话框，在"名称"文本框中设置图块名称，选择被分解的双人床图形对象，确定插入基点。

步骤 5 完成上述设置后，单击"确定"按钮。此时，AutoCAD 会提示是否替代已经存在的"双人床"块定义，单击"是(Y)"按钮确定。重定义块操作完成。

6.1.10 创建块属性

使用具有属性的块，必须首先对属性进行定义。在创建块属性之前，需要创建描述属性特征的定义，包括标记、提示、值的信息、文字格式、位置等。

在 AutoCAD 中，调用"定义属性"命令的方法有以下几种。

➤ 菜单栏：选择"绘图"|"块"|"定义属性"菜单命令。

➤ 功能区：在"默认"选项卡中，单击"块"面板中的"定义属性"按钮；或在"插入"选项卡中，单击"块定义"面板中的"定义属性"按钮。

➤ 命令行：在命令行中输入 ATTDEF/ATT 命令。

执行上述命令后，系统弹出"属性定义"对话框，如图 6-16 所示。

该对话框中各选项含义如下。

➤ "模式"选项组：用于设置属性模式，其包括"不可见""固定""验证""预设""锁定位置"和"多行"6 个复选框，选中相应的复选框可设置相应的属性值。

➤ "属性"选项组：用于设置属性数据，包括"标记""提示""默认"3 个文本框。

➤ "插入点"选项组：该选项组用于指定图块属性的位置，若选中"在屏幕上指定"复选框，则可以在绘图区中指定插入点，用户可以直接在 X、Y、Z 文本框中输入坐标值确定插入点。

➤ "文字设置"选项组：该选项组用于设置属性文字的对正、样式、高度和旋转角度。包括"对正""文字样式""文字高度""旋转"和"边界宽度"5 个选项。

> ➤ "在上一个属性定义对齐"：选择该复选框，将属性标记直接置于定义的上一个属性的下面。若之前没有创建属性定义，则此选项不可用。

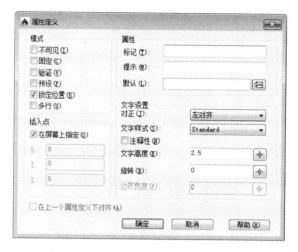

图 6-16 "属性定义"对话框

6.1.11 案例——创建"图名标注"图块属性

步骤 1 单击快速访问工具栏中的"打开"按钮，打开配套光盘提供的"第 06 章 \6.1.11 创建"图名标注"图块属性.dwg"素材文件，如图 6-17 所示。

图 6-17 素材文件

步骤 2 在命令行中输入 ATT（定义属性）命令并按〈Enter〉键，系统弹出"属性定义"对话框，参数设置如图 6-18 所示。

步骤 3 在对话框中单击"确定"按钮，将属性参数置于合适区域，即可完成属性定义操作，结果如图 6-19 所示。

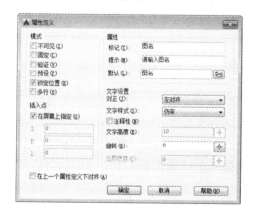

图 6-18 "属性定义"对话框

图 6-19 属性定义

图名

步骤 4 在"属性定义"对话框中，修改参数，如图 6-20 所示。

步骤 5 在对话框中单击"确定"按钮，将属性参数置于合适区域，即可完成属性定义操作，结果如图 6-21 所示。

步骤 6 在命令行中输入 B（创建块）命令并按〈Enter〉键，选择对象，将图名标注创建为块。

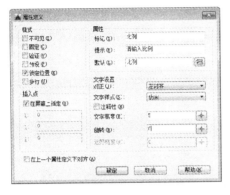

图 6-20　修改参数

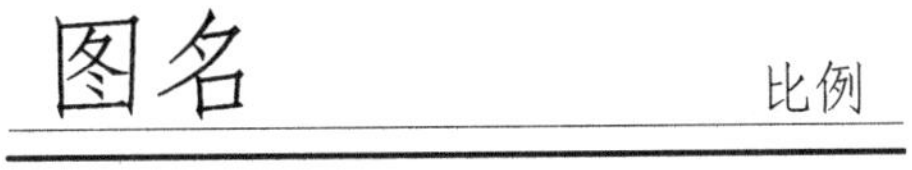

图 6-21　定义结果

6.1.12 修改块属性

使用块属性的编辑功能，可以对图块进行再定义。在 AutoCAD 中，每个图块都有自己的属性，如颜色、线型、线宽和层特性。使用"增强属性编辑器"可以对块属性进行修改。

在 AutoCAD 中，修改属性的方法有以下 4 种。

➤ 菜单栏：选择"修改"|"对象|"属性"|"单个"菜单命令。

➤ 功能区：在"默认"选项卡中，单击"块"面板中的"单个"按钮；或在"插入"选项卡中，单击"块"面板中的"编辑属性"按钮。

➤ 绘图区：直接双击插入的块。

➤ 命令行：在命令行中输 EATTEDIT 命令。

执行上述命令后，系统弹出"增强属性编辑器"对话框，如图 6-22 所示。

该对话框中各选项的含义如下：

➤ "属性"选项卡：用于显示块中每个属性的标识、提示和值。在列表框中选择某一属性后，在"值"文本框中将显示出该属性对应的属性值，并可以通过它来修改属性值。

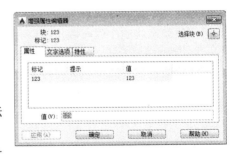

图 6-22　"增强属性编辑器"对话框

➤ "文字选项"选项卡：用于修改属性文字的格式。在该选项卡中可以设置文字样式、对齐方式、高度、旋转角度、宽度比例、倾斜角度等参数。

➤ "特性"选项卡：用于修改属性文字的图层及其线宽、线型、颜色及打印样式等。

6.1.13 案例——编辑"图名标注"图块属性

步骤 1 单击快速访问工具栏中的"打开"按钮，打开配套光盘提供的"第 06 章

\6.1.13 编辑"图名标注"图块属性.dwg"素材文件，如图 6-23 所示。

步骤 2 在"默认"选项卡中，单击"块"面板中的"单个"按钮，选择对象，系统弹出"增强属性编辑器"对话框，更改"图名"为"一层平面图"；"比例"为"1：100"，如图 6-24 所示。

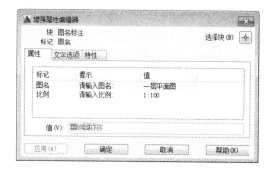

图 6-23 素材文件　　　　　　　　图 6-24 "增强属性编辑器"对话框

步骤 3 在对话框中单击"确定"按钮，修改块属性的结果如图 6-25 所示。

一层平面图 1：100

图 6-25 修改结果

6.1.14 创建动态块

在 AutoCAD 中，可以为普通图块添加动作，将其转换为动态图块，可以直接通过移动动态夹点来调整图块大小、角度，避免频繁调用命令（如缩放、旋转、镜像命令等），使图块的操作变得更加轻松。

创建动态块的步骤有两步：一是往图块中添加参数，二是为添加的参数添加动作。

1. 块编辑器

块编辑器是专门用于创建块定义并添加动态行为的编写区域。

在 AutoCAD 中，调用块编辑器的方法有以下 3 种。

➤ 菜单栏：执行"工具"|"块编辑器"菜单命令。

➤ 功能区：在"默认"选项卡中，单击"块"面板上的"编辑"按钮；或在"插入"选项卡中，单击"块定义"面板中的"块编辑器"按钮。

➤ 命令行：在命令行中输入 BEDIT/BE 命令。

执行上述命令后，系统弹出"编辑块定义"对话框，如图 6-26 所示。

在该对话框中提供了多种编辑和创建动态块的块定义，选择一个图块名称，则可在右侧预览块效果。单击"确定"按钮，系统进入默认为灰色背景的绘图区域，一般称该区域为块编辑窗口，并弹出"块编辑器"选项卡和"块编写选项板"，如图 6-27 所示。

在左侧的"块编写选项卡"中，包含"参数""动作""参数集"和"约束"4 个选项卡，可创建动态块的所有特征。

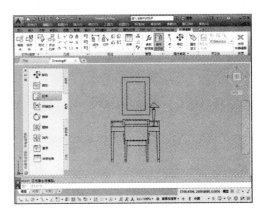

　　　图 6-26　"编辑块定义"对话框　　　　　　　　图 6-27　块编辑窗口

　　"块编辑器"选项卡位于标签栏的上方，如图 6-28 所示。其各选项功能如表 6-1 所示。

图 6-28　"块编辑器"选项卡

表 6-1　各选项的功能

图　标	名　称	功　能
	编辑块	单击该按钮，系统弹出"编辑块定义"对话框，用户可重新选择需要创建的动态块
	保存块	单击该按钮，保存当前块定义
	将块另存为	单击此按钮，系统弹出"将块另存为"对话框，用户可以重新输入块名称后保存此块
	测试块	测试此块能否被加载到图形中
	自动约束对象	对选择的块对象进行自动约束
	显示/隐藏约束栏	显示或者隐藏约束符号
	参数约束	对块对象进行参数约束
	块表	单击此按钮系统弹出"块特性表"对话框，通过此对话框对参数约束进行函数设置
	属性定义	单击此按钮系统弹出"属性定义"对话框，从中可定义模式属性标记、提示、值等的文字选项
	编写选项板	显示或隐藏编写选项板
fx	参数管理器	打开或者关闭参数管理器

　　在该绘图区域 UCS 命令是被禁用的，绘图区域显示一个 UCS 图标，该图标的原点定义了块的基点。用户可以通过相对 UCS 图标原点移动几何体图形或者添加基点参数来更改块的基点。这样在完成参数的基础上添加相关动作，然后通过"保存块"按钮保存块定义，此时可以立即关闭编辑器并在图形中测试块。

　　如果在块编辑窗口中选择"文件"｜"保存"命令，则保存的是图形而不是块定义。因此处于块编辑窗口时，必须专门对块定义进行保存。

2. 块编写选项板

该选项板中一共4个选项卡，即"参数""动作""参数集"和"约束"选项卡。

➤ "参数"选项卡：如图6-29所示，用于向块编辑器中的动态块添加参数，动态块的参数包括点参数、线型参数、极轴参数等。

➤ "动作"选项卡：如图6-30所示，用于向块编辑器中的动态块添加动作，包括移动动作、缩放动作、拉伸动作、极轴拉伸动作等。

图6-29 "参数"选项卡

图6-30 "动作"选项卡

➤ "参数集"选项卡：如图6-31所示，用于在块编辑器中向动态块定义中添加一个参数和至少一个动作的工具时，创建动态块的一种快捷方式。

➤ "约束"选项卡：如图6-32所示，用于在块编辑器中向动态块进行几何或参数约束。

图6-31 "参数集"选项卡

图6-32 "约束"选项卡

6.1.15 案例——创建"围树椅"动态块

步骤 1 单击快速访问工具栏中的"打开"按钮，打开配套光盘提供的"第 06 章 \6.1.15 创建"围树椅"动态块.dwg"素材文件。

步骤 2 在命令行中输入 BE（块编辑器）命令并按〈Enter〉键，系统弹出"编辑块定义"对话框，选择"围树椅"图块，如图 6-33 所示。

步骤 3 单击"确定"按钮，系统新增"块编辑器"选项卡，绘图窗口变浅灰色，如图 6-34 所示。

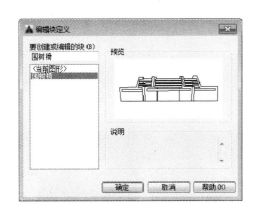

图 6-33 "编辑块定义"对话框

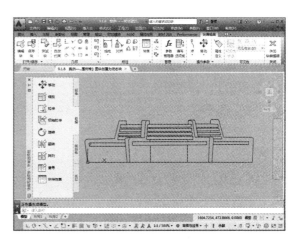

图 6-34 显示"块编辑器"选项卡

步骤 4 为块添加线性参数。在"块编写选项板"右侧单击"参数"选项卡，再单击"线性"参数按钮，根据提示完成线性参数的添加，如图 6-35 与图 6-36 所示。

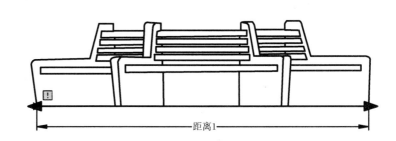

图 6-35 单击"线性"参数

图 6-36 添加线性参数

步骤 5 为线性参数添加动作。在"块编写选项板"右侧单击"动作"选项卡，再单击"缩放"按钮，根据提示为线性参数添加缩放动作，如图 6-37 与图 6-38 所示。

图 6-37 添加"缩放"参数

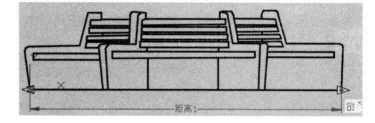

图 6-38 添加"缩放"动作

步骤 6 为块添加旋转参数。在"块编写选项板"右侧单击"参数"选项卡，再单击"旋转"按钮△，根据提示完成旋转参数的添加，如图 6-39 所示。

步骤 7 为旋转参数添加动作。在"块编写选项板"右侧单击"动作"选项卡，再单击"旋转"按钮，根据提示为旋转参数添加旋转动作，如图 6-40 所示。

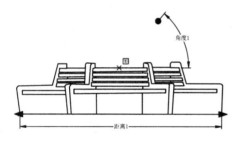

图 6-39 添加"旋转"参数

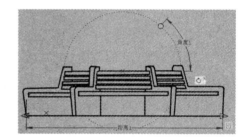

图 6-40 添加"旋转"动作

步骤 8 在"块编辑器"选项卡中，单击"保存块"按钮，保存创建的动作块，单击"关闭块编辑器"按钮，关闭块编辑器，完成动态块的创建，并返回到绘图窗口。

6.2 AutoCAD 设计中心与工具选项板

本节介绍 AutoCAD 设计中心开启和使用的方法，在设计中心中可以便捷地管理图形文件，如更改图形文件信息、调用并共享图形文件等。

AutoCAD 设计中心的主要作用概括为以下几点。

➤ 浏览图形内容，包括从经常使用的文件图形到网络上的符号等。

➤ 在本地硬盘和网络驱动器上搜索和加载图形文件，可将图形从设计中心拖到绘图区域并打开图形。

➤ 查看文件中的图形和图块定义，并可将其直接插入，或复制粘贴到目前的操作文件中。

6.2.1 打开 AutoCAD 设计中心

设计中心窗口分为两部分：左边树状图和右边内容区。用户可以选择树状图中的项目，此项目内容就会在内容区显示。

在 AutoCAD 中，打开"设计中心"选项板的方法有以下 5 种。

> 菜单栏：选择"工具"｜"选项板"｜"设计中心"菜单命令。
> 功能区：在"视图"选项卡中，单击"选项板"面板中的"设计中心"工具按钮 ▥。
> 工具栏：单击"标准"工具栏上的"设计中心"按钮▥。
> 命令行：在命令行中输入 ADCENTER/ADC 命令。
> 快捷键：按〈Ctrl+2〉组合键

执行上述命令后，系统打开"设计中心"选项板，如图 6-41 所示。

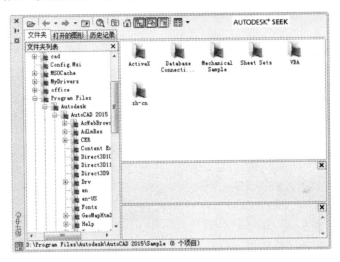

图 6-41 "设计中心"选项板

6.2.2 案例——应用 AutoCAD 设计中心

利用 AutoCAD 设计中心不仅可以查找需要的文件，还可以向图形中添加内容。下面将介绍 AutoCAD 设计中心的具体应用。

1. 查找文件

使用设计中心的搜索功能，可快速查找图形、块特征、图层特征和尺寸样式等内容，将这些资源插入当前图形，可辅助当前设计。单击"设计中心"选项板中的"搜索"按钮🔍，系统弹出"搜索"对话框，在该对话框的"搜索"下拉列表中选择要查找的内容类型，包括标注样式、布局、块、填充图案、图层、图形等，如图 6-42 所示。

搜索文件的具体操作步骤如下。

步骤 1 在命令行中输入 ADC（设计中心）命令，打开"设计中心"选项板。

步骤 2 单击工具栏中的"搜索"按钮🔍，打开"搜索"对话框，然后单击"浏览"按钮，如图 6-42 所示。

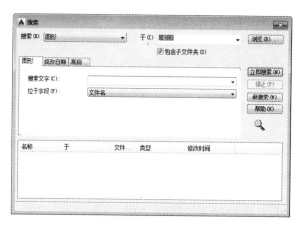

图 6-42 "搜索"对话框

步骤 3 在打开的"浏览文件夹"对话框中选择搜索位置，然后单击"确定"按钮，如图 6-43 所示。

步骤 4 返回"搜索"对话框中，输入搜索的文字，然后单击"立即搜索"按钮，即可开始搜索指定的文件，其结果显示在对话框的下方列表中，如图 6-44 所示。

图 6-43 选择搜索位置

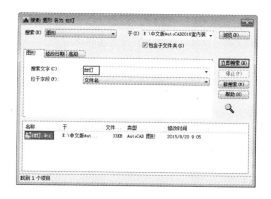

图 6-44 搜索文件

步骤 5 双击搜索到的文件，可以直接将其加载到"设计中心"选项板，如图 6-45 所示。

图 6-45 加载文件

提示： 单击"立即搜索"按钮可开始进行搜索，如果在完成全部搜索前就已经找到所需的内容，可单击"停止"按钮停止搜索。

2. 向图形中添加对象

在打开的设计中心内容区有图形、图块或文字样式等图形资源，用户可以将这些图形资源插入到当前图形中去。

下面以在餐厅立面图中添加素材图形为例讲解具体操作步骤。

步骤 1 单击快速访问工具栏中的"打开"按钮，打开配套光盘提供的"第 06 章\6.2.2 在餐厅立面图中添加素材图形.dwg"素材文件，如图 6-46 所示。

步骤 2 在命令行中输入 ADC（设计中心）命令，打开"设计中心"选项板。在"设计中心"选项板左侧的资源管理器中，选择本书配套"下载资源"中的"餐椅.dwg"文件，然后单击"餐椅.dwg"文件左侧的"+"号，展开该文件属性，如图 6-47 所示。

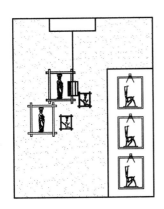

图 6-46　素材文件

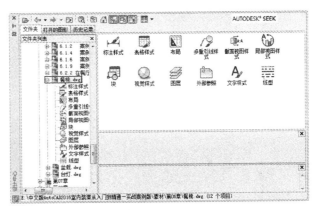

图 6-47　展开文件

步骤 3 单击"设计中心"选项板中的"块"按钮，打开文件中的图块，如图 6-48 所示。

步骤 4 从图库列表中选择要插入的餐椅图块，然后将餐椅图块拖动到绘图区域，松开鼠标结束操作并移动至合适位置，效果如图 6-49 所示。

图 6-48　展开图块

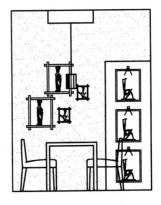

图 6-49　添加图块

6.2.3 工具选项板

工具选项板以选项卡的形式布置在选项板窗口中，如图 6-50 所示。

如图 6-51 所示，"工具选项板"窗体默认由"填充图案""表格"等若干个工具选项板组成。每个选项板中包含各种样例等图形资源。工具选项板中的图形资源和命令工具都称为"工具"。

图 6-50 "工具选项板"窗体

图 6-51 "工具选项板"快捷菜单

打开"工具选项板"窗体的方法有如下 5 种：

➢ 菜单栏："工具"|"选项板"|"工具选项板"。
➢ 功能区：在"视图"选项卡中，单击"选项板"面板中的"工具选项板"按钮。
➢ 工具栏：单击"标准"工具栏中的"工具选项板"按钮。
➢ 命令行：在命令行中输入 TOOLPALETTES 命令。
➢ 快捷键：按〈Ctrl+3〉组合键。

由于显示区域的限制，不能显示所有的工具选项板标签。此时可以用鼠标单击选项板标签的端部位置，在弹出的快捷菜单中选择需要显示的工具选项板名称，如图 6-51 所示。

提示： 在使用工具选项板中的工具时，单击需要的工具按钮，即可在工作区间中创建相应的图形对象。

6.2.4 联机设计中心

联机设计中心是 AutoCAD 为方便所有用户共享图形资源而提供的一个基于网络的图形资源库，包含了许多通用的预绘制内容，如制造商内容、图块、符号库和联机目录等。

计算机必须与 Internet 联网后，才能访问这些图形资源。单击"联机设计中心"选项卡，可以在其中浏览、搜索并下载可以在图形中使用的内容。需要在当前图形中使用这些资源时，将相应的资源对象拖放到当前工作区中即可。

6.3 设计专栏

6.3.1 上机实训

（1）打开配套光盘提供的"第 06 章\6.3.1 上机实训 01.dwg"素材文件，如图 6-52 所示。使用本章所学的块知识，将床、衣柜、床头灯、沙发、餐桌等图块移动至合适位置，完善室内平面图，如图 6-53 所示。

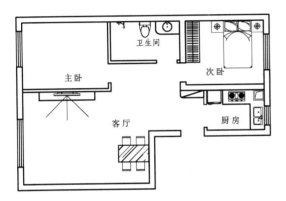

图 6-52　素材文件

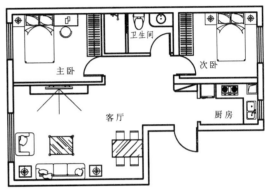

图 6-53　插入图块

具体的创建步骤提示如下。

步骤 1 调用 I（插入）命令，找到"门"图块，完成所有门的插入。

步骤 2 调用 I（插入）命令，单击"浏览"按钮，找到"第 06 章\练习\家具图例\沙发"，在合适位置插入图块。

步骤 3 重复命令，插入其他图块，必要时调整比列和角度。

（2）使用本章所学的块知识，创建如图 6-54 所示的 A4 图纸属性块。

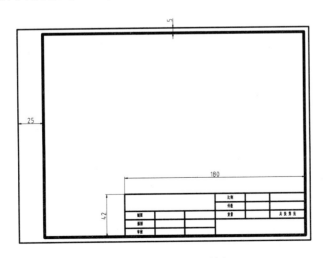

图 6-54　简易 A4 图框

A4 规格的图纸是机械设计中最常见的图纸，因此一个完整、合适的 A4 图框对于设计工作来说意义重大。因此可以利用本章所学的块知识，创建 A4 图纸的属性块，日后在需要使用的时候，直接调用即可。

具体的创建步骤提示如下。

步骤 1 绘制 A4 图纸框。

步骤 2 绘制标题栏。

步骤 3 单击"默认"选项卡中"块"面板上的"定义属性"按钮。

步骤 4 按本章介绍的方法，在标题栏的合适位置输入各设计属性，如"设计""工艺""时间"等。

步骤 5 单击"默认"选项卡中"块"面板上的"创建"按钮，连同上一步骤定义的属性，将图形保存为块。

步骤 6 输入默认信息。

步骤 7 在命令行中输入 WB，执行"写块"命令，将创建好的 A4 图纸框保存至合适位置。

步骤 8 完成创建。

6.3.2 辅助绘图锦囊

图块的使用可以大大提高制图效率。用户可以将绘制的图例创建为块，即将图例以块为单位进行保存，并归类于每一个文件夹内，以后再次需要利用此图例制图时，只需"插入"该图块即可，同时还可以对块进行属性赋值。

图块可以分为两种，一种是直接用 BLOCK 命令创建的内部图块，还有一种就是用 WB（写块）命令创建的外部图块。内部图块是在一个文件内定义的图块，可以在该文件内部自由使用，内部图块一旦被定义，它就和文件同时被存储和打开；而外部图块将"块"以主文件的形式写入磁盘，其他图形文件也可以使用它，这便是外部图块和内部图块的一个主要区别。

有时根据设计要求，可能需要一次性将图纸中的所有块都进行相应调整。而在一个比较复杂的图纸中，往往会调用大量的属性块，这时就需要使用 Battman 命令，打开"块属性管理器"对话框，如图 6-55 所示。在其中就可以一次性选中图纸中的所有属性块，来进行相应的编辑和修改。

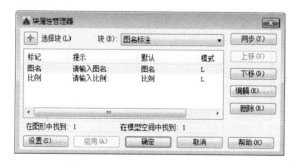

图 6-55 "块属性管理器"对话框

第7章

室内设计文字与表格

本章要点

- 创建文字
- 创建表格

文字和表格是 AutoCAD 中重要的内容之一。在设计中，常常需要对图形进行文字标注说明，包括技术说明、标题栏信息、标签、局部注释等。本章将介绍有关文字与表格的相关知识，包括设置文字样式、创建单行文字与多行文字、编辑文字、创建表格和编辑表格的方法等。

7.1 创建文字

文字在室内制图中用于注释和说明，如引线注释、技术要求、尺寸标注等。本节将详细讲解文字的创建和编辑方法。

7.1.1 文字样式

文字样式是对同一类文字的格式设置的集合，包括字体、字高、显示效果等。在为图形添加文字注释前，应先设置文字样式，然后进行标注。

在 AutoCAD 2016 中打开"文字样式"对话框有以下 4 种常用方法。

➢ 菜单栏：选择"格式"|"文字样式"菜单命令。

➢ 功能区：在"注释"选项卡中，单击"文字"面板中右下角的按钮 ⊿ 。

➢ 工具栏：单击"文字"或"样式"工具栏中的"文字样式"工具按钮 **A✎** 。

➢ 命令行：在命令行中输入 STYLE/ST 命令。

执行上述命令后，系统弹出"文字样式"对话框，如图 7-1 所示，可以在其中新建文字样式或修改已有的文字样式。

图 7-1 "文字样式"对话框

"文字样式"对话框中各选项的含义如下。

➢ "样式"列表框：列出了当前可以使用的文字样式，默认文字样式为 Standard（标准）。

➢ "字体"选项组：用于选择所需的字体类型。

➢ "大小"选项组：用于设置文字注释性和高度。在"高度"文本框中输入数值可指定文字的高度，如果不进行设置，使用其默认值 0，则可在插入文字时再设置文字高度。

➢ "效果"选项组：用于设置文字的显示效果。

➢ "置为当前"按钮：单击该按钮，可以将选择的文字样式设置成当前的文字样式。

➢ "新建"按钮：单击该按钮，弹出"新建文字样式"对话框，在"样式名"文本框中输入新建样式的名称，单击"确定"按钮，新建文字样式将显示在"样式"列表框中。

➢ "删除"按钮：单击该按钮，可以删除所选的文字样式，但无法删除已经被使用的文字样式和默认的 Standard 样式。

如果要重命名文字样式，可在"样式"列表框中右击要重命名的文字样式，在弹出的快捷菜单中选择"重命名"命令即可，但无法重命名默认的 Standard 样式。

7.1.2 案例——新建室内标注文字样式

步骤 1 单击快速访问工具栏中的"新建"按钮，新建图形文件。

步骤 2 选择"格式"|"文字样式"菜单命令，弹出"文字样式"对话框，如图 7-2 所示。

步骤 3 单击"新建"按钮，弹出"新建文字样式"对话框，在"样式名"文本框中输入"室内标注"，如图 7-3 所示。

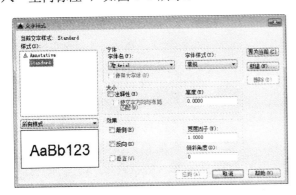

图 7-2 "文字样式"对话框

图 7-3 "新建文字样式"对话框

步骤 4 单击"确定"按钮，返回"文字样式"对话框。新在"样式"列表框中新增"室内标注"文字样式，如图 7-4 所示。

步骤 5 在"字体"下拉列表框中选择 gbenor.shx 样式，选中"使用大字体"复选框，在"大字体"下拉列表框中选择 gbcbig.shx 样式。其他选项保持默认，如图 7-5 所示。

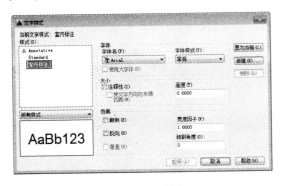

图 7-4 新建的文字样式

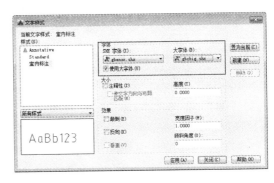

图 7-5 设置参数

步骤 6 单击"应用"按钮，再单击"置为当前"按钮，将"室内标注"置为当前样式。

步骤 7 单击"关闭"按钮，完成文字样式的创建。

7.1.3 单行文字

使用"单行文字"命令创建的每一行文字都是独立的对象，可以对齐进行移动、格式设置或其他修改。通常，创建的单行文字作为标签文本或其他简短的注释。

执行"单行文字"命令的方法有以下 4 种。

➢ 菜单栏：选择"绘图"|"文字"|"单行文字"菜单命令。

➢ 功能区：在"默认"选项卡中，单击"注释"面板上的"单行文字"按钮**A**，或在"注释"选项卡中，单击"文字"面板上的"单行文字"按钮**A**。

➢ 工具栏：单击"文字"工具栏中的"单行文字"工具按钮**A**。

➢ 命令行：在命令行中输入 DTEXT/DT 命令。

使用上述命令后，命令行的提示如下。

命令: DT↙   //执行"单行文字"命令

当前文字样式："Standard" 文字高度：2.5000 注释性：否 对正：左

指定文字的起点 或 [对正(J)/样式(S)]: J↙   //激活"对正"选项

输入选项 [左(L)/居中(C)/右(R)/对齐(A)/中间(M)/布满(F)/左上(TL)/中上(TC)/右上(TR)/左中(ML)/正中(MC)/右中(MR)/左下(BL)/中下(BC)/右下(BR)]:

命令行中常用选项含义如下。

➢ 指定文字的起点：默认情况下，所指定的起点位置即文字行基线的起点位置。在指定起点位置后，继续输入文字的旋转角度即可进行文字的输入。输入完成后，按两次〈Enter〉键或将鼠标移至图纸的其他任意位置并单击，然后按〈Esc〉键即可结束单行文字的输入。

➢ 样式（J）：用于选择文字样式，一般默认为 Standard。

➢ 对正（S）：用于确定文字的对齐方式。

➢ 对齐（A）：指定文本行基线的两个端点确定文字的高度和方向。系统将自动调整字符高度使文字在两端点之间均匀分布，而字符的宽高比例不变。

➢ 布满（F）：指定文本行基线的两个端点确定文字的方向。系统将调整字符的宽高比例，以使文字在两端点之间均匀分布，而文字高度不变。

➢ 居中（C）：指定生成的文字以插入点为中心向两边排列。

7.1.4 案例——创建单行文字

步骤 1 在命令行中输入 DT（单行文字）命令并按〈Enter〉键，创建文字"室内设计平面布置图"，命令行提示如下。

命令: DT↙   //执行"单行文字"命令

当前文字样式："Standard" 文字高度：2.5000 注释性：是否对正：左

指定文字的起点 或 [对正(J)/样式(S)]: J↙   //激活"对正"选项

输入选项 [左(L)/居中(C)/右(R)/对齐(A)/中间(M)/布满(F)/左上(TL)/中上(TC)/右上(TR)/左中(ML)/正中(MC)/右中(MR)/左下(BL)/中下(BC)/右下(BR)]: L↙   //激活"左"选项

指定文字的起点   //在绘图区域合适位置拾取一点，放置单行文字

指定高度<2.5000>:150↙   //输入文字高度

指定文字的旋转角度<0>:   //按〈Enter〉键默认角度为 0

步骤 2 根据命令行提示设置文字样式后，绘图区出现一个带光标的文本框，在其中输入"室内设计平面布置图"文字即可，按〈Ctrl+Enter〉组合键完成文字输入，结果如图 7-6 所示。

室内设计平面布置图

图 7-6 输入单行文字

> **提示：** 输入单行文字之后，按〈Enter〉键将换行，可输入另一行文字，但每一行文字为独立的对象。输入单行文字之后，不退出的情况下，可在其他位置继续单击，创建其他文字。

7.1.5 多行文字

多行文字常用于标注图形的技术要求和说明等，与单行文字不同的是，多行文字整体是一个文字对象，每一单行不能单独编辑。多行文字的优点是有更丰富的段落和格式编辑工具，特别适合创建大篇幅的文字注释。

执行"多行文字"命令的方法有以下 4 种。

➤ 菜单栏：选择"绘图"|"文字"|"多行文字"菜单命令。

➤ 功能区：在"默认"选项卡中，单击"注释"面板上的"多行文字"按钮A，或在"注释"选项卡中，单击"文字"面板上的"多行文字"按钮A。

➤ 工具栏：单击"文字"工具栏中的"多行文字"工具按钮A。

➤ 命令行：在命令行中输入 MTEXT/MT 命令。

执行上述命令后，命令行提示如下。

命令:_MTEXT✓   //执行"多行文字"命令

当前文字样式: "Standard" 文字高度: 2.5 注释性: 否

指定第一角点: //指定文本范围的第一点

指定对角点或 [高度(H)/对正(J)/行距(L)/旋转(R)/样式(S)/宽度(W)/栏(C)]:   //指定文本范围的对角点，即可输入文字

执行以上操作可以确定段落的宽度，系统显示"文字编辑器"选项卡，如图 7-7 所示。"文字编辑器"选项卡包含"样式"面板、"格式"面板、"段落"面板、"插入"面板、"拼写检查"面板、"工具"面板、"选项"面板和"关闭"面板。在文本框中输入文字内容，然后在选项卡的各面板中设置字体、颜色、字高、对齐等文字格式，最后单击"文字编辑器"选项卡中的"关闭"按钮，或单击编辑器之外的任何区域，便可以退出编辑窗口，多行文字即创建完成。

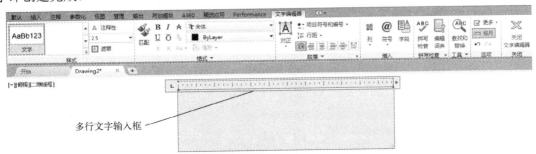

多行文字输入框

图 7-7 "文字编辑器"选项卡和输入框

7.1.6 案例——创建多行文字

步骤 1 在命令行中输入 MT（多行文字）命令并按〈Enter〉键，在图形右边的合适位置，根据命令行的提示创建多行文字，如图 7-8 所示。

步骤 2 选择标题文字，单击"段落"面板中的"居中"按钮，调整标题位置，如图 7-9 所示。

步骤 3 最后，在绘图区的空白位置单击，退出编辑，创建多行文字的结果如图 7-10 所示。

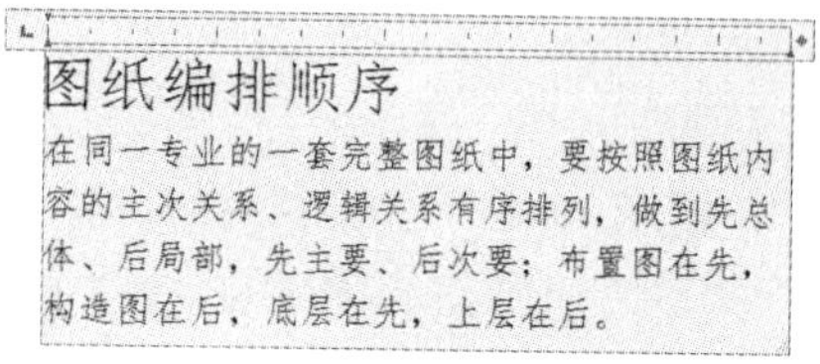

图 7-8　输入多行文字

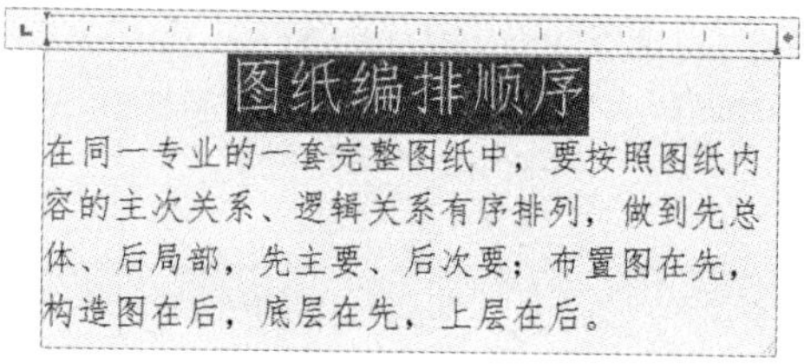

图 7-9　居中显示多行文字

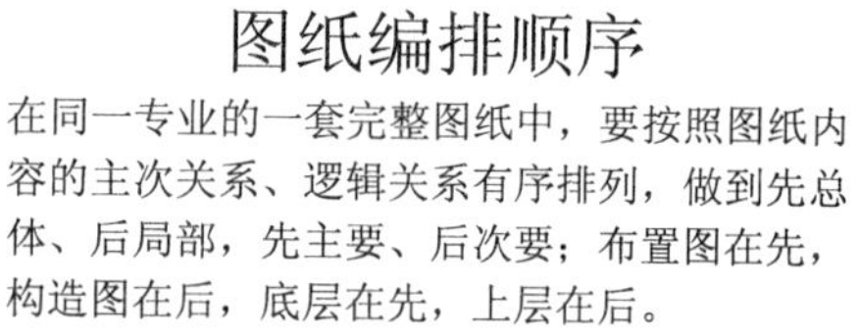

图 7-10　创建结果

7.1.7 插入特殊符号

在室内绘图中，往往需要标注一些特殊的字符，这些特殊字符不能从键盘上直接输入，因此 AutoCAD 提供了插入特殊符号的功能，插入特殊符号有两种方法。

1. 使用文字控制符

AutoCAD 的控制符由"两个百分号（%%）+ 一个字符"构成，当输入控制符时，这些控制符会临时显示在屏幕上，当结束文本创建命令时，这些控制符将从屏幕上消失，转换成相应的特殊符号。

如表 7-1 所示为常用的控制符及其对应的含义。

表 7-1　AutoCAD 常用控制符

控制符	含　义	控制符	含　义	控制符	含　义
%%C	直径符号（Ø）	\u+2248	约等于（≈）	\u+2260	不相等（≠）
%%P	正负符号（±）	\u+2220	角度（∠）	\u+214A	地界线
%%D	"度"符号	\u+E100	边界线	\u+2082	下标 2
%%O	上画线（一）	\u+2104	中心线	\u+00B2	上标 2
%%U	下画线（_）	\u+0394	差值		

2. 使用快捷键

在 AutoCAD 2016 中，创建多行文字时，可以通过以下方法插入特殊符号。

➢ 快捷菜单：在鼠标右键快捷菜单中，选择"符号"命令。

➢ 功能区：在"文字编辑器"选项卡中，单击"插入"面板中的"符号"按钮@。

执行上述命令后，系统弹出"符号"菜单，选择要插入的符号，完成插入特殊符号的操作。

7.1.8 编辑文字

在创建文字内容时，用户难免会出现一些错误，或后期对于文字的参数需进行修改，在 AutoCAD 2016 中，提供了对已有的文字特性和内容进行编辑的功能。

1. 修改文字内容

执行"编辑文字"命令的方法有以下 4 种。

➢ 菜单栏：选择"修改"|"对象"|"文字"|"编辑"菜单命令。

➢ 快捷键：双击文字对象。

➢ 工具栏：单击"文字"工具栏中的"编辑文字"按钮 。

➢ 命令行：在命令行中输入 DDEDIT/ED 命令。

执行上述命令后，选择需编辑的文字进入该文字的编辑模式，在文本框中输入新的文字内容，然后按〈Ctrl+Enter〉组合键即完成文字编辑。

2. 修改文字特性

对于多行文字内容，可以通过执行"DDEDIT（ED）"命令，在打开的"文字编辑器"选项卡中修改文字的特性。如果需要修改单行文字的特性，则需要在"特性"选项板中进行编辑。

打开"特性"选项板有如下两种方法。

➢ 菜单栏：选择"修改"|"特性"菜单命令。

➢ 命令行：在命令行中输入 PROPERTIES/PR 命令。

执行上述命令后，系统弹出如图 7-11 所示的"特性"选项板。在"常规"卷展栏中，可以修改文字的图层、颜色、线型比例和线宽等对象特性；在"文字"卷展栏中，可以修改文字的内容、样式、对正方式和文字高度等特性。

3. 文字的查找与替换

图 7-11 "特性"选项板

在一个图形文件中往往有大量的文字注释，有时需要查找某个词语，并将其替换，例如替换某个拼写上的错误，这时就可以使用"查找"命令查找到特定的词语。

执行"查找"命令的方法有以下 4 种。

➢ 菜单栏：选择"编辑"|"查找"菜单命令。

➢ 功能区：在"注释"选项卡中，单击"文字"面板中的"查找"按钮 。

➢ 工具栏：单击"文字"工具栏中的"多行文字"工具按钮 。

➢ 命令行：在命令行中输入 FIND 命令。

执行上述命令后，弹出"查找和替换"对话框，如图 7-12 所示。该对话框中各选项的含义如下。

➢ "查找内容"下拉列表框：用于指定要查找的内容。

➢ "替换为"下拉列表框：指定用于替换查找内容的文字。

➢ "查找位置"下拉列表框：用于指定是在整个图形中查找还是仅在当前选择中查找。

➢ "搜索选项"选项组：用于指定搜索文字的范围和大小写区分等。

➢ "文字类型"选项组：用于指定查找文字的类型。

> ➤ "查找"按钮：输入查找内容之后，此按钮变为可用，单击即可查找指定内容。
> ➤ "替换"按钮：用于将光标当前选中的文字替换为指定文字。
> ➤ "全部替换"按钮：将图形中所有的查找结果替换为指定文字。

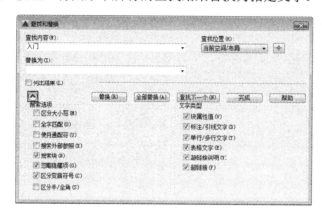

图 7-12　"查找和替换"对话框

7.2　创建表格

在室内绘图过程中，表格主要用于标题栏、参数表、明细表等内容的绘制。利用表格能快速、清晰、醒目地反映设计思路及创意。使用 AutoCAD 的表格功能，能够自动地创建和编辑表格。

7.2.1　设置表格样式

与文字类似，在创建表格前需设置表格样式，包括表格内文字的字体、颜色、高度，以及表格的行高、行距等。AutoCAD 默认的表格样式为 Standard，用户可以根据需要修改已有的表格样式或新建需要的表格样式。

创建表格样式的方法有以下 4 种。

> ➤ 菜单栏：选择"格式"|"表格样式"菜单命令。
> ➤ 功能区：在"默认"选项卡中，单击"注释"面板上的"表格样式"按钮；或在"注释"选项卡中，单击"表格"面板右下角的 按钮。
> ➤ 工具栏：单击"样式"工具栏中的"表格样式"按钮。
> ➤ 命令行：在命令行中输入 TABLESTYLE/TS 命令。

执行上述命令后，系统弹出"表格样式"对话框，如图 7-13 所示。

通过该对话框可执行将表格样式置为当前，以及修改、删除或新建表格样式操作。单击"新建"按钮，系统弹出"创建新的表格样式"对话框，如图 7-14 所示。

在"新样式名"文本框中输入表格样式名称，在"基础样式"下拉列表框中选择一个表格样式为新的表格样式，单击"继续"按钮，系统弹出"新建表格样式"对话框，如图 7-15 所示，可以对样式进行具体设置。

"新建表格样式"对话框由"起始表格""常规""单元样式"和"单元样式预览"4 个

选项组组成。

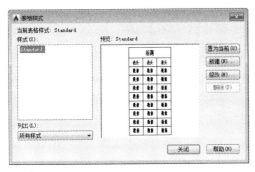

图 7-13 "表格样式"对话框

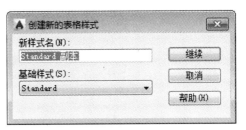

图 7-14 "创建新的表格样式"对话框

当单击"新建表格样式"对话框中"管理单元样式"按钮圆时，弹出如图 7-16 所示"管理单元样式"对话框，在该对话框里可以对单元格式进行添加、删除和重命名。

图 7-15 "新建表格样式"对话框

图 7-16 "管理单元样式"对话框

7.2.2 案例——创建室内表格样式

步骤 1 单击快速访问工具栏中的"新建"按钮□，新建空白文件。

步骤 2 在"注释"选项卡中，单击"表格"面板右下角的■按钮，系统弹出"表格样式"对话框，如图 7-17 所示。

步骤 3 单击该对话框中的"新建"按钮，系统弹出"创建新的表格样式"对话框，在"新样式名"文本框中输入"室内标题栏"，如图 7-18 所示。

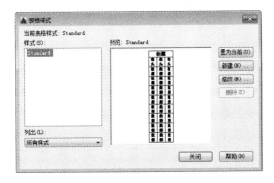

图 7-17 "表格样式"对话框

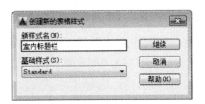

图 7-18 "创建新的表格样式"对话框

步骤 4 单击"继续"按钮，系统弹出"新建标注样式：室内标题栏"对话框，如图 7-19 所示。

步骤 5 在"单元样式"选项组中，单击"文字样式"下拉按钮，在下拉列表中选择"室内标注"文字样式，并设置参数，再将新建的文字样式置为当前样式，如图 7-20 所示。

图 7-19 "新建表格样式"对话框   图 7-20 新建文字样式

步骤 6 单击"常规"选项卡，设置"对齐"方式为"正中"，如图 7-21 所示。

步骤 7 单击"确定"按钮，系统返回"表格样式"对话框，选中新建的"室内标题栏"样式，单击对话框中的"置为当前"按钮，将该表格样式置为当前样式，如图 7-22 所示。

步骤 8 单击"关闭"按钮，关闭"表格样式"对话框。完成"室内标题栏"表格样式的设置。

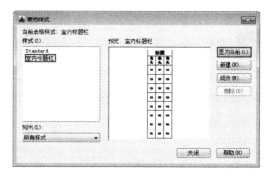

图 7-21 设置对齐方式   图 7-22 将新建的表格样式置为当前

7.2.3 插入表格

表格是在行和列中包含数据的对象，AutoCAD 2016 可以通过空格或表格样式创建表格对象，同时也支持链接 Microsoft Excel 电子表格中的数据。

在 AutoCAD 2016 中，插入表格的常用方法有以下 4 种。

➢ 菜单栏：选择"格式"|"表格"菜单命令。

➢ 功能区：在"默认"选项卡中，单击"注释"面板上的"表格"按钮▦；或在"注释"选项卡中，单击"表格"面板上的"表格"按钮▦。

> 工具栏：单击"修改"工具栏中的"表格"按钮▦。
> 命令行：在命令行中输入 TABLE/TB 命令。

执行上述命令后，系统弹出"插入表格"对话框，如图 7-23 所示。

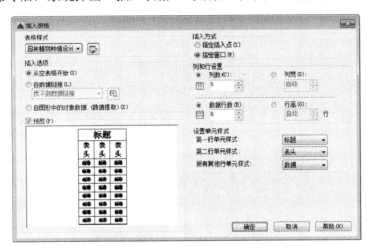

图 7-23　"插入表格"对话框

"插入表格"对话框中各选项的含义如下。

> "表格样式"下拉列表：在该选项组中不仅可以从"表格样式"下拉列表中选择表格样式，也可单击按钮后创建新表格样式。
> "插入选项"选项组：在该选项组中包含 3 个单选按钮，其中选中"从空表格开始"单选按钮可以创建一个空的表格；选中"自数据连接"单选按钮可以通过从外部导入数据来创建表格；选中"自图形中的对象数据（数据提取）"单选按钮可以通过从可输出列表格或外部的图形中提取数据来创建表格。
> "插入方式"选项组：该选项组中包含两个单选按钮，其中选中"指定插入点"单选按钮可以在绘图窗口中的某点插入固定大小的表格；选中"指定窗口"单选按钮可以在绘图窗口中通过指定表格两对角点的方式来创建任意大小的表格。
> "列和行设置"选项区：在此选项区域中，可以通过改变"列""列宽""数据行"和"行高"文本框中的数值来调整表格外观大小。
> "设置单元样式"选项组：在此选项组中可以设置"第一行单元样式""第二行单元样式"和"所有其他单元样式"选项。默认情况下，系统均以"从空表格开始"方式插入表格。

设置好表格样式、列数和列宽、行数和行宽后，单击"确定"按钮，并在绘图区指定插入点，将会在当前位置按照表格设置插入一个表格，然后在此表格中添加上相应的文本信息即可完成表格的创建。

提示：AutoCAD 还可以从 Microsoft 的 Excel 中直接复制表格，并将其作为 AutoCAD 表格对象粘贴到图形中，也可以从外部直接导入表格对象。此外，还可以输出来自 AutoCAD 的表格数据，在 Word 和 Excel 或其他应用程序中使用。

7.2.4 编辑表格

在添加完表格后，不仅可以根据需要对表格整体或表格单元执行拉伸、合并或添加等编辑操作，而且可以对表格的表指示器进行所需的编辑，其中包括编辑表格形状和添加表格颜色等设置。

1. 编辑表格

当选中整个表格右键后，弹出的快捷菜单如图 7-24 所示。可以对表格进行剪切、复制、删除、移动、缩放和旋转等简单的操作，还可以均匀地调整表格的行、列大小，删除所有特性替代。当选择"输出"命令时，还可以打开"输出数据"对话框，以.csv 格式输出表格中的数据。

当选中表格后，也可以通过拖动夹点的方式来编辑表格，其各夹点的含义如图 7-25 所示。

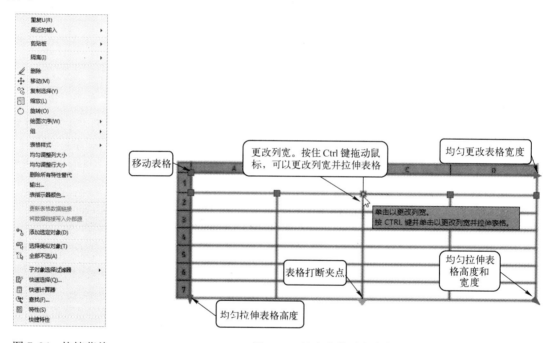

图 7-24　快捷菜单　　　　　　　　　图 7-25　选中表格时各夹点的含义

2. 编辑表格单元

当选中表格单元时，其右键快捷菜单如图 7-26 所示。

当选中表格单元格后，在表格单元格周围出现夹点，也可以通过拖动这些夹点来编辑单元格，其各夹点的含义如图 7-27 所示。

> **提示：** 要选择多个表格单元，可以按鼠标左键并在与要选择的表格单元上拖动；也可以按住〈Shift〉键并在要选择的单元内按鼠标左键，可以同时选中这两个表格单元及它们之间的所有表格单元。

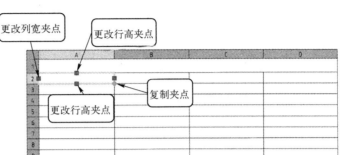

图 7-26　快捷菜单　　　　　　　　　　图 7-27　通过夹点调整单元格

7.2.5　案例——创建室内标题栏

步骤 1　新建表格。在"默认"选项卡中，单击"注释"面板上的"表格"按钮，设置参数，结果如图 7-28 所示。

步骤 2　插入表格。在绘图区的空白处单击，将表格放置在合适的位置，如图 7-29 所示。

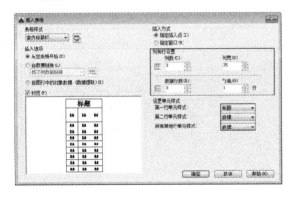

图 7-28　"插入表格"对话框　　　　　　图 7-29　插入表格

步骤 3　单击序号为 2 的单元格，按住〈Shift〉键单击序号为 5 的单元格，选中该列，在"表格单元"选项卡中，单击"合并"面板中的"合并全部"按钮，对所选的单元格进行合并，如图 7-30 所示。

步骤 4　重复操作，对单元格进行合并操作，如图 7-31 所示。

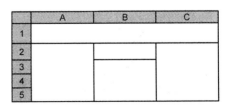

图 7-30　合并"列"　　　　　　　　　图 7-31　合并其他单元格

步骤 5 输入表格中的文本。双击激活单元格，输入相关文字，按〈Ctrl+Enter〉组合键完成文字输入，如图 7-32 所示。

图 7-32　输入表格文本

7.3　设计专栏

7.3.1　上机实训

打开配套光盘提供的"第 07 章\7.3.1 上机实训.dwg"素材文件，如图 7-33 所示。使用本章所学的知识，为室内平面图添加功能说明，如图 7-34 所示。

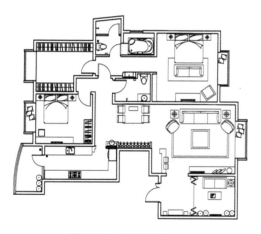

图 7-33　素材文件

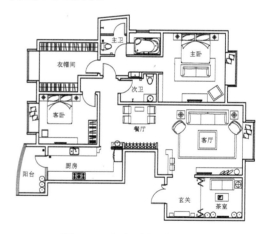

图 7-34　添加功能说明

具体操作步骤提示如下。

步骤 1 执行"多行文字"命令，在对应的位置添加文字。

步骤 2 完成绘制。

7.3.2　辅助绘图锦囊

AutoCAD 尽管有强大的图形功能，但表格处理功能相对较弱，而在实际工作中，往往需要在 AutoCAD 中制作各种表格，如工程数量表等。因此如何高效地制作表格，是一个很实际的问题。

在 AutoCAD 环境下用手工画线的方法绘制表格，然后在表格中填写文字，不但效率低下，而且很难精确控制文字的书写位置，文字排版也是一个大问题。尽管 AutoCAD 支持对象链接与嵌入，可以插入 Word 或 Excel 表格，但是一方面修改起来不是很方便，一点小小的修改就得进入 Word 或 Excel，修改完成后，又得退回到 AutoCAD；另一方面，一些特殊符号如一级钢筋符号及二级钢筋符号等，在 Word 或 Excel 中很难输入，那么有没有两全其美的方法呢？

解决方法如下。

步骤 1　先在 Excel 中制完表格，复制到剪贴板，如图 7-35 所示。

步骤 2　然后在 AutoCAD 中选择"编辑"菜单中的"选择性粘贴"命令，然后选择"AutoCAD 图元"命令，打开如图 7-36 所示的对话框。

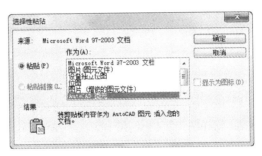

图 7-35　复制 Excel 中的表格　　　　　图 7-36　"选择性粘贴"对话框

步骤 3　确定以后，表格即转化成 AutoCAD 中的表格，如图 7-37 所示。即可以编辑其中的文字，非常方便。

	A	B
1	规格	单价（元）
2	M2	2.0000
3	M3	3.0000
4	M4	3.5000
5	M5	4.0000
6	M6	5.0000
7	M8	6.0000
8	M10	8.0000
9	M12	10.0000

图 7-37　粘贴为 AutoCAD 中的表格

第 8 章

室内设计尺寸标注

本章要点

- 室内设计标注规定
- 标注样式
- 尺寸标注
- 多重引线标注
- 编辑标注

在室内设计中，图形用于表达室内布局，而构件的真实大小则由尺寸确定。尺寸是工程详图中不可缺少的重要内容，也是施工的重要依据，必须满足正确、完整、清晰的基本要求。

AutoCAD 提供了一套完整、灵活、方便的尺寸标注系统，在进行标注的过程中要保持图纸的工整、清晰，不仅要掌握标注尺寸的基本方法，还要掌握怎么控制尺寸标注的外观。熟练地掌握尺寸标注命令，可以有效地提高绘图质量及绘图效率。

8.1 室内设计标注规定

在室内设计中，尺寸标注是一项重要的内容，它可以准确、清楚地反映对象的大小及对象间的关系。在对图形进行标注前，应先了解尺寸标注的组成、类型、规则及步骤等。

尺寸标注的规则在本书第 2 章有详细介绍，此处就不再赘述。需要读者认真掌握并理解标注规定。

8.1.1 尺寸标注的组成

如图 8-1 所示，一个完整的尺寸标注由尺寸界线、尺寸线、尺寸箭头和尺寸文字 4 个要素构成。AutoCAD 的尺寸标注命令和样式设置，都是围绕着这 4 个要素进行的。

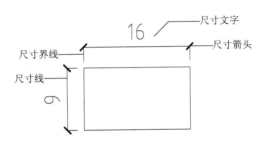

图 8-1 尺寸标注的组成要素

8.1.2 尺寸标注的基本规则

尺寸标注要求对标注对象进行完整、准确、清晰的标注，标注的尺寸数值真实地反映标注对象的大小。国家标准对尺寸标注做了详细的规定，要求尺寸标注必须遵守以下基本原则。

➤ 物体的真实大小应以图形上所标注的尺寸数值为依据，与图形的显示大小和绘图的精确度无关。

➤ 图形中的尺寸为图形所表示的物体的最终尺寸，如果是绘制过程中的尺寸（如在涂镀前的尺寸等），则必须另加说明。

➤ 物体的每一尺寸，一般只标注一次，并应标注在最能清晰反映该结构的视图上。

8.2 标注样式

与文字、表格类似，室内制图的标注也有一定的样式。AutoCAD 默认的标注样式与室内制图标准样式不同，因此在室内设计中进行尺寸标注前，先要创建尺寸标注的样式，然后和文字、图层一样，保存为同一模板文件，即可在新建文件中调用。

8.2.1 创建标注样式

在 AutoCAD 2016 中，通过"标注样式管理器"对话框，可以进行新建和修改标注样式等操作。

打开"标注样式管理器"对话框的方法有以下4种。

➤ 菜单栏：选择"格式"|"标注样式"菜单命令。

➤ 功能区：在"默认"选项板中，单击"标注"面板下的"标注样式"按钮 ，或在"注释"选项卡中，单击"标注"面板右下角的 按钮。

➤ 工具栏：单击"样式"工具栏中的"标注样式"按钮 。

➤ 命令行：在命令行中输入 DIMSTYLE/D 命令。

执行上述命令后，系统弹出"标注样式管理器"对话框，如图8-2所示，在该对话框中可以创建新的尺寸标注样式。

对话框内各选项的含义如下。

➤ "当前标注样式"：用来显示当前的标注样式名称。

➤ "样式"：用来显示已创建的尺寸样式列表。

➤ "列出"：用来控制"样式"列表框显示的是"所用样式"还是"正在使用的样式"。

➤ "预览"：用来显示当前样式的预览效果。

➤ "置为当前"：单击该按钮，可以选择显示哪种标注样式。

➤ "新建"：单击该按钮，将打开"创建新标注样式"对话框，在该对话框中可以创建新的标注样式。

➤ "修改"：单击该按钮，将打开"修改当前样式"对话框，在该对话框中可以修改标注样式。

➤ "替代"：单击该按钮，将打开"替代当前样式"对话框，在该对话框中可以设置标注样式的临时替代。

➤ "比较"：单击该按钮，将打开"比较标注样式"对话框，在该对话框中可以比较两种标注样式的特性，也可以列出一种样式的所有特性。

8.2.2 案例——创建"室内标注"样式

新建建筑标注样式的步骤如下：

步骤 1 在"默认"选项卡中，单击"标注"面板下的"标注样式"按钮 ，系统弹出"标注样式管理器"对话框，如图8-2所示。

步骤 2 单击"新建"按钮，系统弹出"创建新标注样式"对话框，在"新样式名"文本框中输入"室内标注"，如图8-3所示。

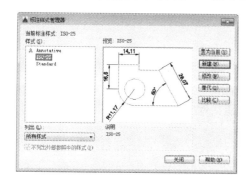

图8-2 "标注样式管理器"对话框

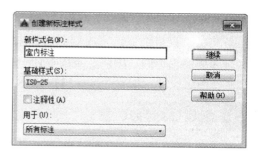

图8-3 "创建新标注样式"对话框

步骤 3 设置标注样式的参数。在"创建新标注样式"对话框中单击"继续"按钮，弹出"新建标注样式：室内标注"对话框，如图 8-4 所示。在该对话框中可以设置标注样式的各种参数。

步骤 4 完成标注样式的新建。单击"确定"按钮，结束设置，新建的样式便会在"标注样式管理器"对话框的"样式"列表框中出现，单击"置为当前"按钮即可选择为当前的标注样式，如图 8-5 所示。

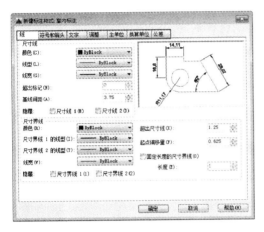

图 8-4 "新建标注样式：室内标注"对话框

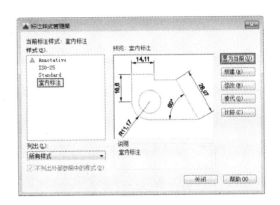

图 8-5 将室内标注置为当前

8.2.3 设置标注样式

创建新的标注样式时，在"新建标注样式"对话框中可以设置尺寸标注的各种特性，对话框中有"线""符号和箭头""文字""调整""主单位""换算单位"和"公差"共 7 个选项卡，如图 8-6 所示，每一个选项卡对应一种特性的设置，下面将对其进行具体介绍。

图 8-6 "线"选项卡

1. "线"选项卡

切换到对话框中的"线"选项卡，如图 8-6 所示。在"线"选项卡中，可以设置"尺寸线"和"尺寸界线"的颜色、线型、线宽，以及超出尺寸线的距离、起点偏移量的距离等内容，其中各选项的含义如下。

（1）"尺寸线"选项组

➢ "颜色"：用于设置尺寸线的颜色，一般保持默认值"Byblock"（随块）即可。也可以使用变量 DIMCLRD 设置。

➢ "线型"：用于设置尺寸线的线型，一般保持默认值"Byblock"（随块）即可。

➢ "线宽"：用于设置尺寸线的线宽一般保持默认值"Byblock"（随块）即可。也可以使用变量 DIMLWD 设置。

➢ "超出标记"：用于设置尺寸线超出量。若尺寸线两端是箭头，则此框无效；若在对话框的"符号和箭头"选项卡中设置了箭头的形式是"倾斜"和"建筑标记"，可以设置尺寸线超过尺寸界线外的距离，如图 8-7 所示。

➢ "基线间距"：用于设置基线标注中尺寸线之间的间距。

➢ "隐藏"："尺寸线 1"和"尺寸线 2"分别控制了第一条和第二条尺寸线的可见性，当选中"尺寸线 2"复选框时，即可隐藏尺寸线 2，如图 8-8 所示。

图 8-7 "超出标记"效果

图 8-8 "隐藏尺寸线 2"效果

（2）"尺寸界线"选项组

➢ "颜色"：用于设置延伸线的颜色，一般保持默认值"Byblock"（随块）即可。也可以使用变量 DIMCLRD 设置。

➢ "线型"：分别用于设置"尺寸界线 1"和"尺寸界线 2"的线型，一般保持默认值"Byblock"（随块）即可。

➢ "线宽"：用于设置延伸线的宽度，一般保持默认值"Byblock"（随块）即可。也可以使用变量 DIMLWD 设置。

➢ "隐藏"："尺寸界线 1"和"尺寸界线 2"分别控制了第一条和第二条尺寸界线的可见性。

➢ "超出尺寸线"：控制尺寸界线超出尺寸线的距离，如图 8-9 所示。

➢ "起点偏移量"：控制尺寸界线起点与标注对象端点的距离，如图 8-10 所示。

图 8-9 "超出尺寸线"效果

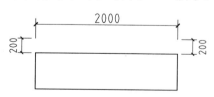

图 8-10 "起点偏移量"效果

> **提示：** 国标标准中规定，尺寸界线一般超出尺寸线 2～3mm。为了区分尺寸标注和被标注对象，用户应使尺寸界线与标注对象不接触。

2. "符号和箭头"选项卡

"符号和箭头"选项卡中包括"箭头""圆心标记""折断标注""弧长符号""半径折弯标注"和"线性折弯标注"共 6 个选项组，如图 8-11 所示。

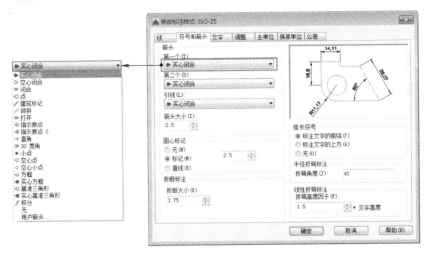

图 8-11 "符号和箭头"选项卡

（1）"箭头"选项组

➢ "第一个"及"第二个"：用于选择尺寸线两端的箭头样式。室内绘图中通常设为"室内标注"样式，如图 8-12 所示。

➢ "引线"：用于设置引线的箭头样式，如图 8-13 所示。

➢ "箭头大小"：用于设置箭头的大小。

图 8-12 室内标注　　　　　　图 8-13 引线样式

> **提示：** AutoCAD 中提供了 19 种箭头，如果设置了第一个箭头的样式，第二个箭头会自动选择和第一个箭头一样的样式。也可以在"第二个"下拉列表中选择不同的样式。

（2）"圆心标记"选项组

圆心标记是一种特殊的标注类型，在使用"圆心标记"（命令：DIMCENTER）时，可以在圆弧中心生成一个标注符号，"圆心标记"选项组用于设置圆心标记的样式。其各选项的含义如下。

- ➤ "无"：标注半径或直径时，无圆心标记，如图 8-14 所示。
- ➤ "标记"：创建圆心标记。在圆心位置将会出现小十字，如图 8-15 所示。
- ➤ "直线"：创建中心线。在使用"圆心标记"命令时，十字线将会延伸到圆或圆弧外边，如图 8-16 所示。

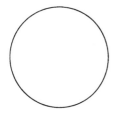  

图 8-14　圆心标记为"无"　　图 8-15　圆心标记为"标记"　　图 8-16　圆心标记为"直线"

提示： 如果在标注时，圆心标记需要显示在图上，则需要取消选中"调整"选项卡中"优化"选项组下的"在尺寸界线之间绘制尺寸线"复选框。

（3）"折断标注"选项组
- ➤ "折断大小"：可以设置标注折断时标注线的长度。

（4）"弧长符号"选项组
- ➤ 标注文字的前缀：弧长符号设置在标注文字前方，如图 8-17a 所示。
- ➤ 标注文字的上方：弧长符号设置在标注文字的上方，如图 8-17b 所示。
- ➤ 无：不显示弧长符号，如图 8-17c 所示。

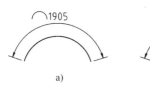 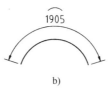 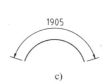

a)　　　　　　　　　b)　　　　　　　　　c)

图 8-17　弧长标注的类型

a)　"标注文字的前缀"　　b)　"标注文字的上方"　　c)　"无"

（5）"半径折弯标注"选项组
- ➤ "折弯角度"：确定折弯半径标注中，尺寸线的横向角度，其值不能大于 90°。

（6）"线性折弯标注"选项组
- ➤ "折弯高度因子"：可以设置折弯标注打断时折弯线的高度。

3. "文字"选项卡

"文字"选项卡包括"文字外观""文字位置"和"文字对齐" 3 个选项组，如图 8-18 所示。

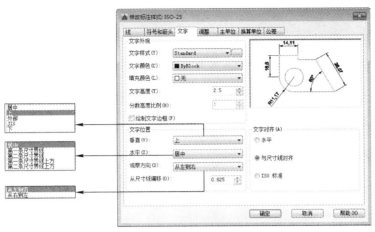

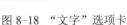

图 8-18 "文字"选项卡

（1）"文字外观"选项组

➤ "文字样式"：用于选择标注的文字样式。也可以单击其后的 按钮，系统弹出"文字样式"对话框，选择文字样式或新建文字样式。

➤ "文字颜色"：用于设置文字的颜色，一般保持默认值"Byblock"（随块）即可。也可以使用变量 DIMCLRT 设置。

➤ "填充颜色"：用于设置标注文字的背景色。默认为"无"，如果图纸中尺寸标注很多，就会出现图形轮廓线、中心线、尺寸线与标注文字相重叠的情况，这时若将"填充颜色"设置为"背景"，即可快速修改图形颜色。

➤ "文字高度"：设置文字的高度，也可以使用变量 DIMCTXT 设置。

➤ "分数高度比例"：设置标注文字的分数相对于其他标注文字的比例，AutoCAD 将该比例值与标注文字高度的乘积作为分数的高度。

➤ "绘制文字边框"：设置是否给标注文字加边框。

（2）"文字位置"选项组

➤ "垂直"：用于设置标注文字相对于尺寸线在垂直方向的位置。"垂直"下拉列表中有"置中""上方""外部"和 JIS 等选项。选择"置中"选项可以把标注文字放在尺寸线中间；选择"上"选项将把标注文字放在尺寸线的上方；选择"外部"选项可以把标注文字放在远离第一定义点的尺寸线一侧；选择 JIS 选项则按 JIS 规则（日本工业标准）放置标注文字。各种效果如图 8-19 所示。

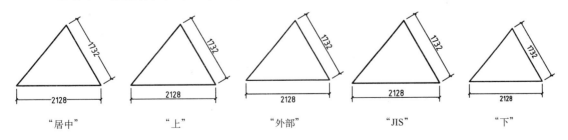

图 8-19 文字垂直方向不同位置的效果图

➤ "水平"：用于设置标注文字相对于尺寸线和延伸线在水平方向的位置。其中水平放置位置有"居中""第一条尺寸界限""第二条尺寸界线""第一条尺寸界线上方""第二条尺寸界线上方"，各种效果如图 8-20 所示。

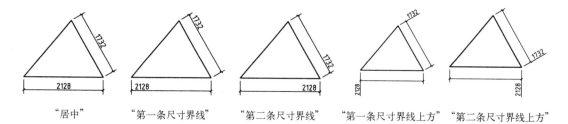

| "居中" | "第一条尺寸界线" | "第二条尺寸界线" | "第一条尺寸界线上方" | "第二条尺寸界线上方" |

图 8-20　尺寸文字在水平方向上的相对位置

➤ "从尺寸线偏移"：设置标注文字与尺寸线之间的距离。

（3）"文字对齐"选项组

在"文字对齐"选项组中，可以设置标注文字的对齐方式，如图 8-21 所示。各选项的含义如下。

➤ "水平"单选按钮：无论尺寸线的方向如何，文字始终水平放置。

➤ "与尺寸线对齐"单选按钮：文字的方向与尺寸线平行。

➤ "ISO 标准"单选按钮：按照 ISO 标准对齐文字。当文字在尺寸界线内时，文字与尺寸线对齐。当文字在尺寸界线外时，文字水平排列。

| "水平" | "与尺寸线对齐" | "ISO 标准" |

图 8-21　尺寸文字对齐方式

4.　"调整"选项卡

"调整"选项卡包括"调整选项""文字位置""标注特征比例"和"优化"4 个选项组，可以设置标注文字、尺寸线、尺寸箭头的位置，如图 8-22 所示。

（1）"调整选项"选项组

在"调整选项"选项组中，可以设置当尺寸界线之间没有足够的空间同时放置标注文字和箭头时，应从尺寸界线之间移出的对象。各选项的含义如下：

➤ "文字或箭头（最佳效果）"：按最佳效果自动放置尺寸文字和尺寸箭头的位置。

➤ "箭头"：表示将尺寸箭头放在尺寸界线外侧。

➤ "文字"：表示将标注文字放在尺寸界线外侧。

➤ "文字和箭头"：表示将标注文字和尺寸线都放在尺寸界线外侧。

➤ "文字始终保持在尺寸界线之间"：表示标注文字始终放在尺寸界线之间。

➤ "若箭头不能放在尺寸界线内，则将其消除"：表示当尺寸界线之间不能放置箭头时，不显示标注箭头。

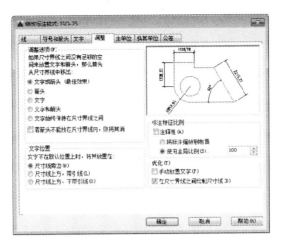

图 8-22 "调整"选项卡

（2）"文字位置"选项组

在"文字位置"选项组中，可以设置当标注文字不在默认位置时应放置的位置，如图 8-23 所示。各选项的含义如下。

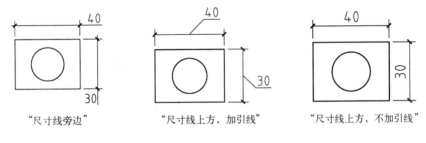

图 8-23 文字位置调整

> "尺寸线旁边"：表示当标注文字在尺寸界线外部时，将文字放置在尺寸线旁边。

> "尺寸线上方，带引线"：表示当标注文字在尺寸界线外部时，将文字放置在尺寸线上方并加一条引线相连。

> "尺寸线上方，不带引线"：表示当标注文字在尺寸界线外部时，将文字放置在尺寸线上方，不加引线。

（3）"标注特征比例"选项组

"标注特征比例"选项组用于控制标注尺寸的全局比例，如图 8-24 所示。各选项的含义如下：

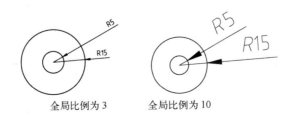

图 8-24 设置全局比例效果

➢ "注释性"：选择该复选框，可以将标注定义成可注释性对象。

➢ "将标注缩放到布局"：选中该单选按钮，可以根据当前模型空间视口与图纸之间的缩放关系设置比例。

➢ "使用全局比例"：选择该单选按钮，可以对全部尺寸标注设置缩放比例，该比例不改变尺寸的测量值。

（4）"优化"选项组

在"优化"选项组中，可以对标注文字和尺寸线进行细微调整。该选项区域包括以下两个复选框：

➢ "手动放置文字"：表示忽略所有水平对正设置，并将文字手动放置在尺寸线的相应位置。

➢ "在尺寸界线之间绘制尺寸线"：表示在标注对象时，始终在尺寸界线间绘制尺寸线。

5. "主单位"选项卡

"主单位"选项卡包括"线性标注""测量单位比例""消零""角度标注"和"消零"5个选项组，如图8-25所示。

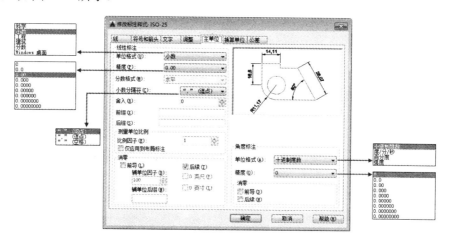

图 8-25 "主单位"选项卡

"主单位"选项卡可以对标注尺寸的精度进行设置，并能给标注文本加入前缀或者后缀等。

（1）"线性标注"选项组

➢ "单位格式"：设置除角度标注之外的其余各标注类型的尺寸单位，包括"科学""小数""工程""建筑""分数"等选项。

➢ "精度"：设置除角度标注之外的其他标注的尺寸精度。

➢ "分数格式"：当单位格式是分数时，可以设置分数的格式，包括"水平""对角"和"非堆叠"3种方式。

➢ "小数分隔符"：设置小数的分隔符，包括"逗点""句点"和"空格"3种方式。

➢ "舍入"：用于设置除角度标注外的尺寸测量值的舍入值。

➢ "前缀"和"后缀"：设置标注文字的前缀和后缀，在相应的文本框中输入字符即可。

（2）"测量单位比例"选项组

在"测量单位比例"选项组中，修改"比例因子"文本框可以设置测量尺寸的缩放比例，AutoCAD 的实际标注值为测量值与该比例的积。选中"仅应用到布局标注"复选框，可以设置该比例关系仅适用于布局。

（3）"消零"选项组

"消零"选项组可以设置是否显示尺寸标注中的"前导"和"后续"零。

（4）"角度标注"选项组

➢ "单位格式"：在此下拉列表框中设置标注角度时的单位。

➢ "精度"：在此下拉列表框的设置标注角度的尺寸精度。

（5）"消零"选项组

该选项组中包括"前导"和"后续"，设置是否消除角度尺寸的前导和后续零。

6. "换算单位"选项卡

"换算单位"可以方便地改变标注的单位，通常我们用的就是公制单位与英制单位的互换。其中包括"换算单位""消零"和"位置"3 个选项组，如图 8-26 所示。

选中"显示换算单位"复选框后，对话框的其他选项才可用，可以在"换算单位"选项组中设置换算单位的"单位格式""精度""换算单位倍数""舍入精度""前缀"及"后缀"等，方法与设置主单位的方法相同，在此不一一讲解。

7. "公差"选项卡

"公差"选项卡可以设置公差的标注格式，包括"公差格式""公差对齐""消零""换算单位公差"和"消零"5 个选项组，如图 8-27 所示。

图 8-26 "换算单位"选项卡

图 8-27 "公差"选项卡

"公差"选项卡常用功能含义如下。

➢ "方式"：在此下拉列表框中有表示标注公差的几种方式，如图 8-28 所示。

➢ "上偏差和下偏差"：设置尺寸上偏差、下偏差值。

➢ "高度比例"：确定公差文字的高度比例因子。确定后，AutoCAD 将该比例因子与尺寸文字高度之积作为公差文字的高度。

➢ "垂直位置"：控制公差文字相对于尺寸文字的位置，包括"上""中"和"下"3 种方式。

➢ "换算单位公差"：当标注换算单位时，可以设置换算单位精度和是否消零。

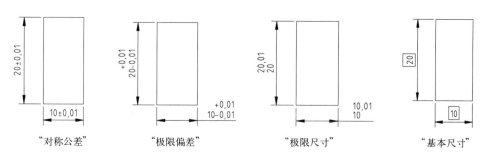

图 8-28　公差的各种表示方式效果

8.2.4　案例——创建室内制图的标注样式

室内制图有其特有的标注规范，因此本案例便运用上文介绍的知识，来创建用于室内制图的标注样式，步骤如下。

步骤 1 新建空白文档。

步骤 2 选择"格式"｜"标注样式"命令，弹出"标注样式管理器"对话框，如图 8-29 所示。

步骤 3 单击"新建"按钮，系统弹出"创建新标注样式"对话框，在"新样式名"文本框中输入"室内设计标注样式"，如图 8-30 所示。

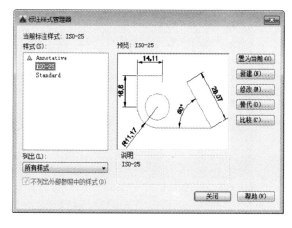

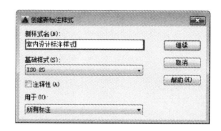

图 8-29　"标注样式管理器"对话框　　　　图 8-30　"创建新标注样式"对话框

步骤 4 单击"继续"按钮，弹出"修改标注样式：室内设计标注样式"对话框，切换到"线"选项卡，设置"基线间距"为 8，设置"超出尺寸线"为 2.5，设置"起点偏移量"为 2，如图 8-31 所示。

步骤 5 切换到"符号和箭头"选项卡，设置"引线"为"无"，设置"箭头大小"为 2.5，设置"圆心标记"为 2.5，设置"弧长符号"为"标注文字的上方"，设置"半径折弯角度"为 90，如图 8-32 所示。

步骤 6 切换到"文字"选项卡，单击"文字样式"中的 ⬚ 按钮，设置文字为 gbenor.shx，设置"文字高度"为 2.5，设置"文字对齐"为"ISO 标准"，如图 8-33 所示。

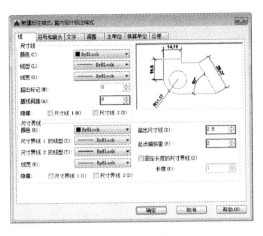

图 8-31 "线"选项卡

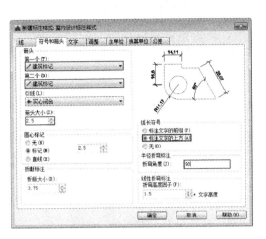

图 8-32 "符号和箭头"选项卡

步骤 7 切换到"主单位"选项卡，设置"线性标注"中的"精度"为 0.00，设置"角度标注"中的精度为 0.0，"消零"都设为"后续"，如图 8-34 所示。然后单击"确定"按钮，单击"置为当前"按钮后，单击"关闭"按钮，完成创建。

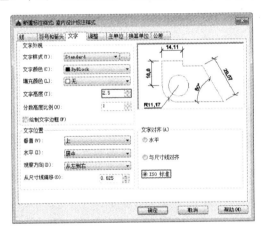

图 8-33 "文字"选项卡

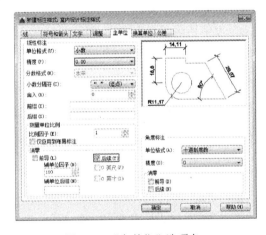

图 8-34 "主单位"选项卡

8.3 尺寸标注

针对不同类型的图形对象，AutoCAD 2016 提供了智能标注、线性标注、径向标注、角度标注和多重引线标注等多种标注类型。

8.3.1 智能标注

"智能标注"命令为 AutoCAD 2016 的新增功能，可以根据选定的对象类型自动创建相应的标注。根据需要，可以使用命令行中的选项更改标注类型。

执行"智能标注"命令有以下两种方法。

➢ 功能区：在"默认"选项卡中，单击"注释"面板中的"标注"按钮；或在"注释"选项卡中，单击"标注"面板中的"标注"按钮。

➢ 命令行：在命令行中输入 DIM 命令。

执行上述命令后，命令行提示如下：

选择对象或指定第一个尺寸界线原点或 [角度(A)/基线(B)/连续(C)/坐标(O)/对齐(G)/分发(D)/图层(L)/放弃(U)]:   //选择图形或标注对象

命令行中各选项的含义如下。

➢ 角度（A）：创建一个角度标注来显示 3 个点或两条直线之间的角度，操作方法基本同"角度"标注。

➢ 基线（B）：从上一个或选定标准的第一条界线创建线性、角度或坐标标注，操作方法基本同"基线"标注。

➢ 连续（C）：从选定标注的第二条尺寸界线创建线性、角度或坐标标注，操作方法基本同"连续"标注。

➢ 坐标（O）：创建坐标标注，提示选取部件上的点，如端点、交点或对象中心点。

➢ 对齐（G）：将多个平行、同心或同基准的标注对齐到选定的基准标注。

➢ 分发（D）：指定可用于分发一组选定的孤立线性标注或坐标标注的方法。

➢ 图层（L）：为指定的图层指定新标注，以替代当前图层。输入 Use Current 或 "."以使用当前图层。

8.3.2 案例——标注台灯

智能标注的具体操作过程如下。

步骤 1 按〈Ctrl+O〉组合键，打开配套光盘提供的"第 08 章\8.3.2 标注台灯.dwg"素材文件，如图 8-35 所示。

步骤 2 在"默认"选项卡中单击"注释"面板中的"标注"按钮，对图形进行智能标注，命令行提示如下：

命令: dim↙   //调用"智能标注"命令

选择对象或指定第一个尺寸界线原点或 [角度(A)/基线(B)/连续(C)/坐标(O)/对齐(G)/分发(D)/图层(L)/放弃(U)]:   //捕捉 A 点为第一角点

指定第一个尺寸界线原点或 [角度(A)/基线(B)/继续(C)/坐标(O)/对齐(G)/分发(D)/图层(L)/放弃(U)]:

指定第二个尺寸界线原点或 [放弃(U)]:   //捕捉 B 点为第一角点

指定尺寸界线位置或第二条线的角度 [多行文字(M)/文字(T)/文字角度(N)/放弃(U)]: //任意指定位置放置尺寸

选择对象或指定第一个尺寸界线原点或 [角度(A)/基线(B)/连续(C)/坐标(O)/对齐(G)/分发(D)/图层(L)/放弃(U)]:   //捕捉 A 点为第一角点

指定第一个尺寸界线原点或 [角度(A)/基线(B)/继续(C)/坐标(O)/对齐(G)/分发(D)/图层(L)/放弃(U)]:

指定第二个尺寸界线原点或 [放弃(U)]:   //捕捉 C 点为第一角点

指定尺寸界线位置或第二条线的角度 [多行文字(M)/文字(T)/文字角度(N)/放弃(U)]:   //任意指定位置放置尺寸

选择对象或指定第一个尺寸界线原点或 [角度(A)/基线(B)/连续(C)/坐标(O)/对齐(G)/分发(D)/图层(L)/放弃(U)]: A↙   //激活"角度"选项

选择圆弧、圆、直线或 [顶点(V)]:   //捕捉 AC 直线为第一直线

选择直线以指定角度的第二条边: //捕捉 CD 直线为第二条直线

指定角度标注位置或 [多行文字(M)/文字(T)/文字角度(N)/放弃(U)]:   //任意指定位置放置尺寸

选择对象或指定第一个尺寸界线原点或 [角度(A)/基线(B)/连续(C)/坐标(O)/对齐(G)/分发(D)/图层(L)/放弃(U)]:

选择圆弧以指定半径或 [直径(D)/折弯(J)/圆弧长度(L)/中心标记(C)/角度(A)]:   //捕捉圆弧 E

指定半径标注位置或 [直径(D)/角度(A)/多行文字(M)/文字(T)/文字角度(N)/放弃(U)]:   //任意指定

位置放置尺寸，如图 8-36 所示

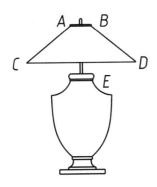

图 8-35 素材文件

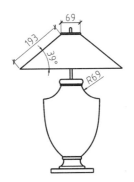

图 8-36 智能标注结果

8.3.3 线性标注

线性标注用于标注任意两点之间的水平或竖直方向的距离。执行"线性"标注命令的方法有以下 4 种。

- ➤ 菜单栏：选择"标注"|"线性"菜单命令。
- ➤ 功能区：在"默认"选项卡中，单击"注释"面板中的"线性"按钮；或在"注释"选项卡中，单击"标注"面板中的"线性"按钮。
- ➤ 工具栏：单击"标注"工具栏中的"线性"标注按钮。
- ➤ 命令行：在命令行中输入 DIMLINEAR/DLI 命令。

执行上述命令后，命令行提示如下。

指定第一个尺寸界线原点或 <选择对象>:

此时可以选择通过"指定原点"或是"选择对象"进行标注，两者的区别如下。

（1）指定原点

默认情况下，在命令行提示下指定第一条尺寸界线的原点，并在"指定第二条尺寸界线原点"提示下指定第二条尺寸界线原点后，命令提示行如下。

指定尺寸线位置或[多行文字(M)/文字(T)/角度(A)/水平(H)/垂直(V)/旋转(R)]:

因为线性标注有水平和竖直方向两种可能，因此指定尺寸线的位置后，尺寸值才能够完全确定。命令行选项介绍如下。

- ➤ 多行文字（M）：选择该选项将进入多行文字编辑模式，可以使用"多行文字编辑器"对话框输入并设置标注文字格式。其中，文字输入窗口中的尖括号（<>）表示

系统测量值。

> 文字（T）：以单行文字形式输入尺寸文字。
> 角度（A）：设置标注文字的旋转角度。
> 水平（H）和垂直（V）：标注水平尺寸和垂直尺寸。可以直接确定尺寸线的位置，也可以选择其他选项来指定标注的标注文字内容或标注文字的旋转角度。
> 旋转（R）：旋转标注对象的尺寸线。

（2）选择对象

执行"线性"命令后，按〈Enter〉键，根据命令行的提示选择对象，系统以对象的两个端点作为两条尺寸界线的起点，进行水平或垂直标注。

8.3.4 连续标注

连续标注是指以线性标注、坐标标注、角度标注的尺寸界线为基线进行的标注。连续标注所指定的基线仅作为与该尺寸标注相邻的连续标注尺寸的基线，以此类推，下一个尺寸标注都以前一个标注与其相邻的尺寸界线为基线进行标注。

执行"连续"标注命令的方法有以下4种。

> 菜单栏：选择"标注"|"连续"菜单命令。
> 功能区：在"注释"选项卡中，单击"标注"面板中的"连续"按钮⊞。
> 工具栏：单击"标注"工具栏中的"连续标注"按钮⊞。
> 命令行：在命令行中输入 DIMCONTINUE/DCO 命令。

8.3.5 案例——标注冰箱

利用"线性"标注、"连续"标注命令标注冰箱，具体操作步骤如下。

步骤 1 单击快速访问工具栏中的"打开"按钮▷，打开配套光盘提供的"第 08 章\8.3.5 标注冰箱.dwg"素材文件，如图 8-37 所示。

步骤 2 在命令行中输入 DLI（线性）标注命令，为冰箱进行尺寸标注，如图 8-38 所示。命令行提示如下。

命令: DLI↙　　　　　　dimlinear　　　　　　　　　//执行"线性"标注命令

指定第一个尺寸界线原点或 <选择对象>:　　　　//拾取冰箱左侧顶点作为第一个尺寸界线原点

指定第二条尺寸界线原点:　　　　　　　　　　　//向下移动鼠标到水平线段左侧端点位置

指定尺寸线位置或[多行文字(M)/文字(T)/角度(A)/水平(H)/垂直(V)/旋转(R)]: //向左移动，单击鼠标，确定尺寸线位置，效果如图 8-38 所示

标注文字 = 440　　　　　　　　　　　　　　　//生成尺寸标注

步骤 3 在命令行中输入 DCO（连续标注）命令并按〈Enter〉键，命令行提示如下。

命令: DCO↙　　　　DIMCONTINUE　　　　　　　//调用"连续"标注命令

选择连续标注:　　　　　　　　　　　　　　　//选择标注

指定第二条尺寸界线原点或 [放弃(U)/选择(S)] <选择>:　//指定第二条尺寸界线原点

标注文字 = 20

指定第二条尺寸界线原点或 [放弃(U)/选择(S)] <选择>:

标注文字 = 720　　　　　　　　　　//按〈Esc〉键退出绘制，完成连续标注的结果如图 8-39 所示。

图 8-37　打开图形

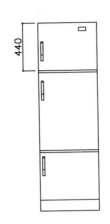

图 8-38　线性标注

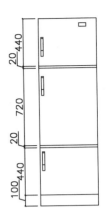

图 8-39　连续标注

8.3.6　角度标注

利用"角度"标注命令不仅可以标注两条相交直线间的角度，还可以标注 3 个点之间的夹角和圆弧的圆心角。

执行"角度"标注命令的方法有以下 4 种。

- 菜单栏：选择"标注"|"角度"菜单命令。
- 功能区：在"默认"选项卡中，单击"注释"面板中的"角度"按钮；或在"注释"选项卡中，单击"标注"面板中的"角度"按钮。
- 工具栏：单击"标注"工具栏中的"角度标注"按钮。
- 命令行：在命令行中输入 DIMANGULAR/DAN 命令。

8.3.7　案例——标注图形角度

步骤 1　单击快速访问工具栏中的"打开"按钮，打开配套光盘提供的"第 08 章\8.3.7 标注图形角度.dwg"素材文件，如图 8-40 所示。

步骤 2　在命令行中输入 DAN（角度标注）命令，对图形进行角度标注，如图 8-41 所示。命令行提示如下：

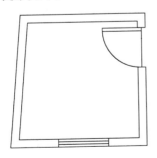

图 8-40　素材文件

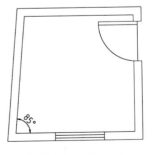

图 8-41　角度标注

命令: DAN↙　　　　dimangular
选择圆弧、圆、直线或 <指定顶点>:

//执行"角度"标注命令
//选择第一条直线

选择第二条直线：　　　　　　　　　　　　　　　　　　　　//选择第二条直线

指定标注弧线位置或 [多行文字(M)/文字(T)/角度(A)/象限点(Q)]：　　　//指定尺寸线位置

标注文字 = 85　　　　　　　　　　　　　　　　　　　//生成尺寸标注

8.3.8 对齐标注

对齐标注是与指定位置或对象平行的标注，其尺寸线平行于尺寸界线原点连成的直线。

执行"对齐标注"命令的方法有以下 4 种。

- ➤ 菜单栏：选择"标注"|"对齐"菜单命令。
- ➤ 功能区：在"默认"选项卡中，单击"注释"面板中的"对齐"按钮；或在"注释"选项卡中，单击"标注"面板中的"对齐"按钮。
- ➤ 工具栏：单击"标注"工具栏中的"对齐标注"按钮。
- ➤ 命令行：在命令行中输入 DIMALIGNED/DAL 命令。

8.3.9 案例——标注座椅

步骤 1 单击快速访问工具栏中的"打开"按钮，打开配套光盘提供的"第 08 章 \8.3.9 标注座椅.dwg"素材文件，如图 8-42 所示。

步骤 2 在命令行中输入 DAL（对齐标注）命令，对图形进行对齐标注，命令行提示如下。

命令：DAL↙　　　　　DIMALIGNED　　　　//执行"对齐"标注命令

指定第一个尺寸界线原点或 <选择对象>：　　//指定标注对象的起点

指定第二条尺寸界线原点：　　　　　　　//指定标注对象的终点

指定尺寸线位置或[多行文字(M)/文字(T)/角度(A)]：//单击鼠标左键，确定尺寸线放置位置，完成操作

标注文字 =500　　　　　　　　　　　　//生成尺寸标注

步骤 3 采用同样的方法，标注其他需要标注的对齐尺寸，如图 8-43 所示。

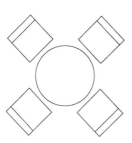

图 8-42　素材文件

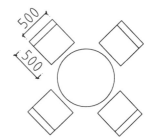

图 8-43　对齐标注

8.3.10 弧长标注

弧长标注用于标注圆弧、椭圆弧或者其他弧线的长度。

执行"弧长标注"命令的方法有以下 4 种。

- ➤ 菜单栏：选择"标注"|"弧长"命令。
- ➤ 功能区：在"默认"选项卡中，单击"注释"面板中的"弧长"按钮；或在"注释"选项卡中，单击"标注"面板中的"弧长"按钮。

▷ 工具栏：单击"标注"工具栏中的"弧长标注"按钮 。

▷ 命令行： 在命令行中输入 DIMARC 命令。

弧长标注的操作方法示例如图 8-44 所示，命令行的操作过程如下：

命令：_dimarc   //执行"弧长"标注命令

选择弧线段或多段线圆弧段：   //单击选择要标注的圆弧

指定弧长标注位置或 [多行文字(M)/文字(T)/角度(A)/部分(P)/引线(L)]：   //在合适的位置放置标注

标注文字 = 644

 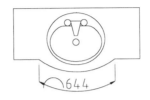

图 8-44　弧长标注

8.3.11　半径标注

利用"半径"标注命令可以快速标注圆或圆弧的半径大小。

执行"半径"标注命令的方法有以下 4 种。

▷ 菜单栏：选择"标注"|"半径"菜单命令。

▷ 功能区：在"默认"选项卡中，单击"注释"面板中的"半径"按钮 ；或在"注释"选项卡中，单击"标注"面板中的"半径"按钮 。

▷ 工具栏：单击"标注"工具栏中的"半径"标注按钮 。

▷ 命令行：在命令行中输入 DIMRADIUS/DRA 命令。

8.3.12　案例——标注餐盘半径

步骤 1 单击快速访问工具栏中的"打开"按钮 ，打开配套光盘提供的"第 08 章\8.3.12 标注餐盘半径.dwg"素材文件，如图 8-45 所示。

步骤 2 在命令行中输入 DRA（半径标注）命令，标注圆弧半径，如图 8-46 所示。命令行提示如下。

图 8-45　素材文件　　　　　　　　　　　　　图 8-46　半径标注

命令：DRA✓　　　　dimradius　　　　　　//执行"半径"标注命令

选择圆弧或圆：　　　　　　　　　　　　　//选择标注对象

标注文字 = 453

指定尺寸线位置或 [多行文字(M)/文字(T)/角度(A)]:　　　　　　//指定标注放置的位置

提示： 在系统默认情况下，系统自动加注半径符号 R。但如果在命令行中选择"多行文字"和"文字"选项重新确定尺寸文字时，只有在输入的尺寸文字加前缀，才能使标注出的半径尺寸有半径符号 R，否则没有该符号。

8.3.13　直径标注

利用"直径"标注命令可以标注圆或圆弧的直径大小。

执行"直径标注"命令的方法有以下 4 种。

➤ 菜单栏：选择"标注"|"直径"命令。

➤ 功能区：在"默认"选项卡中，单击"注释"面板中的"直径"按钮◎；或在"注释"选项卡中，单击"标注"面板中的"直径"按钮◎。

➤ 工具栏：单击"标注"工具栏中的"直径标注"按钮◎。

➤ 命令行：在命令行中输入 DIMDIAMETER/DDI 按钮。

8.3.14　案例——标注桌子直径

步骤 1 单击快速访问工具栏中的"打开"按钮☞，打开配套光盘提供的"第 08 章\8.3.14 标注桌子直径.dwg"素材文件，如图 8-47 所示。

步骤 2 在命令行中输入 DDI（直径标注）命令，标注圆或圆弧直径，如图 8-48 所示。命令行提示如下。

命令: DDI✓　　　 DIMDIAMETER　　　　　　　　//执行"直径"标注命令

选择圆弧或圆:　　　　　　　　　　　　　　　　//选择标注对象

标注文字 = 526

指定尺寸线位置或 [多行文字(M)/文字(T)/角度(A)]:　　//指定标注放置的位置

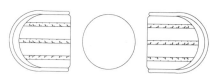

图 8-47　素材文件

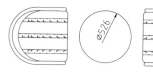

图 8-48　直径标注

8.3.15　折弯标注

当圆弧半径相对于图形尺寸较大时，半径标注的尺寸线相对于图形会显得过长，这时可以使用折弯标注，该标注方式与半径标注方式基本相同，但需要指定一个位置代替圆或圆弧的圆心。

执行"折弯"标注命令的方法有以下 4 种。

➤ 菜单栏：执行"标注"|"折弯"菜单命令。

➤ 功能区：在"默认"选项卡中，单击"注释"面板中的"折弯"按钮⑦；或在"注释"选项卡中，单击"标注"面板中的"折弯"按钮 。

> 工具栏：单击"标注"工具栏中的"折弯"标注按钮 。

> 命令行：在命令行中输入 DIMJOGGED 命令。

"折弯"标注与"半径"标注的方法基本相同，但需要指定一个位置代替圆或圆弧的圆心，操作示例如图 8-49 所示。

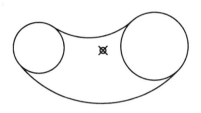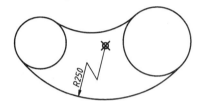

图 8-49 折弯标注

8.3.16 坐标标注

坐标标注用于标注某些点相对于 UCS 坐标原点的 X 和 Y 坐标。

执行"坐标"标注命令的方法有以下 4 种。

> 菜单栏：选择"标注" | "坐标"菜单命令。

> 功能区：在"默认"选项卡中，单击"注释"面板中的"坐标"按钮 ；或在"注释"选项卡中，单击"标注"面板中的"坐标"按钮 。

> 工具栏：单击"标注"工具栏中的"坐标标注"按钮 。

> 命令行：在命令行中输入 DIMORDINATE/DOR 命令。

应用"坐标"标注命令的示例如图 8-50 所示。

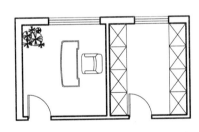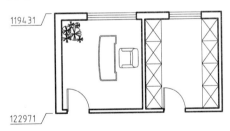

图 8-50 坐标标注

8.3.17 快速标注

"快速"标注命令用于一次标注多个对象间的尺寸，是一种比较常用的复合标注工具。

执行"快速"标注命令的方法有以下 4 种。

> 菜单栏：选择"标注" | "快速"菜单命令。

> 功能区：在"注释"选项卡中，单击"标注"面板中的"快速"按钮 。

> 工具栏：单击"标注"工具栏中的"快速"标注按钮 。

> 命令行：在命令行中输入 QDIM 命令。

8.3.18　基线标注

"基线"标注命令可以创建以同一尺寸界线为基准的一系列尺寸标注，即从某一点引出的尺寸界线作为第一条尺寸界线，依次进行多个对象的尺寸标注。

执行"基线"标注命令的方法有以下4种。

➤ 菜单栏：选择"标注"|"基线"菜单命令。

➤ 功能区：在"注释"选项卡中，单击"标注"面板中的"基线"按钮⊢。

➤ 工具栏：单击"标注"工具栏中的"基线标注"按钮⊢。

➤ 命令行：在命令行中输入DIMBASELINE/DBA命令。

8.3.19　案例——创建基线标注

步骤 1 按〈Ctrl+O〉组合键，打开配套光盘提供的"第 08 章\8.3.19 创建基线标注.dwg"素材文件，如图8-51所示。

步骤 2 在命令行中输入DBA（基线标注）命令并按〈Enter〉键，命令行提示如下。

命令：DBA↙　　　　DIMBASELINE　　　　　　　　//调用"基线"标注命令

选择基准标注：　　　　　　　　　　　　　　　　//选择标注

指定第二条尺寸线原点或 [放弃(U)/选择(S)] <选择>：　//指定第二条尺寸界线原点

标注文字 = 700

指定第二条尺寸线原点或 [放弃(U)/选择(S)] <选择>：

标注文字 = 1164　　　　//按〈Esc〉键退出标注，创建基线标注的结果如图8-52所示

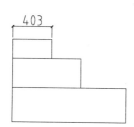

图 8-51　素材文件

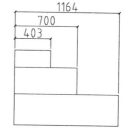

图 8-52　基线标注结果

8.4　多重引线标注

在室内制图过程中，通常需要借助引线来实现一些注释性文字或序号的标注。使用"多重引线"命令可以引出文字注释、倒角标注等。引线的标注样式由多重引线样式控制。

8.4.1　创建多重引线样式

用户可以通过"多重引线样式管理器"对话框来设置多重引线的箭头、引线外观、文字属性等。

打开"多重引线样式管理器"对话框有以下4种常用方法。

> 菜单栏：选择"格式"|"多重引线样式"菜单命令。
> 功能区：在"默认"选项卡中，单击"注释"面板中的"坐标"按钮，或在"注释"选项卡中，单击"引线"面板右下角的按钮。
> 工具栏：单击"样式"工具栏中的"多重引线样式"按钮。
> 命令行：在命令行中输入 MLEADERSTYLE/MLS 命令。

8.4.2 案例——创建室内多重引线样式

创建多重引线样式的具体过程如下。

步骤 1 选择"格式"|"多重引线样式"命令，打开"多重引线样式管理器"对话框，如图 8-53 所示。

步骤 2 在对话框中单击"新建"按钮，弹出"创建新多重引线样式"对话框，设置新样式名为"室内标注样式"，如图 8-54 所示。

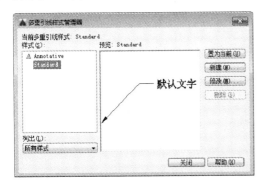

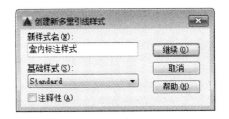

图 8-53 "多重引线样式管理器"对话框　　　　图 8-54 "创建新多重引线样式"对话框

步骤 3 在对话框中单击"继续"按钮，弹出"修改多重引线样式：室内标注样式"对话框；选择"引线格式"选项卡，参数设置如图 8-55 所示。

步骤 4 选中"引线结构"选项卡，参数设置如图 8-56 所示。

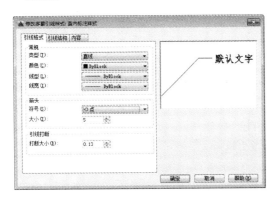

图 8-55 "修改多重引线样式：室内标注样式"对话框　　　图 8-56 "引线结构"选项卡

步骤 5 选择"内容"选项卡，参数设置如图 8-57 所示。

步骤 6 单击"确定"按钮，关闭"修改多重引线样式：室内标注样式"对话框，返回

"多重引线样式管理器"对话框，将"室内标注样式"置为当前样式，单击"关闭"按钮，关闭"多重引线样式管理器"对话框。

步骤 7 多重引线的创建结果如图 8-58 所示。

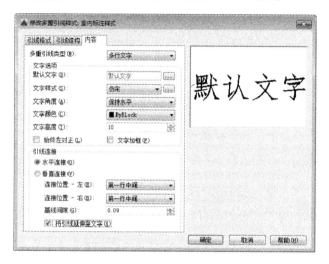

图 8-57　"内容"选项卡　　　　　　　　　　　　　图 8-58　创建结果

8.4.3　创建多重引线标注

执行"多重引线"命令的方法有以下 4 种。

- 菜单栏：选择"标注"|"多重引线标注"命令。
- 功能区：在"默认"选项卡中，单击"注释"面板中的"引线"按钮；或在"注释"选项卡中，单击"引线"面板中的"多重引线"按钮。
- 工具栏：单击"多重引线"工具栏中的"多重引线标注"按钮。
- 命令行：在命令行中输入 MLEADER/MLD 命令。

执行"多重引线"命令之后，依次指定引线箭头和基线的位置，然后在打开的文本窗口中输入注释内容即可。

8.4.4　案例——标注窗体

步骤 1 按〈Ctrl+O〉组合键，打开配套光盘提供的"第 08 章\8.4.4 标注窗体.dwg"素材文件，结果如图 8-59 所示。

步骤 2 在命令行中输入 MLD（多重引线标注）命令并按〈Enter〉键，命令行提示如下。

命令: MLD↙　　　　MLEADER　　　　//调用"多重引线标注"命令

指定引线箭头的位置或 [引线基线优先(L)/内容优先(C)/选项(O)] <选项>:　　//指定引线箭头的位置

指定引线基线的位置:　　　　　　　　//指定引线基线的位置，弹出"文字格式编辑器"对话框，输入文字，单击"确定"按钮，创建多重引线标注的结果如图 8-60 所示

提示：单击"注释"面板中的"添加引线"按钮或"删除引线"按钮，可以为图形继续添加或删除多个引线和注释。

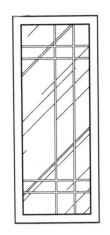

图 8-59　素材文件

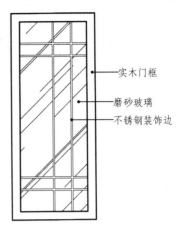

实木门框

磨砂玻璃

不锈钢装饰边

图 8-60　创建结果

8.5　编辑尺寸标注

在创建尺寸标注后如需修改，可以通过编辑尺寸标注来调整。编辑尺寸标注包括文字的内容、文字的位置、更新标注和关联标注等内容。下面将详细介绍常用的一些编辑尺寸标注的方法。

8.5.1　编辑标注

利用"编辑标注"命令可以一次修改一个或多个尺寸标注对象上的文字内容、方向、放置位置及倾斜尺寸界限。

执行"编辑标注"命令的方法有以下两种。

➢ 功能区：在"注释"选项卡中，单击"标注"面板下的相应按钮，"倾斜"按钮 ⊢、"文字角度"按钮 、"左对正"按钮 、"居中对正"按钮 、"右对正"按钮 。

➢ 命令行：在命令行中输入 DIMEDIT/DED 命令。

执行上述命令后，命令行提示如下。

输入标注编辑类型[默认(H)/新建(N)/旋转(R)/倾斜(O)]〈默认〉：

命令行中各选项的含义如下。

➢ 默认（H）：选择该选项并选择尺寸对象，可以按默认位置和方向放置尺寸文字。

➢ 新建（N）：选择该选项后，弹出文字编辑器，选中输入框中的所有内容，然后重新输入需要的内容。单击"确定"按钮，返回绘图区，单击要修改的标注，按〈Enter〉键即可完成标注文字的修改。

➢ 旋转（R）：选择该选项后，命令行提示"输入文字旋转角度"，此时，输入文字旋转角度，单击要修改的文字对象，即可完成文字的旋转，如图 8-61 所示。

➢ 倾斜（O）：用于修改尺寸界线的倾斜度。选择该项后，命令行会提示选择修改对象，并要求输入倾斜角度。

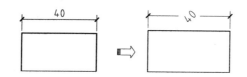

图 8-61　旋转标注文字

8.5.2　编辑多重引线

　　使用"多重引线"命令注释对象后，可以对引线的位置和注释内容进行编辑。选中创建的多重引线，引线对象以夹点模式显示，将光标移至夹点，系统弹出快捷菜单，如图 8-62 所示，可以执行拉伸、拉长基线操作，还可以添加引线。也可以单击夹点之后，拖动夹点调整转折的位置。

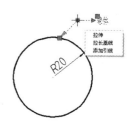

图 8-62　快捷菜单

　　如果要编辑多重引线上的文字注释，则双击该文字，弹出"文字编辑器"选项卡，如图 8-63 所示，可对注释文字进行修改和编辑。

图 8-63　"文字编辑器"选项卡

8.5.3　标注打断

　　执行"标注打断"命令的方法有以下 4 种。

➢ 菜单栏：选择"标注"|"标注打断"菜单命令。

➢ 功能区：在"注释"选项卡中，单击"标注"面板中的"打断"按钮 ⊥。

➢ 工具栏：单击"标注"工具栏中的"标注打断"按钮 ⊥。

➢ 命令行：在命令行中输入 **DIMBREAK** 命令。

　　"标注打断"命令示例如图 8-64 所示，命令行提示如下。

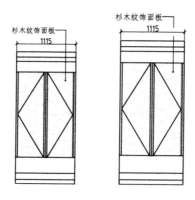

图 8-64　标注打断

命令：_DIMBREAK↙　　　　　　　　　　　　　//执行"标注打断"命令
选择要添加/删除折断的标注或 [多个(M)]:　　　//选择标注对象
选择要折断标注的对象或 [自动(A)/手动(M)/删除(R)] <自动>: M　　//选择折断标注的方式
指定第一个打断点:　　　　　　　　　　　　　//指定第一个打断点
指定第二个打断点:　　　　　　　　　　　　　//指定第二个打断点
1 个对象已修改

命令行中各选项的含义如下。

> 自动（A）：此选项是默认选项，用于在标注相交位置自动生成打断，打断的距离不可控制。
> 手动（M）：选择此选项，需要用户指定两个打断点，将两点之间的标注线打断。
> 删除（R）：选择此选项可以删除已创建的打断。

8.5.4　调整标注间距

利用"调整间距"命令可以自动调整互相平行的线性尺寸或角度尺寸之间的距离，使其间距相等或相互对齐。

执行"标注间距"命令的方法有以下4种。

> 菜单栏：选择"标注"|"调整间距"菜单命令。
> 功能区：在"注释"选项卡中，单击"标注"面板中的"调整间距"按钮。
> 工具栏：单击"标注"工具栏中的"等距标注"按钮。
> 命令行：在命令行中输入 DIMSPACE 命令。

应用"调整间距"命令的示例如图 8-65 所示，命令行提示如下。

命令: _DIMSPACE↙　　　　　　　　　　　　//执行"标注间距"命令
选择基准标注:　　　　　　　　　　　　　　//选择值为 450 的尺寸
选择要产生间距的标注:找到 1 个　　　　　　//选择值为 2400 的尺寸
选择要产生间距的标注:↙　　　　　　　　　　//结束选择
输入值或 [自动(A)] <自动>:　　　　　　　　//按〈Enter〉键自动调整

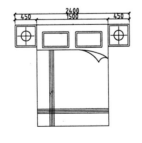
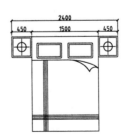

图 8-65　调整标注间距

8.5.5　尺寸关联性

尺寸关联是指尺寸对象及其标注的对象之间建立的联系，当图形对象的位置、形状、大小等发生改变时，其尺寸对象也会随之动态更新。

1. 尺寸关联

在模型窗口中标注尺寸时，尺寸是自动关联的，无须用户进行关联设置。但是，如果在输入尺寸文字时不使用系统的测量值，而是由用户手工输入尺寸值，那么尺寸文字将不会与图形对象关联。

如一个半径为 50 的圆，使用 SC（缩放）命令将圆放大两倍，不仅将图形对象放大了两倍，而且尺寸标注也同时被放大了两倍，尺寸值变为缩放前的两倍，如图 8-66 所示。

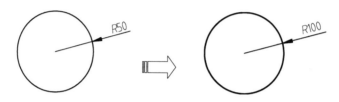

图 8-66　尺寸关联示例

2. 解除、重建关联

（1）解除标注关联

对于已经建立了关联的尺寸对象及其图形对象，可以用"解除关联"命令解除尺寸与图形的关联性。解除标注关联后，对图形对象进行修改，尺寸对象不会发生任何变化。因为尺寸对象已经和图形对象彼此独立，没有任何关联关系了。

在命令行中输入 DDA 命令并按〈Enter〉键，命令行提示如下。

命令：DDA↙

DIMDISASSOCIATE

选择要解除关联的标注 …

选择对象：

选择要解除关联的尺寸对象，按〈Enter〉键即可解除关联。

（2）重建标注关联

对于没有关联，或已经解除了关联的尺寸对象和图形对象，可以通过"重新关联"命令，重建关联。

执行"重新关联"命令有以下 3 种常用方法。

➢ 菜单栏：选择"标注"|"重新关联标注"菜单命令。

➢ 功能区：在"注释"选项卡中，单击"标注"面板中的"重新关联"按钮。

➢ 命令行：在命令行中输入 DRE 命令。

执行上述命令之后，命令行提示如下。

命令：_dimreassociate　　　　　　　　　　　//执行"重新关联标注"命令

选择要重新关联的标注 …

选择对象或 [解除关联(D)]：找到 1 个　　　　//选择要建立关联的尺寸

选择对象或 [解除关联(D)]：

指定第一个尺寸界线原点或 [选择对象(S)] <下一个>：　　//选择要关联的第一点

指定第二个尺寸界线原点 <下一个>：　　　　　　//选择要关联的第二点

8.6 设计专栏

8.6.1 上机实训

使用本章所学的标注知识，标注主卧室门立面图的尺寸，效果如图 8-67 所示。

具体的绘制步骤提示如下。

步骤 1 执行 DLI（线性）、DCO（连续）等标注命令，标注卧室门的尺寸。

步骤 2 执行 MLS（多重引线）命令，对门材料进行说明标注。

步骤 3 完成绘制。

8.6.2 辅助绘图锦囊

在实际工作中，有时需要对文字进行一些特殊处理，如输入圆弧对齐文字，即所输入的文字沿指定的圆弧均匀分布。步骤如下。

步骤 1 在图纸中绘制任意圆弧图形。

步骤 2 在命令行中输入命令"Arctext"，并按空格键或〈Enter〉键。

步骤 3 单击圆弧，弹出"ArcAlignedText Workshop-Create"对话框。

步骤 4 在对话框中设置字体样式，输入文字内容，即可在圆弧上创建弧形文字，如图 8-68 所示。

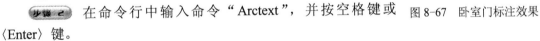

图 8-67 卧室门标注效果

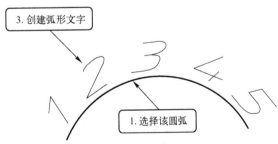

图 8-68 创建弧形文字

第 9 章

室内设计图打印方法与技巧

本章要点

- 模型空间打印
- 图纸空间打印

图纸绘制完成后，就需要对其进行打印输出以付诸实践。在 AutoCAD 中，主要有两种打印方式，分别是模型空间打印和布局空间打印。

本章为读者介绍在 AutoCAD 2016 中打印输出图纸的方法。

9.1 模型空间打印

绘图空间，可以根据需要绘制多个图形用以表达物体的具体结构，还可以添加标注、注释等内容完成全部的绘图操作。

模型空间打印是指在模型窗口中进行相关设置并进行打印，当打开或新建 AutoCAD 文档时，系统默认显示的是模型窗口。

9.1.1 案例——调用图签

施工图的图签是各专业人员绘图、审图的签名区，以及工程名称、设计单位名称、图名、图号的标注区，因此绘制完成的施工图必须要添加图签才能进行打印输出。

本小节介绍调用图签的方法。

步骤 1 按〈Ctrl+O〉组合键，打开配套光盘提供的"第 09 章\9.1.1 调用图签.dwg"素材文件，结果如图 9-1 所示。

步骤 2 调用 I（插入）命令，弹出"插入"对话框，选择 A3 图签，结果如图 9-2 所示。

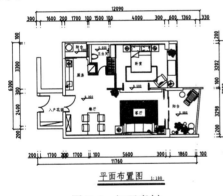

图 9-1 打开素材

图 9-2 "插入"对话框

步骤 3 在绘图区中单击指定图签的插入点。调用 SC（缩放）命令，指定比例因子为 55，将图签放大，结果如图 9-3 所示。

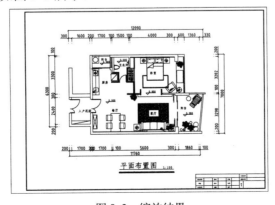

图 9-3 缩放结果

9.1.2 创建打印样式

在图形的绘制过程中，每种图形对象都有其颜色、线型、线宽等属性，且这些样式是图形在屏幕上的显示效果。图纸打印出的显示效果是由打印样式来控制的。

1．打印样式的类型

AutoCAD 中的打印样式有两种类型：颜色相关样式（CTB）和命名样式（STB）。

颜色相关打印样式以对象的颜色为基础，共有 255 种颜色相关打印样式。在颜色相关打印样式模式下，通过调整与对象颜色对应的打印样式可以控制所有具有同种颜色的对象的打印方式。颜色相关打印样式表文件的扩展名为 ".ctb"。

命名打印样式可以独立于对象的颜色使用，可以给对象指定任意一种打印样式，不管对象的颜色是什么。命名打印样式表文件的扩展名为 ".stb"。

2．打印样式的设置

使用打印样式可以多方面控制对象的打印方式，打印样式属于对象的一种特性，它用于修改打印图形的外观。用户可以设置打印样式来代替其他对象原有的颜色、线型和线宽等特性。在同一个 AutoCAD 图形文件中，不允许同时使用两种不同的打印样式类型，但允许使用同一类型的多个打印样式。例如，若当前文档使用命名打印样式，图层特性管理器中的"打印样式"属性是不可用的，因为该属性只能用于设置颜色打印样式。

设置"打印样式"的方法如下。

➤ 菜单栏：选择"文件" | "打印样式管理器"菜单命令。

➤ 命令行：在命令行中输入 STYLESMANAGER 命令。

执行上述命令后，系统自动弹出如图 9-4 所示的对话框。

图 9-4　打印样式管理器

9.1.3 案例——添加颜色打印样式

使用颜色打印样式可以通过图形的颜色设置不同打印宽度、颜色、线型等打印外观。

步骤 1 单击快速访问工具栏中的"新建"按钮![]，新建空白文件。

步骤 2 选择"文件"丨"打印样式管理器"菜单命令，系统自动弹出如图 9-5 所示的对话框，双击"添加打印样式表向导"图标，系统弹出"添加打印样式表"对话框，单击"下一步"按钮，系统转换成"添加打印样式表—开始"对话框，如图 9-6 所示。

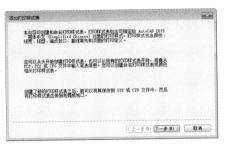

图 9-5 "添加打印样式表"对话框 　　　 图 9-6 "添加打印样式表—开始"对话框

步骤 3 选择"创建新打印样式表"单选按钮，单击"下一步"按钮，系统打开"添加打印样式表—选择打印样式表"对话框，如图 9-7 所示，选择"颜色相关打印样式表"单选按钮，单击"下一步"按钮，打开"添加打印样式表—文件名"对话框，如图 9-8 所示，新建一个名为"以线宽打印"的颜色打印样式表文件，单击"下一步"按钮。

图 9-7 "添加打印样式表—选择打印样式" 　　 图 9-8 "添加打印样式表—文件名"对话框

步骤 4 在"添加打印样式表—完成"对话框中单击"打印样式表编辑器"按钮，如图 9-9 所示，打开"打印样式表编辑器—打印线宽"对话框。

步骤 5 在"打印样式"列表框中选择"颜色 1"，单击"表格视图"选项卡中"特性"选项组中的"颜色"下拉列表框中选择黑色，在"线宽"下拉列表框中选择线宽 0.3000 毫米，如图 9-10 所示。

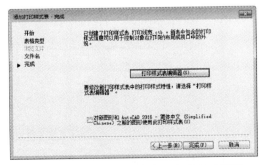

图 9-9 "添加打印样式表—完成"对话框 　 图 9-10 "打印样式表编辑器—打印线宽"对话框

提示： 黑白打印机常用灰度区分不同的颜色，使得图样比较模糊。可以在"打印样式表编辑器"对话框的"颜色"下拉列表框中将所有颜色的打印样式设置为"黑色"，以得到清晰的出图效果。

步骤 6 单击"保存并关闭"按钮，这样所有用"颜色 1"的图形打印时都将以线宽 0.3000 来出图，设置完成后，再选择"文件"｜"打印样式管理器"命令，在打开的对话框中将出现"打印线宽"，如图 9-11 所示。

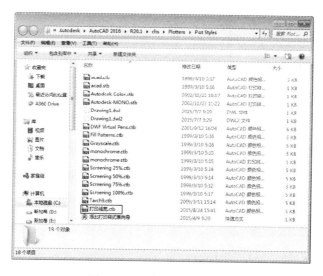

图 9-11　添加打印样式结果

9.1.4 案例——添加命名打印样式

采用 STB 打印样式类型，为不同的图层设置不同的命名打印样式。

步骤 1 单击快速访问工具栏中的"新建"按钮，新建空白文件。

步骤 2 选择"文件"｜"打印样式管理器"菜单命令，单击系统弹出的对话框中的"添加打印样式表向导"图标，系统弹出"添加打印样式表"对话框，如图 9-12 所示。

步骤 3 单击"下一步"按钮，打开"添加打印样式表—开始"对话框，选择"创建新打印样式表"单选按钮，如图 9-13 所示。

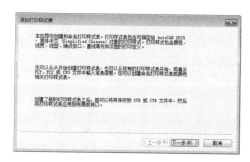

图 9-12　"添加打印样式表"对话框

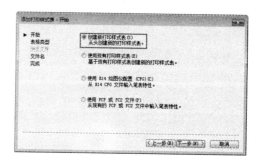

图 9-13　"添加打印样式表—开始"对话框

步骤 4 单击"下一步"按钮，打开"添加打印样式表—选择打印样式表"对话框，单击"命名打印样式表"单选按钮，如图 9-14 所示。

步骤 5 单击"下一步"按钮，系统打开"添加打印样式表—文件名"对话框，如图 9-15 所示，新建一个名为"室内平面图"的命名打印样式表文件，单击"下一步"按钮。

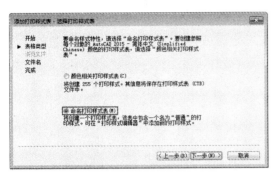

图 9-14 "添加打印样式表—选择打印样式"对话框　　图 9-15 "添加打印样式表—文件名"对话框

步骤 6 在"添加打印样式表—完成"对话框中单击"打印样式表编辑器"按钮，如图 9-16 所示。

步骤 7 在打开的"打印样式表编辑器—室内平面图.stb"对话框中，在"表格视图"选项卡中，单击"添加样式"按钮，添加一个名为"粗实线"的打印样式，设置"颜色"为黑色、"线宽"为 0.3 毫米。用同样的方法添加一个命名打印样式"细实线"，设置"颜色"为黑色、"线宽"为 0.1 毫米、"淡显"为 30，如图 9-17 所示。设置完成后，单击"保存并关闭"按钮退出对话框。

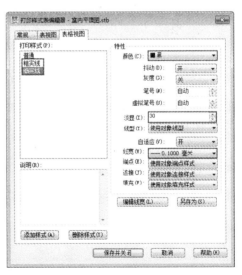

图 9-16 "添加打印样式表—完成"对话框　　图 9-17 "打印样式表编辑器—室内平面图.stb"对话框

步骤 8 设置完成后，再选择"文件"｜"打印样式管理器"，在打开的对话框中将出现"室内平面图"，如图 9-18 所示。

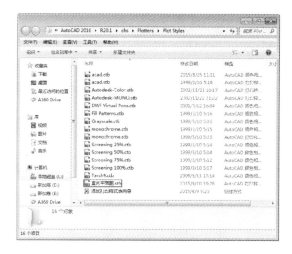

图 9-18　添加打印样式结果

9.1.5　页面设置

为施工图添加图签之后，就要进行页面设置。页面设置包括打印设备、纸张、打印区域、打印方向等参数的设置。页面设置可以命名保存，可以将其同一个命名页面设置应用到多个布局图中，也可以从其他图形中输入命名页设置并将其应用到当前图形的布局中，这样就避免了在每次打印前都反复进行打印设置的麻烦。

在 AutoCAD 中，调用"新建页面设置"的方法如下。

➢ 菜单栏：选择"文件"｜"页面设置管理器"菜单命令。

➢ 功能区：在"输出"选项卡中，单击"布局"面板或"打印"面板中的"页面设置管理器"按钮 。

➢ 快捷方式：右击绘图窗口下的"模型"或"布局"选项卡，在弹出的快捷菜单中，选择"页面设置管理器"命令。

➢ 命令行：在命令行中输入 PAGESETUP 命令。

执行上述命令后，系统弹出"页面设置管理器"对话框，新建页面设置，弹出如图 9-19 所示的对话框。

图 9-19　"页面设置—模型"对话框

页面设置对话框中各选项具体含义如下。

1．指定打印设备

"打印机/绘图仪"选项组用于设置出图的绘图仪或打印机。如果打印设备已经与计算机或网络系统正确连接，并且驱动程序也已经正常安装，那么在"名称"下拉列表框中就会显示该打印设备的名称，可以选择需要的打印设备。

AutoCAD 将打印介质和打印设备的相关信息储存在扩展名为*.pc3 的打印配置文件中，这些信息包括绘图仪配置设置、指定端口信息、光栅图形和矢量图形的质量、图样尺寸，以及取决于绘图仪类型的自定义特性。这样使得打印配置可以用于其他 AutoCAD 文档，能够实现共享，避免了反复设置。选中某打印设备，单击右边的"特性"按钮，可以打开"绘图仪配置编辑器"对话框，如图 9-20 所示，在该对话框中可以对*.pc3 文件进行修改、输入和输出等操作。

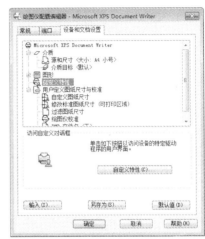

图 9-20 "绘图仪配置编辑器"对话框

2．设定图纸尺寸

在"图纸尺寸"下拉列表框中选择打印出图时的纸张类型，控制出图比例。

工程制图的图纸有一定的规范尺寸，一般采用英制 A 系列图纸尺寸，包括 A0、A1、A2 等标准型号，以及 A0+、A1+等加长图纸型号。图纸加长的规定是：可以将边延长 1/4 或 1/4 的整数倍，最多可以延长至原尺寸的两倍，但短边不可以延长。各型号图纸的尺寸如表格 9-1 所示。

表 9-1 标准图纸尺寸

图 纸 型 号	长 宽 尺 寸
A0	1189mm×841mm
A1	841mm×594mm
A2	594mm×420mm
A3	420mm×297mm
A4	297mm×210mm

新建图纸尺寸的步骤为：首先在打印机配置文件中新建一个或若干个自定义尺寸，然后保存为新的打印机配置.pc3 文件。这样，以后需要使用自定义尺寸时，只需要在"打印机/绘图仪"对话框中选择该配置文件即可。

3．设置打印区域

AutoCAD 的绘图空间是可以无限缩放的空间，为避免在一个很大的范围内打印很小的图形，就需要设置打印区域。在"页面设置"对话框中，单击"打印范围"下拉按钮，下拉列表如图 9-21 所示。

"打印范围"下拉列表用于确定设置图形中需要打印的区域，其各选项含义如下。

➤ 窗口：用窗选的方法确定打印区域。单击该按钮后，"页面设置"对话框暂时消失，系统返回绘图区，可以用鼠标在模型窗口中的工作区间拉出一个矩形窗口，该窗口内的区域就是打印范围。使用该选项确定打印范围简单方便，但是不能精确比例尺和出图尺寸。

> 图形界限：以绘图设置的图形界限作为打印范围，栅格部分为图形界限。
> 显示：打印模型窗口当前视图状态下显示的所有图形对象，可以通过 ZOOM 命令调整视图状态，从而调整打印范围。

4．设置打印偏移

"打印偏移"选项组用于指定打印区域偏离图样左下角的 X 方向和 Y 方向偏移值，一般情况下，都要求出图充满整个图样，所以设置 X 和 Y 偏移值均为 0，如图 9-22 所示。

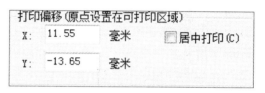

图 9-21　设置打印范围　　　　　　　图 9-22　"打印偏移"设置选项

通常情况下打印的图形和纸张的大小一致，不需要修改设置。选中"居中打印"复选框，则图形居中打印。这个"居中"是指在所选纸张大小 A1、A2 等尺寸的基础上居中，也就是 4 个方向上各留空白，而不只是卷筒纸的横向居中。

5．设置打印比例和图形方向

（1）打印比例

"打印比例"选项组用于设置出图比例。在"比例"下拉列表框中可以精确设置需要出图的比例。如果选择"自定义"选项，则可以在下方的文本框中设置与图形单位等价的英寸数来创建自定义比例尺。

如果对出图比例尺和打印尺寸没有要求，可以直接选中"布满图样"复选框，这样 AutoCAD 会将打印区域自动缩放到充满整个图样。

"缩放线框"复选框用于设置线宽值是否按打印比例缩放。通常要求直接按照线宽值打印，而不按打印比例缩放。

在 AutoCAD 中，有两种方法控制打印出图比例。

> 在打印设置或页面设置的"打印比例"选项组设置比例，如图 9-23 所示。
> 在图纸空间中使用视口控制比例，然后按照 1∶1 打印。

图 9-23　设置打印比例

（2）图形方向

工程制图多需要使用大幅的卷筒纸打印，在使用卷筒纸打印时，打印方向包括两个方面的问题：第一，图纸阅读时所说的图纸方向，是横宽还是竖长；第二，图形与卷筒纸的方向关系，是顺着出纸方向还是垂直于出纸方向。

在 AutoCAD 中分别使用图纸尺寸和图形方向来控制最后出图的方向。在"图形方向"区域可以看到小示意图，其中白纸表示设置图纸尺寸时选择的图纸尺寸是横宽还是竖长，字母 A 表示图形在纸张上的方向。

6．打印预览

在 AutoCAD 中，完成页面设置之后，发送到打印机之前，可以对要打印的图形进行预览，以便发现和更正错误。

打印设置完成之后，在"打印"对话框中，单击窗口左下角的"预览"按钮，即可进入预览窗口。在预览状态下不能编辑图形或修改页面设置，但可以缩放、平移和使用搜索、通信中心、收藏夹等。

单击打印预览窗口左上角的"关闭预览窗口"按钮⊗，可以退出预览模式，返回"打印"对话框。

9.1.6 案例——新建页面设置

步骤 1 在命令行中输入 PAGESETUP 命令并按〈Enter〉键，弹出"页面设置管理器"对话框，如图 9-24 所示。

步骤 2 单击对话框中的"新建"按钮，新建一个页面，并命名为"A3 横向"，选择基础样式为"无"，如图 9-25 所示。

图 9-24 "页面设置管理器"对话框

图 9-25 "新建页面设置"对话框

步骤 3 单击""确定"按钮，弹出如图 9-26 所示的"页面设置"对话框，在"打印机/绘图仪"选项组中选择"DWF6.ePlot.pc3"打印设备。在"图纸尺寸"下拉列表框中选择"ISO A3（420.00×297.00 毫米）"纸张。在"图形方向"选项组中选择"横向"单选按钮。在"打印偏移"选项组中选中"居中打印"复选框，在"打印范围"下拉列表框中选择"图形界限"选项，如图 9-27 所示。

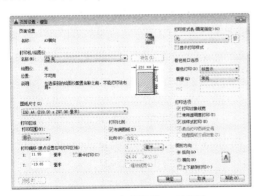

图 9-26 "页面设置"对话框

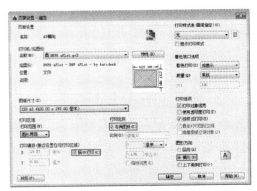

图 9-27 设置页面参数

步骤 4 在"打印样式表"下拉列表框中选择 acad.ctb，系统弹出提示对话框，如图 9-28 所示，单击"是"按钮。最后单击"页面设置"对话框上的"确定"按钮，创建的"A3 横向"页面设置如图 9-29 所示。

图 9-28 提示对话框

图 9-29 新建的页面设置

9.1.7 打印

在完成上述所有设置工作后，就可以开始打印出图了。

在 AutoCAD 中，调用"打印"命令的方法如下。

➢ 菜单栏：选择"文件"｜"打印"菜单命令。

➢ 功能区：在"输出"选项卡中，单击"打印"面板中的"打印"按钮🖨。

➢ 命令行：在命令行中输入 PLOT 命令。

➢ 快捷键：按〈Ctrl+P〉组合键。

> 提示：用户可以将常用的页面设置置为当前，这样每一次执行打印操作，系统自动选择该设置，不用再在页面设置列表中选择。

9.1.8 案例——打印室内平面布置图

(步骤 1) 按〈Ctrl+O〉组合键，打开配套光盘提供的"第 09 章\9.1.8 打印室内平面布置图"素材文件。

(步骤 2) 按〈Ctrl+P〉组合键，弹出"打印-模型"对话框，如图 9-30 所示。

(步骤 3) 在对话框中单击"预览"按钮，可以对图形进行打印预览，结果如图 9-31 所示。

图 9-30 "打印-模型"对话框

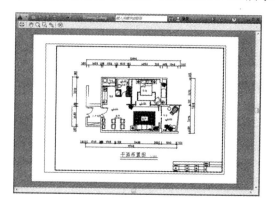

图 9-31 打印预览

步骤 4 单击"打印"按钮🖨，即可对图纸进行打印输出。

9.2 图纸空间打印

图纸空间又称为布局空间，主要用于出图。模型建立后，需要将模型打印到纸面上形成图样。使用布局空间可以方便地设置打印设备、纸张、比例尺、图样布局，并预览实际出图的效果。

布局空间对应的窗口称为布局窗口，可以在同一个文件中创建多个不同的布局。当需要在一张图纸中输出多个视图时，在布局空间可以方便地控制视图的位置、输出比例等参数。

9.2.1 进入布局空间

在模型中绘制完图样后，若需要进行布局打印，可单击绘图区左下角的布局空间选项卡，即"布局 1"和"布局 2"进入布局空间，对图样打印输出的布局效果进行设置。设置完毕，单击"模型"选项卡即可返回到模型空间。

在模型空间中单击状态栏左下角的"布局 1"和"布局 2"选项卡，即可进入图纸空间，结果如图 9-32 所示。进入布局空间后，AutoCAD 会自动创建一个视口，该视口若不符合实际的使用需求，可以调用 E（删除）命令将其删除，结果如图 9-33 所示。

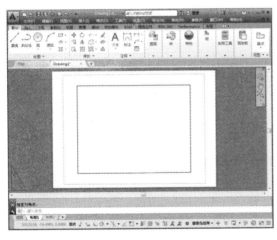

图 9-32 布局空间

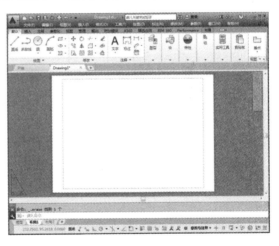

图 9-33 删除视口

9.2.2 案例——页面设置

与在模型空间中打印输出图形相同，在图纸空间中也同样需要进行页面设置，才能对图纸进行打印输出的操作。

步骤 1 将鼠标置于"布局 1"选项卡上右击，在弹出的快捷菜单中选择"页面设置管理器"命令，如图 9-34 所示。

步骤 2 系统弹出"页面设置管理器"对话框，单击"新建"按钮，在"新建页面设置"对话框中设置样式名称为"A3图纸页面设置"，单击"确定"按钮。

步骤 3 在弹出的"页面设置-布局1"对话框中设置参数，结果如图9-35所示。

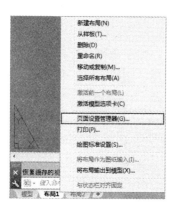

图9-34 快捷菜单

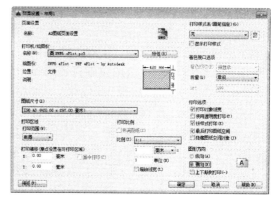

图9-35 设置参数

步骤 4 单击"确定"按钮，返回"页面设置管理器"对话框，将"A3图纸打印页面设置"置为当前，单击"关闭"按钮关闭对话框。

9.2.3 案例——创建视口

通过创建视口，可以将图形使用不同的比例进行打印输出。本小节介绍创建视口的方法。

步骤 1 调用 LA（图层特性）命令，弹出"图层特性管理器"选项板，新建一个名称为"VPOSTS"的图层。

步骤 2 在命令行输入 VPORTS 按〈Enter〉键，弹出"视口"对话框，如图 9-36 所示。

步骤 3 在"视口"对话框中选择"两个：垂直"选项，在布局空间中指定视口的对角点，创建视口的结果如图9-37所示。

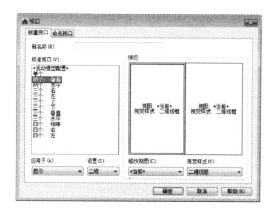

图9-36 "视口"对话框

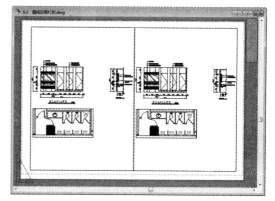

图9-37 创建视口

步骤 4 将鼠标置于视口内，双击视口；当视口边框呈黑色粗线框显示的时候，对视口内的图形大小进行调整，结果如图9-38所示。

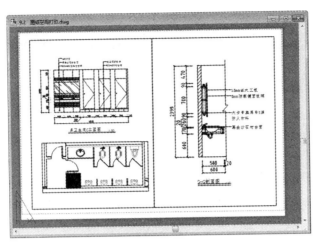

图 9-38　创建结果

9.2.4　加入图签

在布局空间中可以直接为图纸添加图签。调用 I（插入）命令，打开"插入"对话框，从中选择"A3 图签"图块，在布局空间中指定插入点。调用 SC（缩放）命令，将图形进行缩放，结果如图 9-39 所示。

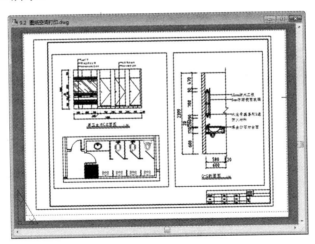

图 9-39　加入图签

9.2.5　案例——打印

在对图纸进行打印输出之前，要对 VPOSTS 图层的显示进行处理，否则打印出来的图纸将保留视口边框，影响查看效果。

步骤 1 调用 LA（图层特性）命令，打开"图层特性管理器"选项板，将"VPORTS"图层设置为不可打印，如图 9-40 所示。

步骤 2 选择"文件"｜"打印预览"命令，预览打印效果，结果如图 9-41 所示。

步骤 3 单击"打印"按钮，即可对图纸进行打印输出。

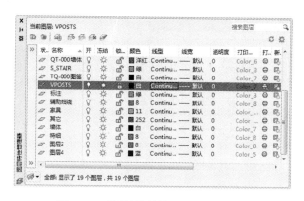

图 9-40 "图层特性管理器"选项板

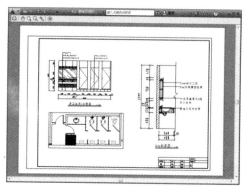

图 9-41 打印预览

9.3 设计专栏

9.3.1 上机实训

在布局空间下打印如图 9-42 所示室内平面布置图，并分别使用"颜色打印样式"和"命名打印样式"控制墙体、室内家具、尺寸标注图形的打印线宽、线型、颜色和灰度。

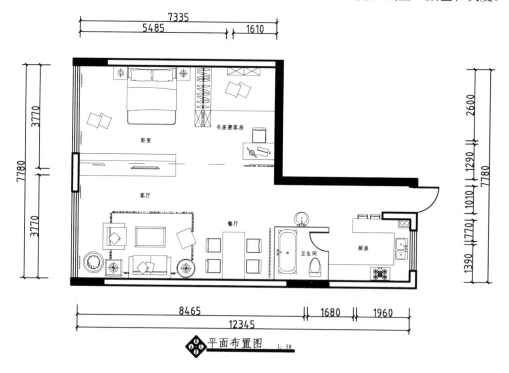

图 9-42 室内布置平面图

步骤 1 启动 AutoCAD 2016，打开素材文件。

步骤 2 右击绘图窗口下的"模型"或"布局"选项卡，在弹出的快捷菜单中，选择

"新建布局"命令，新建布局。

步骤 3 切换至新建的布局空间，再调整视口的大小。

步骤 4 再单击"应用程序"按钮▲，选择"打印"|"管理绘图仪"命令，设置参数，修改可打印区域。

步骤 5 在"布局"功能区中单击"布局"面板中的"页面设置"按钮，设置打印参数。

步骤 6 完成打印参数的设置，单击"浏览"按钮，浏览打印效果，再单击鼠标右键，将家装平面布置图打印出来。

9.3.2 辅助绘图锦囊

（1）图形的打印技巧。

答：如需用别的计算机去打印 AutoCAD 图形，但别的计算机没安装 AutoCAD，不能利用其他计算机进行正常打印，这时，可以先在自己计算机上将 AutoCAD 图形打印到文件，形成打印机文件，再其他的计算机上用 DOS 的复制命令将打印机文件输出到打印机。方法为：Copy＜打印机文件＞ prn /b。应注意的是，为了能使用该功能，需先在系统中添加其他计算机上特定型号的打印机，并将它设为默认打印机，另外，Copy 后不要忘了在最后加 / b，表明以二进制形式将打印机文件输出到打印机。

（2）打印出来的图效果非常差，线条有灰度的差异，为什么？

答：这种情况大多与打印机或绘图仪的配置、驱动程序及操作系统有关。通常从以下几点考虑，就可以解决此问题。

① 检查配置打印机或绘图仪时，误差抖动开关是否关闭。

② 检查打印机或绘图仪的驱动程序是否正确，是否需要升级。

③ 把 AutoCAD 配置成以系统打印机方式输出，换用 AutoCAD 为各类打印机和绘图仪提供的 ADI 驱动程序重新配置 AutoCAD 打印机。

④ 针对不同型号的打印机或绘图仪，AutoCAD 提供了相应的命令，可以进一步详细配置。

⑤ 在"AutoCAD Plot"对话框中，设置笔号与颜色和线型及笔宽的对应关系，为不同的颜色指定相同的笔号（最好同为 1），但这一笔号所对应的线型和笔宽可以不同。某些喷墨打印机只能支持 1～16 的笔号，如果笔号太大则无法打印。

⑥ 笔宽的设置是否太大，例如大于 1。

⑦ 操作系统如果是 Windows NT，可能需要更新的 NT 补丁包（Service Pack）。

（3）为什么有些图形能显示，却打印不出来？

答：如果图形绘制在 AutoCAD 自动产生的图层（Defpoints、Ashade 等）上，就会出现这种情况。应避免在这些层上绘制实体。

（4）在模型空间里画的是虚线，打印出来也是虚线，可是到了"布局"里打印出来就变成了实线，在布局里怎么打印虚线？

答：因为改变了线型比例，同时采用"比例到图纸空间"的方法（AutoCAD 默认方法）。在线型设置对话框中取消选中"比例到图纸空间"复选框。

第二篇
家装设计篇

第 **10** 章

绘制常用的室内家具图形

本章要点

- 绘制常用的家具平面图
- 绘制常用的家具立面图

在绘制室内设计平面图和立面图时，需要配一些家具、电器、洁具、厨具和盆景等图形，以便能更加真实和形象地表现装修的效果。

本章即讲解这些室内常用家具图形的绘制方法，读者通过这些图形的绘制练习，可进一步熟练掌握前面所学的 AutoCAD 绘图和编辑命令。

10.1　绘制常用的家具平面图

　　室内家具陈设是室内设计中必不可少的环节，家具陈设体现了设计理念和设计风格，居室内有了家具，才有了氛围。时至今日，家具陈设的画龙点睛地位日益凸显，使得设计行业中的分工越来越细，陈设设计及软装设计行业的发展势头也愈演愈烈。

　　本节介绍室内绘图中常见家具图块的绘制方法。

10.1.1　绘制燃气灶

　　燃气灶按照实际的使用需求，可以分为双灶、五灶等，家庭中一般使用双灶。燃气灶图形主要调用"矩形"命令、"偏移"命令、"圆"命令来绘制。

步骤 1　绘制燃气灶外轮廓。调用 REC（矩形）命令，绘制矩形，如图 10-1 所示。

步骤 2　调用 O（偏移）命令，向内偏移矩形，结果如图 10-2 所示。

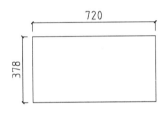

图 10-1　绘制矩形

图 10-2　偏移矩形

步骤 3　调用 X（分解）命令，分解偏移得到的矩形。调用 O（偏移）命令，偏移矩形边，结果如图 10-3 所示。

步骤 4　绘制辅助线。调用 O（偏移）命令，偏移矩形边，结果如图 10-4 所示。

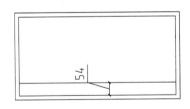

图 10-3　偏移矩形边

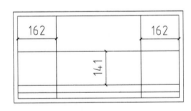

图 10-4　偏移结果

步骤 5　调用 C（圆）命令，绘制半径为 90 的圆形，结果如图 10-5 所示。

步骤 6　调用 O（偏移）命令，设置偏移距离为 45，向内偏移圆形，结果如图 10-6 所示。

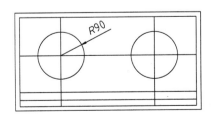

图 10-5　绘制圆形

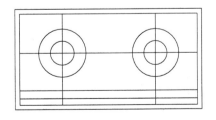

图 10-6　偏移圆形

步骤 7 绘制开关。调用 C（圆）命令，绘制半径为 11 的圆形，结果如图 10-7 所示。

步骤 8 调用 O（偏移）命令，设置偏移距离为 22，往外偏移半径为 90 的圆形，结果如图 10-8 所示。

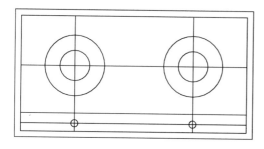

图 10-7　绘制圆形　　　　　　　　　　　　图 10-8　偏移圆形

步骤 9 调用 O（偏移）命令，设置偏移距离为 23，向内偏移半径为 90 的圆形，结果如图 10-9 所示。

步骤 10 调用 TR（修剪）命令，修剪多余线段，结果如图 10-10 所示。

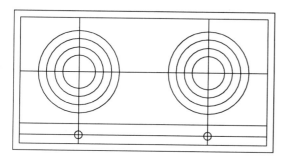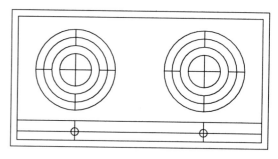

图 10-9　偏移圆形　　　　　　　　　　　　图 10-10　修剪线段

步骤 11 调用 E（删除）命令，删除多余的图形，结果如图 10-11 所示。

步骤 12 绘制商标。调用 REC（矩形）命令，绘制尺寸为 171×14 的矩形，结果如图 10-12 所示。

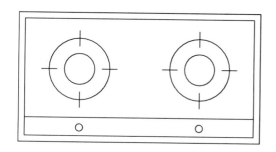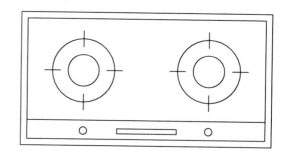

图 10-11　删除结果　　　　　　　　　　　　图 10-12　绘制矩形

步骤 13 填充燃气灶图案。调用 H（填充）命令，打开"图案填充和渐变色"对话框，参数设置如图 10-13 所示。

步骤 14 在绘图区中拾取填充区域，绘制图案填充的结果如图 10-14 所示。

图 10-13　设置参数

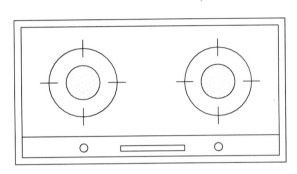

图 10-14　图案填充

步骤 15 创建成块。调用 B（块）命令，打开"块定义"对话框，框选绘制完成的燃气灶图形，设置图形名称，单击"确定"按钮，即可将图形创建成块，方便以后调用。

10.1.2　绘制双人床图块

双人床图形包括两个床头柜及双人床。床头柜图形主要调用"矩形""偏移"命令来绘制，而床头台灯图形则主要调用"圆"命令来绘制。双人床图形的绘制除了调用"矩形"命令之外，还要调用"圆弧""修剪"命令来进行辅助绘制。

步骤 1 绘制双人床外轮廓。调用 REC（矩形）命令，绘制矩形，结果如图 10-15所示。

步骤 2 绘制床头柜。调用 O（偏移）命令，偏移矩形，结果如图 10-16 所示。

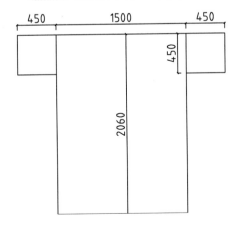

图 10-15　绘制矩形

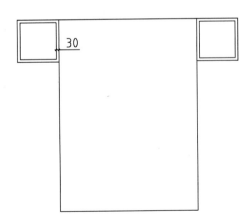

图 10-16　偏移矩形

步骤 3 调用 F（圆角）命令，设置圆角半径为 30，对矩形进行圆角处理，结果如图 10-17 所示。

步骤 4 调用 L（直线）命令，取矩形的中点绘制直线，结果如图 10-18 所示。

图 10-17 圆角处理

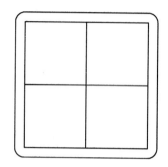

图 10-18 绘制直线

步骤 5 绘制台灯。调用 C（圆形）命令，绘制半径为 100 的圆形，结果如图 10-19 所示。

步骤 6 调用 O（偏移）命令，设置偏移距离为 70，往外偏移圆形，结果如图 10-20 所示。

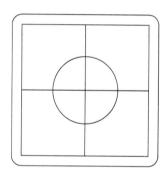

图 10-19 绘制圆形

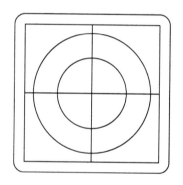

图 10-20 偏移圆形

步骤 7 调用 TR（修剪）命令，修剪线段，结果如图 10-21 所示。

步骤 8 调用 E（删除）命令，删除圆形，结果如图 10-22 所示。

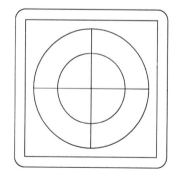

图 10-21 修剪线段

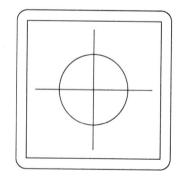

图 10-22 删除圆形

步骤 9 调用 MI（镜像）命令，镜像复制绘制完成的图形，结果如图 10-23 所示。

步骤 10 绘制枕头。调用 REC（矩形）命令，绘制矩形，结果如图 10-24 所示。

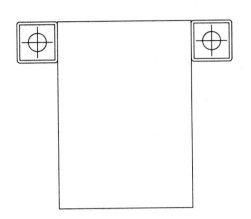

图 10-23　镜像复制

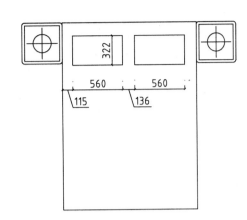

图 10-24　绘制矩形

步骤 11 调用 O（偏移）命令，设置偏移距离为 30，向内偏移所绘制的矩形，结果如图 10-25 所示。

步骤 12 调用 F（圆角）命令，设置圆角半径为 30，对矩形进行圆角处理，结果如图 10-26 所示。

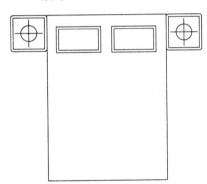

图 10-25　偏移矩形

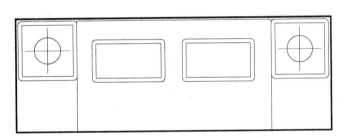

图 10-26　圆角处理

步骤 13 绘制被子。调用 O（偏移）命令，偏移线段，结果如图 10-27 所示。

步骤 14 绘制辅助线。调用 O（偏移）命令，偏移线段，结果如图 10-28 所示。

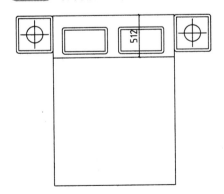

图 10-27　偏移线段

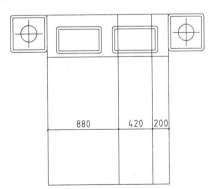

图 10-28　偏移结果

步骤15 调用 O（偏移）命令，偏移线段，结果如图 10-29 所示。

步骤16 调用 A（圆弧）命令，绘制圆弧，结果如图 10-30 所示。

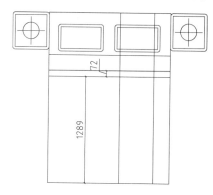

图 10-29　偏移线段

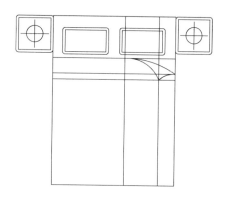

图 10-30　绘制圆弧

步骤17 调用 E（删除）命令，删除辅助线，结果如图 10-31 所示。

步骤18 创建成块。调用 B（块）命令，打开"块定义"对话框，框选绘制完成的双人床图形，设置图形名称，单击"确定"按钮，即可将图形创建成块，方便以后调用。

10.1.3　绘制沙发与茶几图块

组合沙发和茶几是客厅必不可少的家具。沙发图形主要通过调用"矩形""分解""偏移""修剪"命令来绘制，茶几图形则主要调用"矩形""填充"命令来绘制。

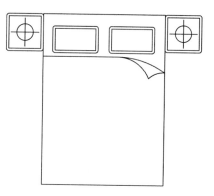

图 10-31　删除辅助线

步骤1 绘制沙发轮廓。调用 REC（矩形）命令，绘制矩形，结果如图 10-32 所示。

步骤2 调用 X（分解）命令，分解矩形。调用 O（偏移）命令，偏移矩形边，结果如图 10-33 所示。

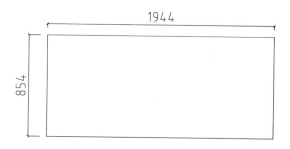

图 10-32　绘制矩形

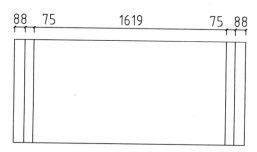

图 10-33　偏移矩形边

步骤3 调用 O（偏移）命令，偏移矩形边，结果如图 10-34 所示。

步骤4 调用 TR（修剪）命令，修剪线段，结果如图 10-35 所示。

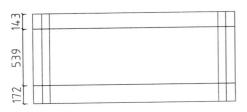

图 10-34　偏移矩形边

图 10-35　修剪线段

步骤 5 调用 O（偏移）命令，偏移线段，结果如图 10-36 所示。

步骤 6 重复调用 O（偏移）命令，偏移线段，结果如图 10-37 所示。

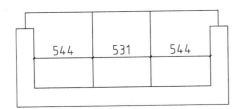

图 10-36　偏移线段

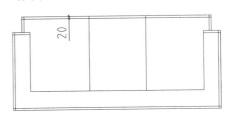

图 10-37　偏移结果

步骤 7 调用 TR（修剪）命令，修剪线段的结果如图 10-38 所示。

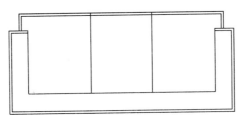

图 10-38　修剪线段

步骤 8 绘制双人沙发。调用 REC（矩形）命令，绘制矩形；调用 X（分解）命令，分解矩形；调用 O（偏移）命令，偏移矩形边，结果如图 10-39 所示。

步骤 9 调用 O（偏移）命令，偏移矩形边，结果如图 10-40 所示。

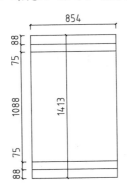

图 10-39　偏移线段

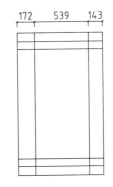

图 10-40　偏移矩形边

步骤 10 调用 TR（修剪）命令，修剪线段，结果如图 10-41 所示。

步骤 11 调用 L（直线）命令，绘制直线，结果如图 10-42 所示。

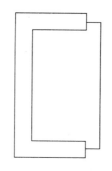

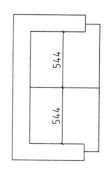

图 10-41　修剪线段　　　　　　　　图 10-42　绘制直线

步骤 12 调用 O（偏移）命令，偏移线段；调用 TR（修剪）命令，修剪线段，结果如图 10-43 所示。

步骤 13 调用 A（圆弧）命令，绘制圆弧，结果如图 10-44 所示。

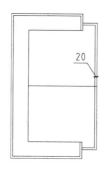

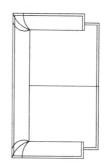

图 10-43　修剪线段　　　　　　　　图 10-44　绘制圆弧

步骤 14 绘制茶几。调用 REC（矩形）命令，绘制矩形；调用 O（偏移）命令，向内偏移矩形，结果如图 10-45 所示。

步骤 15 填充茶几表面图案。调用 H（填充）命令，打开"图案填充和渐变色"对话框，参数设置如图 10-46 所示。

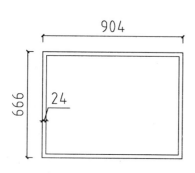

图 10-45　偏移矩形

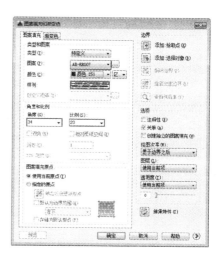

图 10-46　参数设置

步骤 16　在绘图区中拾取填充区域，绘制图案填充的结果如图 10-47 所示。

步骤 17　调用 MI（镜像）命令，镜像复制双人沙发图形，结果如图 10-48 所示。

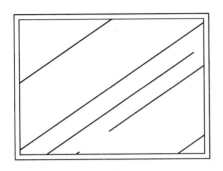

图 10-47　图案填充

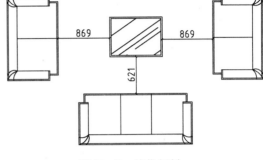

图 10-48　镜像复制

步骤 18　绘制台灯架。调用 REC（矩形）命令，绘制矩形；调用 O（偏移）命令，向内偏移矩形，结果如图 10-49 所示。

步骤 19　绘制台灯。调用 C（圆）命令，绘制半径为 135 的圆形；调用 L（直线）命令，过圆心绘制直线，结果如图 10-50 所示。

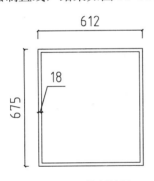

图 10-49　绘制结果

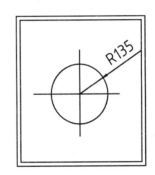

图 10-50　绘制圆形

步骤 20　调用 MI（镜像）命令，镜像复制绘制完成的图形，结果如图 10-51 所示。

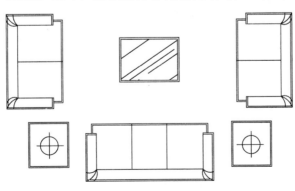

图 10-51　镜像复制

步骤 21　创建成块。调用 B（块）命令，打开"块定义"对话框。框选绘制完成的沙发图形，设置图形名称，单击"确定"按钮，即可将图形创建成块，方便以后调用。

10.1.4 绘制钢琴

本节介绍钢琴的绘制方法，其中主要调用了"矩形""偏移"（图案填充）等命令。

步骤 1 调用 REC（矩形）命令，分别绘制尺寸为 1575×356、1524×305 的矩形，如图 10-52 所示。

步骤 2 调用 L（直线）命令，绘制直线。调用 REC（矩形）命令，分别绘制尺寸为 914×50 的矩形，如图 10-53 所示。

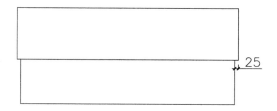

图 10-52　绘制矩形

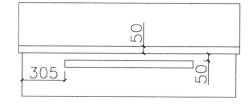

图 10-53　绘制结果

步骤 3 调用 REC（矩形）命令，绘制尺寸为 1408×127 的矩形。调用 X（分解）命令，分解矩形。

步骤 4 选择"绘图"｜"点"｜"定距等分"菜单命令，选取矩形的上边作为等分对象，指定等分距离为 44。调用 L（直线）命令，根据等分点绘制直线，结果如图 10-54 所示。

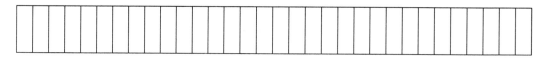

图 10-54　绘制直线

步骤 5 调用 REC（矩形）命令，绘制尺寸为 38×76 的矩形。

步骤 6 调用 H（填充）命令，打开"图案填充和渐变色"对话框，设置相关参数，如图 10-55 所示。单击"添加：拾取点"按钮，拾取尺寸为 38×76 的矩形为填充区域，填充结果如图 10-56 所示。并调用 M（移动）命令将琴键放置到合适的位置。

图 10-55　设置参数

图 10-56　填充结果

步骤 1 调用 REC（矩形）命令，绘制尺寸为 914×390 的矩形。调用 SPL（样条曲线）命令，绘制曲线，完成座椅的绘制。钢琴的绘制结果如图 10-57 所示。

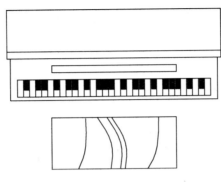

图 10-57　钢琴最终效果

10.1.5　绘制不锈钢洗菜盆

洗菜盆如图 10-58 所示，下面讲解绘制方法。厨房中洗菜盆的材质一般都为不锈钢，因其耐油烟且易于清洗。洗菜盆主要调用"矩形"命令"圆角"命令"圆"命令来绘制。

步骤 1 调用 REC（矩形）命令，绘制尺寸为 845×440 的矩形，如图 10-59 所示。

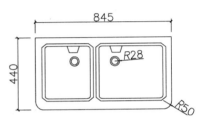

图 10-58　洗手盆

步骤 2 调用 F（圆角）命令，对矩形进行圆角处理，圆角半径为 50，如图 10-60 所示。

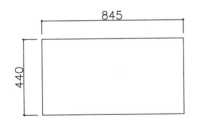

图 10-59　绘制矩形

图 10-60　圆角

步骤 3 调用 REC（矩形）命令，绘制尺寸为 320×350 的矩形，如图 10-61 所示。

步骤 4 调用 O（偏移）命令，将矩形向内偏移 15，如图 10-62 所示。

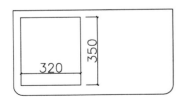

图 10-61　绘制矩形

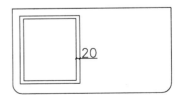

图 10-62　偏移矩形

步骤 5 调用 CHA（倒角）命令，对矩形进行倒角操作，倒角的距离为 20，如图 10-63 所示。

步骤 6 调用 F（圆角）命令，对偏移后的矩形进行圆角操作，圆角半径为 30，如图 10-64 所示。

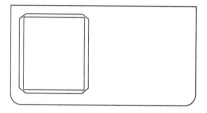

图 10-63　倒角

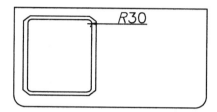

图 10-64　圆角

步骤 7 调用 PL（多段线）命令，绘制多段线，如图 10-65 所示。

步骤 8 调用 C（圆）命令和 O（偏移）命令，绘制下水口，如图 10-66 所示。

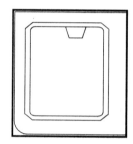

图 10-65　绘制多段线

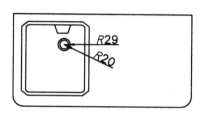

图 10-66　绘制圆

步骤 9 使用同样的方法绘制另一侧的洗手盆，参见图 10-58 所示，完成不锈钢洗手盆的绘制。

10.1.6 绘制洗衣机图块

洗衣机可以减少人们的劳动量，一般放置在阳台或者卫生间。洗衣机图形主要调用"矩形"命令、"圆角"命令、"圆"命令来绘制。

步骤 1 绘制洗衣机外轮廓。调用 REC（矩形）命令，绘制矩形，结果如图 10-67 所示。

步骤 2 调用 F（圆角）命令，设置圆角半径为 19，对绘制完成的图形进行圆角处理，结果如图 10-68 所示。

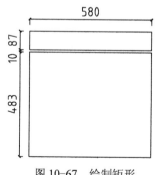

图 10-67　绘制矩形

图 10-68　圆角处理

步骤 3 调用 L（直线）命令，绘制直线，结果如图 10-69 所示。

步骤 4 调用 REC（矩形）命令，绘制尺寸为 444×386 矩形，结果如图 10-70 所示。

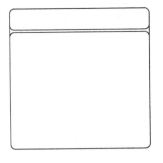

图 10-69 绘制直线

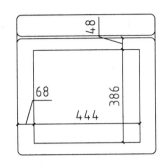

图 10-70 绘制矩形

步骤 5 调用 F（圆角）命令，设置圆角半径为 19，对绘制完成的图形进行圆角处理，结果如图 10-71 所示。

步骤 6 绘制液晶显示屏。调用 REC（矩形）命令，绘制矩形，结果如图 10-72 所示。

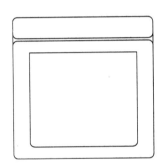

图 10-71 圆角处理

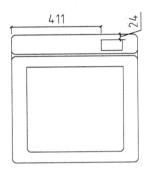

图 10-72 绘制矩形

步骤 7 绘制按钮。调用 C（圆）命令，绘制半径为 12 的圆形，结果如图 10-73 所示。

步骤 8 调用 L（直线）命令，绘制直线，结果如图 10-74 所示。

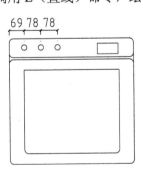

图 10-73 绘制圆形

图 10-74 绘制直线

步骤 9 创建成块。调用 B（块）命令，打开"块定义"对话框，框选绘制完成的洗衣机图形，设置图形名称，单击"确定"按钮，即可将图形创建成块，方便以后调用。

10.2　绘制常用的家具立面图

在绘制客厅、卧室等室内设计立面图时，往往要绘制家具的立面图，以更充分地表达设计意图。本章将讲解常见的家具立面图的绘制方法，包括饮水机、壁炉、欧式门、座椅、八仙桌等，读者可从中掌握家具立面图的绘制要点。

10.2.1　绘制欧式门

门是建筑制图中最常用的图元之一，它大致可以分为平开门、折叠门、推拉门、推杠门、旋转门和卷帘门等，其中，平开门最为常见。门的名称代号用 M 表示，在门立面图中，开启线实线为外开，虚线为内开，具体形式应根据实际情况绘制。

步骤 1 绘制门套。调用 REC（矩形）命令绘制一个大小为 1400×2350 矩形，如图 10-75 所示。

步骤 2 调用 O（偏移）命令，将矩形依次向内偏移 40、20、40，并删除和延伸线段，对其进行调整，结果如图 10-76 所示。

步骤 3 绘制踢脚线。调用 O（偏移）命令，将底线向上偏移 200，结果如图 10-77 所示。

步骤 4 绘制门装饰图纹。调用 REC（矩形）命令，绘制大小为 400×922 的矩形，如图 10-78 所示。

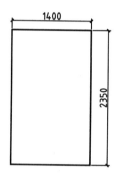
图 10-75　绘制门框

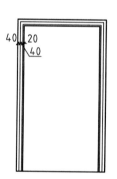
图 10-76　偏移门框

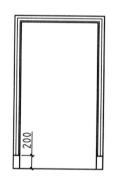
图 10-77　绘制踢脚线

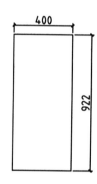
图 10-78　绘制装饰图纹轮廓

步骤 5 调用 ARC（圆弧）命令，分别绘制半径为 150、350 的圆弧，并修剪多余的线段，结果如图 10-79 与图 10-80 所示。

步骤 6 调用 O（偏移）命令，将门装饰框图纹依次向内偏移 15、30，并用 L（直线）、EX（延伸）、TR（修剪）命令完善图形，门装饰图纹绘制结果如图 10-81 所示。

步骤 7 调用 REC（矩形）、C（圆）命令，绘制门把手，如图 10-82 所示。

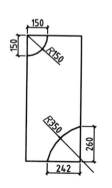
图 10-79　细化图纹

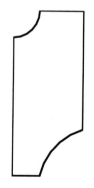
图 10-80　修剪图纹

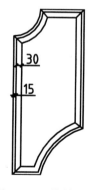
图 10-81　绘制结果

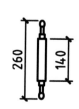
图 10-82　绘制门把手

步骤 8 完善门。调用 M（移动）命令，将装饰图纹移动至合适位置，并用 L（直线）命令分割出门扇，结果如图 10-83 所示。

步骤 9 调用 MI（镜像）命令，镜像装饰纹图形，完善门，如图 10-84 所示。

步骤 10 调用 M（移动）命令，将门把手移动至合适位置，结果如图 10-85 所示。

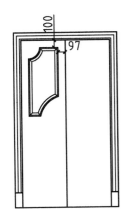

图 10-83　移动装饰图纹

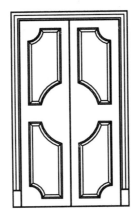

图 10-84　镜像装饰图纹

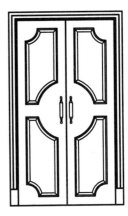

图 10-85　最终效果

10.2.2　绘制欧式窗户

窗体是房屋建筑中的围护构件，其主要功能是采光、通风和透气，对建筑物的外观和室内装修造型都有较大的影响。窗体的分类，从不同的角度有不同的分法。例如：按功能分有客厅窗、卧室窗、厨房窗、过道窗、隔窗、封闭窗、开放窗等；按材料分有合金窗、木窗、玻璃窗等；按形式分有百叶窗、飘窗等。

步骤 1 调用 L（直线）命令，绘制长度为 3082 的直线。调用 O（偏移）命令，指定偏移距离为 36、22、107、36，向下偏移直线，结果如图 10-86 所示。

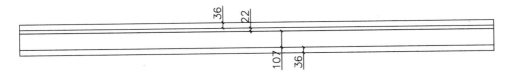

图 10-86　偏移直线

步骤 2 调用 L（直线）命令，绘制直线，结果如图 10-87 所示。

步骤 3 调用 TR（修剪）命令，修剪多余线段，如图 10-88 所示。

步骤 4 调用 A（圆弧）命令，绘制圆弧。调用 E（删除）命令，删除多余线段，结果如图 10-89 所示。

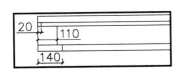

图 10-87　绘制直线

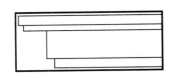

图 10-88　修剪线段

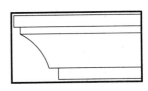

图 10-89　删除线段

步骤 5 调用 MI（镜像）命令，镜像复制所绘制的图形，结果如图 10-90 所示。

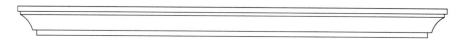

图 10-90 镜像复制

步骤 6 调用 L（直线）命令，绘制直线，结果如图 10-91 所示。

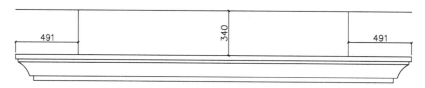

图 10-91 绘制直线

步骤 7 调用 A（圆弧）命令，绘制圆弧，结果如图 10-92 所示。

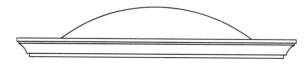

图 10-92 绘制圆弧

步骤 8 调用 O（偏移）命令，向下偏移圆弧。调用 TR（修剪）命令，修剪多余线段，结果如图 10-93 所示。

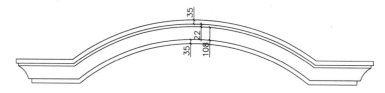

图 10-93 修剪图形

步骤 9 按〈Ctrl+O〉组合键，打开配套光盘提供的"素材\第 10 章\家具图例.dwg"文件，将其中的"罗马柱"等图形复制粘贴到当前图形中，结果如图 10-94 所示。

步骤 10 沿用前面介绍的方法，绘制窗台图形，完成欧式窗户的绘制，结果如图 10-95 所示。

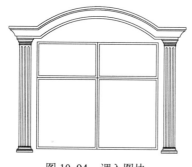

图 10-94 调入图块

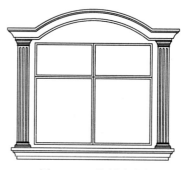

图 10-95 绘制欧式窗

10.2.3　绘制壁炉

壁炉是在室内靠墙砌的生火取暖的设备，多用于西方国家。根据不同国家的文化，分为美式壁炉、英式壁炉、法式壁炉等，造型因此各异。壁炉基本结构包括壁炉架和壁炉芯。

步骤 1　绘制壁炉上部分。调用 REC（矩形）命令，绘制尺寸为 1500×51、1405×16 的矩形。调用 CO（复制）命令，移动复制尺寸为 1405×16 的矩形，结果如图 10-96 所示。

步骤 2　绘制壁炉下部分。调用 REC（矩形）命令，绘制尺寸为 1264×100、1524×20、1494×130 的矩形，绘制结果如图 10-97 所示。

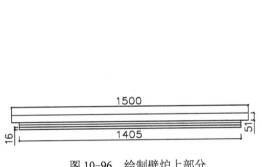

图 10-96　绘制壁炉上部分

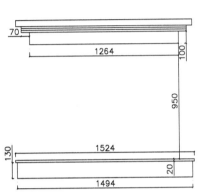

图 10-97　绘制壁炉下部分

步骤 3　绘制炉膛。调用 REC（矩形）命令，绘制尺寸为 150×190 的矩形。调用 L（直线）命令，绘制直线，结果如图 10-98 所示。

步骤 4　细化图形。调用 O（偏移）命令，偏移直线，结果如图 10-99 所示。

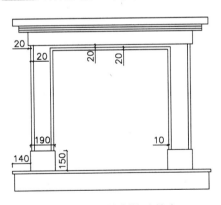

图 10-98　绘制炉膛轮廓

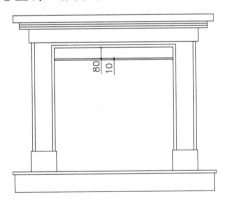

图 10-99　细化壁炉

步骤 5　调用 O（偏移）命令，偏移直线。调用 TR（修剪）命令，修剪多余线段，结果如图 10-100 所示。

步骤 6　绘制壁炉装饰。调用 C（圆）命令，绘制半径为 15 的圆。调用 CO（复制）命令，移动复制圆形，结果如图 10-101 所示。

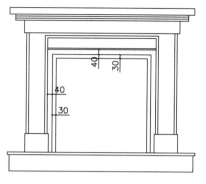

图 10-100　修剪线段

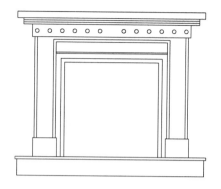

图 10-101　绘制壁炉装饰

步骤 7 按〈Ctrl+O〉组合键，打开配套光盘提供的"素材\第 10 章\家具图例.dwg"素材文件，将其中的"壁炉构件"移动复制到当前图形中；调用 TR（修剪）命令，修剪多余线段，结果如图 10-102 所示。

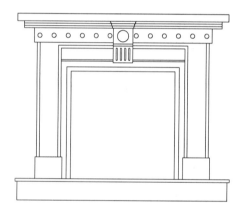

图 10-102　插入壁炉构件图块

图 10-103　插入图块

10.2.4　绘制矮柜

矮柜是指收藏衣物、文件等用的器具，有方形或长方形，一般为木制或铁制。

步骤 1 绘制柜头。调用 REC（矩形）命令，绘制尺寸为 1519×354 的矩形。并调用 O（偏移）命令，将横向线段向下偏移 34、51、218，结果如图 10-104 所示。

步骤 2 重复调用 O（偏移）命令，将竖向线段向右偏移 42、43、58，结果如图 10-105 所示。

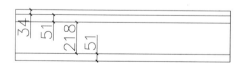

图 10-104　偏移横向线段

图 10-105　偏移竖向线段

步骤 3 调用 TR（修剪）命令，修剪多余线段，结果如图 10-106 所示。

步骤 4 细化柜头。调用 ARC（圆弧）命令，绘制圆弧，结果如图 10-107 所示。

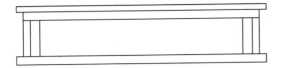

图 10-106　修剪线段

图 10-107　细化柜头

步骤 5 调用 E（删除）命令，删除多余线段，结果如图 10-108 所示。

步骤 6 绘制柜体。调用 REC（矩形）命令，绘制尺寸为 1326×633 的矩形。调用 X（分解）命令，分解绘制完成的矩形。

步骤 7 调用 O（偏移）命令，将线段向下偏移 219、51、219、60、20，向左偏移 47。调用 TR（修剪）命令，修剪多余线段，结果如图 10-109 所示。

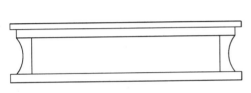

图 10-108　删除线段

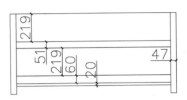

图 10-109　绘制柜体

步骤 8 绘制矮柜装饰。按〈Ctrl+O〉组合键，打开配套光盘提供的"素材\第 10 章\家具图例.dwg"素材文件，将其中的"雕花"等图形复制粘贴到图形中，结果参见图 10-103 所示。欧式矮柜绘制完成。

10.2.5　绘制饮水机

本节以绘制饮水机为例，来了解饮水机的构造及绘制方法，具体操作步骤如下。

步骤 1 绘制饮水桶。调用 REC（矩形）命令，绘制圆角半径为 30，尺寸为 332×419 的矩形，如图 10-110 所示。

步骤 2 细化水桶。调用 L（直线）命令，绘制直线，如图 10-111 所示。

步骤 3 绘制衔接口。调用 REC（矩形）命令，绘制尺寸为 183×24 的矩形。

步骤 4 调用 O（偏移）命令，设置偏移距离分别为 7、5、5，选择矩形的上边向下偏移，结果如图 10-112 所示。

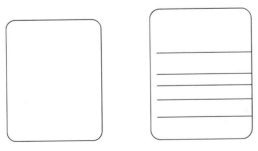

图 10-110　绘制饮水桶轮廓　　　　图 10-111　细化水桶　　　　图 10-112　绘制衔接口

步骤 5 绘制饮水机轮廓。调用 REC（矩形）命令，绘制尺寸为 400×105 的矩形。

步骤 6 调用 F（圆角）命令，设置圆角半径为 50，对绘制完成的矩形进行圆角处理，结果如图 10-113 所示。

步骤 7 绘制饮水机底座。调用 REC（矩形）命令，绘制尺寸为 340×48 的矩形，如图 10-114 所示。

步骤 8 细化饮水机。调用 REC（矩形）命令，绘制圆角半径为 30、尺寸为 260×281 的矩形。

步骤 9 调用 REC（矩形）命令，绘制圆角半径为 20、尺寸为 122×459 的矩形，如图 10-115 所示。

步骤 10 分割饮水机。调用 L（直线）命令，绘制直线。

步骤 11 按〈Ctrl+O〉组合键，打开配套光盘提供的"素材\第 10 章\家具图例.dwg"素材文件，将其中的"冷、热水开关"图形复制粘贴到图形中，结果如图 10-116 所示。饮水机立面图绘制完成。

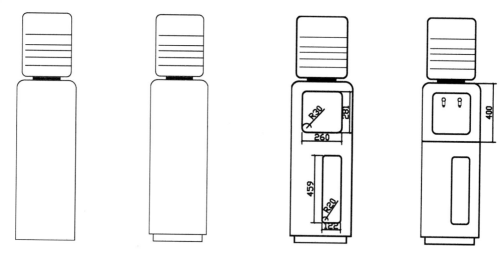

图 10-113 绘制饮水机 轮廓   图 10-114 绘制饮水机 底座   图 10-115 细化饮水机   图 10-116 插入冷、热水 开关图块

10.2.6 绘制座椅

座椅是一种有靠背或扶手的坐具，下面讲解绘制方法。

步骤 1 绘制靠背。调用 L（直线）命令，绘制长度为 550 的线段，如图 10-117 所示。

步骤 2 调用 A（圆弧）命令，绘制圆弧，如图 10-118 所示。

步骤 3 调用 MI（镜像）命令，将圆弧镜像到另一侧，如图 10-119 所示。

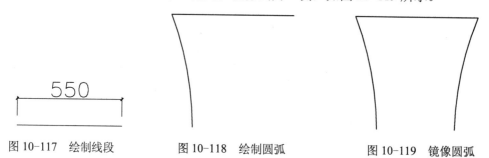

图 10-117 绘制线段   图 10-118 绘制圆弧   图 10-119 镜像圆弧

步骤 4 调用 O（偏移）命令，将线段和圆弧向内偏移 50，并对线段进行调整，如图 10-120 所示。

步骤 5 调用 L（直线）命令和 O（偏移）命令，绘制线段，如图 10-121 所示。

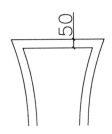

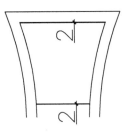

图 10-120　偏移线段和圆弧　　　　图 10-121　绘制线段

步骤 6 绘制坐垫。调用 REC（矩形）命令，绘制尺寸为 615×100 的矩形，如图 10-122 所示。

步骤 7 调用 F（圆角）命令，对矩形进行圆角处理，圆角半径为 40，如图 10-123 所示。

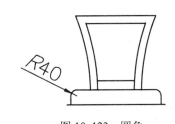

图 10-122　绘制矩形　　　　　　图 10-123　圆角

步骤 8 调用 H（填充）命令，在靠背和坐垫区域填充 CROSS 图案，填充参数设置和效果如图 10-124 所示。

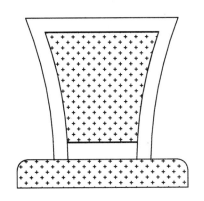

图 10-124　填充参数设置和效果

步骤 9 绘制椅脚。调用 PL（多段线）命令、A（圆弧）命令和 L（直线）命令，绘制椅脚，如图 10-125 所示。

步骤 10 调用 MI（镜像）命令，将椅脚镜像到另一侧，如图 10-126 所示。

步骤 11 调用 L（直线）命令和 O（偏移）命令，绘制线段，如图 10-127 所示，完成座椅的绘制。

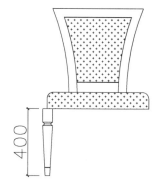

图 10-125 绘制椅脚

图 10-126 镜像椅脚

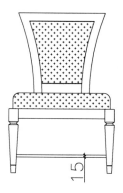

图 10-127 绘制线段

10.2.7 绘制八仙桌

八仙桌是指桌面四边长度相等的、桌面较宽的方桌，大方桌四边每边可坐两人，四边围坐八人（犹如八仙），故称八仙桌。

步骤 1 调用 REC（矩形）命令，绘制尺寸为 1200×30 的矩形，如图 10-128 所示。

步骤 2 调用 CHA（倒角）命令，对矩形进行倒角，倒角的距离为 8，如图 10-129 所示。

图 10-128 绘制矩形

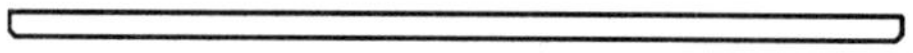

图 10-129 倒角

步骤 3 调用 PL（多段线）命令，绘制多段线，如图 10-130 所示。

步骤 4 调用 REC（矩形）命令，绘制矩形，如图 10-131 所示。

图 10-130 绘制多段线

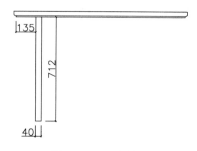

图 10-131 绘制矩形

步骤 5 调用 CO（复制）命令，将矩形向右复制，如图 10-132 所示。

步骤 6 调用 REC（矩形）命令，绘制尺寸为 400×160 的矩形，如图 10-133 所示。

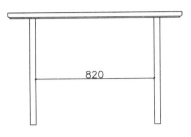

图 10-132　复制矩形

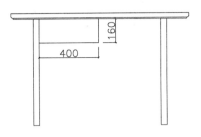

图 10-133　绘制矩形

步骤 7 调用 O（偏移）命令，将矩形向内偏移 15 和 5，如图 10-134 所示。

步骤 8 调用 L（直线）命令，绘制线段连接矩形，如图 10-135 所示。

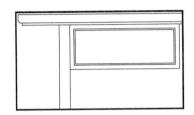

图 10-134　偏移矩形

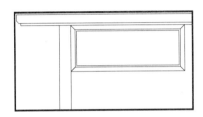

图 10-135　绘制线段

步骤 9 调用 MI（镜像）命令，将抽屉镜像到另一侧，如图 10-136 所示。

步骤 10 调用 L（直线）命令和 O（偏移）命令，绘制线段，如图 10-137 所示。

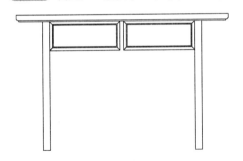

图 10-136　镜像抽屉

图 10-137　绘制线段

步骤 11 调用 A（圆弧）命令，绘制圆弧，并对多余的线段进行修剪，如图 10-138 所示。

步骤 12 调用 PL（多段线）命令，绘制多段线，如图 10-139 所示。

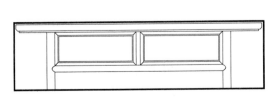

图 10-138　绘制圆弧并修剪线段

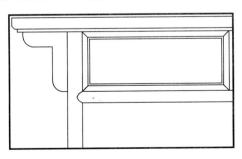

图 10-139　绘制多段线

步骤 13 调用 F（圆角）命令，对多段线进行圆角处理，圆角半径为 30，如图 10-140 所示。

步骤 14 调用 L（直线）命令，绘制线段，如图 10-141 所示。

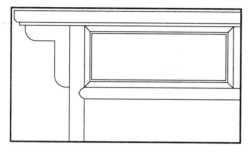

图 10-140　圆角　　　　　　　　　　　　图 10-141　绘制线段

步骤 15 使用同样的方法绘制同类型雕花，如图 10-142 所示。

步骤 16 调用 MI（镜像）命令，将雕花镜像到另一侧，如图 10-143 所示。

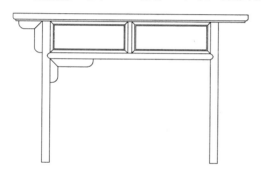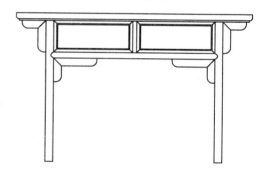

图 10-142　绘制同类型雕花　　　　　　　　图 10-143　镜像雕花

步骤 17 按〈Ctrl+O〉组合键，打开配套光盘提供的"素材\第10章\家具图例.dwg"素材文件，将其中的"抽屉拉手"移动复制到当前图形中，如图 10-144 所示，完成八仙桌的绘制。

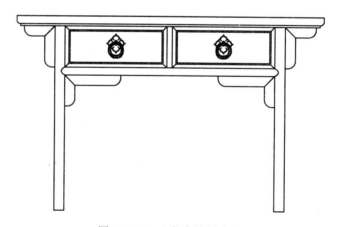

图 10-144　八仙桌绘制结果

10.3 设计专栏

10.3.1 上机实训

（1）使用本章所学的标注知识，绘制盆景平面图，效果如图 10-145 所示。具体操作步骤如下。

步骤 1 调用 C（圆）命令，绘制半径为 175 的圆。

步骤 2 调用 O（偏移）命令，将圆向内偏移 25。

步骤 3 调用 A（圆弧）命令，绘制圆弧。

步骤 4 调用 C（圆）命令，绘制圆，并进行填充和复制。

步骤 5 使用同样的方法绘制其他同类型的图形，完成盆景平面图的绘制。

（2）使用本章所学的知识，绘制坐便器图块，如图 10-146 所示。

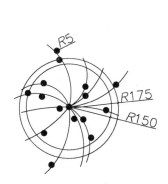

图 10-145　盆栽平面图

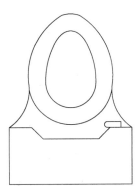

图 10-146　修剪圆形

步骤 1 绘制座便器外轮廓。调用 REC（矩形）命令，绘制矩形。

步骤 2 调用 C（圆）、TR（修剪）命令，绘制转角处。

步骤 3 调用 EL（椭圆）、A（圆弧）、C（圆）、O（偏移）、TR（修剪）命令，绘制坐便器。

步骤 4 调用 L（直线）、REC（矩形）、C（圆形）、E（删除）、TR（修剪）命令，完善抽水图形。

步骤 5 完成图形的绘制。

10.3.2 辅助绘图锦囊

在实际工作中，经常会绘制办公家具，如图 10-147 所示为常用办公家具尺寸，方便在绘图过程中有大概了解。

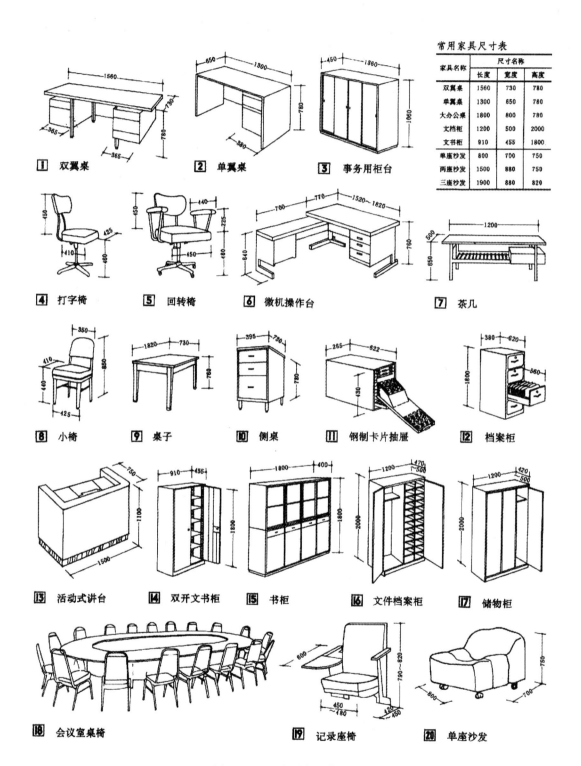

常用家具尺寸表			
家具名称	尺寸名称		
	长度	宽度	高度
双翼桌	1560	730	780
单翼桌	1300	650	780
大办公桌	1800	800	780
文档柜	1200	500	2000
文书柜	910	455	1800
单座沙发	800	700	750
两座沙发	1500	880	750
三座沙发	1900	880	820

① 双翼桌　② 单翼桌　③ 事务用柜台
④ 打字椅　⑤ 回转椅　⑥ 微机操作台　⑦ 茶几
⑧ 小椅　⑨ 桌子　⑩ 侧桌　⑪ 钢制卡片抽屉　⑫ 档案柜
⑬ 活动式讲台　⑭ 双开文书柜　⑮ 书柜　⑯ 文件档案柜　⑰ 储物柜
⑱ 会议室桌椅　⑲ 记录座椅　⑳ 单座沙发

图 10-147　常用办公家具尺寸

第 **11** 章

绘制室内平面图

本章要点

- 室内平面图概述
- 绘制别墅原始户型图
- 绘制别墅平面布置图

　　本章以一独栋别墅为例，介绍室内家装平面图的绘制方法，其中包括别墅的一层原始结构图、一层平面图的绘制方法。别墅的功能分区比较多，布局的严谨性以及使用功能的便利性都能体现别墅装饰装潢设计的独特风格以及人性化的设计。

　　原始结构图的理论知识有很多，限于篇幅的原因，仅介绍原始结构图的形成原因、识读方法、图示内容及其绘制方法。

11.1 室内平面图概述

用一个假想的水平剖切面沿房屋略高于窗台的部位剖切，移去上面部分，做剩余部分的正投影而得到的水平投影图，称为室内平面图。室内平面图包括原始结构图与平面布置图。

原始结构图是施工放线、砌墙、安装门窗、室内装饰装修和编制预算的重要依据，主要表达了房屋的平面形状、大小和房间的相互关系、内部位置、墙的位置、厚度和材料、门窗的位置，以及其他建筑构配件的位置和大小等。

平面布置图是在原始结构图的基础上进行的室内布局设计，如图11-1和图11-2所示为别墅一层原始结构图和一层平面布置图。

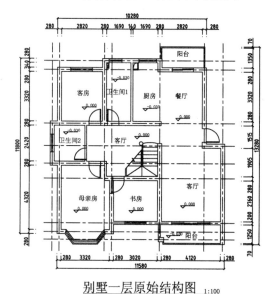

图 11-1　别墅原始结构图

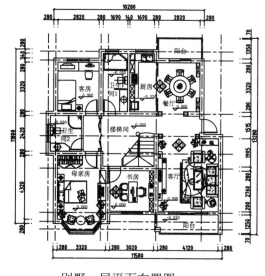

图 11-2　别墅平面布置图

11.1.1　原始结构图的图示内容

在绘制完成的原始结构图中，首先要呈现建筑物的总体外轮廓，包括墙体的开间和进深的具体形态；标明内外墙体的厚度及内外墙体之间的联系。此外，各功能区之间的衔接和过渡，除了要使用墙体进行分割外，还应另外标注文字说明。

在绘制厨房和卫生间区域的时候，可以根据烟道或者下水道的位置，相应地布置厨具、洁具等图形，以直观地表达该区域的管道接口。

原本存在的门窗可以进行绘制，比如玻璃推拉门、入户平开门等，可以为后续进行的装饰改造提供参考，比如是撤换还是保留原建筑门窗。

该别墅结构图中，南向和北向均有台阶以出入建筑物，此时就要仔细丈量台阶的踏步尺寸，以在结构图中进行表现。

11.1.2 平面布置图图示内容

平面布置图是室内设计装饰装潢施工图中的主要图样之一，其主要根据装饰设计原理、人体工程学及用户的要求进行绘制，反映了建筑平面布局、装饰空间及功能区域的划分、家具设备的布置、绿化及陈设的布局等内容，也是确定装饰空间平面尺度及装饰形体定位的主要依据。

室内设计的平面布置图应该表达以下内容。

> 建筑平面图的基本内容，如墙柱与定位轴线、房间布局与名称、门窗位置及编号和门的开启方向等信息。
> 室内楼地面的标高。
> 室内固定家具、活动家具及家用电器等的位置。
> 室内陈设、绿化、美化等位置及图例符号。
> 室内立面图的内视投影符号（按照顺时针从上至下在圆圈中编号）。
> 室内现场制作家具的定形、定位尺寸。
> 房屋外围尺寸。
> 索引符号、图名及必要的说明等。

11.1.3 室内平面图的画法

原始结构图经常使用 1：100 或者 1：50 的比例进行绘制，因为比例比较小，所以门窗及细部的结构配件都应该按照规定的图例来进行绘制。详细的建筑构造及平面图图例读者可以参阅国家最新颁布的《房屋建筑制图统一标准》GB/T 50001—2010 中的详细介绍。

在平面图中凡是被剖切到的墙、柱断面轮廓线应该用粗实线来绘制，而未被剖切到的可见轮廓线，如窗台、梯段、卫生设备、家具陈设等可以使用中实线或者细实线来绘制。

尺寸线、尺寸界线、索引符号、标高符号等使用细实线来绘制，轴线则用单点长画线画出。平面图的比例若小于等于 1：100 时，可以画简化的材料图例，比如砖墙填充图案，而钢筋混凝土则涂黑等，AutoCAD 提供了多种填充图案供用户选择。

11.2 绘制别墅原始户型图

室内设计师在丈量房屋后要绘制图样以表明房屋的建筑结构，包括门窗的位置、尺寸、开间、进深尺寸及承重梁、墙的位置等。原始结构图为房屋的装饰改造提供参考依据，因为在装饰施工的过程中需要对墙体或者梁进行改造以符合装饰要求。

本节以别墅一层原始结构图为例，介绍原始户型图的绘制方法和技巧。本例选用的别墅实例中，南向和北向的墙体以中间的横墙为界，呈对称排列。因此，在绘制了任意一个方向的墙体之后，就可以调用"镜像"命令，镜像复制另一个方向的墙体。

11.2.1 绘制一层墙体

步骤 1 绘制墙体。调用 L（直线）命令，绘制直线；调用 O（偏移）命令，偏移直线，结果如图 11-3 所示。

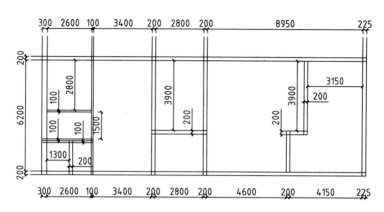

图 11-3　绘制墙体

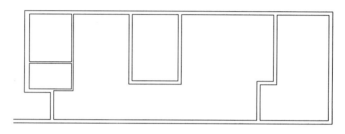

图 11-4　修剪直线

步骤 3 调用 MI（镜像）命令，镜像复制墙体；调用 TR（修剪）命令，修剪墙线；调用 L（直线）命令，绘制墙端封口线，结果如图 11-5 所示。

步骤 4 编辑墙体。调用 E（删除）命令，删除多余墙体；调用 L（直线）命令，绘制直线；调用 TR（修剪）命令，修剪墙线，结果如图 11-6 所示。

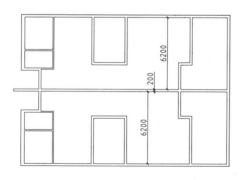

图 11-5　镜像复制

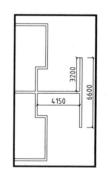

图 11-6　编辑墙体

步骤 5 绘制标准柱及承重墙。调用 L（直线）命令，绘制直线，以表示承重墙的范围；调用 REC（矩形）命令，分别绘制尺寸为 450×450、550×300、200×1000 的矩形，作为标准柱图形，绘制结果如图 11-7 所示。

步骤 6 绘制承重墙。调用 REC（矩形）命令，绘制尺寸为 400×300 的矩形，结果如图 11-8 所示。

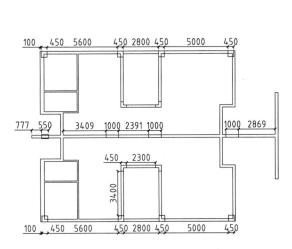

图 11-7 绘制标准柱及承重墙

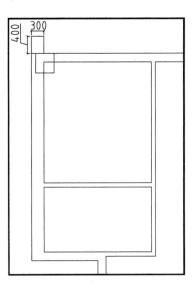

图 11-8 编辑矩形

步骤 7 调用 REC（矩形）命令，绘制尺寸为 400×200 的矩形；调用 L（直线）命令，绘制直线；调用 TR（修剪）命令，修剪墙线，结果如图 11-9 所示。

步骤 8 填充标准柱及承重墙图案。调用 H（图案填充）命令，在弹出的"图案填充和渐变色"对框中选择"预定义"类型图案，选择名称为 ANSI31 的填充图案；设置填充角度为 0°、填充比例为 20，为标准柱和承重墙绘制图案填充，结果如图 11-10 所示。

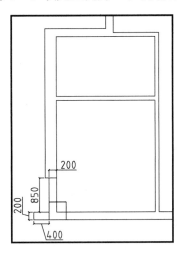

图 11-9 修剪墙线

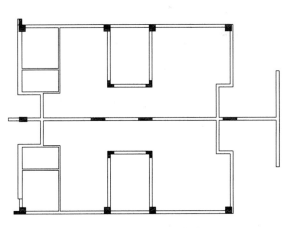

图 11-10 图案填充

11.2.2 绘制门窗

步骤 1 绘制门窗洞。调用 L（直线）命令，绘制直线；调用 TR（修剪）命令，修剪墙线，结果如图 11-11 所示。

步骤 2 绘制平开窗。调用 L（直线）命令，绘制直线；调用 O（偏移）命令，设置偏移距离为 100，偏移直线，结果如图 11-12 所示。

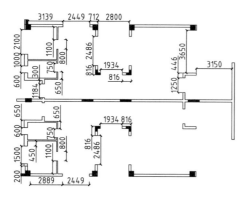

图 11-11　绘制门窗洞

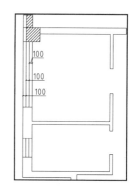

图 11-12　绘制平开窗

步骤 3 重复调用 L（直线）命令、O（偏移）命令，绘制并偏移直线，完成窗户的绘制，结果如图 11-13 所示。

步骤 4 绘制推拉门。调用 REC（矩形）命令，分别绘制尺寸为 1287×50、1162×50 的矩形；调用 L（直线）命令，绘制门口线，结果如图 11-14 所示。

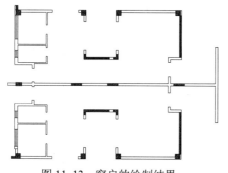

图 11-13　窗户的绘制结果

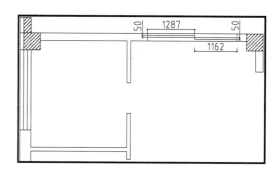

图 11-14　绘制推拉门

步骤 5 绘制门口线。调用 L（直线）命令，绘制直线，结果如图 11-15 所示。

步骤 6 重复操作，继续绘制推拉门和门口线，结果如图 11-16 所示。

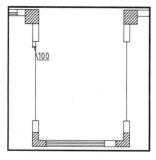

图 11-15　绘制门口线

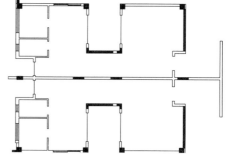

图 11-16　绘制结果

步骤 7 绘制台阶扶手。调用 PL（多段线）命令，绘制多段线；调用 O（偏移）命令，偏移多段线结果如图 11-17 所示。

步骤 8 调用 C（圆形）命令，绘制半径为 50 的圆形，结果如图 11-18 所示。

步骤 9 调用 TR（修剪）命令，修剪圆形，结果如图 11-19 所示。

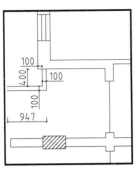
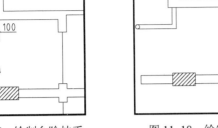
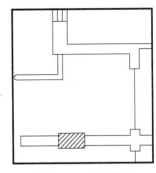

图 11-17 绘制台阶扶手 　　图 11-18 绘制圆形 　　图 11-19 修剪圆形

步骤 10 绘制踏步。调用 L（直线）命令，绘制直线；调用 O（偏移）命令，偏移直线，结果如图 11-20 所示。调用 PL（多段线）命令，绘制方向箭头；调用 MT（多行文字）命令，绘制文字标注，结果如图 11-21 所示。

步骤 11 调用 MI（镜像）命令，镜像复制绘制完成台阶图形，结果如图 11-22 所示。

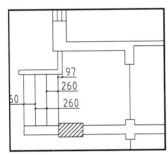
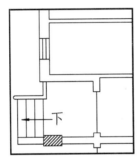
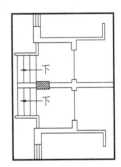

图 11-20 绘制踏步 　　图 11-21 绘制结果 　　图 11-22 镜像复制

步骤 12 绘制室外墙体。调用 L（直线）命令，绘制墙线；调用 O（偏移）命令，偏移墙线，结果如图 11-23 所示。

步骤 13 调用 TR（修剪）命令，修剪墙线，结果如图 11-24 所示。

步骤 14 调用 F（圆角）命令，设置圆角半径为 50，对所偏移得到的墙线进行圆角处理，结果如图 11-25 所示。

步骤 15 绘制台阶踏步。调用 L（直线）命令，绘制直线；调用 O（偏移）命令，偏移直线结果如图 11-26 所示。

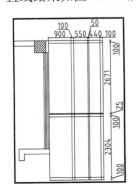
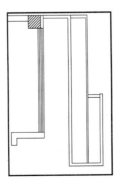
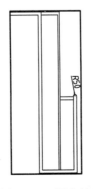
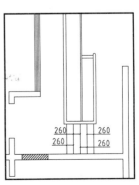

图 11-23 偏移墙线 　　图 11-24 修剪墙线 　　图 11-25 圆角处理 　　图 11-26 绘制台阶踏步

步骤 16 绘制折断线。调用 PL（多段线）命令，绘制折断线，结果如图 11-27 所示。

步骤 17 绘制台阶踏步。调用 L（直线）命令，绘制直线；调用 O（偏移）命令，偏移直线的结果如图 11-28 所示。

步骤 18 调用 MI（镜像）命令，镜像复制绘制完成的图形，结果如图 11-29 所示。

步骤 19 调用 EX（延伸）命令，延伸墙线；调用 TR（修剪）命令，修剪墙线，结果如图 11-30 所示。

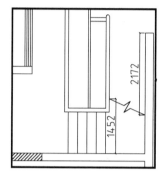
图 11-27 绘制折断线

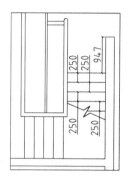
图 11-28 偏移直线

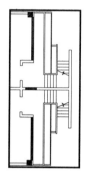
图 11-29 镜像复制

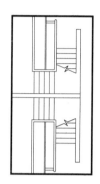
图 11-30 修剪墙线

11.2.3 绘制一层其他设施

步骤 1 绘制花坛。调用 REC（矩形）命令，绘制矩形；调用 X（分解）命令，分解矩形；调用 O（偏移）命令，偏移矩形边；调用 TR（修剪）命令，修剪矩形边，结果如图 11-31 所示。

步骤 2 调用 C（圆）命令，绘制半径为 48 的圆形，结果如图 11-32 所示。

步骤 3 调用 MI（镜像）命令，镜像复制绘制完成图形，结果如图 11-33 所示。

步骤 4 绘制通风孔道。调用 L（直线）命令、O（偏移）命令，绘制并偏移直线；调用 PL（多段线）命令，绘制折断线，结果如图 11-34 所示。

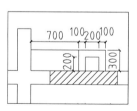
图 11-31 绘制花坛

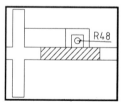
图 11-32 绘制圆形

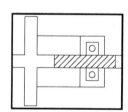
图 11-33 镜像复制

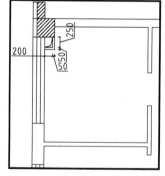
图 11-34 绘制结果

步骤 5 绘制阳台。调用 PL（多段线）命令，绘制多段线；调用 O（偏移）命令，偏移多段线，结果如图 11-35 所示。

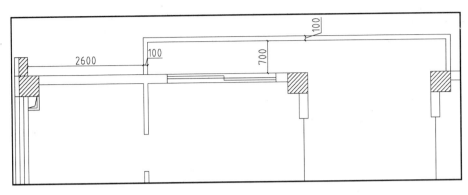

图 11-35   绘制阳台

步骤 6 绘制楼梯扶手。调用 REC（矩形）命令，绘制矩形，结果如图 11-36 所示。

步骤 7 绘制踏步。调用 L（直线）命令，绘制直线；调用 O（偏移）命令，偏移直线
结果如图 11-37 所示。

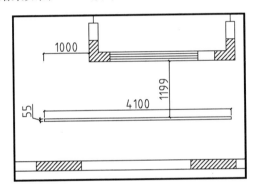

图 11-36   绘制矩形

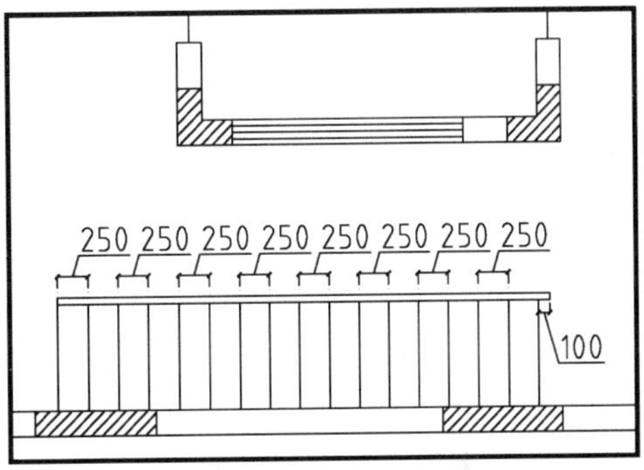

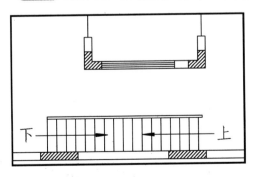

图 11-37   绘制踏步

步骤 8 调用 PL（多段线）命令，绘制方向箭头；调用 MT（多行文字）命令，绘制文字标注，结果如图 11-38 所示。

步骤 9 调用 PL（多段线）命令，绘制折断线，结果如图 11-39 所示。

图 11-38   绘制结果

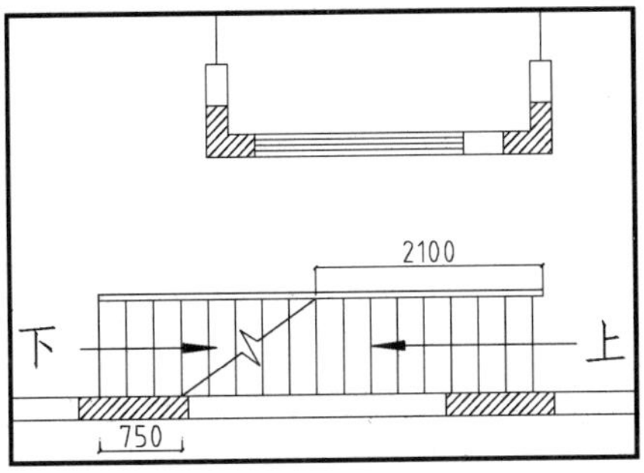

图 11-39   绘制折断线

步骤 10 调用 MI（镜像）命令，镜像复制绘制完成的图形，结果如图 11-40 所示。

步骤 11 一层原始结构图图形绘制结果如图 11-41 所示。

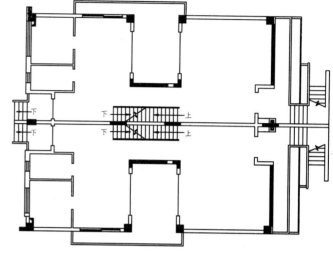

图 11-40　镜像复制　　　　　　　　　图 11-41　绘制结果

11.2.4　标注尺寸与图名

步骤 1 标高标注。调用 I（插入）命令，在弹出的"插入"对话框中选择标高图块，根据命令行的提示指定插入点和输入标高值，完成标高标注的结果如图 11-42 所示。

步骤 2 尺寸标注。调用 DLI（线性标注）命令，为原始结构图绘制尺寸标注。

步骤 3 图名标注。调用 MT（多行文字）命令，绘制图名和比例；调用 L（直线）命令，在图名和比例下方绘制两根下画线，并将最下面的下画线的线宽设置为 0.3mm，绘制结果如图 11-43 所示。

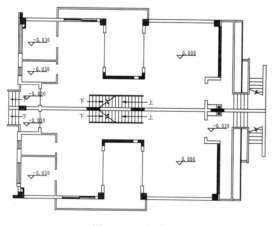

图 11-42　标高标注

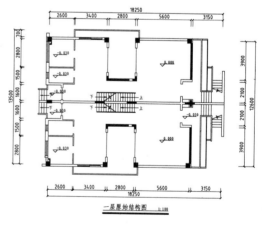

图 11-43　图形标注

11.2.5　绘制别墅其他层原始户型图

运用与前面相同的方法，绘制别墅地下室、二层、三层原始户型图，结果如图 11-44～图 11-46 所示。

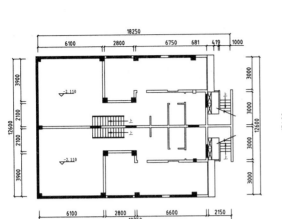

图 11-44 地下室原始户型图

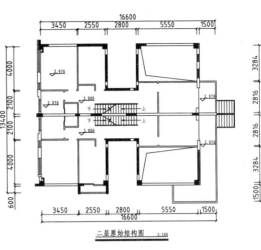

图 11-45 二层原始户型图

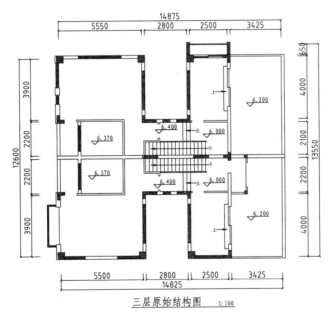

图 11-46 三层原始户型图

11.3 绘制别墅平面布置图

本节讲解别墅一层各区域平面布置图的绘制方法。

别墅的一层没有涵盖卧室区，全部设置为公共活动场所，包括休息室、西餐厅、生态房、公共卫生间、厨房、中餐厅、大的会客厅。

11.3.1 住宅各功能空间的设计

住宅首先要满足使用功能、日常起居的便利与舒适及居室的生态要求。因此，功能区分隔和使用功能的细分化、专门化已是必然趋势。作为高档物业的别墅来说，则更应注意功能的设计和配置。在增强居室秘密性的同时，更应注意室内、室外空间的过渡，以及与私家花园，即自然环境的交融；并在提高居家的舒适度、便利性和空间格局的经济性、合理性方面有所创新。严格意义上的别墅，其建筑的内容组成应随着户主的职业、兴趣爱好、地域环境的不同而呈现多姿多彩的形式。

1. 客厅和起居室

现代的一般性住宅设计都要求"三大一小"，即大起居室、大厨房、大卫生间和小卧室，说明起居室在现代生活中的地位越来越重要。

在别墅和中高档住宅中，起居室或客厅更是彰显着户主的身份与文化。面积不大的别墅和住宅的起居室与客厅是合一的，统称为生活起居室，作为家庭活动及会客交往空间。中档以上的别墅或住宅往往设有两套日常活动的空间：一套是用于会客和家庭活动的客厅，另一套是用于家庭内部生活聚会的空间—家庭起居室。

客厅或生活起居室应有充裕的空间、良好的朝向。独院住宅客厅应朝向花园，并力求使室内外环境相互渗透。当只有一个生活起居室时，其位置多靠近门厅部位。若另有家庭活动室，则多设在靠近后面比较隐蔽的地方并接近厨房，利于家庭内部活动并方便餐饮。面积较小的住宅，为了扩大起居空间，往往把起居室与餐厅合一，或是二者空间相互渗透。如图 11-47 和图 11-48 所示为别墅中的客厅和起居室的装饰效果。

图 11-47 客厅   图 11-48 起居室

2. 餐厅与厨房

厨房在现代住宅中的地位越来越受到重视，厨房对于中式烹饪的重要意义是不言而喻的。西餐厨房与餐厅空间的连通方式可分、可连、可合。中餐厨房因油烟较大，一般以分隔为好，可以用透明的橱窗或橱柜分隔。如图 11-49 所示为别墅厨房的装饰效果。

就餐空间随着住宅档次和面积不同有多种形式：就餐空间与厨房合一；就餐空间与生活起居室合一，占据起居室的一个角落；设独立的餐厅；设两套就餐空间，一套为正式餐厅，靠近客厅，其家具摆设比较讲究；另一套为早餐室，与厨房连通，平常的家庭用餐多在此进行，以减少整理房间的麻烦；在起居室或餐厅附近另设吧台，既可作为独立的冷热饮空间，又是室内环境一个引人注目的景点。如图 11-50 所示为别墅独立餐厅的装饰效果。

图 11-49　厨房　　　　　　　　　　　　　　图 11-50　餐厅

3．卧室和卫生间

卧室主要有主卧室和次卧室，随着规模和档次的提高相应增设佣人房、客人卧室等。大多数住宅设有 3～4 间卧室。如住宅是二层楼房，则卧室多设于二层。佣人房则宜设于底层，并与厨房靠近或连通。无论是否有佣人，在条件可能时，底层至少设一间卧室，既可作为客人卧室，也可供家中老人或其他成员上楼不方便时使用。如图 11-51 所示为别墅主卧室的装饰效果。

客厅、起居室、别墅或住宅的档次主要还反映在主卧上。主卧的面积应比较宽裕，有条件的还可在卧室中增加起居空间。主卧室一般应有独立的、设施完善的卫生间（一般包括坐式便池、洗脸台、淋浴器及浴盆 4 件基本设备）。浴室应力求天然采光，可采用天窗采光，也可将浴池布置在可以看到外景的地方。

底层的浴室窗户可开向私人的内院。盥洗室内往往设置化妆台，有的布置两个洗脸盆，夫妇可以同时使用。主卧室还应有较多的衣橱或衣柜，有些还带步入式衣橱。

两个或 3 个卧室可以使用一个卫生间，为了提高卫生间的使用效率，还可以将浴盆、洗脸台和厕所分隔成 3 个空间，同时供 3 个人使用。客房应有独立的卫生间，其中有浴盆、洗脸台、坐便器 3 件设备。佣人房也应有独立的卫生间，一般设脸盆和坐便器两件设备，或者再加一个淋浴器。如图 11-52 所示为别墅主卧室卫生间的装饰效果。

图 11-51　卧室　　　　　　　　　　　　　图 11-52　卫生间

4．门厅和楼梯间

别墅或住宅假如不单设门厅，多数与楼梯间结合，也有的与起居室结合。但不管是否专设门厅，均需考虑外出时的外衣更换、雨具存放、拖鞋更换及整衣镜等有关设施的安置。

日本及北美的一些住宅往往在进门处的室内有一小块地面低一些，供换鞋之后再上一步台阶进入干净的地面。北方地区冬季寒冷，朝北的入口应设两道门。有的别墅或住宅设有辅助出入口，并多与厨房、佣人房、洗衣房等相连，这样一来，佣人的出入、杂务操作可避开前厅和客厅。如图11-53所示为别墅门厅的装饰效果。

楼梯的布置也因户主的习惯、爱好不同而有不同的模式。国外多数独立住宅的楼梯间相对独立，上下楼的客人出入不穿越客厅或起居室，可保障起居室或客厅的安宁；还有的设计将楼梯置于起居室或客厅之中，使之成为一个景点，别有一番情趣。楼梯间的位置固然应考虑楼层上下出入的交通方便，但也需注意少占好朝向的空间，保障主要房间（如起居室、主要卧室等）有良好的朝向。由于别墅或独立住宅层高多在3米左右，往往采用一跑楼梯。这样的处理，既可节省交通面积，又可以从入口门厅直上到二层的中心部位，很方便地通向四周的使用房间，是采用较多的一种方式。有时还采取弧形的一跑楼梯。如图11-54所示为别墅楼梯的装饰效果。

图11-53 门厅

图11-54 楼梯间

5．车库

汽车是户主必备之物之一。在我国多数以一个车位为宜，高档的别墅则应考虑两个车位。车库存在的方式多种多样，须视地段的情况而定：一种是分离式，在院子的一个角落或入口处设一个单独的车库；另一种是与主体建筑在一起，或置于建筑的底层，或作为一侧的披屋；此外还有露天、半露天停车场。如图11-55所示为别墅车库的装饰效果。

6．其他功能用房

根据别墅或独立住宅的档次、规模、使用方式及习惯等因素的不同，还会设置各种不同用途的房间，如洗衣房、健身房、阳光室、娱乐室、书房、琴房等。洗衣房（或洗衣机）的设置多种多样，有的靠近厨房或佣人房，操作方便；有的靠近车库，从外面回来时，把脏衣服往洗衣机里一丢再进入室内；有的住户不雇佣人，卧室及晒衣平台在上层时，为了便于操作，愿意把洗衣机放在楼上。如图11-56所示为别墅内健身房的装饰效果。

图 11-55 车库

图 11-56 健身房

11.3.2 修改台阶

平面布置图应该在原始户型图的基础上绘制，在平面布置图中，对一层的原建筑台阶进行了修改。拆除了本来横贯在两个台阶中墙体及北向的台阶，将南向的台阶进行延长，增加了使用面积，方便人们进出。

步骤 1 调用一层原始结构图。按〈Ctrl+O〉组合键，打开配套光盘提供的"第 11 章\11.2 绘制别墅原始户型图.dwg"素材文件，如图 11-57 所示。

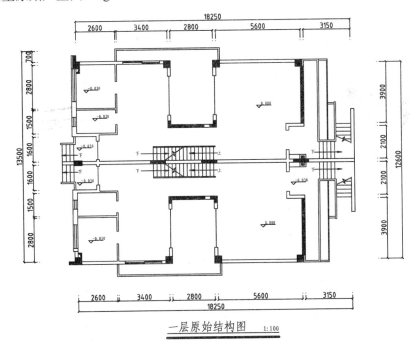

一层原始结构图 1:100

图 11-57 一层原始结构图

步骤 2 修改台阶。调用 E（删除）命令，删除多余的台阶及墙体图形，结果如图 11-58 所示。

步骤 3 调用 EX（延伸）命令，延伸线段，完成台阶的修改，结果如图 11-59 所示。

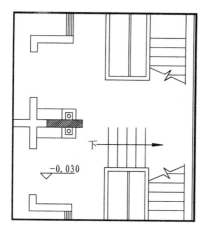

图 11-58　删除图形

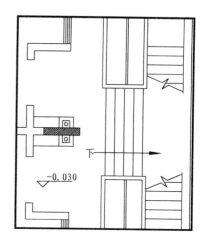

图 11-59　修改结果

11.3.3　绘制会客厅平面布置图

对于客厅的墙体，需将其中一个本来作为门洞的区域更改为窗洞，而另一门洞则设计制作双扇平开门。客厅与生态房之间是使用玻璃推拉门进行连通的。

步骤 1 删除墙体。调用 E（删除）命令，删除多余墙体，结果如图 11-60 所示。

步骤 2 绘制会客厅窗户图形。调用 L（直线）命令，绘制 *A*、*B* 直线，结果如图 11-61 所示。

步骤 3 调用 O（偏移）命令，设置偏移距离为 100，选择 *A* 直线向右偏移，完成窗户图形的绘制，结果如图 11-62 所示。

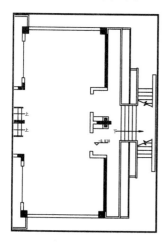

图 11-60　删除墙体

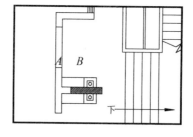

图 11-61　绘制直线

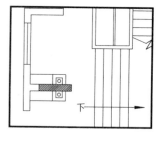

图 11-62　偏移直线

步骤 4 绘制入户平开门。调用 REC（矩形）命令，绘制尺寸为 625×50 的矩形，结果如图 11-63 所示。

步骤 5 绘制门口线。调用 L（直线）命令，绘制直线，结果如图 11-64 所示。

步骤 6 调用 A（圆弧）命令，绘制圆弧，结果如图 11-65 所示。

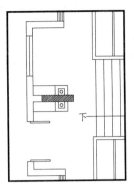
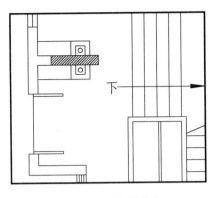
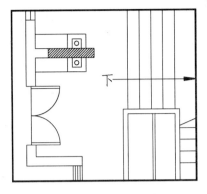

图 11-63　绘制矩形　　　　　图 11-64　绘制直线　　　　　图 11-65　绘制圆弧

步骤 7 调用 E（删除）命令，删除多余直线。调用 L（直线）命令，绘制直线，结果如图 11-66 所示。

步骤 8 插入图块。按〈Ctrl+O〉组合键，打开配套光盘提供的"第 11 章\家具图例.dwg"素材文件，将其中的沙发等图形复制粘贴至当前图形中，结果如图 11-67 所示。

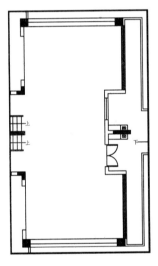
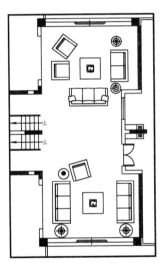

图 11-66　绘制直线　　　　　　　　　图 11-67　插入图块

11.3.4　绘制生态房平面布置图

　　生态房与外阳台之间设置的是固定的玻璃，可以调用"直线"命令和"偏移"命令来进行绘制。当一个功能区的建筑构件绘制完成之后，要调入相应的模型图块，以更直观地表达功能区的类型。

　　步骤 1 绘制玻璃推拉门。调用 REC（矩形）命令，绘制尺寸为 1243×50 的矩形，结果如图 11-68 所示。

　　步骤 2 调用 CO（复制）命令，移动复制所绘制的矩形，结果如图 11-69 所示。

　　步骤 3 绘制固定玻璃窗。调用 L（直线）命令，绘制直线；调用 O（偏移）命令，偏移直线，结果如图 11-70 所示。

步骤 4 调用 L（直线）命令，绘制直线，结果如图 11-71 所示。

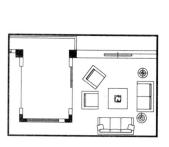　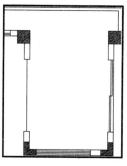　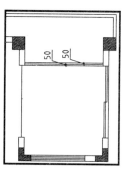　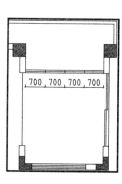

图 11-68　绘制矩形　　　　图 11-69　复制矩形　　　图 11-70　绘制结果　　　图 11-71　绘制直线

步骤 5 调用 E（删除）命令，删除直线，结果如图 11-72 所示。

步骤 6 调用 L（直线）命令，绘制直线，结果如图 11-73 所示。

步骤 7 调用 O（偏移）命令，设置偏移距离为 50；选择所绘制的直线向右偏移，完成固定玻璃窗的绘制，结果如图 11-74 所示。

步骤 8 插入图块。按〈Ctrl+O〉组合键，打开配套光盘提供的"第 11 章\家具图例.dwg"文件，将其中的花草、桌椅等图形复制粘贴至当前图形中，结果如图 11-75 所示。

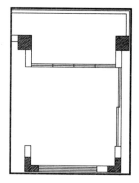　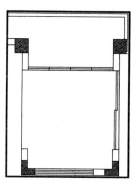　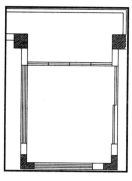　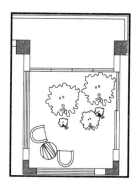

图 11-72　删除直线　　　　图 11-73　绘制直线　　　图 11-74　绘制结果　　　图 11-75　插入图块

11.3.5　绘制阳台平面图

阳台是一个室外的活动区域，在与室内的连接上，可以使用推拉门，也可以使用平开门，这要看个人的爱好。玻璃推拉门的使用较为频繁，因其具备了占地小、利于采光的优点。

步骤 1 绘制玻璃推拉门。调用 E（删除）命令，删除线段，结果如图 11-76 所示。

步骤 2 调用 L（直线）命令，绘制直线，结果如图 11-77 所示。

步骤 3 调用 REC（矩形）命令，绘制尺寸为 1243×50 的矩形；调用 CO（复制）命令，移动复制矩形，绘制推拉门的结果如图 11-78 所示。

步骤 4 调用 MI（镜像）命令，镜像复制推拉门图形，结果如图 11-79 所示。

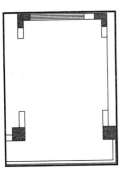

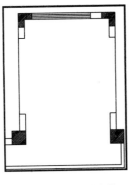

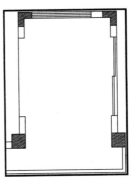

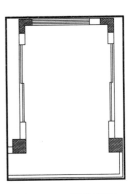

图 11-76　删除线段　　　图 11-77　绘制直线　　　图 11-78　移动复制　　　图 11-79　镜像复制

11.3.6　绘制厨房、餐厅平面图

厨房平面图的绘制主要涉及墙体的改造。这里为厨房设计制作了折叠门，折叠门与推拉门有一个共同的优点，就是占地较小；并且在选购折叠门的时候，可以选择与居室相符合的图案，也可以按照自己的意愿来选择图案，这样既达到了屏蔽功能，又有观赏价值。

步骤 1　删除原墙体。调用 E（删除）命令，删除原墙体，结果如图 11-80 所示。

步骤 2　绘制新墙体。调用 L（直线）命令、O（偏移）命令、TR（修剪）命令，绘制新砌墙体，结果如图 11-81 所示。

步骤 3　绘制折叠门。调用 L（直线）命令，绘制直线，结果如图 11-82 所示。

步骤 4　调用 REC "矩形" 命令，绘制尺寸为 754×40 的矩形，结果如图 11-83 所示。

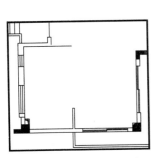

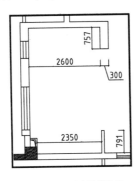

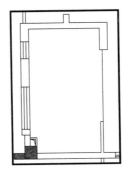

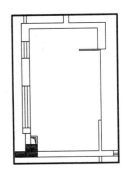

图 11-80　删除原墙体　　　图 11-81　绘制新墙体　　　图 11-82　绘制直线　　　图 11-83　绘制矩形

步骤 5　调用 RO（旋转）命令，选择所绘制的矩形，设置旋转角度为-10°，旋转复制矩形，再调用 M（移动）命令，移动经旋转得到的矩形，结果如图 11-84 所示。

步骤 6　调用 MI（镜像）命令，镜像复制折叠门图形，结果如图 11-85 所示。

步骤 7　绘制橱柜。调用 O（偏移）命令，偏移墙线，结果如图 11-86 所示。

步骤 8　调用 F（圆角）命令，设置圆角半径为 0，对偏移得到的墙线做圆角处理，结果如图 11-87 所示。

步骤 9　绘制储物柜。调用 L（直线）命令，绘制直线，结果如图 11-88 所示。

步骤 10　调用 PL（多段线）命令，绘制对角线，结果如图 11-89 所示。

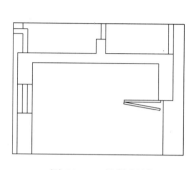

图 11-84　旋转复制

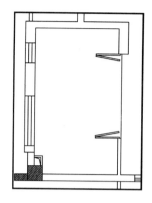

图 11-85　镜像复制

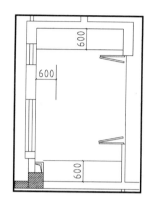

图 11-86　偏移墙线

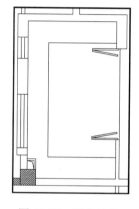

图 11-87　圆角处理

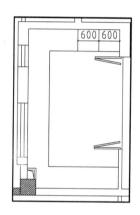

图 11-88　绘制直线

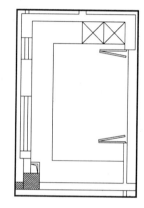

图 11-89　绘制对角线

步骤 11 插入图块。按〈Ctrl+O〉组合键，打开配套光盘提供的"第 11 章\家具图例.dwg"文件，将其中的厨具、餐桌等图形复制粘贴至当前图形中，结果如图 11-90 所示。

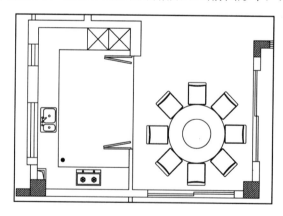

图 11-90　插入图块

11.3.7　绘制公共卫生间平面图

一层的公共卫生间也进行了墙体改造。在对墙体进行拆除重建了之后，使公共卫生间的面积增大，且盥洗区和如厕区相分离。盥洗区设置在进口玄关处，这样在进门的时候就可以洗手且不影响如厕区的使用。

步骤 1 删除墙体。调用 L（直线）命令，绘制直线，结果如图 11-91 所示。

步骤 2 调用 E（删除）命令，删除原墙体，结果如图 11-92 所示。

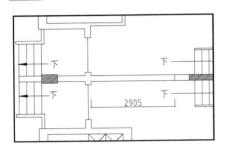

图 11-91　绘制直线

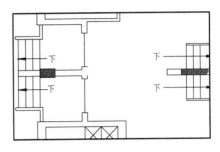

图 11-92　删除原墙体

步骤 3 绘制新墙体。调用 EX（延伸）命令，延伸墙线，使墙体闭合，结果如图 11-93 所示。

步骤 4 调用 O（偏移）命令，偏移线段，结果如图 11-94 所示。

步骤 5 调用 O（偏移）命令，偏移墙线，结果如图 11-95 所示。

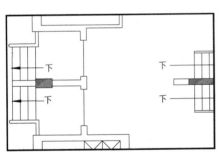

图 11-93　延伸墙线

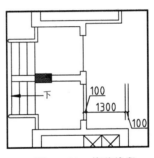

图 11-94　偏移线段

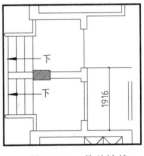

图 11-95　偏移墙线

步骤 6 调用 EX（延伸）命令，延伸墙线，结果如图 11-96 所示。

步骤 7 调用 TR（修剪）命令，修剪墙线，结果如图 11-97 所示。

步骤 8 调用 L（直线）命令，绘制直线；调用 O（偏移）命令，偏移直线，结果如图 11-98 所示。

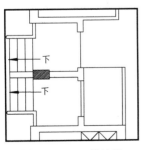

图 11-96　延伸墙线

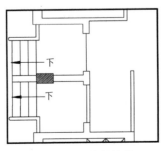

图 11-97　修剪墙线

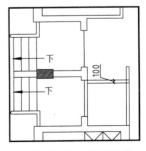

图 11-98　偏移直线

步骤 9 绘制门洞。调用 O（偏移）命令，偏移墙线，结果如图 11-99 所示。

步骤 10 调用 TR（修剪）命令，修剪线段，结果如图 11-100 所示。

步骤 11 绘制平开门及门口线。调用 REC（矩形）命令，绘制尺寸为 737×50 的矩形；调用 A（圆弧）命令，绘制圆弧；调用 L（直线）命令，绘制门口线，完成图形的绘制，结果如图 11-101 所示。

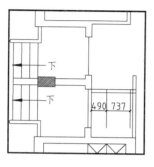
图 11-99　偏移墙线

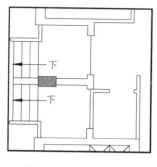
图 11-100　修剪线段

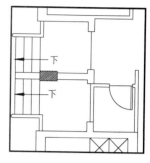
图 11-101　绘制结果

步骤 12 删除墙体。调用 E（删除）命令，删除墙体，结果如图 11-102 所示。

步骤 13 绘制新墙体。调用 O（偏移）命令，偏移墙线，结果如图 11-103 所示。

步骤 14 调用 F（圆角）命令，设置圆角半径为 0，对线段进行圆角处理，结果如图 11-104 所示。

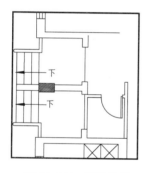
图 11-102　删除墙体

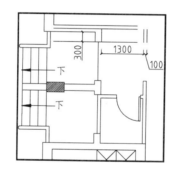
图 11-103　偏移墙线

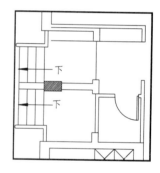
图 11-104　圆角处理

步骤 15 调用 TR（修剪）命令，修剪线段，结果如图 11-105 所示。

步骤 16 绘制门口线。调用 L（直线）命令，绘制直线，结果如图 11-106 所示。

步骤 17 绘制入户子母门。调用 REC（矩形）命令，绘制尺寸为 721×50、500×50 的矩形，结果如图 11-107 所示。

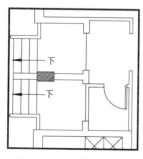
图 11-105　修剪线段

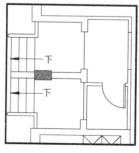
图 11-106　绘制直线

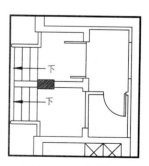
图 11-107　绘制矩形

步骤 18　调用 A（圆弧）命令，绘制圆弧，结果如图 11-108 所示。

步骤 19　插入图块。按〈Ctrl+O〉组合键，打开配套光盘提供的"第 11 章\家具图例.dwg"文件，将其中的洁具图形复制粘贴至当前图形中，结果如图 11-109 所示。

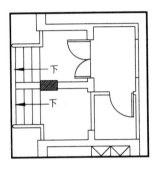

图 11-108　绘制圆弧

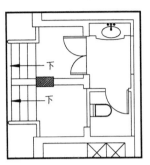

图 11-109　插入图块

11.3.8　绘制楼梯平面图

一层的楼梯有两部分，分别是通往地下室的楼梯及通往二楼的楼梯。两部分的楼梯是分离的，且在楼梯中间区域设置了储藏柜，既对区域进行了分割，又增加了居室的储藏空间。

步骤 1　删除原楼梯图形。调用 E（删除）命令，删除原楼梯图形，结果如图 11-110 所示。

步骤 2　绘制壁柜。调用 L（直线）命令，绘制直线；调用 O（偏移）命令，偏移直线，结果如图 11-111 所示。

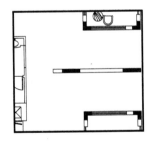

图 11-110　删除结果

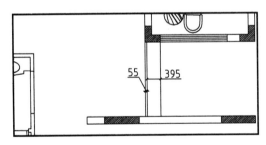

图 11-111　偏移直线

步骤 3　调用 L（直线）命令，绘制对角线，结果如图 11-112 所示。

步骤 4　绘制楼梯扶手。调用 REC（矩形）命令，绘制尺寸为 2359×55 的矩形，结果如图 11-113 所示。

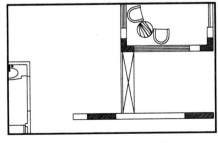

图 11-112　绘制对角线

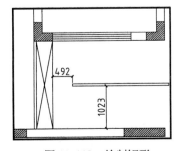

图 11-113　绘制矩形

步骤 5 绘制踏步。调用 O（偏移）命令，偏移线段，结果如图 11-114 所示。

步骤 6 调用 TR（修剪）命令，修剪线段，结果如图 11-115 所示。

步骤 7 调用 L（直线）命令，绘制直线，以完善右下角的踏步图形，结果如图 11-116 所示。

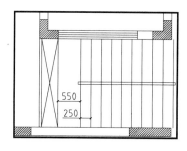

图 11-114　偏移线段

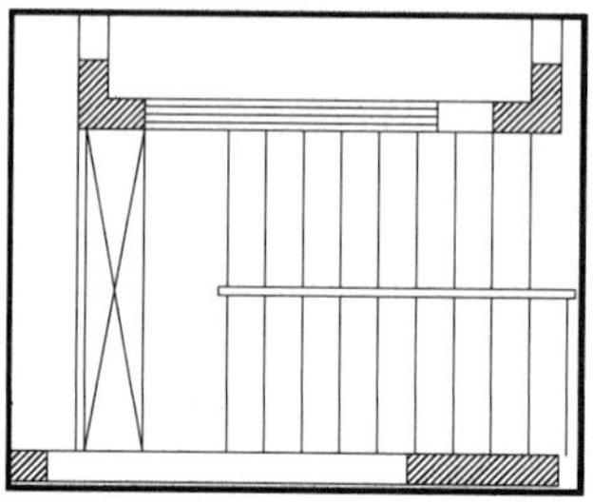

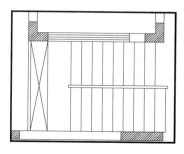

图 11-115　修剪线段

图 11-116　绘制直线

步骤 8 绘制楼梯剖切步数的表示方法。调用 PL（多段线）命令，绘制折断线，结果如图 11-117 所示。

步骤 9 调用 X（分解）命令，分解多段线；调用 O（偏移）命令，偏移多段线，结果如图 11-118 所示。

步骤 10 调用 EX（延伸）命令、TR（修剪）命令，编辑线段，结果如图 11-119 所示。

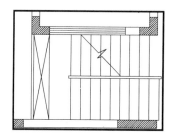

图 11-117　绘制折断线

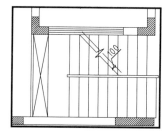

图 11-118　偏移多段线

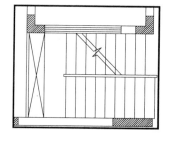

图 11-119　修剪线段

步骤 11 调用 TR（修剪）命令，修剪线段，结果如图 11-120 所示。

步骤 12 绘制踏步外轮廓。调用 REC（矩形）命令，绘制尺寸为 1695×1140 的矩形，结果如图 11-121 所示。

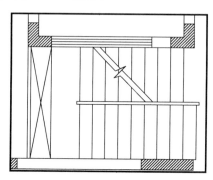

图 11-120　修剪线段

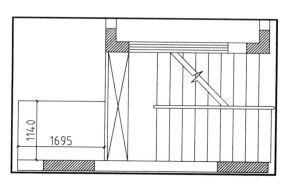

图 11-121　绘制矩形

步骤 13 绘制踏步。调用 X（分解）命令，分解矩形；调用 O（偏移）命令，偏移矩形边，结果如图 11-122 所示。

步骤 14 绘制楼梯剖切步数的表示方法。调用 PL（多段线）命令，绘制折断线，结果如图 11-123 所示。

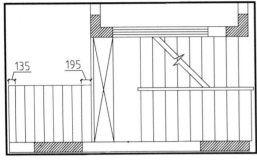

图 11-122 偏移矩形边

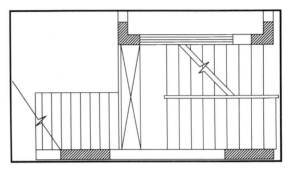

图 11-123 绘制折断线

步骤 15 调用 TR（修剪）命令，修剪图形，结果如图 11-124 所示。

步骤 16 绘制上楼方向指示箭头。调用 PL（多段线）命令，在执行命令的过程中选择"W（宽度）"选项，绘制起点为 50、端点为 0 的多段线，结果如图 11-125 所示。

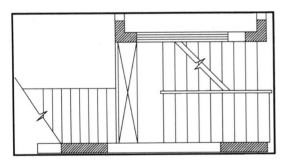

图 11-124 修剪图形

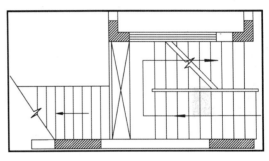

图 11-125 绘制多段线

步骤 17 绘制文字标注。调用 MT（多行文字）命令，绘制文字标注，结果如图 11-126 所示。

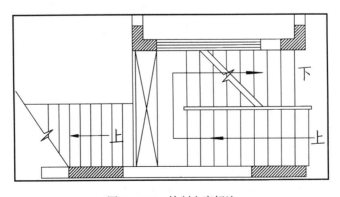

图 11-126 绘制文字标注

11.3.9 绘制西餐厅平面布置图

在西餐厅中，酒柜和吧台当然是必不可少的物品之一了。本例将吧台设计为弧形，缓解了进出楼梯口的冲力，也增添了时尚感。在酒柜的选购上，可以选择华丽型的、储藏型的，也可以定做。

步骤 1 绘制酒柜。调用 REC（矩形）命令，绘制尺寸为 1600×420 的矩形，结果如图 11-127 所示。

步骤 2 调用 X（分解）命令，分解矩形；调用 O（偏移）命令，偏移矩形边，结果如图 11-128 所示。

步骤 3 调用 REC（矩形）命令，绘制尺寸为 50×50 的矩形，结果如图 11-129 所示。

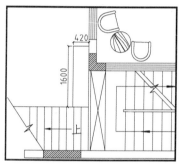
图 11-127 绘制矩形

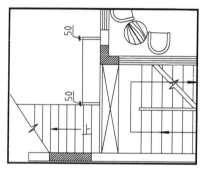
图 11-128 偏移矩形边

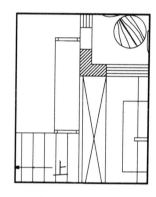
图 11-129 绘制矩形

步骤 4 调用 O（偏移）命令，设置偏移距离为 3，向内偏移尺寸为 50×50 的矩形，结果如图 11-130 所示。

步骤 5 调用 O（偏移）命令，偏移矩形边，结果如图 11-131 所示。

步骤 6 调用 F（圆角）命令，设置圆角半径为 0，对线段进行圆角处理，结果如图 11-132 所示。

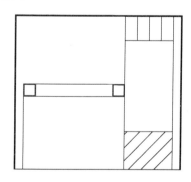
图 11-130 偏移矩形

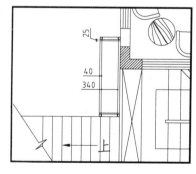
图 11-131 偏移矩形边

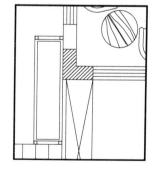
图 11-132 圆角处理

步骤 7 调用 O（偏移）命令，偏移矩形边，结果如图 11-133 所示。

步骤 8 调用 TR（修剪）命令，修剪矩形边，结果如图 11-134 所示。

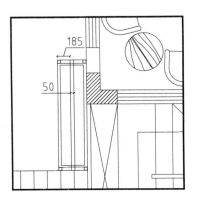

图 11-133 偏移矩形边

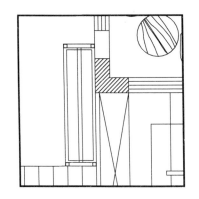

图 11-134 修剪矩形边

步骤 9 将绘制完成的酒柜内轮廓的线型设置为 DASH 线型，结果如图 11-135 所示。

步骤 10 插入图块。按〈Ctrl+O〉组合键，打开配套光盘提供的"第 11 章\家具图例.dwg"文件，将其中的酒瓶平面图形复制粘贴至当前图形中，结果如图 11-136 所示。

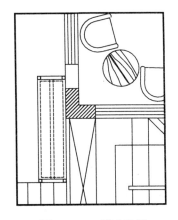

图 11-135 更改线型

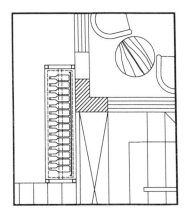

图 11-136 插入图块

步骤 11 绘制吧台。调用 REC（矩形）命令，绘制尺寸为 1469×1006 的矩形，结果如图 11-137 所示。

步骤 12 调用 X（分解）命令，分解矩形；调用 O（偏移）命令，偏移矩形边，结果如图 11-138 所示。

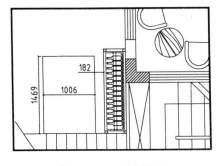

图 11-137 绘制矩形

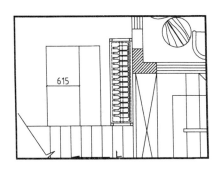

图 11-138 偏移矩形边

步骤 13 选择"绘图"|"圆弧"|"起点、端点、半径"命令，绘制半径为 2000 的圆弧，结果如图 11-139 所示。

步骤 14 调用 O（偏移）命令，偏移矩形边，结果如图 11-140 所示。

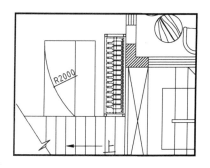

图 11-139 绘制圆弧

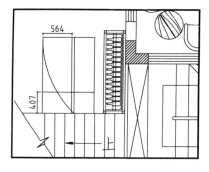

图 11-140 偏移矩形边

步骤 15 选择"绘图"|"圆弧"|"起点、端点、半径"命令，绘制半径为 1436 的圆弧，结果如图 11-141 所示。

步骤 16 调用 E（删除）命令、TR（修剪）命令，编辑图形，结果如图 11-142 所示。

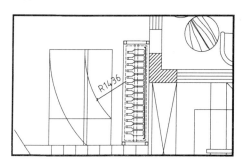

图 11-141 绘制圆弧

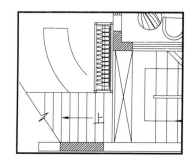

图 11-142 编辑图形

步骤 17 调用 L（直线）命令，绘制直线，结果如图 11-143 所示。

步骤 18 调用 O（偏移）命令，偏移圆弧，结果如图 11-144 所示。

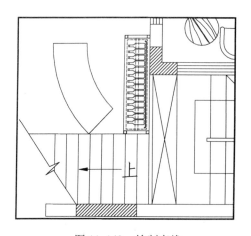

图 11-143 绘制直线

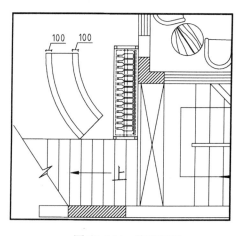

图 11-144 偏移圆弧

步骤19 插入图块。按〈Ctrl+O〉组合键，打开配套光盘提供的"第 11 章\家具图例.dwg"文件，将其中的餐桌椅等图块复制粘贴至当前图形中，结果如图 11-145 所示。

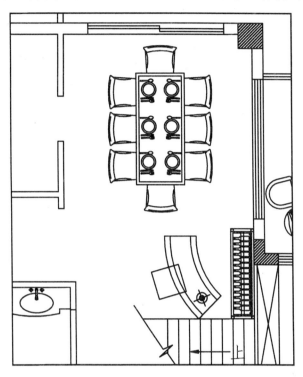

图 11-145 插入图块

11.3.10 绘制休息室平面图

休息室与西餐厅在地面的标高上有明确的区分，相互之间以台阶相连。还设置了通透的玻璃隔断，既不阻碍视野，又达到了分隔的目的。

步骤1 删除原墙体。调用 E（删除）命令，删除原墙体，结果如图 11-146 所示。

步骤2 绘制固定玻璃隔断。调用 L（直线）命令，绘制直线，结果如图 11-147 所示。

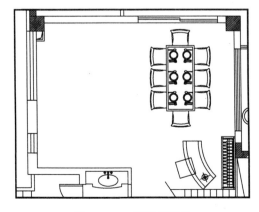

图 11-146 删除原墙体

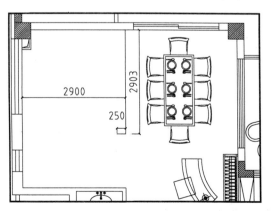

图 11-147 绘制直线

步骤 3 调用 O（偏移）命令，偏移线段，结果如图 11-148 所示。

步骤 4 调用 F（圆角）命令，设置圆角半径为 0，对线段进圆角处理，结果如图 11-149 所示。

步骤 5 绘制台阶。调用 L（直线）命令，绘制直线，结果如图 11-150 所示。

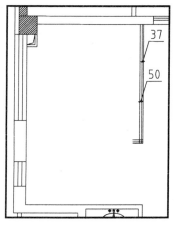

图 11-148　偏移线段

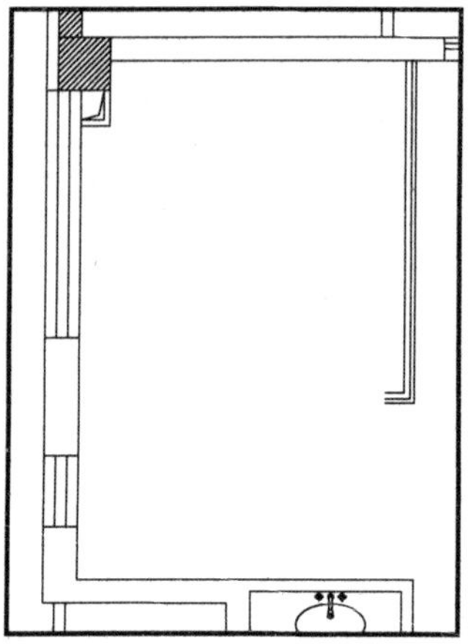

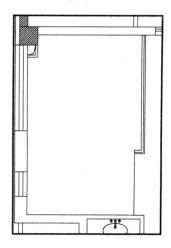

图 11-149　圆角处理

图 11-150　绘制直线

步骤 6 调用 O（偏移）命令，偏移直线，结果如图 11-151 所示。

步骤 7 调用 L（直线）命令，绘制直线，结果如图 11-152 所示。

步骤 8 插入图块。按〈Ctrl+O〉组合键，打开配套光盘提供的"第 11 章\家具图例.dwg"文件，将其中的沙发等图块复制粘贴至当前图形中，结果如图 11-153 所示。

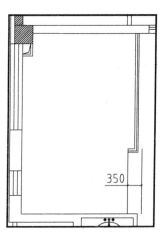

图 11-151　偏移直线

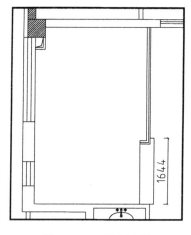

图 11-152　绘制直线

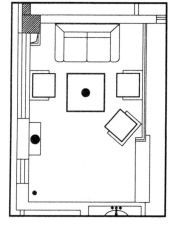

图 11-153　插入图块

11.3.11　完善一层平面图

平面图上的各功能区布置完成后，接下来对图形进行标注。

步骤 1 文字标注。调用 MT（多行文字）命令，绘制文字标注，结果如图 11-154 所示。

步骤 **2** 重复调用 MT（多行文字）命令，为一层平面布置图的各区域绘制文字标注，结果如图 11-155 所示。

步骤 **3** 图名标注。调用 MT（多行文字）命令，绘制图名和比例；调用 L（直线）命令，在图名和比例下方绘制两根下画线，并将最下面的下画线的线宽设置为 0.3mm，绘制结果如图 11-2 所示。

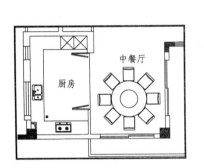

图 11-154 文字标注

图 11-155 标注结果

11.3.12 绘制别墅其他层平面图

运用与前面相同的方法，绘制别墅地下室、二层、三层、阁楼平面图，结果如图 11-156～图 11-159 所示。

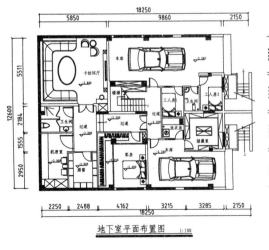

图 11-156 地下室平面图

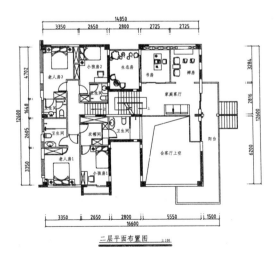

图 11-157 二层平面图

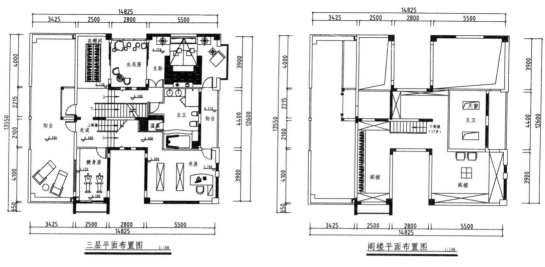

图 11-158　三层平面图　　　　　　　　　图 11-159　阁楼平面图

11.4　设计专栏

11.4.1　上机实训

运用本章所学知识，绘制如图 11-160 所示的平面布置图。其一般绘制步骤为：先对原始平面图进行整理和修改，然后分区插入室内家具图块，最后进行文字和尺寸等标注。

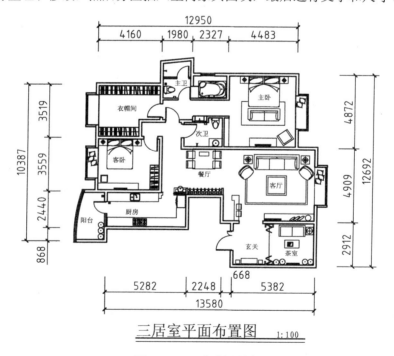

三居室平面布置图　　1:100

图 11-160　平面布置图

11.4.2 辅助绘图锦囊

在实际工作中，经常会绘制厨房家具，如图 11-161 所示为常用厨房家具尺寸，方便在绘图过程中有大概了解。

4 厨房家具的布置

1.厨房中的家具主要有三大部分：带冰箱的操作台、带水池的洗涤台及带炉灶的烹调台。

2.主要的布局形式见右图。

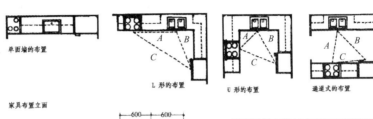

单面墙的布置 L形的布置 U形的布置 通道式的布置

家具布置立面

5 厨房操作台的长度

厨房设备及相配的操作台	住宅内的卧室数量				
	0	1	2	3	4
工作区域	最小正面尺度(mm)				
清洗池	450	600	600	810	810
两边的操作台	380	450	530	600	760
炉 灶	530	530	600	760	760
一边的操作台	380	450	530	600	
冰 箱	760	760			
一边的操作台	380	380	380	380	450
调理操作台	530	760			

注：三个主要工作区域之间的总距离：

A+B+C（见右图）

最大距离=6.71m，最小=3.66m

正立面

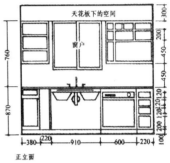

正立面

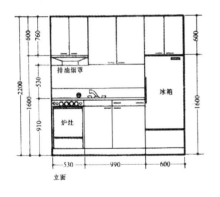

立面

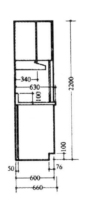

正立面

图 11-161　常用厨房家具尺寸

第**12**章

绘制室内顶棚图

顶棚图是以镜像投影法画出反映顶棚平面形状、灯具位置、材料选用、尺寸标高以及构造做法等内容的水平镜像投影图，也是室内设计装饰装修施工图的主要图样之一。

本章讲解关于室内顶棚图的相关内容，不仅介绍了顶棚图的理论知识，还以别墅室内设计顶棚图的绘制为实例，向读者展示实际绘图工作中顶棚图的绘制方法与操作步骤。

12.1 室内装潢设计顶棚图概述

在室内装饰装修过程中，房屋顶面的装饰改造是不可避免的。顶面的装饰改造不仅可以提高居室的观赏性，还可以针对在建筑设计中所出现的一些问题进行改造，比如遮挡比较突兀的梁位；因为在建筑设计中，不能将每一个区域的顶面标高都设置为相等，所以顶面改造可以将各区域的顶面标高改为一致，或者可以在标高不一致的区域间进行过渡，具体的运用还要视房屋的具体情况而定。

12.1.1 顶棚图的形成

室内顶棚图的形成是以一个水平剖切平面沿顶棚下方门窗洞口位置进行剖切，移去下面部分后对上面的墙体、顶棚所作的镜像投影图。

在绘制室内顶棚图的时候，通常使用的比例为 1∶150、1∶100、1∶50。在顶棚平面图中剖切到的墙柱使用粗线来绘制，而未被剖切到但是却能看到的顶棚、灯具、风口等则用细实线来表示。

如图 12-1 所示为绘制完成的室内设计顶棚图。

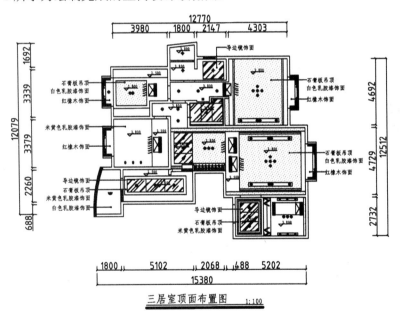

图 12-1 顶棚图

12.1.2 顶棚图的识读

1. 了解顶棚所在房间平面布置的基本情况

因为在装饰设计中，平面布置图的功能分区、交通流线及尺度等与顶棚的样式、底面标高、选材有着密切的关系。只有了解平面布置，才能读懂顶棚平面图。如图 12-1 所示表示的是某三居室顶棚布置图的图样。

2．识读顶棚造型、灯具布置及其底面标高

顶棚造型是顶棚设计中的重要内容。顶棚分为直接顶棚和悬吊的顶棚（简称吊顶）两种。不管是从空间利用上还是在意境的营造上，设计者都必须充分地予以考虑。吊顶又分叠级吊顶和平吊顶两种方式，分别如图 12-2 和图 12-3 所示。

图 12-2　叠级吊顶

图 12-3　平吊顶

顶棚的底面标高是指顶棚装饰完成后的表面高度，相当于该部分的建筑标高。但是为了施工和识读的直观，习惯上将顶棚标高（其他装饰体标高亦如此）都按所在楼层地面的完成面为起点来进行标注。

图 12-1 中的"2.500"标高即客厅地面至顶棚最高处（直接顶棚）的距离，单位为 m，"2.500"标高处为吊顶。

客厅吊顶的左边为局部悬挂吊顶，标高为 2.500；右边为石膏板平吊顶，标高为 2.800。顶面中央为艺术吊灯，顶面上下两端安装了射灯。

3．明确顶棚的尺寸、做法

图 12-1 中的客厅，顶棚的标高有两种，分别是 2.500、2.800。标高为 2.500 的局部悬挂吊顶宽度为 1009mm，做法为轻钢龙骨石膏板吊顶，刮白后涂刷白色乳胶漆。右边的平吊顶宽度为 4560mm，做法为木龙骨石膏板吊顶，白色乳胶漆饰面。在飘窗的吊顶部分，预留宽度为 150 的吊顶空间，用来制作窗帘盒。

从图 12-1 可以看到餐厅的吊顶在高度上也有落差。左边的局部悬挂吊顶饰面材料为导边境，宽度为 1341mm，等分为长度相等的 3 部分，各个装饰部分分别设有筒灯。右边吊顶的做法为石膏板吊平顶，白色乳胶漆饰面，在与客厅顶面相衔接的地方安装了送风设备。

在餐厅的左下角为厨房区域，可以看到厨房整体为悬挂吊顶。做法为吊顶周边是宽度为675mm 的石膏板叠级吊顶，叠级的分配尺寸分别为内叠级为 200mm，外叠级为 475mm。石膏板吊顶中间的装饰材料为导边境，宽度为 909mm；等分成三等份，各部分均安装了筒灯。

另外在图 12-1 中可以查看到的信息还有，阳台的吊顶没有做造型装饰，仅为其涂刷白色乳胶漆；卧室区都为局部悬挂吊顶和平顶相结合使用，以乳胶漆饰面，吊灯或者筒灯作为照明灯具；卧室的飘窗顶面均采用了红橡木来做装饰。

4．窗帘盒的制作

要注意图中和窗口有无窗帘及窗帘盒的做法，并明确其尺寸。在图 12-1 中的客厅和卧室的飘窗都有窗帘并制作了窗帘盒。

5. 识读与顶棚相联系的家具

注意查看图中有无与顶棚相接的吊柜、衣柜、壁柜等家具。如果图 12-1 中并没有表示有家具与顶棚相接，就有可能表示该居室中所用的柜子皆为自购，或者家具的高度较低且没有与顶棚相接。

12.1.3 顶棚图的内容

顶棚图采用镜像投影法来绘制，其图示的主要内容有：

（1）建筑平面及门窗洞口、门画出门洞边线即可，不画门扇及开启线。

（2）室内（外）顶棚的造型、尺寸、做法和说明，有时可画出顶棚的重合断面并标注标高。

（3）室内（外）顶棚灯具符号及具体位置。另外，灯具的规格、型号、安装方法由电气施工图来反映。

（4）室内各种顶棚的完成面标高。按每一层楼地面为 ±0.000 标注顶棚装饰面标高，这是在实际的施工中常用的方法。

（5）与顶棚相接的家具、设备的位置和尺寸。

（6）窗帘、窗帘盒，以及窗帘帷幕板的位置、尺寸。

（7）空调送风口的位置、消防自动报警系统及与吊顶有关的音/视频设备的平面位置形式及安装位置。

（8）图外标注开间、进深、总长、总宽等尺寸。

（9）索引符号、说明文字、图名及比例等。

12.1.4 顶棚图的画法

室内顶棚图要根据居室本身的结构、设计改造的理念等来进行绘制。未经过设计装饰的顶面建筑构件裸露，缺乏观赏性，因此，顶棚图主要表达了室内顶棚的改造意图。

在明确了改造理念之后，就可以着手进行顶棚图的绘制了。在绘制顶棚图的时候，各功能空间的顶面造型要根据实际顶面的大小来进行确定。如图 12-1 中厨房顶棚图的绘制效果，造型吊顶与上方墙体距离为 477mm，距离右边墙体的距离为 480mm，距离下方墙体的距离为 475，其预留的空间基本上差不多，观赏起来可以达到一个较为和谐的状态。但是为什么造型吊顶距离左边的墙体的距离仅为 102mm 呢？因为在厨房的右边有一个宽度为 300 的梁位，为了遮挡这个梁位，在对离墙尺寸的分配上，右边较宽，左边稍窄了。这也充分说明在绘制顶棚图的时候，要不时地查看原始结构图，以避免出现不必要的错误。

使用 AutoCAD 来绘制顶棚图，一般就是根据所要制作的顶面造型来执行相应的绘图命令和编辑命令来进行绘制或编辑。此外，还可以执行填充命令，对各区域的顶棚图填充装饰图案，可以初步表达材料的装饰效果。

12.2 绘制别墅地下室顶棚图

本节为读者介绍地下室顶棚图的绘制方法。

12.2.1　修改图形

步骤 1　调用地下室平面布置图。按〈Ctrl+O〉组合键，打开配套光盘提供的"第12章\
地下室平面布置图.dwg"素材文件。调用 E（删除）命令，删除平面图上的多余图形，
如图 12-4 所示。

步骤 2　绘制区域闭合直线。调用 L（直线）命令，在各区域的门洞处绘制闭合直线，
如图 12-5 所示。

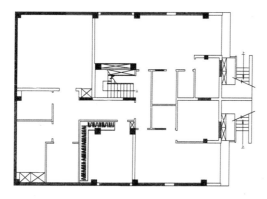

图 12-4　删除图形

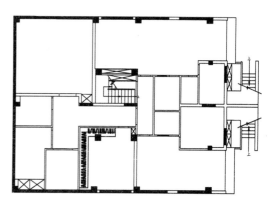

图 12-5　制闭合直线

12.2.2　绘制地下室顶棚造型

步骤 1　绘制机密室顶棚图。调用 L（直线）命令，绘制直线，如图 12-6 所示。

步骤 2　绘制室内石膏角线。调用 O（偏移）命令，设置偏移距离为 100，选择室内轮廓
线向内偏移；调用 F（圆角）命令，设置圆角半径为 0，对所偏移的线段进行圆角处理，如
图 12-7 所示。

步骤 3　绘制酒窖顶棚图。调用 REC（矩形）命令，绘制尺寸为 1518×2594 的矩形，如
图 12-8 所示。

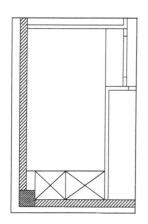

图 12-6　绘制直线

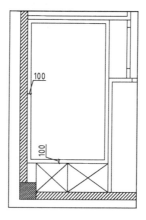

图 12-7　圆角处理

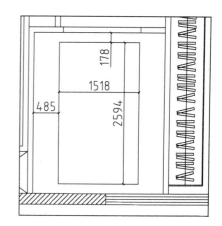

图 12-8　绘制矩形

步骤 4 绘制角线。调用 O（偏移）命令和 L（直线）命令，向内偏移矩形并绘制对角线，如图 12-9 所示。

步骤 5 绘制灯带。调用 O（偏移）命令，选择尺寸为 1518×2594 的矩形往外偏移，并将偏移得到的矩形的线型更改为虚线，如图 12-10 所示。

步骤 6 绘制客房局部顶棚图。调用 L（直线）命令和 O（偏移）命令，绘制并偏移直线，如图 12-11 所示。

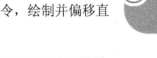

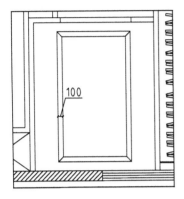

图 12-9 绘制对角线

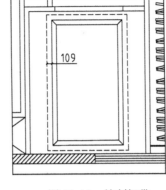

图 12-10 绘制灯带

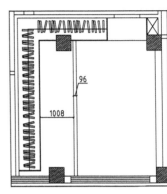

图 12-11 偏移直线

步骤 7 绘制车库间走道顶棚图。调用 L（直线）命令，绘制直线，如图 12-12 所示。

步骤 8 绘制灯带。调用 O（偏移）命令，设置偏移距离为 79，选择上一步骤所绘制的直线向内偏移，如图 12-13 所示。

步骤 9 绘制洗衣房和工人房 1 顶棚图。调用 O（偏移）命令，设置偏移距离为 100，向内偏移墙体轮廓线；调用 F（圆角）命令，对偏移得到的墙线进行圆角处理；调用 L（直线）命令，绘制对角线，如图 12-14 所示。

步骤 10 绘制储藏室顶棚图。调用 REC（矩形）命令，绘制尺寸为 1223×291 的矩形，如图 12-15 所示。

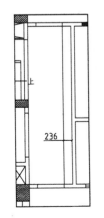

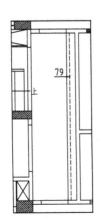

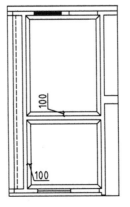

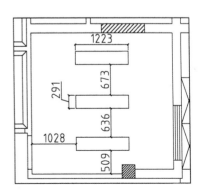

图 12-12 绘制直线　图 12-13 绘制灯带　图 12-14 绘制对角线　　图 12-15 绘制矩形

步骤 11 绘制灯带。调用 X（分解）命令和 O（偏移）命令，分解绘制完成的矩形并偏移矩形边，如图 12-16 所示。

步骤 12 绘制工人房 2 顶棚图。调用 O（偏移）命令和 F（圆角）命令，向内偏移室内轮廓线并设置圆角半径为 0，对偏移得到的轮廓线进行圆角处理，如图 12-17 所示。

步骤 13 调用 L（直线）命令，绘制对角线，如图 12-18 所示。

步骤 14 绘制酒窖和卡拉 OK 厅之间的过道顶棚图。调用 REC（矩形）命令，绘制尺寸为 1188×2950 的矩形，如图 12-19 所示。

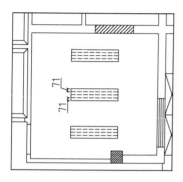
图 12-16 绘制灯带

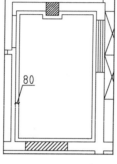
图 12-17 圆角处理

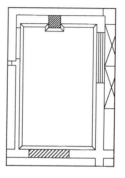
图 12-18 绘制对角线

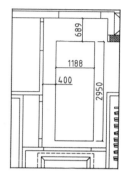
图 12-19 绘制矩形

步骤 15 绘制灯带。调用 X（分解）命令和 O（偏移）命令，分解矩形并选择矩形的长边分别往外偏移，并将偏移得到的线段的线型设置为虚线，如图 12-20 所示。

步骤 16 绘制客房外过道顶棚图。调用 L（直线）命令和 O（偏移）命令，绘制并偏移直线，将偏移得到的线段的线型设置为虚线，如图 12-21 所示。

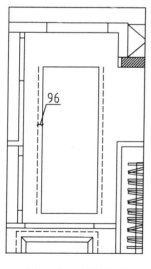
图 12-20 绘制灯带

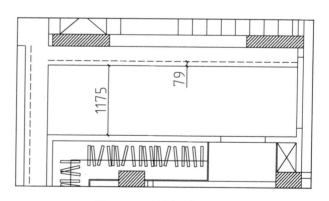
图 12-21 绘制并偏移直线

步骤 17 绘制卫生间顶棚图。调用 H（填充）命令，打开"图案填充和渐变色"对话框，参数设置如图 12-22 所示。

步骤 18 在对话框中单击"添加：拾取点"按钮，根据命令行的提示在绘图区中点取填充区域；按〈Enter〉键返回"图案填充和渐变色"对话框，单击"确定"按钮关闭对话框，完成图案填充，如图 12-23 所示。

步骤 19 绘制卡拉 OK 厅顶棚图。调用 O（偏移）命令和 F（圆角）命令，向内偏移室内轮廓线并设置圆角半径为 0，对偏移得到的轮廓线进行圆角处理；调用 L（直线）命令，绘制对角线，如图 12-24 所示。

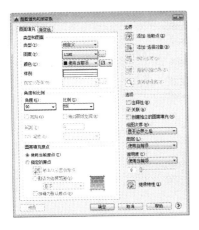

图 12-22　设置参数

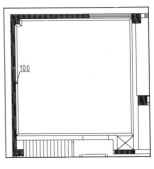

图 12-23　图案填充　　　　图 12-24　修改图形

步骤 20 调用 REC（矩形）命令，绘制尺寸为 4411×4750 的矩形；调用 O（偏移）命令，向内偏移矩形，并将偏移得到的其中一个矩形的线型设置为虚线；调用 L（直线）命令，绘制对角线，如图 12-25 所示。

步骤 21 地下室吊顶造型的绘制效果如图 12-26 所示。

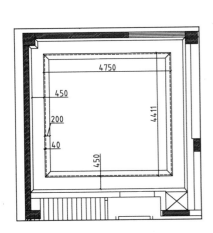

图 12-25　绘制吊顶

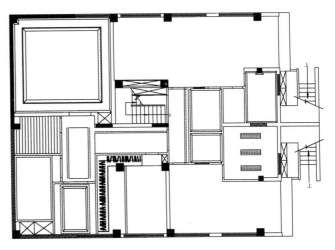

图 12-26　吊顶的绘制效果

步骤 22 插入灯具图块。按下〈Ctrl+O〉组合键，打开配套光盘提供的"第 12 章\家具图例.dwg"文件，将其中的灯具图形复制粘贴至当前图形中，如图 12-27 所示。

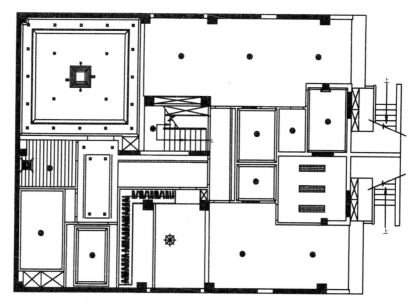

图 12-27　插入灯具图块

12.2.3　文字标注

步骤 1 标高标注。调用 I（插入）命令，在弹出的"插入"对话框中选择标高图块，根据命令行的提示，输入标高参数和定义标高的标注点，绘制的标高标注如图 12-28 所示。

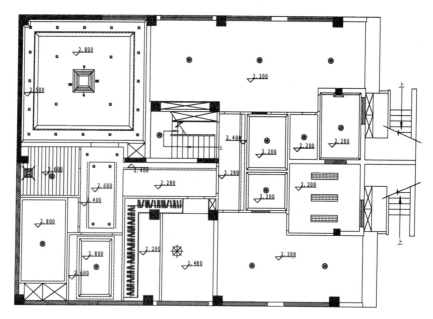

图 12-28　标高标注

步骤 2 图名标注。双击地下室平面布置图的图名标注，在文字显示为在位编辑的时候，将其更改为"地下室顶面布置图"，如图 12-29 所示。

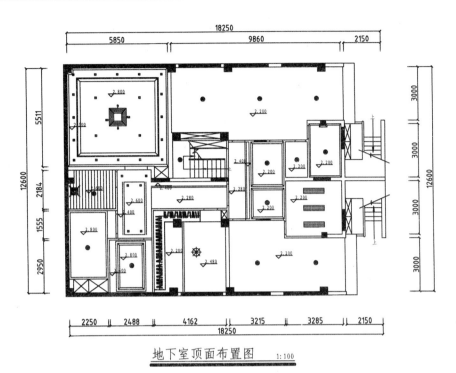

地下室顶面布置图　　1:100

图 12-29　图名标注

12.3　绘制别墅一层顶棚图

本节为读者介绍别墅一层顶棚图的绘制方法。

12.3.1　修改图形

步骤 1 调用一层平面布置图。按〈Ctrl+O〉组合键，打开配套光盘提供的"第12章\一层平面布置图.dwg"素材文件。调用 E（删除）命令，删除平面图上多余的图形。

步骤 2 绘制区域闭合直线。调用 L（直线）命令，在各区域的门洞处绘制闭合直线，如图 12-30 所示。

12.3.2　绘制一层顶棚造型

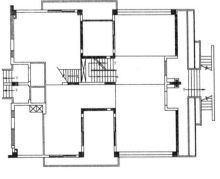

图 12-30　绘制闭合直线

步骤 1 绘制健身房顶棚图。调用 L（直线）命令，绘制直线完成窗帘盒的绘制，如图 12-31 所示。

步骤 2 调用 REC（矩形）命令，绘制尺寸为 2550×3143 的矩形，如图 12-32 所示。

步骤 3 绘制角线。调用 O（偏移）命令，设置偏移距离为 200，向内偏移矩形；调用 L（直线）命令，绘制对角线，如图 12-33 所示。

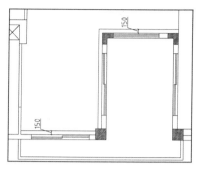

图 12-31　绘制窗帘盒

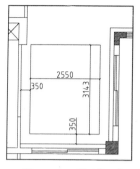

图 12-32　绘制矩形

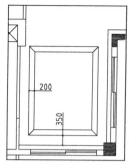

图 12-33　绘制角线

步骤 4 绘制回风口和下出风口的位置。调用 X（分解）命令和 O（偏移）命令，分解矩形并向内偏移矩形的长边，如图 12-34 所示。

步骤 5 插入图块。按下〈Ctrl+O〉组合键，打开配套光盘提供的"第 12 章\家具图例.dwg"文件，将其中的窗帘等图形复制粘贴至当前图形中，如图 12-35 所示。

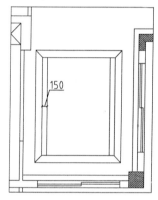

图 12-34　修剪图形

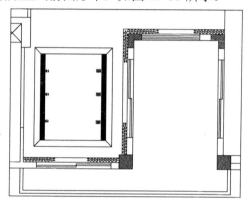

图 12-35　插入图块

步骤 6 绘制空调维修口。调用 REC（矩形）命令，绘制尺寸为 400×400 的矩形；调用 L（直线）命令，在矩形内绘制对角线，并将图形的线型全部改为虚线，如图 12-36 所示。

步骤 7 绘制过道顶棚图。调用 REC（矩形）命令，绘制尺寸为 5701×1200 的矩形；调用 O（偏移）命令，设置偏移距离为 100，向内偏移矩形；调用 L（直线）命令，绘制对角线，如图 12-37 所示。

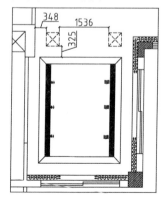

图 12-36　绘制图形

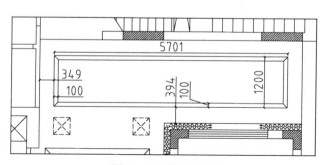

图 12-37　绘制对角线

步骤 8 绘制回风口和下出风口的位置。调用 X（分解）命令和 O（偏移）命令，分解矩形并向内偏移矩形的长边，如图 12-38 所示。

步骤 9 绘制格栅射灯位置。调用 L（直线）命令和 O（偏移）命令，绘制并偏移直线，如图 12-39 所示。

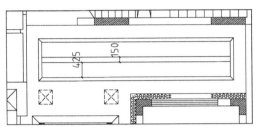

图 12-38　偏移矩形边

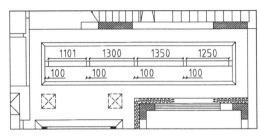

图 12-39　偏移直线

步骤 10 插入图块。按下〈Ctrl+O〉组合键，打开配套光盘提供的"第 12 章\家具图例.dwg"文件，将其中的格栅射灯等图形复制粘贴至当前图形中，如图 12-40 所示。

步骤 11 绘制公共卫生间顶棚图。调用 O（偏移）命令和 F（圆角）命令，向内偏移墙体轮廓线并设置圆角半径为 0，对轮廓线进行圆角处理，绘制的角线如图 12-41 所示。

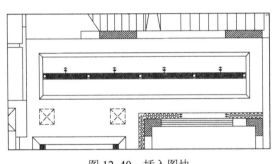

图 12-40　插入图块

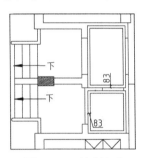

图 12-41　绘制角线

步骤 12 绘制休息室、西餐厅窗帘盒。调用 L（直线）命令、TR（修剪）命令，绘制并修剪直线，如图 12-42 所示。

步骤 13 绘制休息室顶棚图。调用 REC（矩形）命令、O（偏移）命令，绘制并偏移矩形；调用 L（直线）命令，绘制对角线和回风口和下出风口的位置，如图 12-43 所示。

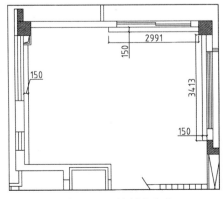

图 12-42　绘制窗帘盒

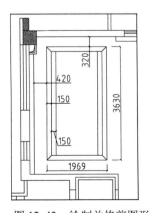

图 12-43　绘制并修剪图形

步骤 14 按〈Ctrl+O〉组合键，复制粘贴回风口和下出风口图形；调用 CO（复制）命令，移动复制空调维修口图形，如图 12-44 所示。

步骤 15 绘制西餐厅顶棚图。调用 C（圆）命令，绘制圆形，并将半径为 1180 的圆形的线型设置为虚线，作为灯带图形，如图 12-45 所示。

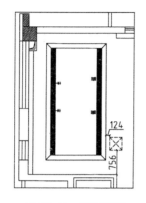

图 12-44　复制图形

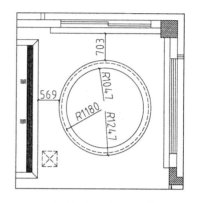

图 12-45　绘制图形

步骤 16 绘制楼梯口顶棚图。调用 C（圆）命令，绘制圆形，并将半径为 592 的圆形的线型设置为虚线，作为灯带图形，如图 12-46 所示。

步骤 17 绘制会客厅顶棚图。调用 L（直线）命令，绘制直线，完成窗帘盒的绘制，如图 12-47 所示。

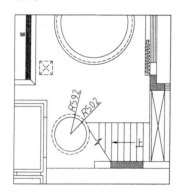

图 12-46　绘制圆形

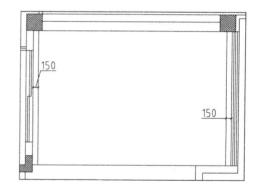

图 12-47　绘制窗帘盒

步骤 18 调用 EL（椭圆）命令，绘制长轴为 4225、短轴为 1275 的椭圆；调用 O（偏移）命令，设置偏移距离为 67，向内偏移椭圆，并将椭圆的线型设置为虚线，作为灯带图形；重复调用 O（偏移）命令，设置偏移距离为 200，向内偏移外椭圆，如图 12-48 所示。

步骤 19 调用 CO（复制）命令，移动复制空调维修口图形，如图 12-49 所示。

步骤 20 绘制楼梯口顶棚图。调用 REC（矩形）命令、O（偏移）命令，绘制并偏移矩形；调用 L（直线）命令，绘制对角线和回风口和下出风口的位置，如图 12-50 所示。

步骤 21 插入图块。按下〈Ctrl+O〉组合键，打开配套光盘提供的"第 12 章\家具图例.dwg"文件，将其中的回风口和下出风口图形复制粘贴至当前图形中，如图 12-51 所示。

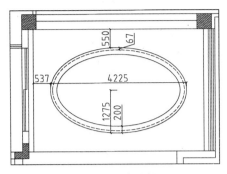

图 12-48 偏移椭圆

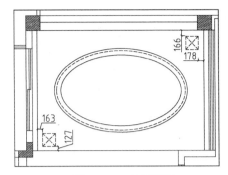

图 12-49 复制图形

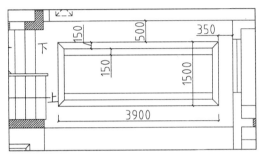

图 12-50 绘制图形

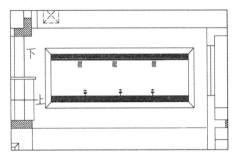

图 12-51 插入图块

步骤 22 一层顶棚造型绘制完成的效果如图 12-52 所示。

步骤 23 插入图块。按下〈Ctrl+O〉组合键，打开配套光盘提供的"第12章\家具图例.dwg"文件，将其中的灯具等图形复制粘贴至当前图形中，如图 12-53 所示。

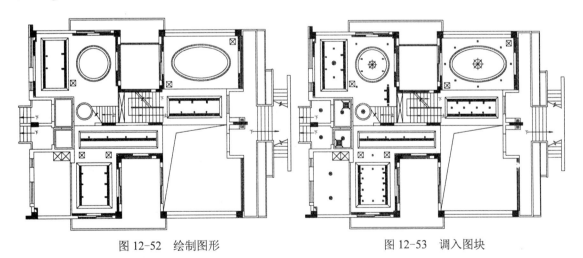

图 12-52 绘制图形　　　　　图 12-53 调入图块

12.3.3 文字标注

步骤 1 标高标注。调用 I（插入）命令，在弹出的"插入"对话框中选择标高图块，根据命令行的提示，输入标高参数和定义标高的标注点，绘制标高标注。

步骤 2 图名标注。双击一层平面布置图的图名标注，在文字显示为在位编辑的时候，将其更改为"一层顶面布置图"，如图 12-54 所示。

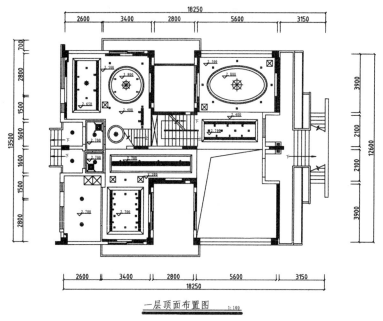

一层顶面布置图　1:100

图 12-54　图名标注

12.4　绘制别墅二层顶棚图

本节为读者介绍别墅二层平面图的绘制方法。

12.4.1　修改图形

步骤 1 调用二层平面布置图。按〈Ctrl+O〉组合键，打开配套光盘提供的"第12章\二层平面布置图.dwg"素材文件。调用 E（删除）命令，删除平面图上多余的图形。

步骤 2 绘制区域闭合直线。调用 L "直线"命令，在各区域的门洞处绘制闭合直线，如图 12-55 所示。

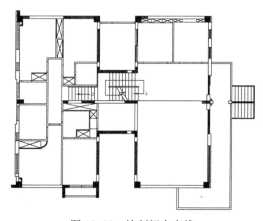

图 12-55　绘制闭合直线

12.4.2　绘制二层顶棚造型

步骤 1 绘制老人房 1 顶棚图。调用 REC（矩形）命令，绘制尺寸为 2345×2600 的矩形；调用 O（偏移）命令，设置偏移距离为 200，向内偏移矩形；调用 L（直线）命令，绘制对角线，如图 12-56 所示。

步骤 2 调用 CO（复制）命令，从一层顶棚图中移动复制空调维修口至当前图形中，如图 12-57 所示。

步骤 3 绘制老人房 1 卫生间顶棚图。调用 REC（矩形）命令，绘制矩形；调用 O（偏移）命令，向内偏移矩形；调用 L（直线）命令，绘制对角线，如图 12-58 所示。

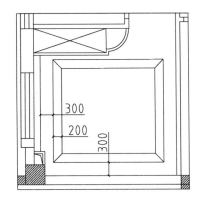

图 12-56　绘制并偏移图形

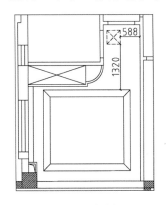

图 12-57　复制图形

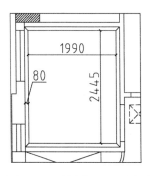

图 12-58　绘制矩形和对角线

步骤 4 绘制老人房 2 卫生间顶棚图。调用 O（偏移）命令，向内偏移室内轮廓线；调用 F（圆角）命令，设置圆角半径为 0，对所偏移的室内轮廓线进行圆角处理，如图 12-59 所示。

步骤 5 绘制老人房 1 和老人房 2 之间的过道顶棚图。调用 REC（矩形）命令，单击过道区域左上角点，以此为起点，单击右下角点为另一个角点，创建与过道长宽尺寸相等的矩形。

步骤 6 调用 O（偏移）命令和 L（直线）命令，向内偏移所创建的矩形并绘制对角线，如图 12-60 所示。

步骤 7 调用 L（直线）命令，绘制窗帘盒图形；调用 CO（复制）命令，移动复制空调维修口图形，如图 12-61 所示。

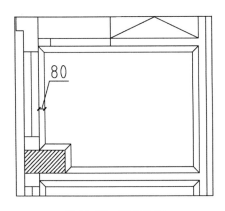

图 12-59　圆角处理

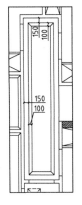

图 12-60　绘制对角线

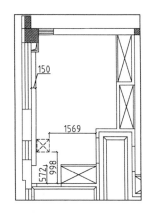

图 12-61　绘制及复制图形

步骤 8 调用 REC（矩形）命令，绘制尺寸为 2369×2300 的矩形；调用 O（偏移）命令，向内偏移矩形；调用 L（直线）命令，绘制对角线，如图 12-62 所示。

步骤 9 绘制小孩房 2 顶棚图。调用 O（偏移）命令，向内偏移室内轮廓线；调用 F（圆角）命令，对偏移得到的轮廓线进行圆角处理；调用 L（直线）命令，绘制窗帘盒图形及对角线，如图 12-63 所示。

步骤 10 绘制小孩房 2 卫生间顶棚图。调用 REC（矩形）命令，绘制尺寸为 1490×1479 的矩形；调用 L（直线）命令，绘制对角线；调用 CO（复制）命令，移动复制空调维修口图形，如图 12-64 所示。

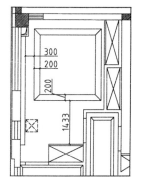

图 12-62　绘制对角线

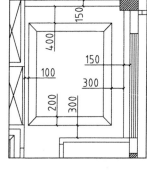

图 12-63　绘制小孩房 2 顶棚图

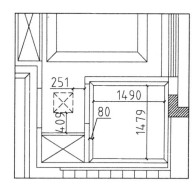

图 12-64　绘制小孩房 2 卫生间顶棚图

步骤 11 绘制小孩房 1 顶棚图。调用 O（偏移）命令，向内偏移室内轮廓线；调用 F（圆角）命令，对偏移得到的轮廓线进行圆角处理；调用 L（直线）命令，绘制窗帘盒图形及对角线，如图 12-65 所示。

步骤 12 绘制小孩房 1 衣帽间顶棚图。调用 L（直线）命令和 TR（修剪）命令，绘制并修剪直线，如图 12-66 所示。

步骤 13 绘制小孩房 1 卫生间顶棚图。调用 O（偏移）命令、TR（修剪）命令，偏移并修剪室内轮廓线，完成顶棚角线及窗帘盒的绘制，如图 12-67 所示。

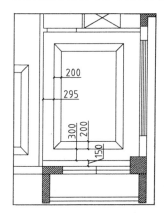

图 12-65　绘制顶面造型

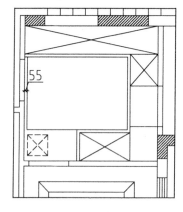

图 12-66　修剪直线

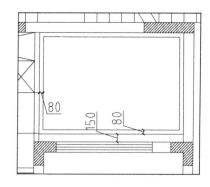

图 12-67　绘制图形

步骤 14 绘制会客厅顶棚图。调用 REC（矩形）命令和 O（偏移）命令，绘制矩形并向内偏移矩形，并将作为灯带图形的矩形的线型更改为虚线；调用 L（直线）命令，绘制窗帘盒，如图 12-68 所示。

（步骤 15）调用 CO（复制）命令，移动复制空调维修口图形；调用 L（直线）命令，绘制下风口和回风口的位置，如图 12-69 所示。

（步骤 16）调用 C（圆）命令，绘制圆形，如图 12-70 所示。

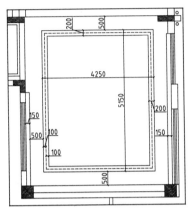

图 12-68 绘制会客厅顶棚图

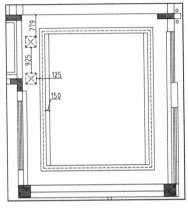

图 12-69 复制图形

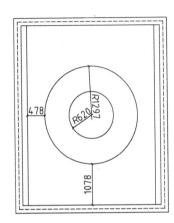

图 12-70 绘制圆形

（步骤 17）插入图块。按下〈Ctrl+O〉组合键，打开配套光盘提供的"第 12 章\家具图例.dwg"文件，将其中的顶面雕花等图形复制粘贴至当前图形中，如图 12-71 所示。

（步骤 18）绘制家庭客厅顶棚图。调用 L（直线）命令和 REC（矩形）命令，绘制直线和矩形，如图 12-72 所示。

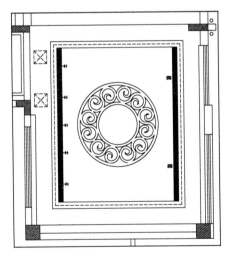

图 12-71 插入图块

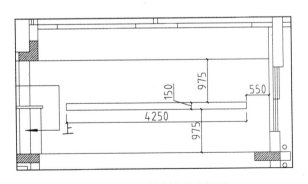

图 12-72 绘制直线和矩形

（步骤 19）调用 L（直线）命令，绘制直线；调用 O（偏移）命令，偏移直线，绘制格栅射灯的位置；调用 CO（复制）命令，移动复制空调维修口图形，如图 12-73 所示。

（步骤 20）插入图块。按下〈Ctrl+O〉组合键，打开配套光盘提供的"第 12 章\家具图例.dwg"文件，将其中的格栅射灯、回风口图形复制粘贴至当前图形中，如图 12-74 所示。

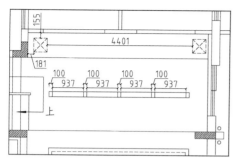

图 12-73 绘制并复制图形

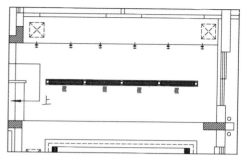

图 12-74 插入图块

步骤 21 绘制书房顶棚图。调用 REC（矩形）命令，绘制尺寸为 2369×2778 的矩形；调用 L（直线）命令，绘制对角线，如图 12-75 所示。

步骤 22 绘制禅房顶棚图。调用 O（偏移）命令和 TR（修剪）命令，偏移室内轮廓线并修剪线段，如图 12-76 所示。

步骤 23 绘制顶棚造型轮廓线。调用 O（偏移）命令，偏移线段，如图 12-77 所示。

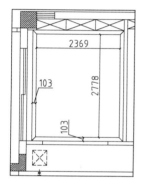

图 12-75 绘制书房顶棚图

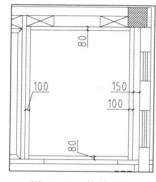

图 12-76 修剪线段

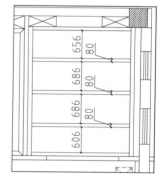

图 12-77 偏移线段

步骤 24 填充顶面图案。调用 H（图案填充）命令，打开"图案填充和渐变色"对话框，参数设置如图 12-78 所示。

步骤 25 在对话框中单击选择"添加：拾取点"填充方式，在绘图区中点取填充区域；按〈Enter〉键返回对话框，单击"确定"按钮关闭对话框，完成顶面的图案填充，如图 12-79 所示。

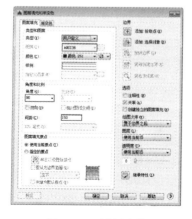

图 12-78 设置参数

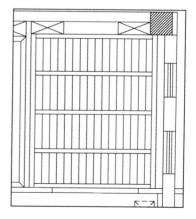

图 12-79 图案填充

步骤 26　插入图块。按下〈Ctrl+O〉组合键，打开配套光盘提供的"第 12 章\家具图例.dwg"文件，将其中的灯具等图形复制粘贴至当前图形中，如图 12-80 所示。

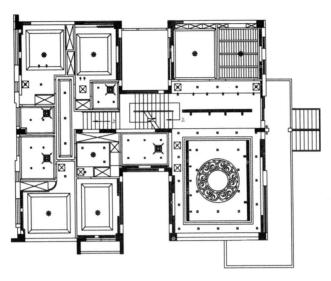

图 12-80　插入图块

12.4.3 文字标注

步骤 1　标高标注。调用 I（插入）命令，在弹出的"插入"对话框中选择标高图块，根据命令行的提示，输入标高参数和定义标高的标注点。

步骤 2　图名标注。双击二层平面布置图的图名标注，在文字显示为在位编辑的时候，将其更改为"二层顶面布置图"；调用 CO（复制）命令，从一层顶面图中移动复制灯具图例表，如图 12-81 所示。

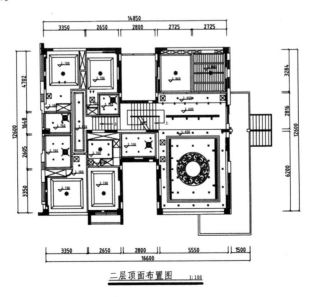

图 12-81　图名标注

12.5　绘制别墅三层顶棚图

本节为读者介绍别墅三层顶棚图的绘制方法。

12.5.1　修改图形

步骤 1 调用三层平面布置图。按〈Ctrl+O〉组合键，打开配套光盘提供的"第 12 章\三层平面布置图.dwg"素材文件。调用 E（删除）命令，删除平面图上多余的图形。

步骤 2 绘制区域闭合直线。调用 L（直线）命令，在各区域的门洞处绘制闭合直线，如图 12-82 所示。

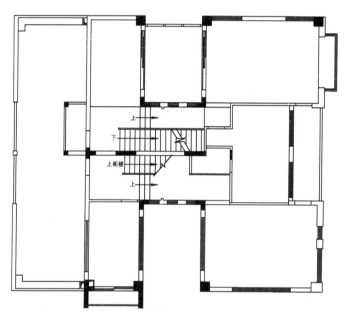

图 12-82　绘制闭合直线

12.5.2　绘制三层顶棚造型

步骤 1 绘制健身房顶棚图。调用 O（偏移）命令、F（圆角）命令，偏移室内轮廓线并对其进行圆角处理；调用 L（直线）命令，绘制对角线及窗帘盒图形，如图 12-83 所示。

步骤 2 绘制主卫生间天窗。调用 REC（矩形）命令，绘制矩形；调用 O（偏移）命令，设置偏移距离为 50，向外偏移矩形；调用 PL（多段线）命令，绘制折断线，并将偏移得到的矩形和折断线的线型更改为虚线，如图 12-84 所示。

步骤 3 绘制主卫生间顶棚造型装饰。调用 O（偏移）命令和 TR（修剪）命令，偏移线段并修剪线段，如图 12-85 所示。

步骤 4 绘制主卧顶棚图。调用 L（直线）命令，绘制主卧室的窗帘盒，以及主卧和主卫生间过道顶棚图，如图 12-86 所示。

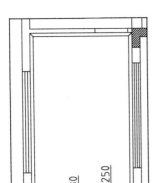

图 12-83 绘制健身房顶棚图

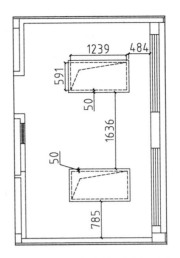

图 12-84 绘制主卫生间天窗

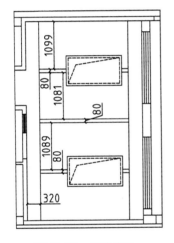

图 12-85 修剪线段

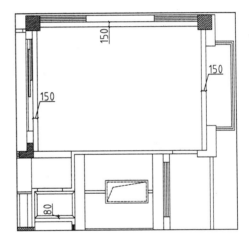

图 12-86 绘制主卧顶棚图

步骤 5 调用 REC（矩形）命令和 O（偏移）命令，绘制矩形并向内偏移矩形，并将作为灯带的矩形的线型设置为虚线，如图 12-87 所示。

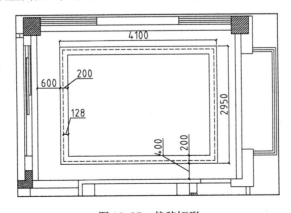

图 12-87 偏移矩形

步骤 6 绘制顶面造型。调用 REC（矩形）命令和 L（直线）命令，绘制矩形和对角线，如图 12-88 所示。

步骤 7 填充顶面图案。调用 H（图案填充）命令，打开"图案填充和渐变色"对话框，参数设置如图 12-89 所示。

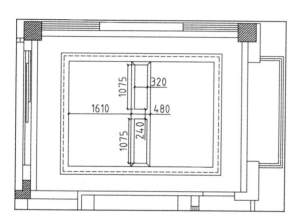

图 12-88　绘制顶面造型　　　　　　　　图 12-89　"图案填充和渐变色"对话框

步骤 8 在对话框中选择"添加：拾取点"填充方式，在绘图区中选择填充区域；按〈Enter〉键返回对话框，单击"确定"按钮关闭对话框，完成顶面图案填充，如图 12-90 所示。

步骤 9 调用 H（图案填充）命令，在"图案填充和渐变色"对话框中设置相关参数，如图 12-91 所示。

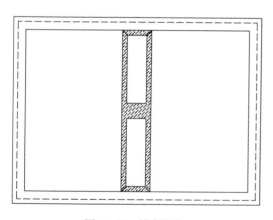

图 12-90　填充图案　　　　　　　　　　图 12-91　设置参数

步骤 10 在对话框中单击"添加：拾取点"按钮，在绘图区中选择填充区域；按〈Enter〉键返回对话框，单击"确定"按钮关闭对话框，完成顶面图案填充，如图 12-92 所示。

步骤 11 调用 H（图案填充）命令，打开"图案填充和渐变色"对话框，参数设置如图 12-93 所示。

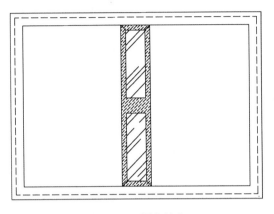

图 12-92 图案填充   图 12-93 "图案填充和渐变色"对话框

步骤 12 在对话框中单击"添加：拾取点"按钮 ，在绘图区中点取填充区域；按〈Enter〉键返回对话框，单击"确定"按钮关闭对话框，完成顶面图案填充，如图 12-94 所示。

步骤 13 绘制衣帽间顶棚图。调用 L（直线）命令、O（偏移）命令和 TR（修剪）命令，绘制直线、偏移线段和修剪线段，如图 12-95 所示。

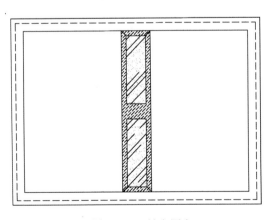

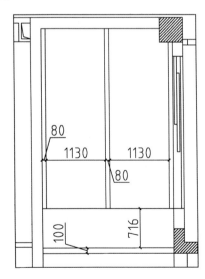

图 12-94 填充图案   图 12-95 修剪线段

步骤 14 填充顶面图案。调用 H（图案填充）命令，打开"图案填充和渐变色"对话框，选择"预定义"类型图案，选择名称为"ANSI36"的填充图案；设置填充角度为 0°、填充比例为 10，为衣帽间顶棚造型填充图案，如图 12-96 所示。

步骤 15 调用 L（直线）命令，绘制尖屋顶内部构造线，如图 12-97 所示。

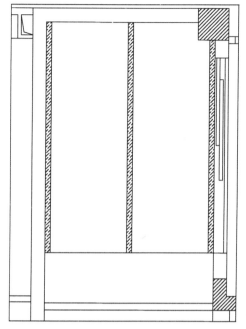

图 12-96　图案填充

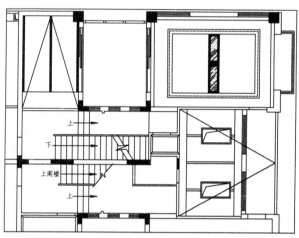

图 12-97　绘制直线

步骤 16 填充顶面图案。调用 H（图案填充）命令，打开"图案填充和渐变色"对话框，选择"用户定义"类型图案，取消选中"双向"复选框；设置填充角度分别为 0°、90°，填充间距为 150，为顶棚造型填充图案，如图 12-98 所示。

步骤 17 绘制书房顶棚图。调用 O（偏移）命令、F（圆角）命令，偏移室内轮廓线并对其进行圆角处理，如图 12-99 所示。

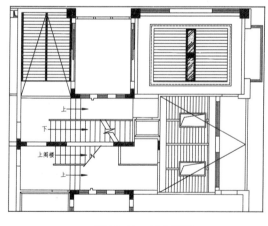

图 12-98　填充图案

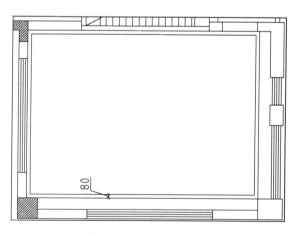

图 12-99　绘制书房顶棚图

步骤 18 插入图块。按下〈Ctrl+O〉组合键，打开配套光盘提供的"第 12 章\家具图例.dwg"文件，将其中的灯具等图形复制粘贴至当前图形中，如图 12-100 所示。

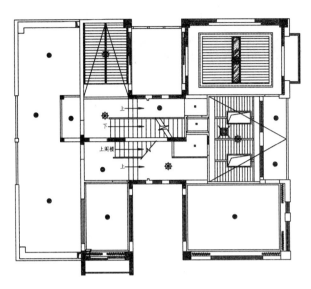

图 12-100 插入图块

12.5.3 文字标注

步骤 1 标高标注。调用 I（插入）命令，在弹出的"插入"对话框中选择标高图块，根据命令行的提示，输入标高参数和定义标高的标注点，完成标高标注的绘制。

步骤 2 图名标注。双击三层平面布置图的图名标注，在文字显示为在位编辑的时候，将其更改为"三层顶面布置图"；调用 CO（复制）命令，从地下室顶面图中移动复制灯具图例表，如图 12-101 所示。

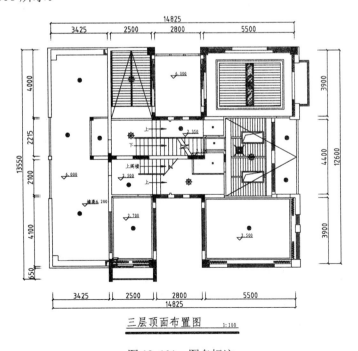

三层顶面布置图 1:100

图 12-101 图名标注

12.6 绘制别墅阁楼层顶棚图

本章向读者介绍别墅阁楼层顶棚图的绘制方法。

12.6.1 修改图形

步骤 1 调用阁楼层平面布置图。按〈Ctrl+O〉组合键，打开配套光盘提供的"第12章\阁楼层平面布置图.dwg"素材文件。调用 E（删除）命令，删除平面图上多余的图形。

步骤 2 绘制区域闭合直线。调用 L（直线）命令，在各区域的门洞处绘制闭合直线，如图 12-102 所示。

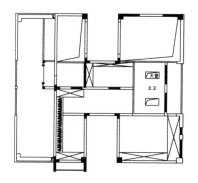

图 12-102 绘制闭合直线

12.6.2 绘制阁楼层顶棚造型和文字标注

步骤 1 绘制角线。调用 O（偏移）命令、F（圆角）命令，向内偏移室内轮廓线并对其进行圆角处理，如图 12-103 所示。

步骤 2 调用 L（直线）命令，绘制尖屋顶内部构造线，如图 12-104 所示。

步骤 3 插入图块。按下〈Ctrl+O〉组合键，打开配套光盘提供的"第12章\家具图例.dwg"文件，将其中的灯具等图形复制粘贴至当前图形中，如图 12-105 所示。

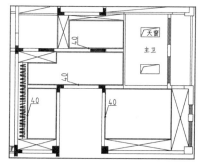

图 12-103 绘制角线

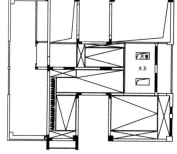

图 12-104 绘制直线

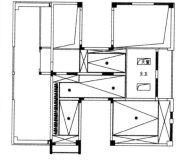

图 12-105 插入图块

步骤 4 图名标注。双击阁楼层平面布置图的图名标注，在文字显示为在位编辑的时候，将其更改为"阁楼顶面布置图"；调用 CO（复制）命令，从地下室顶面图中移动复制灯具图例表，如图 12-106 所示。

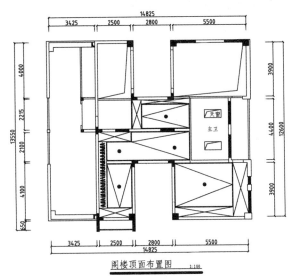

图 12-106　图名标注

12.7　设计专栏

12.7.1　上机实训

运用本章所学知识绘制如图 12-107 所示的顶棚平面图，其造型设计得较为简单，客厅和餐厅区域进行了造型处理以区分空间，厨房和卫生间采用了扣板吊顶，其他区域都实行原顶刷白。其一般绘制步骤为：首先修改备份的平面布置整理图以完善图形，再绘制吊顶，然后插入灯具图块，最后进行各种标注。

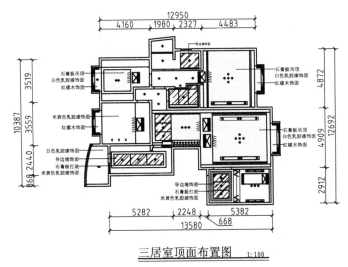

图 12-107　顶棚布置图

12.7.2 辅助绘图锦囊

在实际工作中，经常会绘制客厅家具，如图 12-108 所示为常用客厅人体尺寸，方便在绘图过程中有大概的了解。

1 客厅的处理要点

1.客厅是人们日间的主要活动场所，平面布置应按会客、娱乐、学习等功能进行区域划分。

2.功能区的划分与通道应避免干扰。

2 客厅常用人体尺度

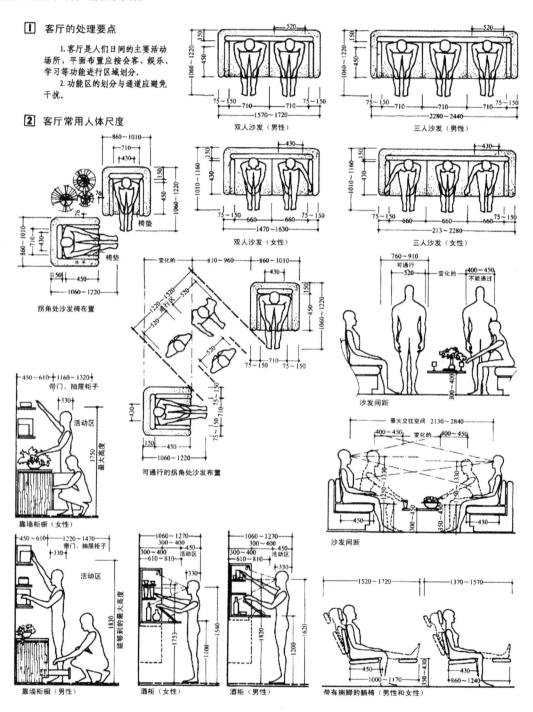

图 12-108　常用客厅人体尺寸

第 **13** 章

绘制室内地材图

本章要点

- 室内地材图概述
- 绘制地下室地材图
- 绘制一层地材图
- 绘制二层地材图
- 绘制三层地材图

地面布置图和平面布置图的形成大体相同，所不同的是地面布置图不画家具、绿化等布置，只绘制地面的装饰分格，标注地面材质、尺寸和颜色及地面标高等信息。

本章以别墅地面装饰为例，为读者讲解绘制地面布置图的方法。主要包括室内地材图的基础理论知识及别墅各层地面图的具体绘制方法。

13.1 室内地材图概述

虽然学习绘制施工图最重要的是实际操作，因此有些读者就认为理论知识是不必要的，可以不看。但是殊不知，理论总是用来指导实践。假如没有理论知识的指导，在实际的操作过程中遭遇到困难，就没有一个指导方法来解决问题。

本节介绍室内地材图的基础理论知识，包括地材图的形成、识读、图示内容及画法。

13.1.1 室内地材图的形成与表达

居室的室内装饰装修有多个方面，分别是对居室顶面、墙面及地面的装饰，这些可以称为居室中的观赏性装饰。而家具陈设是在对这 3 个方面进行设计改造完成之后所增添的，称为居室辅助性装饰。

在绘制完成最重要的室内平面布置图之后，就要循序绘制室内的地材图和顶棚图。

地材图主要是为了表达居室地面的装饰而绘制的。在地材图中，应包含以下信息：居室地面装饰区域的划分，各装饰区域所使用的材料种类、规格、铺贴方式等，以及各个区域之间地面过渡的装饰手法等。不是每套施工图中的地材图所表达的内容都需要一致，以上列举的仅是地材图需要表达的一些常规的装饰信息，具体运用的时候还是要根据实际的工作来绘制地材图。

因为每个居室的装饰风格不尽相同，所以室内地面装饰材料的运用也会遵循居室的风格来进行选择。比如欧式风格的地面使用大理石较多，如图 13-1 所示；而中式风格则比较青睐实木装饰，如图 13-2 所示。

图 13-1 欧式风格

图 13-2 中式风格

地面布置图常用的绘图比例是 1：50、1：100。图中的地面分隔线采用细实线来绘制，其他内容则按平面布置图的要求来绘制。

如图 13-3 所示为绘制完成的室内地材图范例。

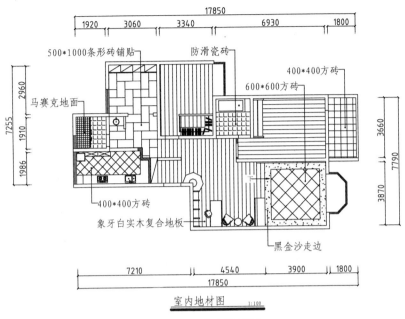

图 13-3 室内地材图

13.1.2 室内地材图的识读

从图 13-3 中看到客厅和卧室区域都是采用象牙白实木复合地板来进行装饰；其他主要的房间区域则使用瓷砖来进行装饰。厨房的地面装饰材料为 400×400 的方砖，其铺贴方式为 45°角斜铺。餐厅地面则采用了与常规地砖相区别的条形砖来铺贴。公卫内由于淋浴区与如厕区进行分隔，所以也采用了不同的地面铺贴方式。淋浴区的地面铺装材料为马赛克，而如厕区的地面铺贴材料则为防滑瓷砖。主卧室阳台的地面为 400×400 的方砖正铺，以与厨房的地面相区别。

客厅的地面装饰是整个居室中较为重要的一个地区，地面为 600×600 的方砖成 45°角斜铺，且设置了黑金沙走边，增加了地面的装饰性。

值得注意的是，在地材图中可能不能完全表达装饰材料的信息，而具体的信息可以到施工图中配备的设计说明或者材料表中去寻找。

另外，有些地面装饰的构造较为复杂，可以另外绘制剖面图或者详图来明确表示其装饰构造。

13.1.3 室内地材图的图示内容

地面平面图主要以反映地面装饰分隔，材料选用为主，其图示内容主要如下。
（1）建筑平面图的基本内容。
（2）室内楼地面材料选用、颜色与分格尺寸及地面标高等。
（3）楼地面的拼花造型。
（4）索引符号、图名及必要的说明文字。

13.1.4 室内地材图的画法

使用 AutoCAD 软件来绘制室内地材图，既可以调用常规的绘图命令，如直线命令、修剪命令，也可以使用软件自带的图案填充命令来绘制。

调用 H（图案填充）命令，根据命令行提示打开"图案填充和渐变色"对话框，如图 13-4 所示。在该对话框中，提供了多种填充图案，在选定某一填充图案之后，还可以对图案的填充角度、比例进行设置。使用同一种填充图案，如果为其设置了不同的填充角度和比例，可以得到不同的填充效果。

另外，在对话框中可以选择填充的原点。默认的图案填充是使用当前原点，但是用户可以根据需要，通过指定新的填充原点来绘制图案填充。

填充方式主要有两种，分别是"添加：拾取点"和"添加：选择对象"。

"添加：拾取点"填充方式是通过在填充轮廓内单击来选择填充区域；而"添加：选择对象"填充方式则是通过选择填充对象来完成填充操作。在使用该填充方式的时候，假如所选的对象为一个整体，则单击选中对象即可；但当对象不是一个整体的时候，则需要框选对象来执行图案填充命令。

单击"类型和图案"选项组下的"样例"右边的图案按钮，可以弹出"填充图案选项板"对话框，如图 13-5 所示。在对话框中可以选择系统自带的各类型的图案。

此外，调用 H（图案填充）命令，打开"图案填充和渐变色"对话框，可以使用多种方式来绘制图案填充，以完成室内地材图的绘制。在本章后面将会为读者介绍具体运用 H（图案填充）命令来绘制室内地材图的方法。

图 13-4 "图案填充和渐变色"对话框

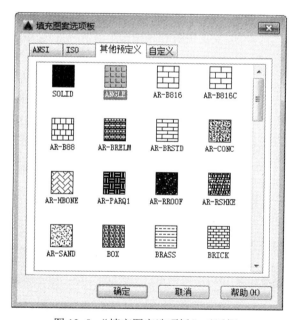

图 13-5 "填充图案选项板"对话框

13.2 绘制地下室地材图

地下室的功能分区较多，所以在绘制地下室地材图的时候，要先绘制门口线来闭合区域，以免在进行图案填充的时候出现不能对所指定的区域进行图案填充的情况。

本节为读者讲解绘制室内地材图的主要步骤。

13.2.1　整理图形

地面图一般在已绘制完成的平面布置图的基础上绘制。在调用了平面布置图之后，要先将平面图上的家具图形删除，然后在门洞处绘制直线以闭合区域。在删除家具图形的时候，要注意不要将墙体或者其他一些表示建筑构件的线段或者图形误删，否则就会出现不能明确辨别图形的情况了。

步骤 1　调用地下室平面布置图。按〈Ctrl+O〉组合键，打开配套光盘提供的"第13章\地下室平面布置图.dwg"文件。调用 E（删除）命令，删除平面图上多余的图形，如图 13-6 所示。

步骤 2　绘制区域闭合直线。调用 L（直线）命令，在各区域的门洞处绘制闭合直线，如图 13-7 所示。

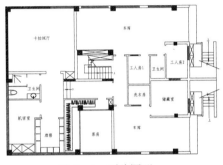

图 13-6　删除图形

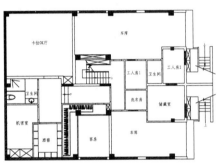

图 13-7　绘制直线

13.2.2　绘制卡拉 OK 厅地面布置图

卡拉 OK 厅的人流量较多，且通常出现大批的人齐聚的情况。所以在选用地面材料装饰的时候，要选择防滑及耐磨性指数较高的材料。

步骤 1　填充图案。调用 H（图案填充）命令，打开"图案填充和渐变色"对话框，设置相关参数，如图 13-8 所示。

步骤 2　在绘图区中拾取卡拉 OK 厅作为填充区域，进行图案填充，如图 13-9 所示。

图 13-8　设置参数

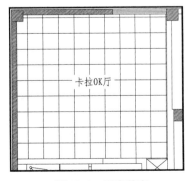

图 13-9　图案填充

步骤 3 填充图案。调用 H（图案填充）命令，打开"图案填充和渐变色"对话框，设置相关参数，如图 13-10 所示。

步骤 4 在绘图区中拾取卡拉 OK 厅作为填充区域，进行图案填充，如图 13-11 所示。

图 13-10　设置参数

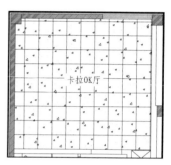

图 13-11　图案填充

13.2.3　绘制卫生间地面图

本例卫生间的盥洗区和如厕区均使用了防滑瓷砖斜铺的装饰方法，在淋浴区则使用了防水处理木来进行装饰，调节了只使用瓷砖装饰的枯燥。

步骤 1 填充图案。调用 H（图案填充）命令，打开"图案填充和渐变色"对话框，设置相关参数，如图 13-12 所示。

步骤 2 在绘图区中拾取卫生间作为填充区域，进行图案填充，如图 13-13 所示。

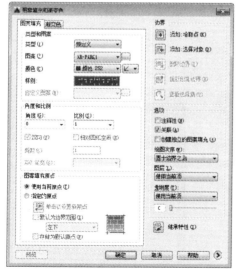

图 13-12　设置参数

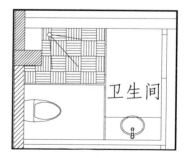

图 13-13　图案填充

步骤 3 填充图案。调用 H（图案填充）命令，打开"图案填充和渐变色"对话框，设置相关参数，如图 13-14 所示。

步骤 4 在绘图区中拾取卫生间作为填充区域，进行图案填充，如图 13-15 所示。

图 13-14　设置参数

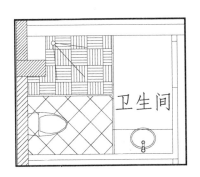

图 13-15　图案填充

步骤 5 填充图案。调用 H（图案填充）命令，打开"图案填充和渐变色"对话框，设置相关参数，如图 13-16 所示。

步骤 6 在绘图区中拾取卫生间作为填充区域，进行图案填充，如图 13-17 所示。

图 13-16　设置参数

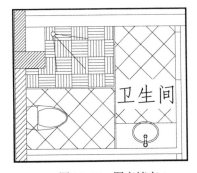

图 13-17　图案填充

13.2.4 绘制机密室地面图

机密室内设置了视频监控器，可以全天候监控房屋的安全，选用与卡拉 OK 厅相同的地面装饰材料。

步骤 1 填充图案。调用 H（图案填充）命令，打开"图案填充和渐变色"对话框，参数设置如图 13-18 所示。

步骤 2 在绘图区中拾取机密室作为填充区域，进行图案填充，如图 13-19 所示。

图 13-18 设置参数

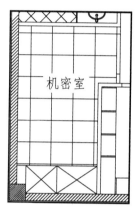

图 13-19 图案填充

步骤 3 填充图案。调用 H（图案填充）命令，打开"图案填充和渐变色"对话框，参数设置如图 13-20 所示。

步骤 4 在绘图区中拾取机密室作为填充区域，进行图案填充，如图 13-21 所示。

步骤 5 使用相同的参数，为酒窖和客房填充图案，如图 13-22 所示。

图 13-20 设置参数

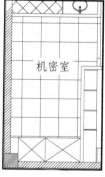

图 13-21 图案填充

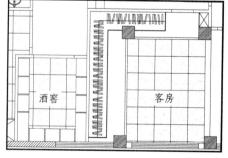

图 13-22 填充效果

13.2.5 绘制客房地面图

客房的地面装饰方式是瓷砖和地毯相结合。地毯有吸声的作用，在卧室中使用地毯，可以有效地吸收来自于外部的噪声，保证室内环境的静谧。

步骤 1 填充图案。调用 H（图案填充）命令，打开"图案填充和渐变色"对话框，参数设置如图 13-23 所示。

步骤 2 在绘图区中拾取客房作为填充区域，进行图案填充，如图 13-24 所示。

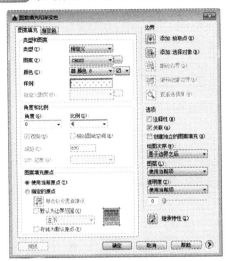

图 13-23　设置参数

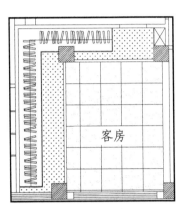

图 13-24　图案填充

13.2.6　绘制车库地面图

车库主要为停放汽车的空间，平时汽车开进开出，对地面的磨损较大，因此，本例选用爵士白石材来装饰车库地面，石材耐磨，且稳定性较高，而且也易于清洁，故其实际的使用频率较高。

步骤 1 填充图案。调用 H（图案填充）命令，打开"图案填充和渐变色"对话框，参数设置如图 13-25 所示。

步骤 2 在绘图区中拾取车库作为填充区域，进行图案填充，如图 13-26 所示。

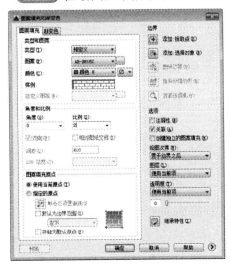

图 13-25　设置参数

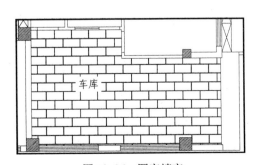

图 13-26　图案填充

步骤 3 使用同样的参数，为另一车库填充地面图案，如图 13-27 所示。

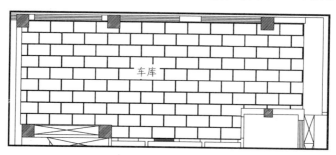

图 13-27　另一车库的图案填充

13.2.7　绘制其他区域地面图

其他区域诸如工人房、储藏间、洗衣房等的地面，都可以使用常规的材料来进行装饰，比如瓷砖和木地板。

步骤 1 填充储藏室图案。调用 H（图案填充）命令，打开"图案填充和渐变色"对话框，设置相关参数，如图 13-28 所示。

步骤 2 在绘图区中拾取储藏室作为填充区域，进行图案填充，如图 13-29 所示。

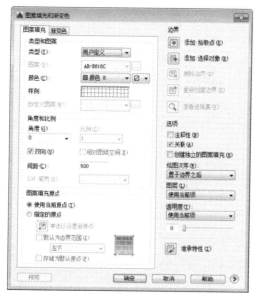

图 13-28　设置参数

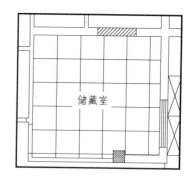

图 13-29　图案填充

步骤 3 填充洗衣房图案。调用 H（图案填充）命令，打开"图案填充和渐变色"对话框，设置相关参数，如图 13-30 所示。

步骤 4 在绘图区中拾取洗衣房作为填充区域，进行图案填充，如图 13-31 所示。

步骤 5 填充工人房地面图。调用 H（图案填充）命令，沿用储藏室地面的填充图案，为工人房填充地面图案，如图 13-32 所示。

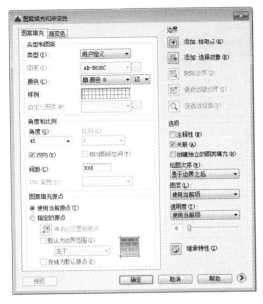

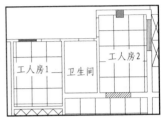

图 13-30 设置参数   图 13-31 图案填充   图 13-32 填充效果

步骤 6 填充卫生间图案。调用 H（图案填充）命令，打开"图案填充和渐变色"对话框，参数设置如图 13-33 所示。

步骤 7 在绘图区中拾取卫生间作为填充区域，进行图案填充，如图 13-34 所示。

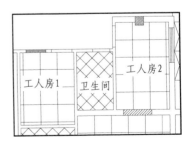

图 13-33 设置参数   图 13-34 填充图案

13.2.8 绘制过道地面图

在过道地面的装饰上，可以多花点心思，以增加其装饰效果。比如本例中的过道都设置了走边。走边使用马赛克来装饰，与地面装饰相区分，对比明显，形成了不错的装饰效果。

步骤 1 绘制填充轮廓。调用 O（偏移）命令，偏移墙线；调用 F（圆角）命令，设置圆角半径为 0，对所偏移的墙线进行圆角处理，如图 13-35 所示。

步骤 2 填充地面马赛克图案。调用 H（图案填充）命令，打开"图案填充和渐变色"对话框，参数设置如图 13-36 所示。

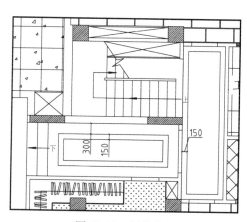

图 13-35 圆角处理

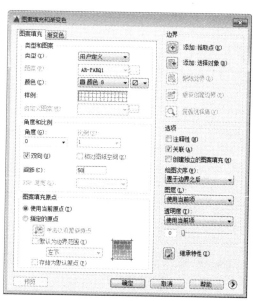

图 13-36 设置参数

步骤 3 在绘图区中拾取走边作为填充区域，进行图案填充，如图 13-37 所示。

步骤 4 填充地面瓷砖图案。调用 H（图案填充）命令，打开"图案填充和渐变色"对话框，参数设置如图 13-38 所示。

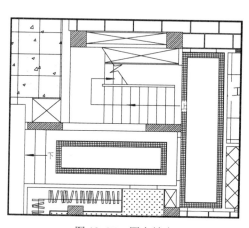

图 13-37 图案填充

图 13-38 设置参数

步骤 5 在绘图区中拾取填充区域，进行图案填充，如图 13-39 所示。

步骤 6　填充地面瓷砖图案。调用 H（图案填充）命令，打开"图案填充和渐变色"对话框，参数设置如图 13-40 所示。

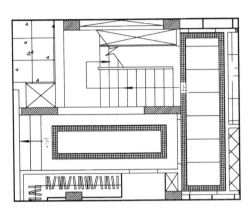

图 13-39　图案填充

图 13-40　设置参数

步骤 7　在绘图区中拾取填充区域，绘制的图案填充如图 13-41 所示。

步骤 8　绘制地面瓷砖图案。调用 O（偏移）命令和 TR（修剪）命令，偏移台阶踏步直线并修剪直线，如图 13-42 所示。

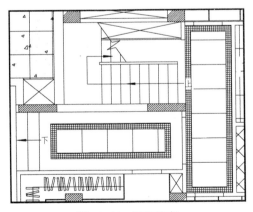

图 13-41　图案填充

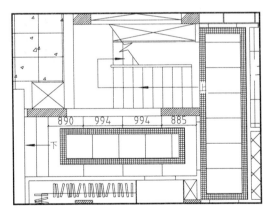

图 13-42　修剪直线

步骤 9　绘制地面瓷砖图案。调用 L（直线）命令，绘制对角线，如图 13-43 所示。

步骤 10　绘制由酒窖通往卡拉 OK 厅的过道地面图。调用 O（偏移）命令，偏移墙线；调用 F（圆角）命令，设置圆角半径为 0，对所偏移的墙线进行圆角处理，如图 13-44 所示。

步骤 11　填充地面马赛克图案。调用 H（图案填充）命令，沿用上述的马赛克图案参数，在绘图区中拾取走边作为填充区域，进行图案填充，如图 13-45 所示。

步骤 12　填充地面瓷砖图案。调用 H（图案填充）命令，打开"图案填充和渐变色"对话框，参数设置如图 13-46 所示。

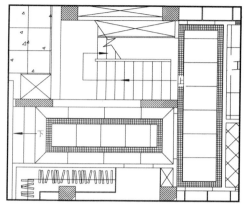

图 13-43 绘制对角线

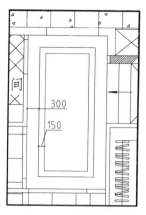

图 13-44 圆角处理

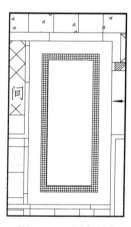

图 13-45 图案填充

图 13-46 设置参数

步骤 13 在绘图区中拾取填充区域，进行图案填充，如图 13-47 所示。

步骤 14 绘制地面瓷砖图案。调用 O（偏移）命令，偏移墙线；调用 TR（修剪）命令，修剪墙线，如图 13-48 所示。

步骤 15 绘制地面瓷砖图案。调用 L（直线）命令，绘制对角线，如图 13-49 所示。

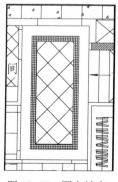

图 13-47 图案填充

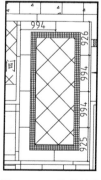

图 13-48 修剪墙线

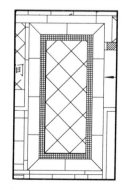

图 13-49 绘制对角线

步骤16 地下室各区域地面图案填充的效果如图 13-50 所示。

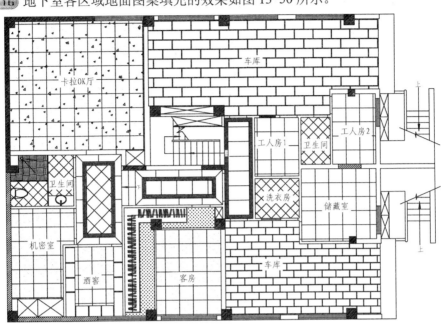

图 13-50 填充效果

13.2.9 绘制材料标注

为已绘制完成的图案填充进行文字标注，以帮助识别其地面所使用的装饰材料。

步骤 1 添加文字标注。调用 MLD（多重引线）命令，添加地面图的材料标注，如图 13-51 所示。

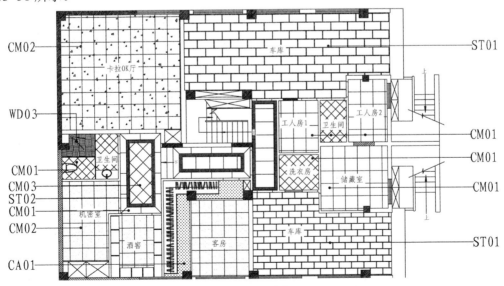

图 13-51 文字标注

步骤 2 绘制材料表。调用 TB（创建表格）命令，在弹出的"插入表格"对话框中设置相关参数，如图 13-52 所示。

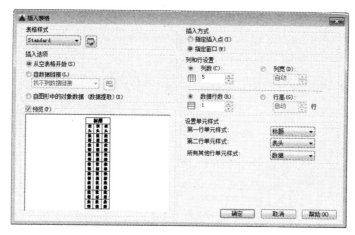

图 13-52 "插入表格"对话框

步骤 3 在绘图区中单击确定插入点，创建表格，如图 13-53 所示。

步骤 4 编辑表格。框选表格，选择表格上的夹点，调整表格列宽的位置，如图 13-54 所示。

步骤 5 双击表格，在单元格内填充文字，如图 13-55 所示。

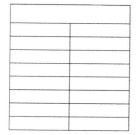

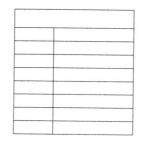

材料表	
代号	规格名称
CM01	仿古瓷砖
CM02	600×600皮质瓷砖
CM03	600×600瓷砖
WD03	300×600防水处理木
ST01	300×600爵士白石材
ST02	爵士白马赛克
CA01	乐宝弹性地毯

图 13-53 创建表格 　　　图 13-54 编辑表格 　　　图 13-55 填充文字

步骤 6 图名标注。调用 MT（多行文字）命令，绘制图名和比例；调用 L（直线）命令，在图名和比例下方绘制两根下画线，并将最下面的下画线的线宽设置为 0.3mm，效果如图 13-56 所示。

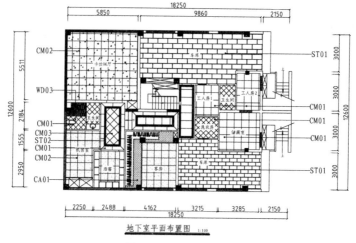

图 13-56 图名标注

13.3 绘制一层地材图

本节为读者讲解绘制别墅一层地材图的方法。一层地面布置图的材料选用原则与地下室的地面材料选用原则大同小异。

13.3.1 整理图形

步骤 1 调用一层平面布置图。按〈Ctrl+O〉组合键，打开配套光盘提供的"第13章\一层平面布置图.dwg"文件。调用 E（删除）命令，删除平面图上多余的图形。

步骤 2 绘制门口线。调用 L（直线）命令，在门洞处绘制门口线，如图 13-57 所示。

图 13-57 绘制门口线

13.3.2 绘制一层地面

步骤 1 填充拉毛石图案。调用 H（图案填充）命令，打开"图案填充和渐变色"对话框，设置相关参数，如图 13-58 所示。

步骤 2 在对话框中单击"添加：拾取点"按钮，根据命令行的提示在绘图区中选择填充区域；按〈Enter〉键返回"图案填充和渐变色"对话框，单击"确定"按钮关闭对话框，完成图案填充，如图 13-59 所示。

图 13-58 "图案填充和渐变色"对话框

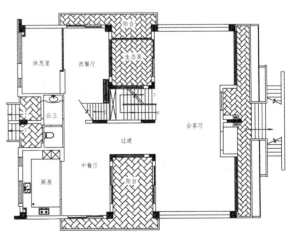

图 13-59 图案填充

步骤 3 绘制过道区域图案填充。调用 L（直线）命令和 TR（修剪）命令，绘制直线并修剪线段，如图 13-60 所示。

步骤 4 绘制走边轮廓。调用 L（直线）命令和 O（偏移）命令，绘制并偏移直线；调用 F（圆角）命令，设置圆角半径为 0，对所偏移的线段进行圆角处理，如图 13-61 所示。

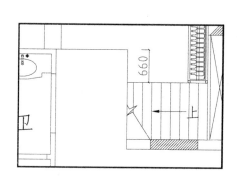

图 13-60　修剪线段

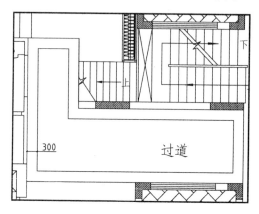

图 13-61　圆角处理

步骤 5 调用 L（直线）命令，绘制直线；调用 REC（矩形）命令，绘制尺寸为 3043×2800 的矩形；调用 O（偏移）命令，设置偏移距离为 300，选择矩形向内偏移，如图 13-62 所示。

步骤 6 调用 O（偏移）命令，设置偏移距离 600，向内偏移墙线；调用 F（圆角）命令，设置圆角半径为 0，对所偏移的墙线进行圆角处理，如图 13-63 所示。

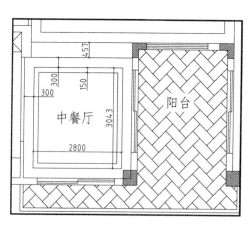

图 13-62　绘制图形

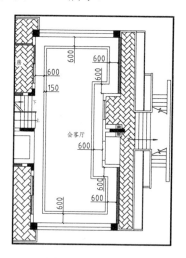

图 13-63　绘制圆角

步骤 7 绘制爵士白石材填充图案。调用 H（图案填充）命令，打开"图案填充和渐变色"对话框，参数设置如图 13-64 所示。

步骤 8 在对话框中单击"添加：拾取点"按钮，在绘图区中拾取填充区域的内部点，进行图案填充，如图 13-65 所示。

图 13-64　设置参数

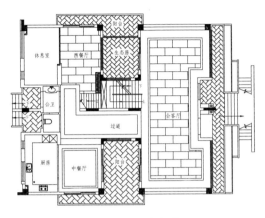

图 13-65　填充效果

步骤 9 绘制皮质砖图案填充。调用 H（图案填充）命令，在"图案填充和渐变色"对话框中选择"用户自定义"类型填充图案，设置图案的填充角度为 45°，选中"双向"复选框，设置填充间距为 600，为休息室、过道、厨房和中餐厅填充图案。

步骤 10 按〈Enter〉键再次调用 H（图案填充）命令，在"图案填充和渐变色"对话框中选择"预定义"类型填充图案，选择名称为 AR—SAND 的图案，设置填充角度为 0°、填充比例为 8，为休息室、过道、厨房和中餐厅填充图案，如图 13-66 所示。

步骤 11 绘制仿古瓷砖图案填充。调用 H（图案填充）命令，在"图案填充和渐变色"对话框中选择"用户自定义"类型填充图案，设置图案的填充角度为 45°，选中"双向"复选框，设置填充间距为 300，为公共卫生间进行图案填充，如图 13-67 所示。

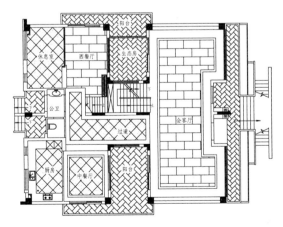

图 13-66　图案填充

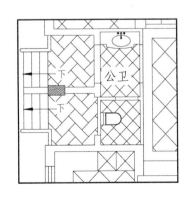

图 13-67　填充图案

步骤 12 绘制走边填充图案。调用 H（图案填充）命令，在"图案填充和渐变色"对话框中选择"用户自定义"类型填充图案，设置图案的填充角度为 0°，选中"双向"复选框，设置填充间距为100，为中餐厅、会客厅进行图案填充，如图13-68所示。

步骤 13 绘制会客厅辅助图案填充。调用 H（图案填充）命令，在"图案填充和渐变色"对话框中选择"用户自定义"类型填充图案，设置图案的填充角度为 0°，选中"双向"复选框，设置填充间距为1200，为会客厅进行辅助图案填充，如图13-69所示。

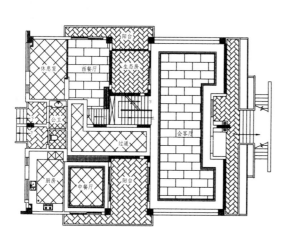

图 13-68 填充效果

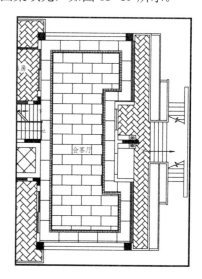

图 13-69 填充图案

步骤 14 绘制过道走边填充图案。调用 L（直线）命令，为过道的走边图形绘制对角线，如图13-70所示。

步骤 15 绘制过道辅助图案填充。调用 H（图案填充）命令，在"图案填充和渐变色"对话框中选择"用户自定义"类型填充图案，设置图案的填充角度为 0°，取消选中"双向"复选框，设置填充间距为900，为过道绘制辅助图案填充，如图13-71所示。

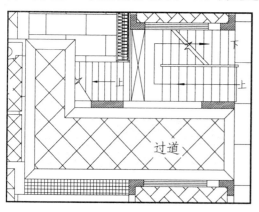

图 13-70 绘制对角线

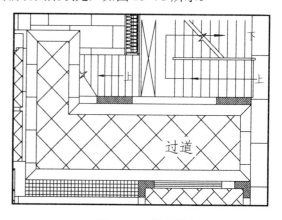

图 13-71 图案填充

步骤 16 调用 H（图案填充）命令，在"图案填充和渐变色"对话框中选择"用户自定义"类型填充图案，设置图案的填充角度为 90°，取消选中"双向"复选框，设置填充间距为900，为过道绘制辅助图案填充，如图13-72所示。

步骤 17 绘制玄关图案填充。调用 O（偏移）命令，设置偏移距离为150，向内偏移玄关轮廓线；调用 F（圆角）命令，设置圆角半径为 0，对所偏移的轮廓线进行圆角处理；调用 L（直线）命令，取经圆角处理后的线段的中点为起点绘制直线，如图 13-73 所示。

步骤 18 绘制爵士白马赛克填充图案。调用 H（图案填充）命令，在"图案填充和渐变色"对话框中选择"用户自定义"类型填充图案，设置图案的填充角度为 0°，选中"双向"复选框，设置填充间距为 100，为玄关绘制图案填充，如图 13-74 所示。

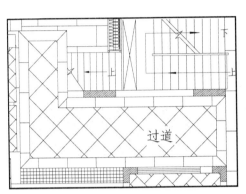
图 13-72　图案填充

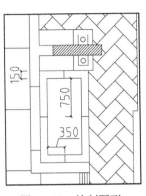
图 13-73　绘制图形

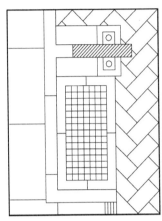
图 13-74　图案填充

13.3.3 文字标注

步骤 1 添加文字标注。调用 MLD（多重引线）命令，添加地面图的材料标注，如图 13-75 所示。

步骤 2 绘制材料表。调用 TB（创建表格）命令，绘制表格；双击表格的单元格，输入材料名称和编号，绘制材料表，如图 13-76 所示。

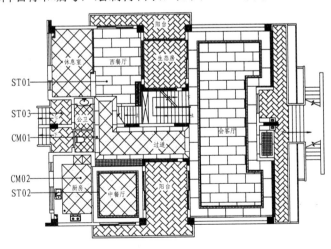
图 13-75　添加文字标注

材料表	
代号	规格名称
CM01	仿古瓷砖
CM02	600×600皮质砖
ST01	300×600爵士白石材
ST02	爵士白马赛克
ST03	300×600拉毛石

图 13-76　绘制材料表

步骤 3 图名标注。调用 MT（多行文字）命令，绘制图名和比例；调用 L（直线）命令，在图名和比例下方绘制两条下画线，并将最下面的下画线的线宽设置为 0.3mm，如图 13-77 所示。

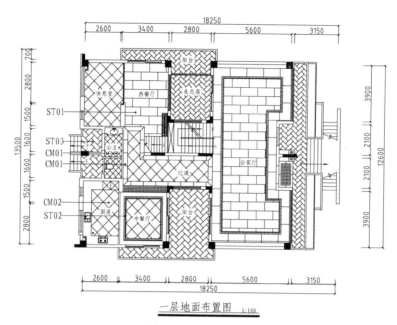

图 13-77　图名标注

13.4　绘制二层地材图

本节为读者讲解绘制别墅二层地材图的方法。二层主要为休息区，设置了老人房和小孩房。卧室地面材料选择瓷砖；书房和禅房地面的材料使用木地板来装饰；卫生间淋浴区的地面装饰材料都统一采用了防水处理木等。

13.4.1　整理图形

步骤 1 调用二层平面布置图。按〈Ctrl+O〉组合键，打开配套光盘提供的"第13章\二层平面布置图.dwg"文件。调用 E（删除）命令，删除平面图上多余的图形。

步骤 2 绘制门口线。调用 L（直线）命令，在门洞处绘制门口线，如图 13-78 所示。

13.4.2　绘制二层地面

图 13-78　绘制门口线

步骤 1 由于小孩房 2 的床为固定式，所以在进行地面材料铺设的时候，可以忽略该区域。调用 L（直线）命令，定义床的位置，如图 13-79 所示。

步骤 2 绘制过道区走边。调用 O（偏移）命令、F（圆角）命令、L（直线）命令，绘制走边轮廓，如图 13-80 所示。

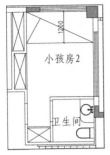

图 13-79　定义位置

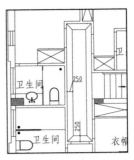

图 13-80　绘制过道区走边

步骤 3 绘制仿古瓷砖填充图案。调用 H（图案填充）命令，在"图案填充和渐变色"对话框中选择"用户自定义"类型填充图案，设置图案的填充角度为 45°，选中"双向"复选框，设置填充间距为 300，为卫生间及过道绘制图案填充，如图 13-81 所示。

步骤 4 绘制家庭客厅走边。调用 O（偏移）命令、F（圆角）命令，绘制图形，效果如图 13-82 所示。

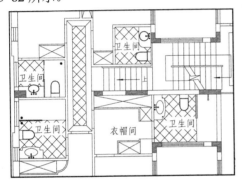

图 13-81　图案填充

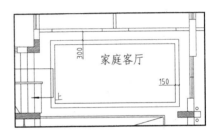

图 13-82　绘制客厅走边

步骤 5 绘制仿古瓷砖填充图案。调用 H（图案填充）命令，在"图案填充和渐变色"对话框中选择"用户自定义"类型填充图案，设置图案的填充角度为 45°，选中"双向"复选框，设置填充间距为 600，为家庭客厅绘制图案填充，如图 13-83 所示。

步骤 6 绘制过道走边填充图案。调用 H（图案填充）命令，在"图案填充和渐变色"对话框中选择"用户自定义"类型填充图案，设置图案的填充角度为 0°，取消选中"双向"复选框，设置填充间距为 900，为过道走边绘制图案填充，如图 13-84 所示。

步骤 7 调用 L（直线）命令，绘制直线，如图 13-85 所示。

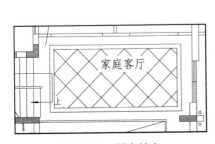

图 13-83　图案填充

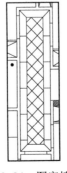

图 13-84　图案填充

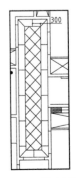

图 13-85　绘制直线

步骤 8 绘制家庭客厅辅助图案填充。调用 H（图案填充）命令，在"图案填充和渐变色"对话框中选择"用户自定义"类型填充图案，设置图案的填充角度为 90°，选中"双向"复选框，设置填充间距为 800，为家庭客厅绘制辅助图案填充，如图 13-86 所示。

步骤 9 绘制爵士白马赛克填充图案。调用 H（图案填充）命令，在"图案填充和渐变色"对话框中选择"用户自定义"类型填充图案，设置图案的填充角度为 0°，选中"双向"复选框，设置填充间距为 100，为家庭客厅走边绘制图案填充，如图 13-87 所示。

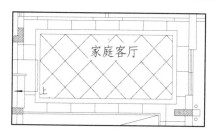

图 13-86 填充图案

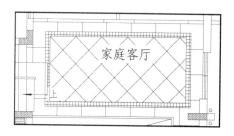

图 13-87 图案填充

步骤 10 绘制皮质砖图案填充。调用 H（图案填充）命令，在"图案填充和渐变色"对话框中选择"用户自定义"类型填充图案，设置图案的填充角度为 45°，选中"双向"复选框，设置填充间距为 600，为老人房1和小孩房1绘制填充图案。

步骤 11 按〈Enter〉键再次调用 H（图案填充）命令，在"图案填充和渐变色"对话框中选择"预定义"类型填充图案，选择名称为 AR—SAND 的图案，设置填充角度为 0°、填充比例为 8，为老人房2和小孩房2填充图案，如图 13-88 所示。

步骤 12 绘制拉毛石图案填充。调用 H（图案填充）命令，在"图案填充和渐变色"对话框中选择"预定义"类型填充图案，选择名称为"AR—HBONE"的图案，设置图案的填充角度为180°、填充比例为 3，为阳台和生态房绘制填充图案，如图 13-89 所示。

步骤 13 绘制防水处理木图案填充。调用 H（图案填充）命令，在"图案填充和渐变色"对话框中选择"预定义"类型填充图案，选择名称为"AR—PARQ1"的图案，设置图案的填充角度为 0°、填充比例为 1，为卫生间的淋浴区绘制填充图案，如图 13-90所示。

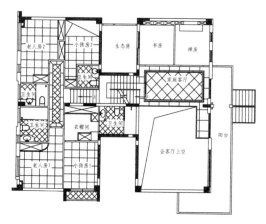

图 13-88 填充图案

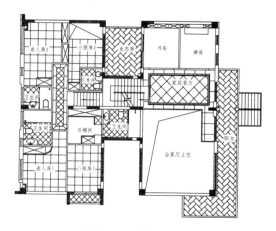

图 13-89 图案填充

步骤 14 绘制实木地板图案填充。调用 H（图案填充）命令，在"图案填充和渐变色"对话框中选择"预定义"类型填充图案，选择名称为"DOLMIT"的图案，设置图案的填充角度为 0°、90°，填充比例为 15，为衣帽间、书房和禅房绘制填充图案，如图 13-91 所示。

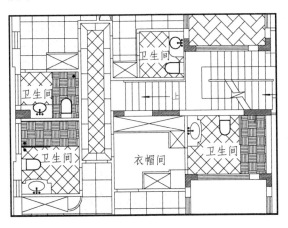

图 13-90　填充沐浴区　　　　　　　图 13-91　图案填充

13.4.3　文字标注

步骤 1 添加文字标注。调用 MLD（多重引线）命令，添加地面图的材料标注，如图 13-92 所示。

步骤 2 绘制材料表。调用 TB（创建表格）命令，绘制表格；双击表格的单元格，输入材料名称和编号，绘制材料表，如图 13-93 所示。

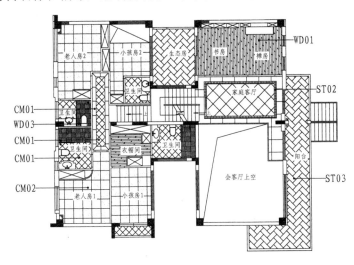

图 13-92　文字标注

材料表	
代号	规格名称
CM01	仿古瓷砖
CM02	600×600皮质瓷砖
WD01	实木地板
WD03	300×600防水处理木
ST02	爵士白马赛克
ST03	300×600拉毛石

图 13-93　绘制材料表

步骤 3 图名标注。调用 MT（多行文字）命令，绘制图名和比例；调用 L（直线）命令，在图名和比例下方绘制两条下画线，并将最下面的下画线的线宽设置为 0.3mm，绘制结果如图 13-94 所示。

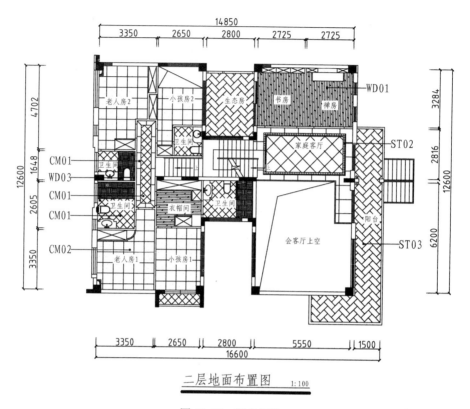

二层地面布置图 1:100

图 13-94 图名标注

13.5 绘制三层地材图

本节为读者讲解绘制别墅三层地材图的方法。别墅的三层可以视为一个独立的生活区，因其具备了休息、盥洗、休闲娱乐等场所，又因为三层为别墅主人所居住的区域，所以其装饰风格可以较为奢华一些，以彰显主人的实力或者品位。

13.5.1 整理图形

步骤 1 调用三层平面布置图。按〈Ctrl+O〉组合键，打开配套光盘提供的"第13章\三层平面布置图.dwg"文件。调用 E（删除）命令，删除平面图上多余的图形。

步骤 2 绘制门口线。调用 L（直线）命令，在门洞处绘制门口线，如图 13-95 所示。

13.5.2 绘制三层地面

步骤 1 绘制拉毛石图案填充。调用 H（图案填充）命令，在"图案填充和渐变色"对话框中选择"预定义"类型填充图案，选择名称为"AR—HBONE"的图案，设置图案的填充角度为 180°、填充比例为 3，为阳台和生态房绘制填充图案，如图 13-96 所示。

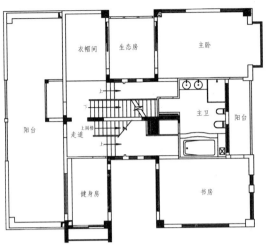

图 13-95　绘制门口线

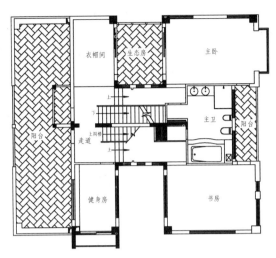

图 13-96　图案填充

步骤 2 绘制仿古瓷砖图案填充。调用 H（图案填充）命令，在"图案填充和渐变色"
对话框中选择"用户自定义"类型填充图案，设置图案的填充角度为 45°，选中"双向"复
选框，设置填充间距为 300，为卫生间和健身房阳台绘制填充图案，如图 13-97 所示。

步骤 3 绘制仿古瓷砖图案填充。调用 H（图案填充）命令，在"图案填充和渐变色"
对话框中选择"用户自定义"类型填充图案，设置图案的填充角度为 45°，选中"双向"复
选框，设置填充间距为 600，为走道区绘制填充图案，如图 13-98 所示。

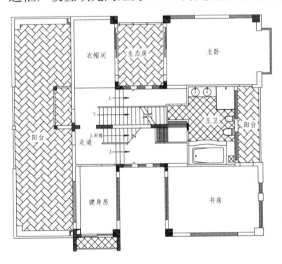

图 13-97　填充图案

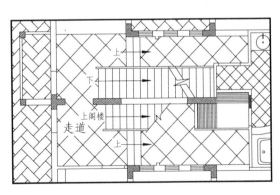

图 13-98　填充图案

步骤 4 绘制实木地板图案填充。调用 H（图案填充）命令，在"图案填充和渐变色"
对话框中选择"预定义"类型填充图案，选择名称为"DOLMIT"的图案，设置图案的填充
角度为 90°、填充比例为 15，为衣帽间和健身房填充图案，如图 13-99 所示。

步骤 5 绘制乐宝弹性地毯图案填充。调用 H（图案填充）命令，在"图案填充和渐变
色"对话框中选择"预定义"类型填充图案，选择名称为"GRASS"的图案，设置图案的
填充角度为 0°、填充比例为 6，为主卧和书房填充图案，如图 13-100 所示。

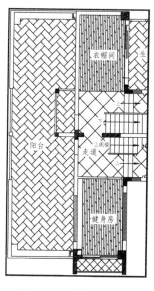

图 13-99　图案填充

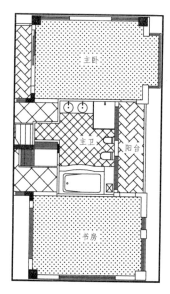

图 13-100　填充地毯图案

步骤 6 绘制防水处理木图案填充。调用 H（图案填充）命令，在"图案填充和渐变色"对话框中选择"预定义"类型填充图案，选择名称为"AR—PARQ1"的图案，设置图案的填充角度为 0°、填充比例为 1，为湿蒸间填充图案，如图 13-101 所示。

步骤 7 三层地面布置图的图案填充的效果如图 13-102 所示。

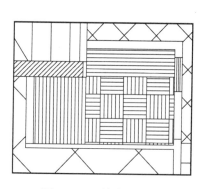

图 13-101　填充图案

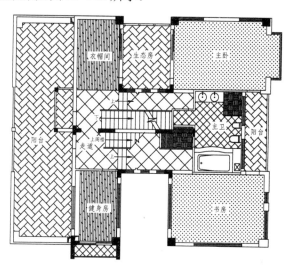

图 13-102　最终结果

13.5.3　文字标注

步骤 1 添加文字标注。调用 MLD（多重引线）命令，添加地面图的材料标注，如图 13-103 所示。

步骤 2 绘制材料表。调用 TB（创建表格）命令，绘制表格；双击表格的单元格，输入材料名称和编号，绘制材料表，如图 13-104 所示。

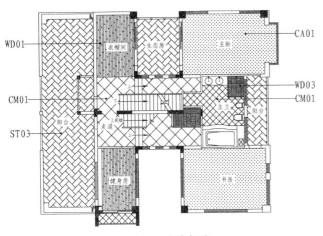

图 13-103 文字标注

材料表	
代号	规格名称
CM01	仿古瓷砖
WD01	实木地板
WD03	300×600防水处理木
ST03	300×600拉毛石
CA01	乐宝弹性地毯

图 13-104 绘制材料表

步骤 3 图名标注。调用 MT（多行文字）命令，添加图名和比例；调用 L（直线）命令，在图名和比例下方绘制两条下画线，并将最下面的下画线的线宽设置为 0.3mm，绘制如图 13-105 所示。

步骤 4 绘制阁楼乐宝弹性地毯图案填充。调用 H（图案填充）命令，在"图案填充和渐变色"对话框中选择"预定义"类型填充图案，选择名称为"GRASS"的图案，设置图案的填充角度为 0°、填充比例为 6，为阁楼填充图案，完成阁楼地面布置图的绘制，如图 13-106 所示。

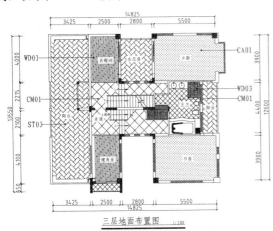

图 13-105 图名标注

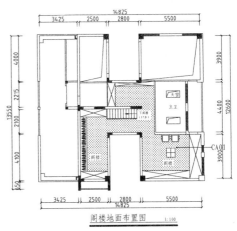

图 13-106 阁楼地面图最终效果

13.6 设计专栏

13.6.1 上机实训

运用本章所学知识绘制地面布置图，如图 13-107 所示，其一般绘制步骤为：先清理平面布置图，再对需要填充的区域描边以方便填充，然后填充图案以表示地面材质，最后进行引线标注，说明地面材料和规格。

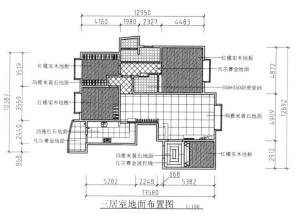

图 13-107　地面布置图

13.6.2　辅助绘图锦囊

　　在实际工作中，经常会绘制休闲娱乐设备，如图 13-108 所示为常用休闲娱乐设备尺寸，方便读者在绘图过程中有大概的了解。

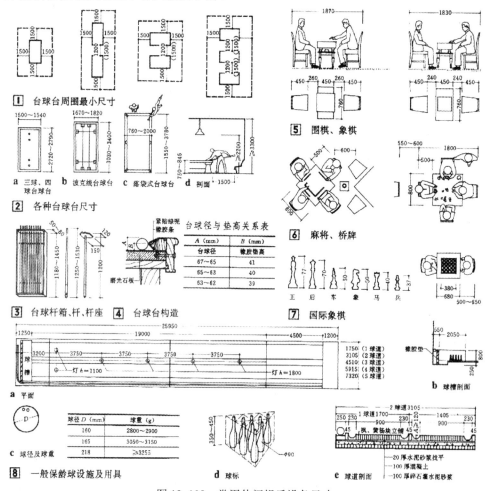

图 13-108　常用休闲娱乐设备尺寸

第 14 章

绘制室内立面图

本章要点

● 室内装潢设计立面图概述
● 绘制别墅立面图

室内立面图是室内设计装饰装修施工图中的重要图样，绘制时的参考依据包括平面布置图、顶棚图、地材图。立面的标高要参考原始结构图中的建筑标高，以及顶棚图中的吊顶完成面标高；立面图除了要表达设计理念之外，也要对平面布置图中所出现的各类型家具进行表达；立面图要对地面的造型进行表达，包括台阶的做法、地面的局部抬高等。

本章为读者介绍立面图的形成、绘制等知识，并以别墅立面图为例，讲述在实际绘图过程中立面图的绘制方法。

14.1　室内装潢设计立面图概述

可以这样说，平面布置图表达了居室的功能区划分，而立面图则主要表达了居室的设计理念。可见，立面图在进行居室装饰改造时的重要性。本节为读者介绍关于室内立面图的理论知识，主要包括立面图的形成原因、图示内容和绘制方法等。

14.1.1　立面图的形成

室内立面图是将房屋的室内墙面按内视符号的指向，向直立投影面所做的正投影图。立面图用于反映室内空间垂直方向的装饰设计形式、尺寸与做法、材料与色彩的选用等内容，是装饰工程施工图中的主要图样之一，是确定墙面做法的主要依据。

房屋立面图的名称，应根据平面布置图中内视投影符号的编号或者字母来确定，比如①立面图、A立面图等。

室内立面图应包括投影方向可见的室内轮廓线和装饰构造、门窗、构配件、墙面做法、固定家具、灯具等内容，以及必要的尺寸和标高，并需表达非固定家具、装饰构件等情况。室内立面图的顶棚轮廓线，可以根据情况选择是表达吊顶，还是同时表达吊顶及结构顶棚。

室内立面图的外轮廓使用粗实线来表示，墙面上的门窗及凹凸于墙面的造型使用中实线来表示，其他图示内容、尺寸标注、引出线等用细实线来表示。如没有特别的图形需要表示，室内立面图一般不绘制虚线，在绘制后要使用文字进行解释说明。

绘制室内立面图的常用比例为1∶50，可用比例为1∶25、1∶30、1∶40等。

如图14-1所示为绘制完成的卧室电视背景墙立面图，如图14-2所示为制作完成的中式风格装饰效果。

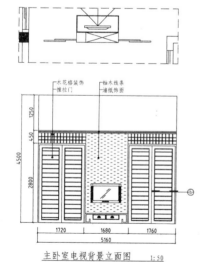

图14-1　室内立面图

图14-2　制作效果

14.1.2　立面图的识读

室内墙面除了相同之处一般均需要绘制立面图，图样的命名、编号应与平面布置图上的内饰符号编号相一致，内视符号决定室内立面图的识读方向，同时也给出了图样的数量。

下面讲解图 14-1 所示的卧室电视背景墙的识读步骤。

1．确定要识读的室内立面图所在的房间位置

由图 14-1 可以得知，该图表明的卧室电视背景墙的立面做法。在表示所绘制的立面图是指房间的哪个位置时，除了调入内视符号之外；将立面所指向的平面图部分抽离出来，与立面图放在一起，也有助于人们明了该立面图所表示的平面范围。

图 14-1 中就将卧室电视背景墙的平面部分进行移动、复制、修剪至一旁，明确表示立面图所指示的区域。

2．以平面布置图为参考，在立面图上布置家具和陈设

在平面布置图中明确该墙面位置有哪些固定家具和室内陈设等，并注意其定形、定位尺寸，做到对所识读的墙（柱）立面位置的家具、陈设等有一个基本的了解。

如图 14-1 中即明确地表示了在平面图中所出现的家具，包括推拉门、电视柜、电视机等。

3．浏览所选定的室内立面图，了解所读立面的装饰形式及其变化

如图 14-1 中的卧室电视背景墙立面图，表示了位于该墙面上的推拉门尺寸、电视背景墙尺寸、装饰材料及预留的吊顶高度等信息。

4．注意墙面装饰造型，以及装饰面的尺寸、范围、选材、颜色及相应做法

如图 14-1 中的立面图所示，电视背景墙的装饰简单大方，主要的装饰材料为壁纸，背景墙的宽度为 1680mm。从该立面图中可以知道该居室的装修风格为新中式风格，因为该立面图所表达的装饰元素大多为中式风格的装饰物件，比如花格装饰、角线材料的选用、中式风格电视柜的选用等。

5．查看立面的标注信息

查看立面标高、其他的细部尺寸、索引符号等。如图 14-1 所示，卧室的顶棚标高为 4500mm。为了配合说明推拉门的做法，还画出了索引符号。

14.1.3 立面图的内容

室内立面图的内容主要包括：

（1）室内立面轮廓线。顶棚有吊顶时可以画出吊顶、叠级、灯槽等剖切轮廓线（使用粗实线来表示），墙面与吊顶的收口形式，可见的灯具投影图等。

（2）墙面的装饰造型及陈设（比如壁挂、工艺品等物体）、门窗的造型及规格、墙面灯具、暖气罩（北方）等装饰内容。

（3）装饰选材、立面的尺寸标高及做法说明。图外一般标注一至两道竖向及水平的尺寸，以及楼地面、顶棚等的装饰标高；图内可标注主要装饰造型的定形、定位尺寸。做法标注采用细实线来引出，一般调用"多重引线"命令来绘制。

（4）附墙的固定家具及造型（比如影视墙、壁柜等）。

（5）索引符号、说明文字、图名及比例等。

14.1.4 立面图的画法

绘制室内设计立面图，首先要读懂平面图、顶面图及地面图这些基础图形。因为立面图除了表达立面装饰的信息外，其所表达的信息也要与平面图、地面图及顶面图相符合，否则，读图者在通读立面图的时候，发现与其他相关的平面图不相符合，就会闹笑话。

绘制立面图可以首先绘制立面的外轮廓，在划定了一个区域之后，就可以在该区域内添加立面装饰物。假如所绘立面不是单纯的墙面装饰，而是在该墙面上出现了门洞、窗洞或者其他需要绘制的家具或者陈设物时，可以首先在立面轮廓内绘制所绘物体的轮廓线。

在对立面轮廓线进行分区后，就可以在已划定的区域内绘制图形。在绘制立面图的时候，采用循序渐进的方法来绘制，由大到小，可以提高所绘图形的精确性，且不易出现错误。

有些家具或陈设物不需要绘制，直接从图库中调用图块即可。在绘制完成立面装饰图形后，要绘制立面标注。立面标注包括尺寸标注、文字标注及图名比例标注等。尺寸标注可以表达立面装饰物的构造尺寸，以及所在立面的高度和宽度。而文字标注则标明了立面图上物体的名称、立面装饰材料的使用及装饰做法等。图名和比例标注则标明了该立面图所绘制的是何区域的装饰做法，以及使用多大的比例来进行绘制的。

14.2 绘制别墅立面图

本节绘制别墅立面图，以明确表示各空间立面所使用的装饰材料和制作方法。其一般绘制步骤为：先绘制总体轮廓，再绘制墙体和吊顶，接下来绘制墙体装饰，以及插入图块，最后进行标注。

14.2.1 绘制主卫 C 立面图

主卫生间位于别墅的三层，是整个别墅中面积最大的卫生间。主卫 C 立面图是表示浴缸所在墙面的装饰手法。主卫生间的位置正好位于别墅的尖屋顶下，所以在绘制主卫生间的立面图的时候，要对尖屋顶有一定的示意。

步骤 1 调用主卫 C 立面的平面图部分。调用 CO（复制）命令，从三层平面布置图中移动复制主卫生间的 C 立面的平面部分至一旁。

步骤 2 绘制主卫 C 立面图的外轮廓。调用 L（直线）命令，从复制得到的主卫生间的 C 立面图的平面局部图中绘制引出线，如图 14-3 所示。

步骤 3 调用 TR（修剪）命令，修剪线段，如图 14-4 所示。

步骤 4 绘制墙体造型轮廓。调用 O（偏移）命令，偏移线段，如图 14-5 所示。

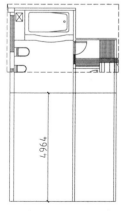

图 14-3　绘制引出线

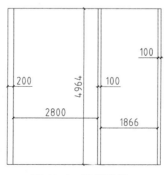

图 14-4　修剪线段

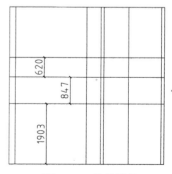

图 14-5　偏移线段

步骤 5　调用 TR（修剪）命令和 L（直线）命令，修剪图形并绘制直线，绘制墙体造型轮廓，如图 14-6 所示。

步骤 6　绘制立面门窗。调用 O（偏移）命令、L（直线）命令，偏移并绘制直线，如图 14-7 所示。

步骤 7　调用 TR（修剪）命令，修剪图形，绘制门窗洞图形，如图 14-8 所示。

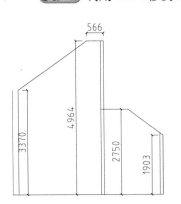
图 14-6　绘制墙体造型轮廓

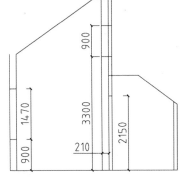
图 14-7　偏移线段

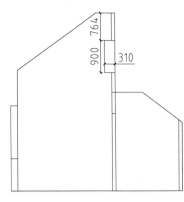
图 14-8　绘制门窗洞图形

步骤 8　绘制立面窗。调用 O（偏移）命令、TR（修剪）命令，偏移并修剪线段，绘制立面窗图形，如图 14-9 所示。

步骤 9　绘制湿蒸房玻璃隔断。调用 O（偏移）命令、TR（修剪）命令，偏移并修剪线段，绘制湿蒸房玻璃隔断，如图 14-10 所示。

步骤 10　绘制高窗。调用 O（偏移）命令、TR（修剪）命令，偏移并修剪线段，绘制的高窗如图 14-11 所示。

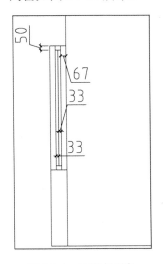
图 14-9　绘制立面窗

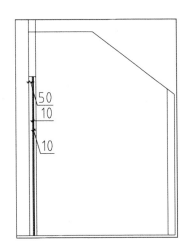
图 14-10　绘制湿蒸房玻璃隔断

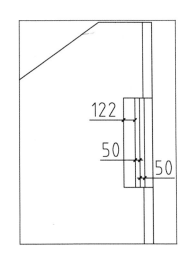
图 14-11　绘制高窗

步骤 11　绘制墙体造型。调用 O（偏移）命令，偏移线段，如图 14-12 所示。

步骤 12　调用 TR（修剪）命令，修剪线段，如图 14-13 所示。

步骤 13　调用 O（偏移）命令、TR（修剪）命令，偏移并修剪线段，如图 14-14 所示。

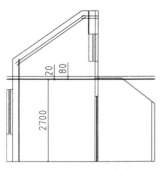
图 14-12　偏移线段

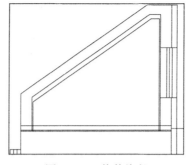
图 14-13　修剪线段

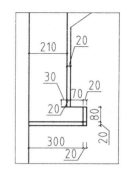
图 14-14　偏移并修剪线段

<img_步骤 14> 重复操作，继续绘制墙面造型图形，如图 14-15 所示。

<img_步骤 15> 绘制天窗。调用 O（偏移）命令，偏移线段，如图 14-16 所示。

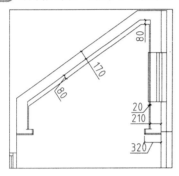
图 14-15　修剪线段

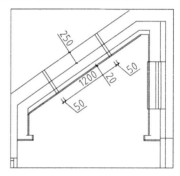
图 14-16　偏移线段

<img_步骤 16> 调用 TR（修剪）命令，修剪线段，如图 14-17 所示。

<img_步骤 17> 绘制玻璃。调用 O（偏移）命令、TR（修剪）命令，偏移并修剪线段，如图 14-18 所示。

<img_步骤 18> 填充玻璃图案。调用 H（图案填充）命令，弹出"图案填充和渐变色"对话框，参数设置如图 14-19 所示。

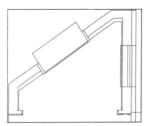
图 14-17　修剪线段

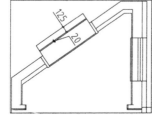
图 14-18　偏移并修剪线段

图 14-19　修剪线段

步骤 19 在对话框中单击"添加：拾取点"按钮，在绘图区中选择填充区域；按〈Enter〉键返回对话框，单击"确定"按钮关闭对话框，图案填充效果如图 14-20 所示。

步骤 20 绘制湿蒸室墙面装饰。调用 O（偏移）命令、TR（修剪）命令，偏移并修剪线段，如图 14-21 所示。

步骤 21 绘制浴缸位。调用 O（偏移）命令和 TR（修剪）命令，偏移线段并修剪线段，如图 14-22 所示。

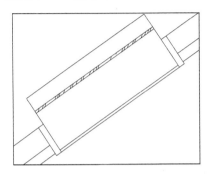

图 14-20　图案填充

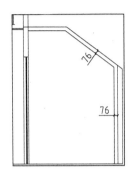

图 14-21　偏移并修剪线段

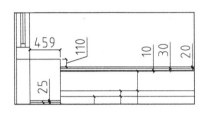

图 14-22　偏移并修剪线段

步骤 22 插入图块。按〈Ctrl+O〉组合键，打开配套光盘提供的"第 14 章\家具图例.dwg"文件，将其中的吊灯、浴缸等图块复制粘贴至当前图形中，如图 14-23 所示。

步骤 23 填充墙面图案。调用 H（图案填充）命令，弹出"图案填充和渐变色"对话框，参数设置如图 14-24 所示。

步骤 24 在对话框中单击"添加：拾取点"按钮，在绘图区中选择填充区域；按〈Enter〉键返回对话框，单击"确定"按钮关闭对话框，图案填充效果如图 14-25 所示。

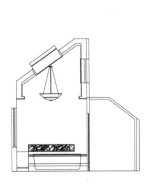

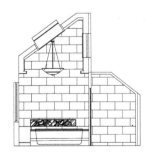

图 14-23　插入图块　　　　　　图 14-24　设置参数　　　　　　图 14-25　填充图案

步骤 25 文字、尺寸标注。调用 MLD（多重引线）命令和 DLI（线性标注）命令，为立面图添加材料标注并为立面图添加尺寸标注，如图 14-26 所示。

步骤 26 图名标注。调用 MT（多行文字）命令，添加图名和比例；调用 L（直线）命令，绘制下画线，并将置于最下面的直线线宽更改为 0.3mm，如图 14-27 所示。

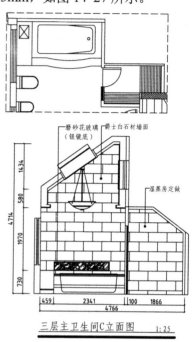

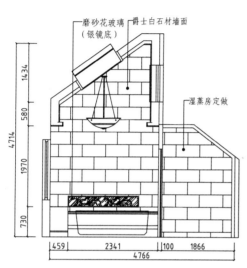

图 14-26 文字、尺寸标注

图 14-27 图名标注

14.2.2 绘制主卧室 A 立面图

本节为读者介绍主卧室立面图的绘制方法，以明确表示主卧室立面所使用的装饰材料和制作方法。

步骤 1 调用主卧室 A 立面的平面图部分。调用 CO（复制）命令，从三层平面布置图中移动复制主卧室的 A 立面的平面部分至一旁。

步骤 2 绘制主卧室 A 立面图的外轮廓。调用 L（直线）命令，从复制得到的主卧室的 A 立面的平面局部图中绘制引出线，如图 14-28 所示。

步骤 3 绘制立面物体轮廓。调用 L（直线）命令、TR（修剪）命令，绘制并修剪直线，如图 14-29 所示。

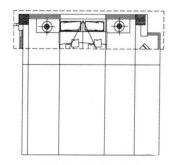

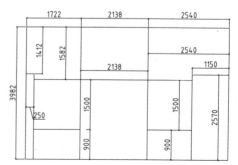

图 14-28 绘制引出线

图 14-29 绘制并修剪直线

步骤 4 绘制立面窗。调用 O（偏移）命令和 TR（修剪）命令，偏移线段并修剪线段，如图 14-30 所示。

步骤 5 绘制挂画位置。调用 REC（矩形）命令和 O（偏移）命令，绘制矩形并向内偏移矩形，如图 14-31 所示。

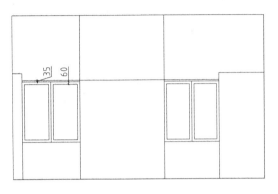

图 14-30 修剪线段　　　　　　　　　　图 14-31 绘制挂画位置

步骤 6 绘制吊顶灯带位。调用 L（直线）命令、O（偏移）命令、TR（修剪）命令，绘制吊顶灯带图形，如图 14-32 所示。

步骤 7 绘制吊顶。调用 L（直线）命令和 TR（修剪）命令，绘制直线并修剪线段，如图 14-33 所示。

步骤 8 绘制造型吊顶。调用 L（直线）命令、TR（修剪）命令，绘制并修剪线段；调用 A（圆弧）命令，绘制圆弧；调用 O（偏移）命令，偏移圆弧，如图 14-34 所示。

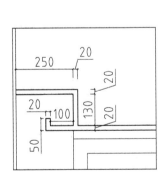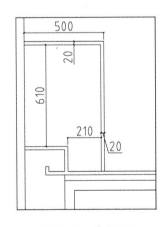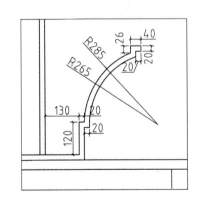

图 14-32 绘制吊顶灯带位　　　图 14-33 修剪线段　　　图 14-34 绘制造型吊顶

步骤 9 调用 L（直线）命令，绘制直线，如图 14-35 所示。

步骤 10 复制造型吊顶。调用 MI（镜像）命令，镜像复制造型吊顶图形，如图 14-36 所示。

步骤 11 调用 EX（延伸）命令和 TR（修剪）命令，延伸并修剪线段，如图 14-37 所示。

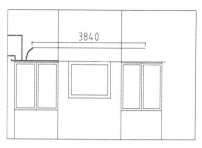

图 14-35　绘制直线

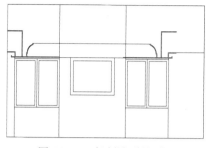

图 14-36　复制造型吊顶

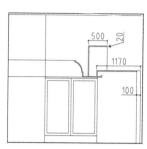

图 14-37　修剪线段

步骤 12　绘制造型屋顶轮廓。调用 L（直线）命令和 TR（修剪）命令，绘制直线并修剪线段，如图 14-38 所示。

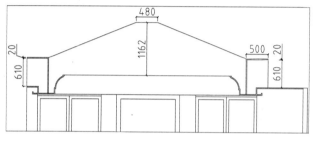

图 14-38　绘制造型屋顶

步骤 13　调用 O（偏移）命令和 TR（修剪）命令，偏移轮廓线并修剪线段，如图 14-39 所示。

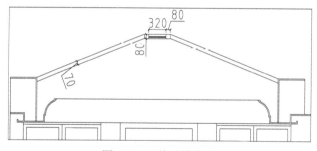

图 14-39　偏移轮廓线

步骤 14　绘制顶面造型装饰。调用 C（圆形）命令，绘制圆形，如图 14-40 所示。

步骤 15　调用踢脚线图形。从"第 14 章\家具图例.dwg"文件中调用踢脚线图形；调用 L（直线）命令，绘制连接直线，如图 14-41 所示。

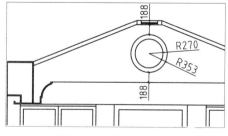

图 14-40　绘制圆形

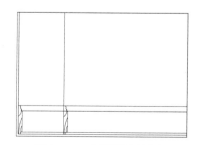

图 14-41　调用踢脚线图形

步骤 16 绘制落地飘窗。调用 L（直线）命令、TR（修剪）命令，绘制立面落地飘窗图形，如图 14-42 所示。

步骤 17 插入图块。按〈Ctrl+O〉组合键，打开配套光盘提供的"第 14 章\家具图例.dwg"文件，将其中的双人床、窗帘等图块复制粘贴至当前图形中，如图 14-43 所示。

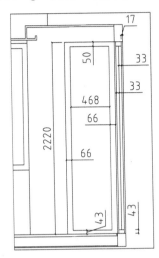

图 14-42 绘制立面窗图形

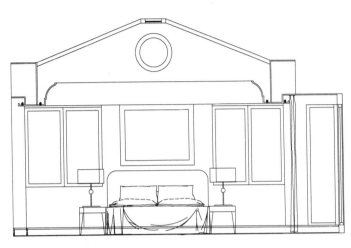

图 14-43 插入图块

步骤 18 绘制墙面皮质软包装饰。调用 L（直线）命令、TR（修剪）命令，绘制并修剪直线，如图 14-44 所示。

步骤 19 填充墙面皮质软包装饰图案。调用 H（图案填充）命令，打开"图案填充和渐变色"对话框，参数设置如图 14-45 所示。

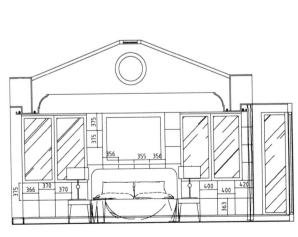

图 14-44 绘制并修剪直线

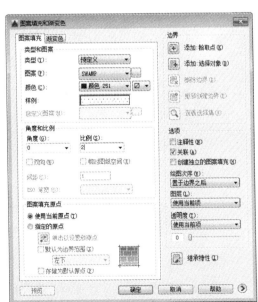

图 14-45 "图案填充和渐变色"对话框

步骤 20 在对话框中单击"添加：拾取点"按钮，在绘图区中选择填充区域；按

〈Enter〉键返回对话框，单击"确定"按钮关闭对话框，绘制图案填充，如图14-46所示。

步骤 21　填充墙纸装饰图案。调用 H（图案填充）命令，打开"图案填充和渐变色"对话框，参数设置如图14-47所示。

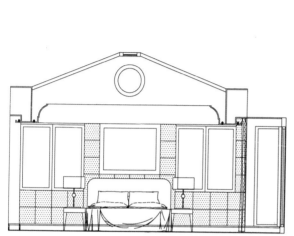

图 14-46　图案填充

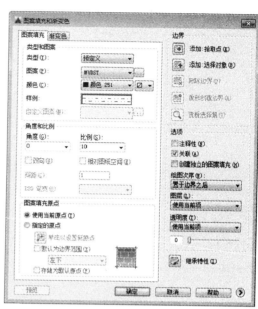

图 14-47　设置参数

步骤 22　在对话框中单击"添加：拾取点"按钮，在绘图区中选择填充区域；按〈Enter〉键返回对话框，单击"确定"按钮关闭对话框，进行图案填充，如图14-48所示。

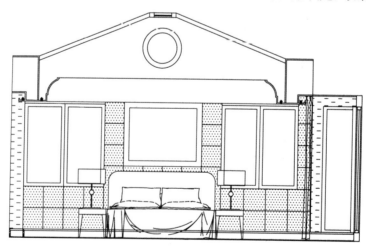

图 14-48　填充图案

步骤 23　填充图案。因为前面已经介绍过镜面和墙面的图案填充参数和比例，所以请读者参考前面小节的图案填充参数，为镜面、顶面绘制图案填充，如图14-49所示。

步骤 24　文字标注。调用 MLD（多重引线）命令，为立面图绘制材料标注，如图14-50所示。

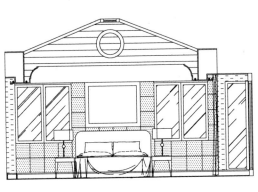

图 14-49　填充

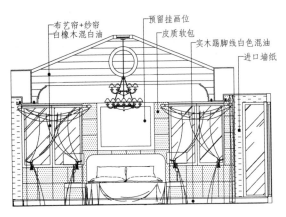

图 14-50　材料标注

步骤25 尺寸、图名标注。调用 DLI（线性标注）命令、MT（多行文字）命令和 L（直线）命令，绘制尺寸标注、图名、比例和下画线，并将置于最下面的直线线宽更改为 0.3mm，如图 14-51 所示。

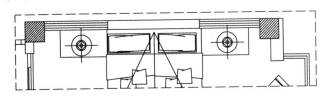

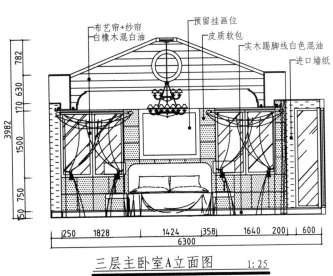

图 14-51　图形标注

14.2.3　绘制客厅 A 立面图

本节为读者介绍客厅装饰中两个重要立面图的绘制方法，借以了解本例别墅中客厅的装饰手法和所使用的装饰材料。

步骤1 调用客厅 A 立面的平面图部分。调用 CO（复制）命令，从三层平面布置图中

移动复制客厅的 A 立面的平面部分至一旁。

步骤 2　绘制客厅 A 立面图的外轮廓。调用 L（直线）命令，从复制得到的客厅 A 立面的平面局部图中绘制引出线，如图 14-52 所示。

步骤 3　绘制墙体轮廓。调用 O（偏移）命令，偏移线段，如图 14-53 所示。

步骤 4　调用 TR（修剪）命令，修剪线段，如图 14-54 所示。

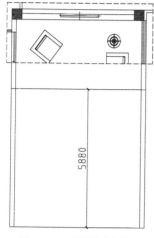

图 14-52　绘制引出线

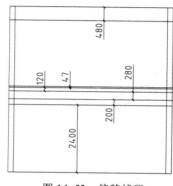

图 14-53　偏移线段

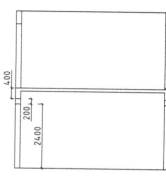

图 14-54　修剪线段

步骤 5　填充墙体图案。调用 H（图案填充）命令，打开"图案填充和渐变色"对话框，参数设置如图 14-55 所示。

步骤 6　在对话框中单击"添加：拾取点"按钮，在绘图区中选择填充区域；按〈Enter〉键返回对话框，单击"确定"按钮关闭对话框，进行图案填充，如图 14-56 所示。

步骤 7　绘制立面窗。调用 O（偏移）命令，偏移墙体轮廓线；调用 TR（修剪）命令，修剪线段，如图 14-57 所示。

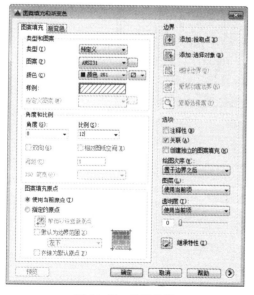

图 14-55　设置参数

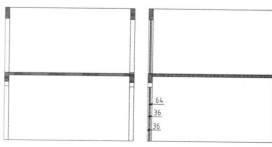

图 14-56　图案填充　　图 14-57　绘制立面窗

步骤 8 绘制立面装饰物。调用 L（直线）命令和 O（偏移）命令，绘制并偏移直线；调用 TR（修剪）命令，修剪直线，如图 14-58 所示。

步骤 9 调用 L（直线）命令、REC（矩形）命令和 O（偏移）命令，绘制直线、矩形及偏移矩形，如图 14-59 所示。

步骤 10 绘制吊顶。调用 L（直线）命令、TR（修剪）命令，绘制并修剪直线，如图 14-60 所示。

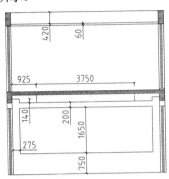
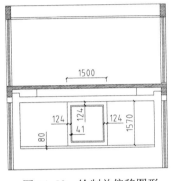
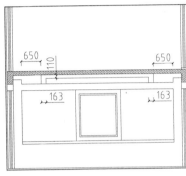

图 14-58 修剪直线　　　　　图 14-59 绘制并偏移图形　　　　　图 14-60 修剪直线

步骤 11 绘制造型吊顶。调用 L（直线）命令、TR（修剪）命令，绘制并修剪直线；调用 A（圆弧）命令，绘制圆弧；调用 O（偏移）命令，偏移圆弧，如图 14-61 所示。

步骤 12 调用 MI（镜像）命令，镜像复制图形，如图 14-62 所示。

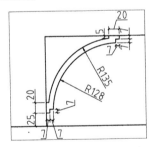
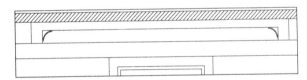

图 14-61 绘制造型吊顶　　　　　　　　图 14-62 镜像复制

步骤 13 调用 L（直线）命令，绘制连接直线，如图 14-63 所示。

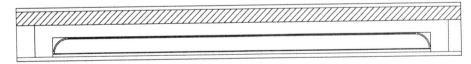

图 14-63 绘制连接直线

步骤 14 调用 CO（复制）命令，向上移动复制绘制完成的造型吊顶图形，如图 14-64 所示。

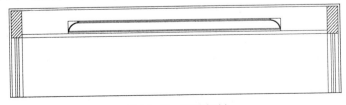

图 14-64 移动复制

步骤 15 绘制立面装饰柱。调用 REC（矩形）命令，绘制矩形，如图 14-65 所示。

步骤 16 绘制立面装饰物。调用 L（直线）命令和 TR（修剪）命令，绘制直线并修剪直线，如图 14-66 所示。

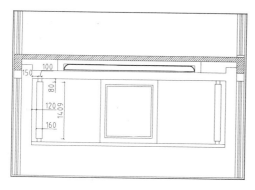

图 14-65 绘制矩形

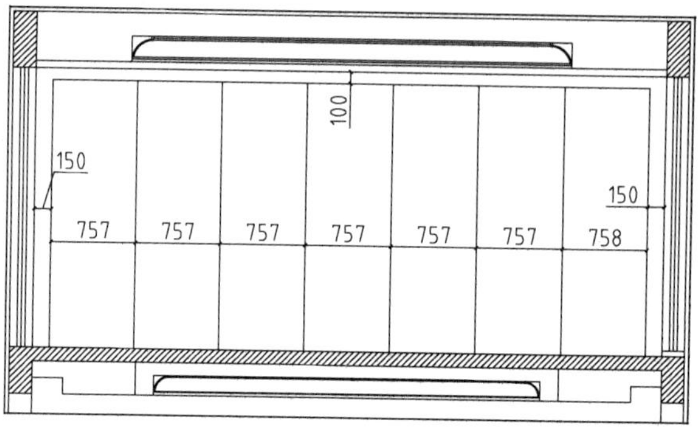

图 14-66 绘制并修剪直线

步骤 17 填充车边银镜装饰图案。调用 H（图案填充）命令，打开"图案填充和渐变色"对话框，参数设置如图 14-67 所示。

步骤 18 在对话框中单击"添加：拾取点"按钮，在绘图区中选择填充区域；按〈Enter〉键返回对话框，单击"确定"按钮关闭对话框，进行图案填充，如图 14-68 所示。

步骤 19 填充墙面石材装饰图案。调用 H（图案填充）命令，在打开的"图案填充和渐变色"对话框中选择"预定义"类型图案，选择名称为 AR—B816 的填充图案，设置填充角度为 0°、填充比例为 2，为墙体绘制石材装饰图案填充，如图 14-69 所示。

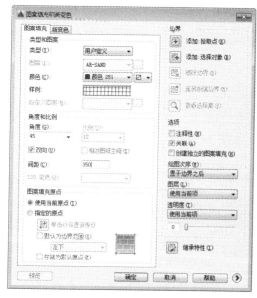

图 14-67 设置参数

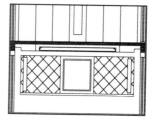

图 14-68 图案填充

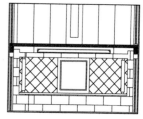

图 14-69 图案填充

步骤 20 填充银箔工艺装饰图案。调用 H（图案填充）命令，打开"图案填充和渐变色"对话框，参数设置如图 14-70 所示。

步骤 21 在对话框中单击"添加：拾取点"按钮 🔳，在绘图区中选择填充区域；按 〈Enter〉键返回对话框，单击"确定"按钮关闭对话框，绘制图案填充，如图 14-71 所示。

图 14-70 "图案填充和渐变色"对话框

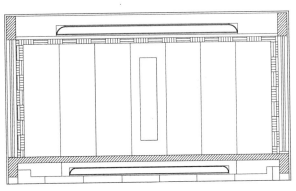

图 14-71 图案填充

步骤 22 沿用相同的填充图案，将其比例更改为 1.3，继续为图形绘制图案填充，如图 14-72 所示。

步骤 23 填充镜面图案。调用 H（图案填充）命令，在打开的"图案填充和渐变色"对话框中选择"预定义"类型图案，选择名称为 AR—RROOF 的填充图案，设置填充角度为 45°、填充比例为 20，为镜面绘制图案填充，如图 14-73 所示。

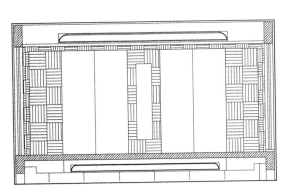

图 14-72 填充图案

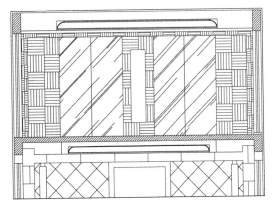

图 14-73 填充图案

步骤 24 插入图块。按〈Ctrl+O〉组合键，打开配套光盘提供的"第 14 章\家具图例.dwg"文件，将其中的组合沙发等图块复制粘贴至当前图形中，如图 14-74 所示。

步骤 25 绘制图形标注。调用 MLD（多重引线）命令、DLI（线性标注）命令、MT（多行文字）命令、L（直线）命令，为立面图添加材料标注、尺寸标注及图名标注，如图 14-75 所示。

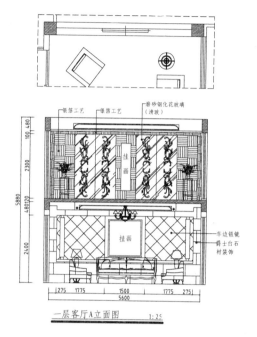

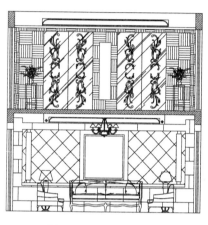

图 14-74　插入图块

图 14-75　添加标注

14.2.4　绘制厨房 B 立面图

本节为读者介绍的厨房 B 立面图是厨房折叠门所在墙面的装饰效果。具体操作步骤如下：

步骤 1　调用厨房 B 立面的平面图部分。调用 CO（复制）命令，从一层平面布置图中移动复制厨房的 B 立面的平面部分至一旁。

步骤 2　绘制厨房 B 立面图的外轮廓。调用 L（直线）命令，从复制得到的厨房的 B 立面的平面局部图中绘制引出线，如图 14-76 所示。

步骤 3　绘制厨房折叠门。调用 TR（修剪）命令和 L（直线）命令，修剪线段并绘制直线，如图 14-77 所示。

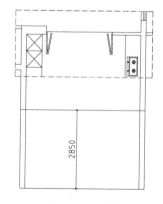

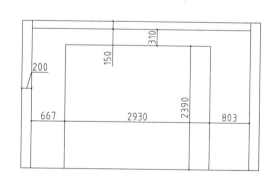

图 14-76　绘制引出线

图 14-77　绘制直线

步骤 4　绘制折叠门门套。调用 O（偏移）命令和 F（圆角）命令，向内偏移线段并对所偏移的线段进行圆角处理，如图 14-78 所示。

步骤 5　绘制折叠门。调用 O（偏移）命令，偏移线段，并将其中表示门折叠位置的线段的线型更改为虚线，如图 14-79 所示。

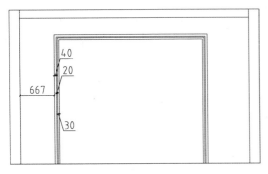

图 14-78　绘制折叠门门套　　　　　　　　　图 14-79　绘制折叠门

步骤 6　调用 O（偏移）命令，偏移线段，如图 14-80 所示。

步骤 7　绘制合页和门把手。调用 REC（矩形）命令，绘制尺寸为 169×49 的矩形，作为折叠门的合页；调用 C（圆）命令，分别绘制半径为 44、32 的圆形，作为折叠门的把手，如图 14-81 所示。

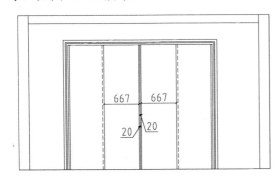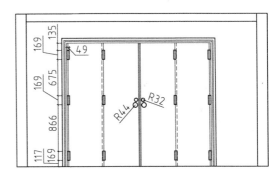

图 14-80　偏移线段　　　　　　　　　　　图 14-81　绘制合页和门把手

步骤 8　调用角线图形。从"第 14 章\家具图例.dwg"文件中复制粘贴角线图形，调用 L（直线）命令，绘制连接直线，如图 14-82 所示。

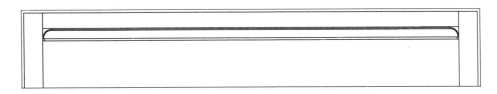

图 14-82　调用角线图形并绘制连接直线

步骤 9　填充墙面石材装饰图案。调用 H（图案填充）命令，打开"图案填充和渐变色"对话框，参数设置如图 14-83 所示。

步骤 10　在对话框中单击"添加：拾取点"按钮，在绘图区中选择填充区域；按〈Enter〉键返回对话框，单击"确定"按钮关闭对话框，绘制的图案填充如图 14-84 所示。

图 14-83 "图案填充和渐变色"对话框

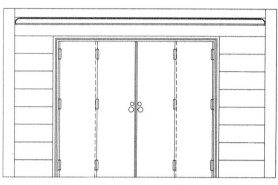

图 14-84 图案填充

步骤 11 调用 L（直线）命令，绘制直线，如图 14-85 所示。

步骤 12 绘制图形标注。调用 MLD（多重引线）命令、DLI（线性标注）命令、MT（多行文字）命令、L（直线）命令，为立面图添加材料标注、尺寸标注及图名标注，如图 14-86所示。

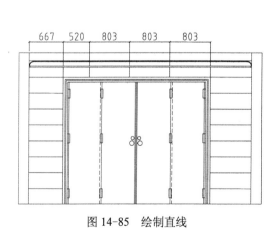

图 14-85 绘制直线

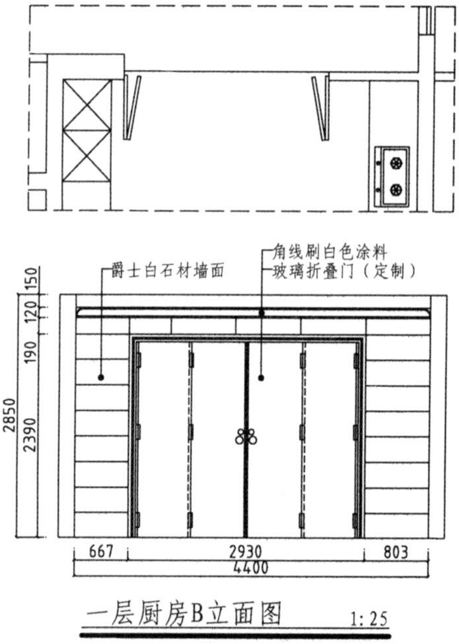

图 14-86 添加标注

14.2.5 绘制一层休息室、西餐厅 A 立面图

休息室和西餐厅相连，所以可以将其立面一起进行表示。休息室、西餐厅 A 立面表示的是休息室挂画所在墙面的装饰效果，以及西餐厅推拉门所在墙面的装饰效果。

步骤 1 调用一层休息室、西餐厅 A 立面的平面图部分。调用 CO（复制）命令，从一层平面布置图中移动复制休息室、西餐厅的 A 立面的平面部分至一旁。

步骤 2 绘制休息室、西餐厅 A 立面图的外轮廓。调用 L（直线）命令，从复制得到的休息室、西餐厅 A 立面的平面局部图中绘制引出线，如图 14-87 所示。

步骤 3 绘制墙体轮廓。调用 O（偏移）命令和 TR（修剪）命令，偏移线段并修剪线段，如图 14-88 所示。

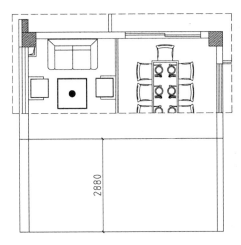

图 14-87 绘制引出线

图 14-88 绘制墙体轮廓

步骤 4 绘制立面窗。调用 O（偏移）命令、TR（修剪）命令，偏移并修剪线段，如图 14-89 所示。

步骤 5 绘制吊顶。调用 L（直线）命令和 O（偏移）命令，绘制直线并偏移直线；调用 TR（修剪）命令，修剪直线，如图 14-90 所示。

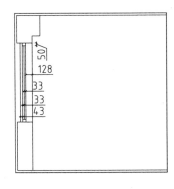

图 14-89 绘制立面窗

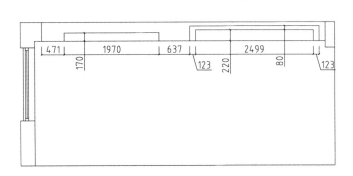

图 14-90 修剪直线

步骤 6 绘制休息室造型吊顶。调用 L（直线）命令、O（偏移）命令、TR（修剪）命令，绘制、偏移并修剪直线；调用 A（圆弧）命令，绘制圆弧，如图 14-91 所示。

步骤 7 重复操作，继续绘制西餐厅的造型吊顶，如图 14-92 所示。

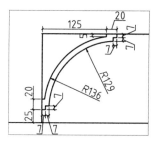

图 14-91　绘制效果

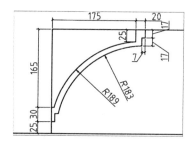

图 14-92　绘制造型吊顶

步骤 8　调用 MI（镜像）命令，镜像复制绘制完成的造型吊顶图形；调用 L（直线）命令，在绘制完成的造型吊顶之间绘制连接直线，如图 14-93 所示。

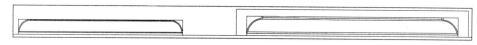

图 14-93　绘制直线

步骤 9　绘制西餐厅玻璃推拉门。调用 REC（矩形）命令和 O（偏移）命令，绘制矩形并偏移矩形边，绘制如图 14-94 所示。

步骤 10　绘制休息室台阶。调用 O（偏移）命令、TR（修剪）命令，偏移并修剪线段，如图 14-95 所示。

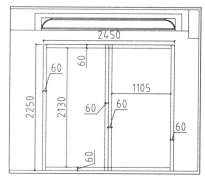

图 14-94　绘制玻璃推拉门

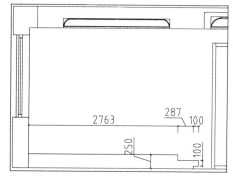

图 14-95　绘制休息室台阶

步骤 11　调用 L（直线）命令，绘制直线，如图 14-96 所示。

步骤 12　绘制休息室玻璃隔断。调用 REC（矩形）命令，绘制矩形；调用 X（分解）命令，分解矩形；调用 O（偏移）命令，偏移矩形边，如图 14-97 所示。

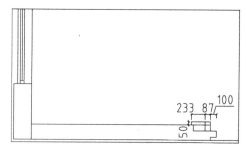

图 14-96　绘制直线

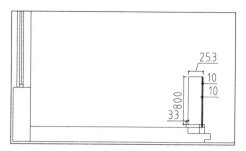

图 14-97　绘制休息室玻璃隔断

步骤 13　绘制挂画。调用 REC（矩形）命令，绘制矩形，如图 14-98 所示。

步骤 14 填充墙面石材装饰图案。调用 H（图案填充）命令，在弹出的"图案填充和渐变色"对话框中选择"预定义"类型图案，选择名称为 AR—B816 的填充图案；设置填充角度为 0°、填充比例为 2，对墙体绘制图案填充。

步骤 15 填充镜面装饰图案。调用 H（图案填充）命令，在弹出的"图案填充和渐变色"对话框中选择"预定义"类型图案，选择名称为 AR—RROOF 的填充图案；设置填充角度为 45°、填充比例为 20，对推拉门、玻璃隔断绘制图案填充，如图 14-99 所示。

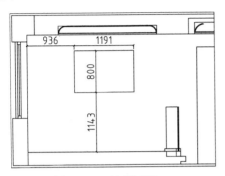

图 14-98 绘制矩形

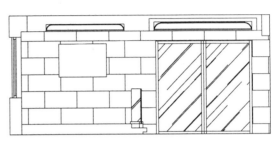

图 14-99 图案填充

步骤 16 插入图块。按〈Ctrl+O〉组合键，打开配套光盘提供的"第 14 章\家具图例.dwg"文件，将其中的组合沙发、餐桌等图块复制粘贴至当前图形中，如图 14-100 所示。

步骤 17 绘制图形标注。调用 MLD（多重引线）命令、DLI（线性标注）命令、MT（多行文字）命令、L（直线）命令，为立面图添加材料标注、尺寸标注及图名标注，如图 14-101所示。

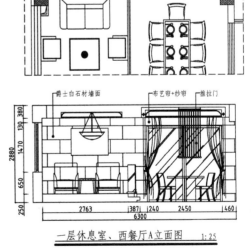

图 14-101 绘制图形标注

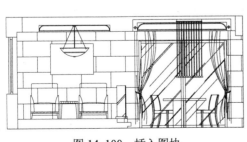

图 14-100 插入图块

14.2.6 绘制三层衣帽间 B 立面图

本例三层衣帽间 B 立面图所表示的主要是由衣帽间通往生态房的推拉门所在墙面的装饰效果。

步骤 1 调用三层衣帽间 B 立面的平面图部分。调用 CO（复制）命令，从三层平面布置图中移动复制衣帽间 B 立面的平面部分至一旁。

步骤 2 绘制衣帽间 B 立面图的外轮廓。调用 L（直线）命令，从复制得到的衣帽间 B 立面的平面局部图中绘制引出线，如图 14-102 所示。

步骤 3 绘制衣柜轮廓。调用 O（偏移）命令和 TR（修剪）命令，偏移线段并修剪线段，如图 14-103 所示。

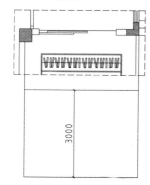

图 14-102　绘制引出线

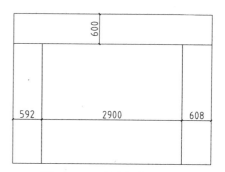

图 14-103　绘制衣柜轮廓

步骤 4 绘制推拉门门套。调用 O（偏移）命令 F（圆角）命令，偏移线段并对所偏移的线段进行圆角处理；调用 L（直线）命令，绘制对角线，如图 14-104 所示。

步骤 5 绘制衣柜装饰外轮廓。调用 O（偏移）命令、F（圆角）命令、L（直线）命令，绘制画框装饰套，如图 14-105 所示。

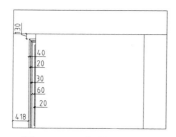

图 14-104　绘制推拉门门套

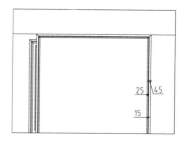

图 14-105　绘制衣柜装饰外轮廓

步骤 6 绘制衣柜内部分隔。调用 O（偏移）命令，偏移线段，如图 14-106 所示。

步骤 7 绘制抽屉。调用 L（直线）命令和 C（圆）命令，绘制直线和半径为 12 的圆形，作为抽屉的拉手，如图 14-107 所示。

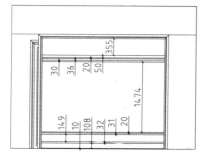

图 14-106　绘制衣柜内部分隔

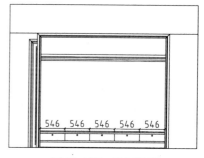

图 14-107　绘制抽屉

步骤8 调用 PL（多段线）命令，绘制折断线，如图 14-108 所示。

步骤9 调用踢脚线图形。从"第 14 章\家具图例.dwg"文件中复制踢脚线图形至当前立面图中，调用 L（直线）命令，绘制连接直线，如图 14-109 所示。

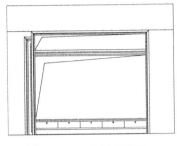

图 14-108　绘制折断线

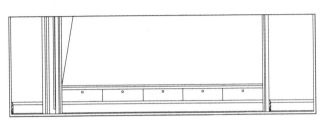

图 14-109　调用踢脚线图形

步骤10 填充抽屉面板装饰图案。调用 H（图案填充）命令，在弹出的"图案填充和渐变色"对话框中选择"预定义"类型图案，选择名称为 AR—SAND 的填充图案；设置填充角度为 0°、填充比例为 1，为抽屉面板绘制图案填充，如图 14-110 所示。

步骤11 填充衣柜内部及墙体装饰图案。调用 H（图案填充）命令，在弹出的"图案填充和渐变色"对话框中选择"预定义"类型图案，选择名称为 MUDST 的填充图案；设置填充角度为 0°、填充比例为 12，为衣柜内部及墙体绘制图案填充，如图 14-111 所示。

步骤12 添加标注。调用 MLD（多重引线）命令、DLI（线性标注）命令、MT（多行文字）命令、L（直线）命令，为立面图添加材料标注、尺寸标注及图名标注，如图 14-112 所示。

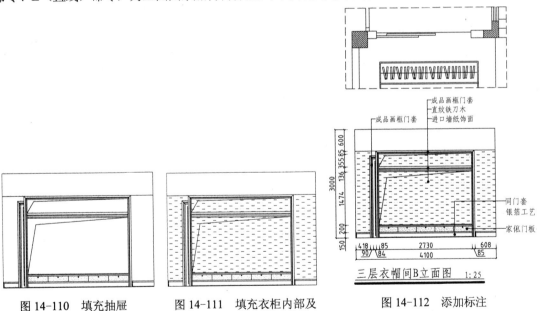

图 14-110　填充抽屉
面板装饰图案

图 14-111　填充衣柜内部及
墙体装饰图案

图 14-112　添加标注

14.2.7　绘制地下机密室 D 立面图

地下机密室 D 立面图所表达的是监控台所在墙面的装饰效果。监控台除了台面外，在台面的下方可以设置抽屉或者柜子用来储藏资料。本例就分别设置了抽屉和层板。抽屉可以上锁，供平时放置一些重要文件，而层板上则可放置一些无关紧要的文件，目的是方便拿取。

步骤1 调用地下机密室 D 立面的平面图部分。调用 CO（复制）命令，从地下室平面布置图中移动复制机密室 D 立面的平面部分至一旁。

步骤2 绘制机密室 D 立面图的外轮廓。调用 L（直线）命令，从复制得到的机密室 D 立面的平面局部图中绘制引出线，如图 14-113 所示。

步骤3 绘制立面装饰物轮廓。调用 O（偏移）命令和 TR（修剪）命令，偏移线段并修剪线段，如图 14-114 所示。

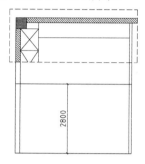

图 14-113 绘制引出线

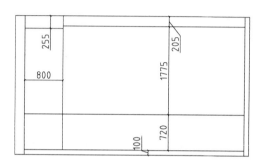

图 14-114 绘制立面装饰物轮廓

步骤4 绘制监控台。调用 L（直线）命令，绘制对角线；调用 O（偏移）命令、TR（修剪）命令，偏移并修剪线段，如图 14-115 所示。

步骤5 绘制抽屉立面装饰。调用 REC（矩形）命令，绘制矩形，如图 14-116 所示。

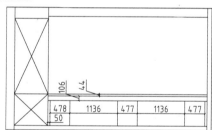

图 14-115 绘制监控台

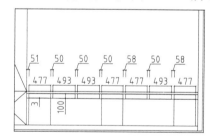

图 14-116 绘制抽屉立面装饰

步骤6 绘制监控台下部层板分隔。调用 O（偏移）命令和 TR（修剪）命令，偏移线段并修剪线段，如图 14-117 所示。

步骤7 绘制抽屉拉手。调用 C（圆）命令，绘制半径为 12 的圆形；调用 PL（多段线）命令，绘制折断线，如图 14-118 所示。

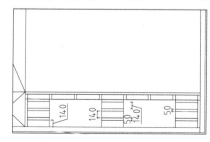

图 14-117 绘制层板分隔

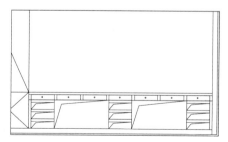

图 14-118 绘制抽屉拉手

步骤 8 调用角线图形。从"第 14 章\家具图例.dwg"文件中复制角线图形至当前立面图中，调用 L（直线）命令，绘制连接直线，如图 14-119 所示。

图 14-119 调用角线图形

步骤 9 绘制监控器和 TV 位置。调用 REC（矩形）命令，绘制矩形，如图 14-120 所示。

步骤 10 绘制墙面皮质砖装饰。调用 H（图案填充）命令，在弹出的"图案填充和渐变色"对话框中设置参数，如图 14-121 所示。

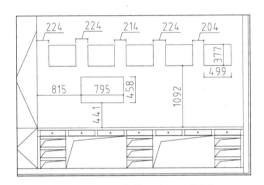

图 14-120 绘制监控器和 TV 位置

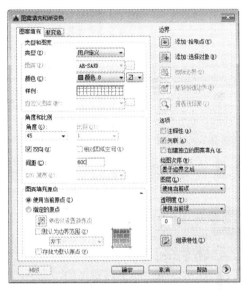

图 14-121 "图案填充和渐变色"对话框

步骤 11 在对话框中单击"添加：拾取点"按钮，在绘图区中选择填充区域；按〈Enter〉键返回对话框中，单击"确定"按钮关闭对话框，绘制的墙面装饰图案如图 14-122 所示。

步骤 12 填充墙面皮质砖装饰图案。调用 H（图案填充）命令，在弹出的"图案填充和渐变色"对话框中选择"预定义"类型图案，选择名称为 AR—SAND 的填充图案；设置填充角度为 0°、填充比例为 1，为抽屉面板绘制图案填充，如图 14-123 所示。

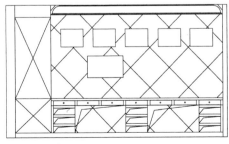

图 14-122 图案填充

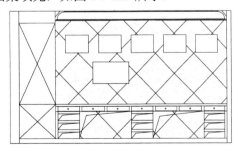

图 14-123 填充图案

步骤 13 添加标注。调用 MLD（多重引线）命令、DLI（线性标注）命令、MT（多行文字）命令、L（直线）命令，为立面图添加材料标注、尺寸标注及图名标注，如图 14-124 所示。

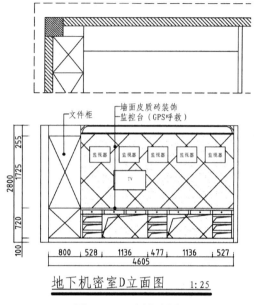

地下机密室D立面图 1:25

图 14-124 添加标注

14.3 设计专栏

14.3.1 上机实训

运用本章所学知识绘制如图 14-125 所示的客厅电视背景墙立面图，其一般绘制步骤为：先绘制总体轮廓，再绘制墙体和吊顶，接下来绘制墙体装饰，以及插入图块，最后进行标注。

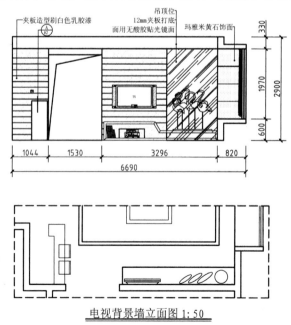

电视背景墙立面图 1:50

图 14-125 尺寸标注

14.3.2 辅助绘图锦囊

在实际工作中，经常会绘制餐厅家具，如图 14-126 所示为常用餐厅家具尺寸，方便在绘图过程中有大概的了解。

1 餐厅的处理要点

1.餐厅可单独设置，也可设在起居室靠近厨房的一隅。

2.就餐区域尺寸应考虑人的来往、服务等活动。

3.正式的餐厅内应设有备餐台、小车及餐具贮藏柜等设备。

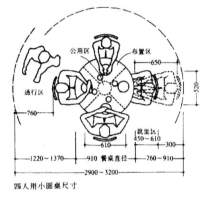

四人用小圆桌尺寸

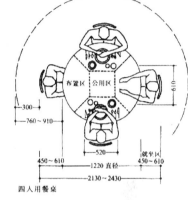

四人用餐桌

2 餐厅的功能分析

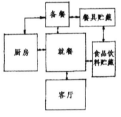

3 餐厅常用人体尺寸

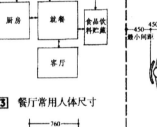

四人用小方桌

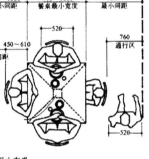

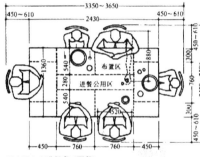

长方形六人进餐桌（西餐）

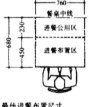

最佳进餐布置尺寸

三人进餐桌布置

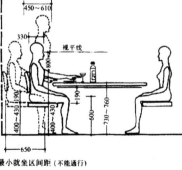

最小就坐区间距（不能通行）

最小进餐布置尺寸

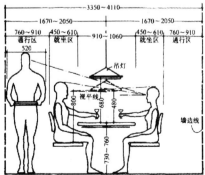

座椅后最小可通行间距

最小用餐单元宽度

图 14-126 常用餐厅家具尺寸

第 15 章

绘制室内详图

节点大样详图是指两个或两个以上装饰面的交汇点，按照水平或垂直方向切开之后，用来标注装饰面之间的对接方式和固定方法。节点大样详图应该详细地表达出装饰面之间连接处的构造，并且标注有详细的尺寸和收口、封边的施工方法。

通过本章的学习，读者可以学习到壁炉、门套、楼梯等常见大样图的基本绘制方法。

15.1 室内装潢设计详图概述

一套完整的室内装饰装修施工图纸不能缺少详图。因为在施工的过程中，施工人员往往要参照详图来进行施工；而材料的采购人员也要根据图纸上所标示的材料名称到市场上进行材料的选购。

本节为读者介绍关于室内装潢设计详图的一些理论知识，包括详图的形成、内容及绘制方法等。

15.1.1 详图的形成

因为平面布置图、地材图、顶棚图、立面图等的绘制比例一般较小，很多主要的装饰造型、构造做法、材料选用、细部尺寸等无法表达或者反映不清晰，不能满足装饰施工、制作的需要。

装饰详图就是放大所绘制详细图样比例的结果。装饰详图一般采用 1∶1～1∶20 的比例来绘制，其表达范围包括在平面图和立面图中不能进行表达的图形构造和装饰的具体信息，包括施工工艺、细部尺寸及使用的材料等。

在绘制详图的时候，剖切到的装饰物轮廓用粗实线来绘制，未被剖切到但是却能看到的投影内容则可以使用细实线来绘制。

如图 15-1 所示为绘制完成的抽屉大样图。

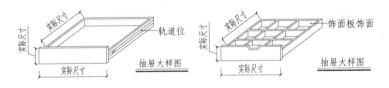

图 15-1 抽屉大样图

15.1.2 详图的识读

室内装饰空间通常由 3 个基面构成：顶棚、墙面与地面。这 3 个基面经过装饰设计师的精心设计，再配置风格协调的家具、绿化与陈设等，营造出特定的气氛和效果。而这些气氛和效果的营造必须通过细部做法及相应的施工工艺才能实现，实现这些内容的重要技术性文件就是装饰详图了。

装饰详图种类较多且与装饰构造、施工工艺有着密切的联系，在识读装饰详图的时候应注意与实际相结合，做到举一反三，融会贯通，所以装饰详图是识图的重点、难点，必须予以足够的重视。

下面介绍识读详图的步骤。

（1）先在室内立面图上看清楚墙面装饰详图剖切符号的位置、编号及投影方向。一般说来，假如已绘制了详图来解释立面造型的做法，都会在立面图上绘制剖切符号来进行标示，在剖切符号上有图名，可以根据图名来寻找该造型的详图。这是针对立面图和详图不在同一图纸上的情况而言的。

还有另外一种情况是立面图和详图都位于同一张图上。在这种情况下，可以将立面图中需要绘制详图的部分用线型为虚线的圆形或者矩形框选起来，再在立面图旁边的空白处绘制相同的圆形或矩形，两个图形之间使用圆弧来连接。此时，就可以在立面图之外的圆形或者矩形内绘制指定装饰造型的详图了。这个方法方便识图，在图纸空间允许的情况下可以使用。

（2）浏览墙面装饰的竖向节点组成，注意凹凸变化、尺寸范围及高度。

（3）识读各节点构造做法及尺寸。墙面做法采用分层引出标注的方法，识读时请注意：自上而下的每行文字，表示的是墙面自左而右的构造层次。

15.1.3 详图的内容

在装饰详图所反映的形体的体积和面积较大及造型变化较多时，通常需要先画出平、立、剖面图来反映装饰造型的基本内容，如准确的外部形状、凹凸变化与结构体的连接方式、标高、尺寸等。

选用的比例多为 1∶10～1∶50，假如图纸空间允许，可以将平面图、立面图与剖面图画在同一张图纸上。当该形体按上述比例所绘制的图样不够清晰的时候，则需要选择 1∶1～1∶10 更大的比例来绘制。当装饰详图较为简单的时候，可以只绘制平面图、断面图（即地面装饰详图）。

一般来说，装饰详图的图示内容包括：

（1）装饰形体的建筑做法。

（2）造型样式、材料选用、尺寸标高。

（3）所依附的建筑结构材料、连接做法，如钢筋混凝土与木龙骨、轻钢及钢型龙骨等内部骨架的连接图示（剖面或断面图），选用标准图时应加索引。

（4）装饰梯基材板材的图示（剖面或断面），如石膏板、木工板、多层夹板、密度板、水泥压力板等用于找平的构造层次（通常固定在骨架上）

（5）装饰面层、胶缝及线角的图示（剖面或者断面），复杂线角及造型等还应绘制大样图。

（6）色彩及做法说明、工艺要求等。

（7）索引符号、图名、比例等。

15.1.4 详图的画法

在绘制构造详图之前，首先要通读平面、立面图，且本身要具备一定的施工工艺知识、材料的基本运用技巧等。

绘制详图的时候，一般都先绘制原始的建筑结构，比如墙面、地面、顶面的基础结构，因为装饰就是在建筑结构的基础上进行的。

在绘制完成原始的建筑结构之后，就可以在此基础上绘制装饰造型的内部构造了。装饰造型分为内部骨架与外部装饰两部分。

我们平时所看到的装饰造型并不是一个整体依附于墙体或者地面等建筑结构之上的，在其华丽的装饰外观之下，还隐藏着用于支撑装饰外观的骨架。

比如，在绘制吊顶详图的时候，要先绘制吊顶内部的骨架结构。吊顶常规的制作方法就是以木龙骨或者轻钢龙骨打底，再使用石膏板封面，然后根据设计要求在石膏板上进行二次装饰，比如涂刷乳胶漆等。

在墙面上制作造型装饰的时候，要根据造型的尺寸来划定基础结构的区域。假设要制作大理石背景墙，则需要在墙体上制作木龙骨骨架，并将骨架固定于墙面之上，然后再在木龙骨架的基础上安装固定大理石。

鉴于此，在绘制装饰构造详图的时候，一定要明确地表示基础的做法、使用材料、尺寸等重要的信息。在绘制完成基础骨架图形之后，就可以在此基础上绘制外立面的装饰图形了。绘制完成的外立面装饰图形一般会绘制图案填充，以与内部的基础结构相区别。

详图图形绘制完成后，就要绘制详图标注。详图标注主要有尺寸标注、文字标注，以及索引符号、图名、比例标注。

尺寸标注有助于识别各细部的具体大小及相互之间的关系，文字标注则对使用材料进行文字说明，其他的诸如图名、比例等标注主要是为了对所绘制详图的表示区域进行识别。

15.2　绘制别墅室内设计详图

详图解释了装饰构造的做法，是室内装饰装潢施工过程中的重要技术依据。所以在绘制详图的时候对于不明确的地方，要多方求证，以保证所绘图形的准确性。

本节以别墅室内设计详图为例，为读者介绍绘制详图的方法。

15.2.1　绘制壁炉详图

本节介绍绘制壁炉详图的具体步骤，首先是绘制详图的外轮廓，然后是绘制壁炉的底座。壁炉底座的材料主要有龙骨和角钢，起到固定支撑外部装饰石材的作用。

步骤 1 绘制详图外轮廓。调用 REC（矩形）命令，绘制矩形；调用 X（分解）命令，分解矩形；调用 O（偏移）命令、TR（修剪）命令，偏移并修剪线段，如图 15-2 所示。

步骤 2 绘制壁炉基础底座。调用 O（偏移）命令和 TR（修剪）命令，偏移线段和修剪线段，如图 15-3 所示。

步骤 3 绘制角钢。调用 O（偏移）命令，设置偏移距离为 4 的线段；调用 F（圆角）命令，设置圆角半径为 0，对所偏移的线段进行圆角处理，如图 15-4 所示。

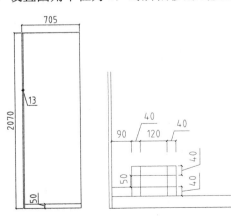

图 15-2　绘制详图外轮廓　　图 15-3　修剪线段

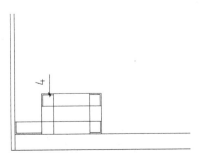

图 15-4　绘制角钢

步骤 4 绘制壁炉基础结构。调用 O（偏移）命令，偏移线段；调用 L（直线）命令，绘制直线，如图 15-5 所示。

步骤 5 调用 O（偏移）命令，偏移线段，如图 15-6 所示。

步骤 6 调用 L（直线）命令，绘制对角线，如图 15-7 所示。

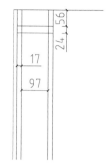
图 15-5 绘制直线

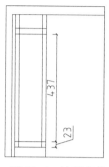
图 15-6 绘制直线

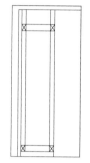
图 15-7 绘制对角线

步骤 7 调用 REC（矩形）命令、X（分解）命令和 O（偏移）命令，绘制矩形，如图 15-8 所示。

步骤 8 绘制角钢。调用 O（偏移）命令，设置偏移距离为 4，偏移线段；调用 F（圆角）命令，对所偏移的线段进行圆角处理，如图 15-9 所示。

步骤 9 绘制饰面石材。调用 L（直线）命令，绘制直线；调用 TR（修剪）命令，修剪线段，如图 15-10 所示。

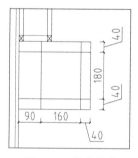
图 15-8 偏移线段

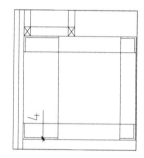
图 15-9 绘制角钢

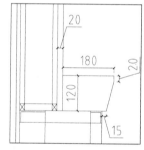
图 15-10 修剪线段

步骤 10 调用 PL（多段线）命令，绘制多段线，如图 15-11 所示。

步骤 11 调用 O（偏移）命令，偏移线段；调用 TR（修剪）命令，修剪线段，如图 15-12 所示。

步骤 12 调用 O（偏移）命令、TR（修剪）命令，偏移并修剪线段，如图 15-13 所示。

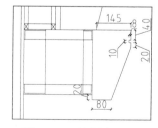
图 15-11 绘制多段线

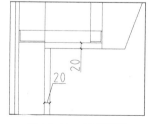
图 15-12 修剪线段

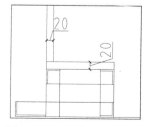
图 15-13 偏移并修剪线段

步骤 13 调用 REC（矩形）命令，绘制矩形，如图 15-14 所示。

步骤 14 绘制饰面白洞石石材。调用 PL（多段线）命令，绘制多段线，如图 15-15 所示。

步骤 15 调用 L（直线）命令，绘制直线，如图 15-16 所示。

图 15-14　绘制矩形

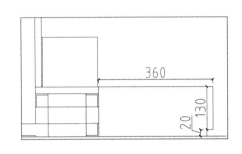

图 15-15　绘制多段线

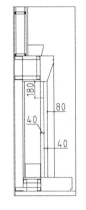

图 15-16　绘制直线

步骤 16 绘制瓷砖填充图案。调用 H（图案填充）命令，在弹出的"图案填充和渐变色"对话框中设置参数，如图 15-17 所示。

步骤 17 在对话框中单击"添加：拾取点"按钮，在绘图区中单击填充区域；按〈Enter〉键返回对话框中，单击"确定"按钮关闭对话框，完成图案填充，如图 15-18 所示。

图 15-17　设置参数

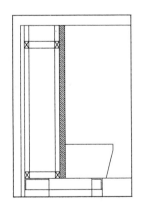

图 15-18　图案填充

步骤 18 绘制石材填充图案。调用 H（图案填充）命令，在弹出的"图案填充和渐变色"对话框中设置参数，如图 15-19 所示。

步骤 19 在对话框中单击"添加：拾取点"按钮█，在绘图区中单击填充区域；按〈Enter〉键返回对话框中，单击"确定"按钮关闭对话框，完成的图案填充如图 15-20 所示。

图 15-19　"图案填充和渐变色"对话框　　　　　　图 15-20　填充图案

步骤 20 绘制文字标注。调用 MLD（多重引线）命令，为大样图绘制材料标注，效果如图 15-21 所示。

步骤 21 尺寸标注。调用 DLI（线性标注）命令，为大样图绘制尺寸标注，如图 15-22 所示。

步骤 22 图名标注。调用 C（圆形）命令，绘制半径为 70 的圆形；调用 MT（多行文字）命令，绘制图号、图名和比例；调用 L（直线）命令，绘制下画线，并将置于最下面的直线线宽更改为 0.3mm，如图 15-23 所示。

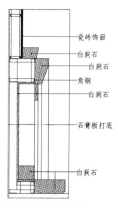

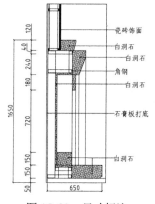

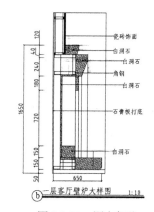

图 15-21　材料标注　　　　　图 15-22　尺寸标注　　　　　图 15-23　图名标注

15.2.2　门套立面图

门套在居室装饰设计中是一个重要的装饰物，起到装饰和固定门的作用。在绘制门套立面图的时候，要表示清楚门套与墙体、与门的关系。

本例在绘制门套立面图的时候，首先绘制门套图形；然后再绘制与门套相交的踢脚线图形；在绘制完成门套及门套外部的装饰物后，绘制门图形。

步骤 1 绘制门套外轮廓。调用 PL（多段线）命令，绘制多段线；调用 O（偏移）命令，偏移线段，如图 15-24 所示。

步骤 2 绘制踢脚线连线。调用 O（偏移）命令，偏移线段，如图 15-25 所示。

步骤 3 绘制门套线。调用 O（偏移）命令，偏移线段；调用 F（圆角）命令，对所偏移的线段进行圆角处理；调用 L（直线）命令，绘制对角线，如图 15-26 所示。

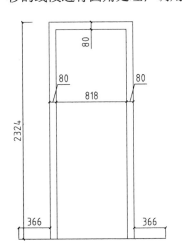

图 15-24　绘制门套外轮廓

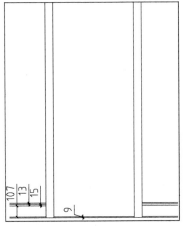

图 15-25　绘制踢脚线连线

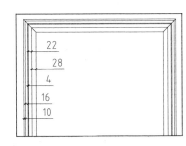

图 15-26　绘制门套线

步骤 4 调用 PL（多段线）命令，绘制折断线，如图 15-27 所示。

步骤 5 绘制平开门人造皮革饰面。调用 O（偏移）命令，偏移线段；调用 TR（修剪）命令，修剪线段，如图 15-28 所示。

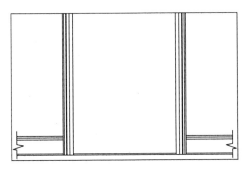

图 15-27　绘制折断线

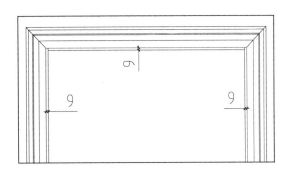

图 15-28　修剪线段

步骤 6 绘制平开门饰面分格线。调用 H（图案填充）命令，在弹出的"图案填充和渐变色"对话框中设置参数，如图 15-29 所示。

步骤 7 在对话框中单击"添加：拾取点"按钮，选择填充区域；按〈Enter〉键返回对话框，单击"确定"按钮关闭对话框，完成图案填充，如图 15-30 所示。

图 15-29 "图案填充和渐变色"对话框

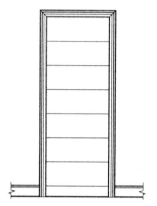

图 15-30 图案填充

步骤 8 调用 PL（多段线）命令，绘制门开启方向线，并将线型设置为虚线，如图 15-31 所示。

步骤 9 插入图块。按下〈Ctrl+O〉组合键，打开配套光盘提供的"第 15 章\家具图例.dwg"文件，将其中的门把手、门套线等图形复制粘贴至当前图形中，如图 15-32 所示。

步骤 10 添加文字标注。调用 MLD（多重引线）命令，为立面图添加材料标注。

步骤 11 添加尺寸标注。调用 DLI（线性标注）命令，为立面图添加尺寸标注。

步骤 12 添加图名标注。调用 C（圆形）命令，绘制半径为 70 的圆形；调用 MT（多行文字）命令，绘制图号、图名和比例；调用 L（直线）命令，绘制下画线，并将置于最下面的直线线宽更改为 0.3mm，如图 15-33 所示。

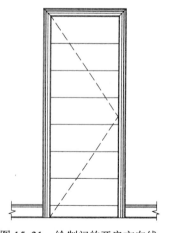

图 15-31 绘制门的开启方向线

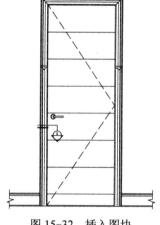

图 15-32 插入图块

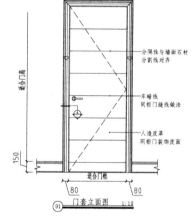

图 15-33 添加标注

15.2.3 绘制门套大样图

门套大样图表示门套与门、与墙体的关系。门套分面板装饰和角线装饰。

步骤 1 调用图块。按下〈Ctrl+O〉组合键，打开配套光盘提供的"第 15 章\家具图例.dwg"文件，将其中的门套线图形复制粘贴至当前图形中；调用 MI（镜像）命令，镜像复制图形，如图 15-34 所示。

步骤 2 绘制门套线结构。调用 REC（矩形）命令，绘制矩形，如图 15-35 所示。

步骤 3 绘制打底大芯板。调用 X（分解）命令，分解矩形；调用 O（偏移）命令，偏移线段；调用 TR（修剪）命令，修剪线段，如图 15-36 所示。

步骤 4 绘制门套饰面板及不锈钢收边。调用 O（偏移）命令、TR（修剪）命令，偏移并修剪线段，如图 15-37 所示。

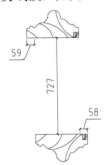
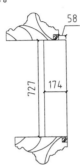
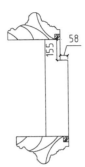
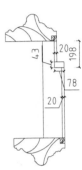

图 15-34　调用图块　　　图 15-35　绘制矩形　　　图 15-36　修剪线段　　　图 15-37　偏移并修剪线段

步骤 5 绘制平开门。调用 REC（矩形）命令，绘制矩形，如图 15-38 所示。

步骤 6 绘制不锈钢手边及平开门结构。调用 X（分解）命令，分解矩形；调用 O（偏移）命令，偏移线段；调用 TR（修剪）命令，修剪线段，如图 15-39 所示。

步骤 7 绘制平开门内部木龙骨结构。调用 REC（矩形）命令，分别绘制尺寸为 105×94、195×94 的矩形；调用 L（直线）命令，绘制对角线，如图 15-40 所示。

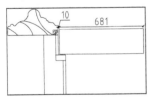
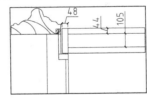
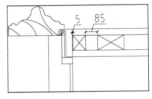

图 15-38　绘制矩形　　　　　图 15-39　修剪图形　　　　　图 15-40　绘制矩形

步骤 8 调用 PL（多段线）命令，绘制折断线，如图 15-41 所示。

步骤 9 调用 L（直线）命令，绘制连接直线，如图 15-42 所示。

步骤 10 插入图块。按下〈Ctrl+O〉组合键，打开配套光盘提供的"第 15 章\家具图例.dwg"文件，将其中的门把手图形复制粘贴至当前图形中，如图 15-43 所示。

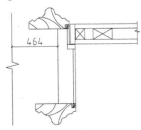
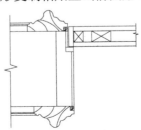
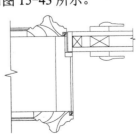

图 15-41　绘制折断线　　　　图 15-42　绘制直线　　　　图 15-43　插入图块

步骤11 绘制饰面板填充图案。调用 H（图案填充）命令，在弹出的"图案填充和渐变色"对话框中设置参数，如图 15-44 所示。

步骤12 在对话框中单击"添加：拾取点"按钮，在绘图区中单击填充区域；按〈Enter〉键返回对话框中，单击"确定"按钮关闭对话框，完成的图案填充如图 15-45 所示。

图 15-44 "图案填充和渐变色"对话框

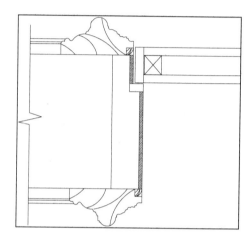

图 15-45 图案填充

步骤13 绘制不锈钢收边图案。调用 A（圆弧）命令，绘制圆弧，如图 15-46 所示。

步骤14 绘制大芯板填充图案。调用 H（图案填充）命令，在弹出的"图案填充和渐变色"对话框中设置参数，如图 15-47 所示。

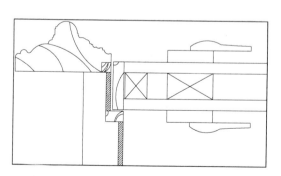

图 15-46 绘制圆弧

图 15-47 设置参数

步骤15 在对话框中单击"添加: 拾取点"方式, 在绘图区中单击填充区域; 按〈Enter〉键返回对话框中, 单击"确定"按钮关闭对话框, 完成图案填充, 如图15-48所示。

步骤16 按〈Enter〉键再次调用H(图案填充)命令, 在"图案填充和渐变色"对话框中更改名称为CORK图案的填充角度为0°, 对平开门的大芯板材料进行图案填充, 如图15-49所示。

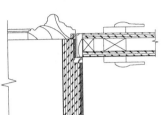

图15-48 填充图案　　　　　　　图15-49 填充图案

步骤17 尺寸标注。调用DLI(线性标注)命令, 为大样图绘制尺寸标注, 如图15-50所示。

步骤18 双击绘制完成的尺寸标注, 弹出"文字格式"对话框, 在文字编辑框中修改尺寸标注; 单击"确定"按钮, 关闭"文字格式"对话框, 完成尺寸标注的更改, 如图15-51所示。

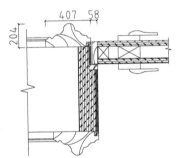

图15-50 尺寸标注

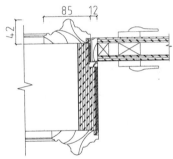

图15-51 更改尺寸标注

提示: 由于大样图是在图形放大的基础上绘制的, 所以必须要对尺寸标注进行更改, 以与实际图样相符合, 方便进行施工。

步骤19 文字标注。调用MLD(多重引线)标注命令, 为大样图添加文字标注。

步骤20 图名标注。调用C(圆)命令, 绘制半径为70的圆形; 调用MT(多行文字)命令, 绘制图号、图名和比例; 调用L(直线)命令, 绘制下画线, 并将置于最下面的直线线宽更改为0.3mm, 如图15-52所示。

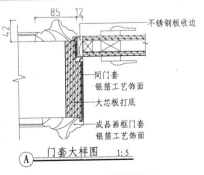

图15-52 图形标注

15.2.4 绘制楼梯踏步大样图

楼梯踏步的结构较为简单，主要是建筑结构加装饰材料，本例的楼梯踏步为爵士白石材饰面。

步骤 1 绘制大样图轮廓。调用 REC（矩形）命令，绘制矩形；调用 X（分解）命令，分解矩形；调用 O（偏移）命令，偏移矩形边，如图 15-53 所示。

步骤 2 调用 TR（修剪）命令，修剪线段，如图 15-54 所示。

步骤 3 绘制踏步。调用 O（偏移）命令，偏移线段，如图 15-55 所示。

图 15-53 绘制大样图轮廓

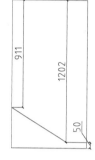

图 15-54 修剪线段

图 15-55 偏移线段

步骤 4 调用 TR（修剪）命令，修剪线段，如图 15-56 所示。

步骤 5 绘制踏步饰面石材下面的水泥砂浆。调用 O（偏移）命令，偏移踏步轮廓线；调用 F（圆角）命令，对所偏移的线段进行圆角处理，如图 15-57 所示。

步骤 6 绘制踏步饰面石材。调用 O（偏移）命令，偏移水泥砂浆轮廓线，如图 15-58 所示。

步骤 7 调用 O（偏移）命令，偏移轮廓线，如图 15-59 所示。

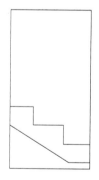

图 15-56 修剪线段

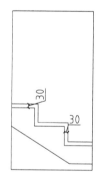

图 15-57 圆角处理

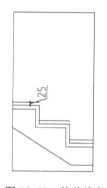

图 15-58 偏移线段

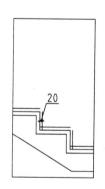

图 15-59 偏移轮廓线

步骤 8 调用 L（直线）命令和 EX（延伸）命令，绘制直线和延伸线段，如图 15-60 所示。

步骤 9 绘制踏步面防滑槽。调用 O（偏移）命令和 TR（修剪）命令，偏移线段并修剪线段，绘制的防滑槽如图 15-61 所示。

步骤 10 绘制凹槽。调用 O（偏移）命令和 TR（修剪）命令，偏移并修剪线段，如图 15-62 所示。

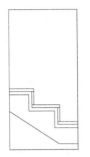
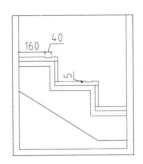
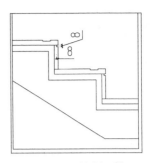

图 15-60　编辑图形　　　图 15-61　绘制踏步面防滑槽　　　图 15-62　绘制凹槽

步骤 11 绘制扶手。调用 L（直线）命令，绘制直线，如图 15-63 所示。

步骤 12 调用 O（偏移）命令和 EX（延伸）命令，偏移直线并延伸线段，如图 15-64 所示。

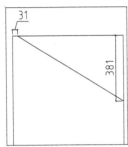
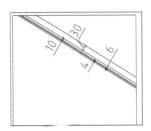

图 15-63　绘制扶手　　　　　　图 15-64　延伸线段

步骤 13 填充踏步饰面石材图案。调用 H（图案填充）命令，在弹出的"图案填充和渐变色"对话框中选择"预定义"类型图案，选择名称为 ANSI36 的填充图案；设置填充角度为 0°、填充比例为 2，绘制的石材填充图案如图 15-65 所示。

步骤 14 填充石材下面的水泥砂浆图案。调用 H（图案填充）命令，在弹出的"图案填充和渐变色"对话框中设置参数，如图 15-66 所示。

步骤 15 在对话框中单击"添加：拾取点"按钮，选择填充区域；按〈Enter〉键返回对话框中，单击"确定"按钮关闭对话框，完成图案填充，如图 15-67 所示。

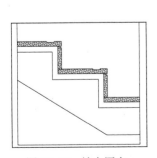
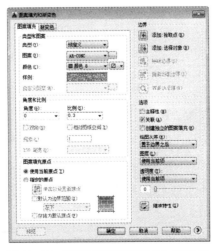
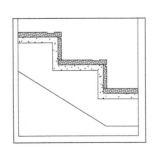

图 15-65　填充图案　　　图 15-66　"图案填充和渐变色"对话框　　　图 15-67　填充图案

步骤 16 按〈Enter〉键再次调用 H（图案填充）命令，在"图案填充和渐变色"对话框中更改名称为 AR—CONC 图案的填充角度为 0°、填充比例为 1，对踏步水泥砂浆材料进行图案填充，如图 15-68 所示。

步骤 17 填充踏步水泥砂浆图案。调用 H（图案填充）命令，在弹出的"图案填充和渐变色"对话框中设置参数，如图 15-69 所示。

步骤 18 在对话框中单击"添加：拾取点"按钮，在绘图区中单击填充区域；按〈Enter〉键返回对话框中，单击"确定"按钮关闭对话框，完成图案填充，如图 15-70 所示。

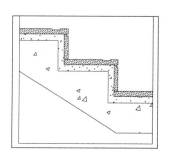

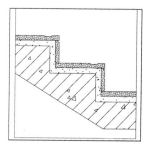

图 15-68 填充砂浆图案   图 15-69 设置参数   图 15-70 填充图案

步骤 19 填充扶手磨砂玻璃图案。调用 H（图案填充）命令，在弹出的"图案填充和渐变色"对话框中设置参数，如图 15-71 所示。

步骤 20 在对话框中单击"添加：拾取点"按钮，在绘图区中单击填充区域；按〈Enter〉键返回对话框中，单击"确定"按钮关闭对话框，完成图案填充，如图 15-72 所示。

步骤 21 尺寸、文字标注。调用 DLI（线性标注）命令、MLD（多重引线）标注命令，为大样图绘制尺寸标注。

步骤 22 图名标注。调用 C（圆）命令，绘制半径为 70 的圆形；调用 MT（多行文字）命令，绘制图号、图名和比例；调用 L（直线）命令，绘制下画线，并将置于最下面的直线线宽更改为 0.3mm，如图 15-73 所示。

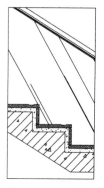

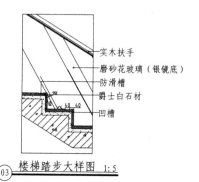

楼梯踏步大样图 1:5

图 15-71 设置参数   图 15-72 图案填充   图 15-73 绘制图形标注

15.2.5 绘制车库排水沟大样图

制作排水沟需要在地面上开槽，然后在槽内安装排水管，通过排水管将积水排出去。在地面上开槽后，就需要进行加固处理，以免发生变形。而且在水管上也应覆盖遮挡物，类似于地漏的功能，阻挡脏物落下而堵塞管道。

本节通过排水沟详图，为读者介绍了排水沟内部固定构件的安装方式，以及所选用构件的尺寸等信息。

步骤 1 绘制大样图轮廓。调用 REC（矩形）命令，绘制矩形；调用 X（分解）命令，分解矩形；调用 E（删除）命令，删除多余线段，如图 15-74 所示。

步骤 2 绘制原建筑地面。调用 O（偏移）命令和 TR（修剪）命令，偏移线段并修剪线段，如图 15-75 所示。

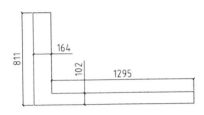

图 15-74　绘制大样图轮廓

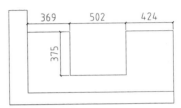

图 15-75　绘制原建筑地面

步骤 3 绘制木地板及大芯板基础。调用 O（偏移）命令、TR（修剪）命令，偏移并修剪线段，如图 15-76 所示。

步骤 4 调用 F（圆角）命令，设置圆角半径为 10，对木地板外轮廓线进行圆角处理，如图 15-77 所示。

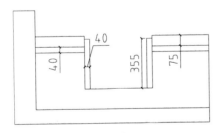

图 15-76　偏移并修剪线段

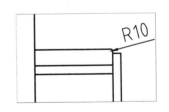

图 15-77　圆角处理

步骤 5 绘制不锈钢成型槽。调用 REC（矩形）命令，绘制矩形，如图 15-78 所示。

步骤 6 调用 X（分解）命令和 O（偏移）命令，分解矩形并偏移线段；调用 F（圆角）命令，设置圆角半径为 0，对线段进行圆角处理，如图 15-79 所示。

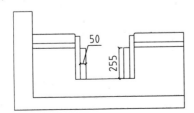

图 15-78　绘制矩形

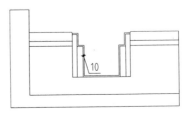

图 15-79　圆角处理

步骤 7 调用 F（圆角）命令，设置圆角半径为 5，对不锈钢成型槽外轮廓线进行圆角处理，如图 15-80 所示。

步骤 8 绘制不锈钢扁钢。调用 REC（矩形）命令，绘制尺寸为 90×25 的矩形；调用 CO（复制）命令，移动复制矩形，如图 15-81 所示。

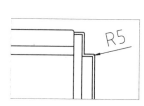

图 15-80　绘制并修改图形

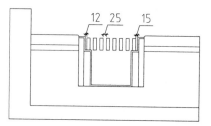

图 15-81　绘制不锈钢扁钢

步骤 9 绘制不锈钢圆管。调用 REC（矩形）命令，绘制尺寸为 40×325 的矩形；调用 TR（修剪）命令，修剪矩形，如图 15-82 所示。

步骤 10 绘制地漏。调用 L（直线）命令和 TR（修剪）命令，绘制并修剪直线，如图 15-83 所示。

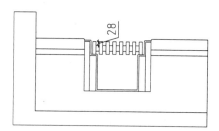

图 15-82　绘制不锈钢圆管

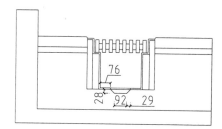

图 15-83　修剪直线

步骤 11 绘制水管。调用 A（圆弧）命令，绘制圆弧，如图 15-84 所示。

步骤 12 填充大样图图案。调用 H（图案填充）命令，沿用前面小节所介绍的图案填充参数，为大样图绘制图案填充，如图 15-85 所示。

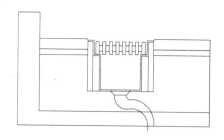

图 15-84　绘制水管

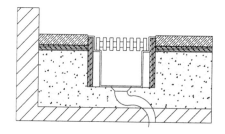

图 15-85　填充大样图

步骤 13 填充扁钢和成型槽图案。调用 H（图案填充）命令，在弹出的"图案填充和渐变色"对话框中设置参数，如图 15-86 所示。

步骤 14 在对话框中单击"添加：拾取点"按钮，在绘图区中单击填充区域；按〈Enter〉键返回对话框中，单击"确定"按钮关闭对话框，完成图案的填充；调用 E（删除）命令，删除多余的轮廓线，如图 15-87 所示。

图 15-86 "图案填充和渐变色"对话框

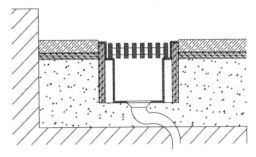

图 15-87 填充图案

步骤 15 尺寸标注。调用 DLI（线性标注）命令，为大样图绘制尺寸标注，如图 15-88 所示。

步骤 16 双击绘制完成的尺寸标注，弹出"文字格式"对话框，在文字编辑框中修改尺寸标注；单击"确定"按钮，关闭"文字格式"对话框，完成尺寸标注的更改，如图 15-89 所示。

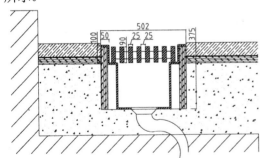

图 15-88 尺寸标注

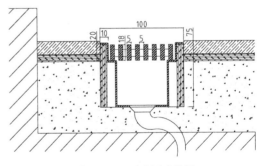

图 15-89 更改尺寸效果

步骤 17 文字标注。调用 MLD（多重引线）标注命令，为大样图绘制文字标注。

步骤 18 图名标注。调用 C（圆）命令，绘制半径为 70 的圆形；调用 MT（多行文字）命令，绘制图号、图名和比例；调用 L（直线）命令，绘制下画线，并将置于最下面的直线线宽更改为 0.3mm，如图 15-90 所示。

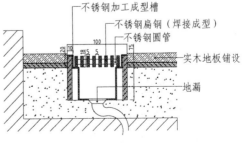

图 15-90 图形标注

15.2.6 绘制二层书房书柜大样图

绘制书柜大样图，可以清楚地了解其具体的尺寸、做法、使用材料等信息。具体操作步骤如下。

步骤 1 绘制大样图轮廓。调用 REC（矩形）命令，绘制矩形；调用 O（偏移）命令，偏移矩形；调用 X（分解）命令，分解矩形；调用 EX（延伸）命令，延伸矩形边，如图 15-91 所示。

步骤 2 绘制柜子轮廓。调用 O（偏移）命令和 F（圆角）命令，偏移矩形边并对线段进行圆角处理，如图 15-92 所示。

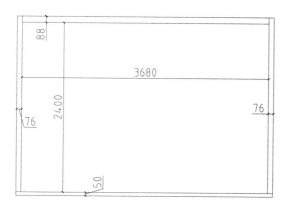

图 15-91 绘制大样图轮廓

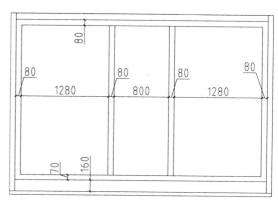

15-92 绘制柜子轮廓

步骤 3 绘制柜子层板。调用 O（偏移）命令和 TR（修剪）命令，偏移矩形边并修剪线段，如图 15-93 所示。

步骤 4 绘制灯带。调用 O（偏移）命令、TR（修剪）命令，偏移并修剪矩形边，并将修剪得到的线段的线型更改为虚线，如图 15-94 所示。

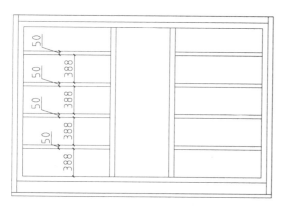

图 15-93 绘制柜子层板

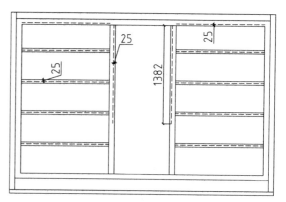

图 15-94 绘制灯带

步骤 5 绘制抽屉。调用 L（直线）命令和 O（偏移）命令，绘制并偏移直线，如图 15-95 所示。

步骤 6 绘制抽屉面板装饰。调用 O（偏移）命令，偏移直线，如图 15-96 所示。

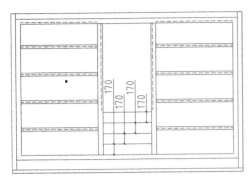

图 15-95　绘制抽屉

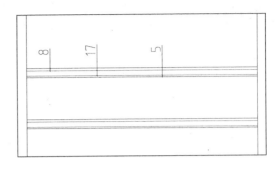

图 15-96　绘制抽屉面板装饰

> 步骤 7　绘制石材台面。调用 O（偏移）命令，偏移直线，如图 15-97 所示。

> 步骤 8　绘制射灯。调用 REC（矩形）命令和 L（直线）命令，绘制矩形并绘制直线，如图 15-98 所示。

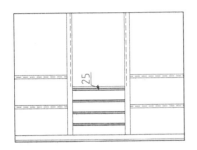

图 15-97　绘制石材台面

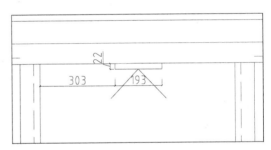

图 15-98　绘制射灯

> 步骤 9　调用踢脚线图块。按下〈Ctrl+O〉组合键，打开配套光盘提供的"第 15 章\家具图例.dwg"文件，将其中的踢脚线图形复制粘贴至当前图形中；调用 L（直线）命令，绘制连接直线，如图 15-99 所示。

> 步骤 10　调用 PL（多段线）命令，绘制折断线，如图 15-100 所示。

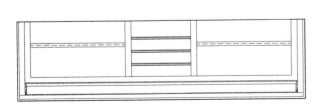

图 15-99　调用踢脚线图块

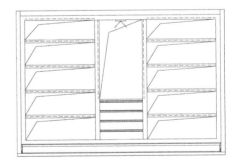

图 15-100　绘制折断线

> 步骤 11　填充抽屉饰面图案。调用 H（图案填充）命令，在弹出的"图案填充和渐变色"对话框中设置参数，如图 15-101 所示。

> 步骤 12　在对话框中单击"添加：拾取点"按钮▣，在绘图区中单击填充区域；按〈Enter〉键返回对话框中，单击"确定"按钮关闭对话框，完成图案填充，如图 15-102 所示。

图 15-101 "图案填充和渐变色"对话框

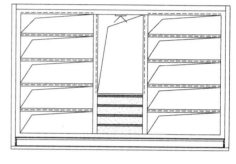

图 15-102 图案填充

步骤13 文字标注。调用 MLD（文字标注）命令，为大样图绘制材料标注，如图 15-103 所示。

步骤14 尺寸标注。调用 DLI（线性标注）命令，为大样图绘制尺寸标注。

步骤15 图名标注。调用 C（圆形）命令，绘制半径为 120 的圆形；调用 MT（多行文字）命令，绘制图号、图名和比例；调用 L（直线）命令，绘制下画线，并将置于最下面的直线线宽更改为 0.3mm，如图 15-104 所示。

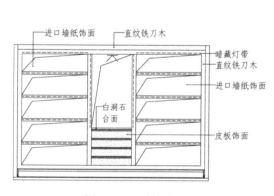

图 15-103 材料标注

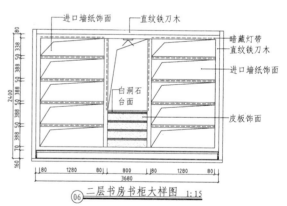

图 15-104 图名标注

15.3 设计专栏

15.3.1 上机实训

用本章所学知识点绘制淋浴间地面大样图，如图 15-105 所示。

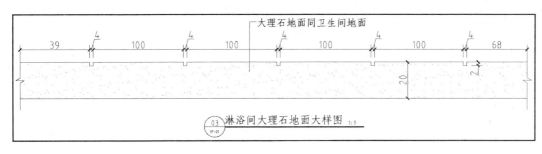

图 15-105　地面大样图

15.3.2　辅助绘图锦囊

装饰详图按其部位可以分为以下几种类型。

（1）墙（柱）面装饰剖面图：主要用于表达室内立面的构造，着重反映墙（柱）面在分层做法、选材、色彩上的要求。如图 15-106 所示为绘制完成的背景墙详图。

（2）顶棚详图：主要用于反映构造、做法的剖面图或者断面图。如图 15-107 所示为某造型顶棚详图的绘制结果。

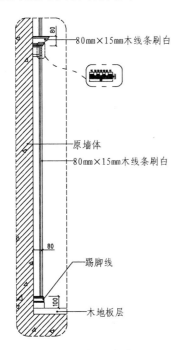

图 15-106　背景墙详图

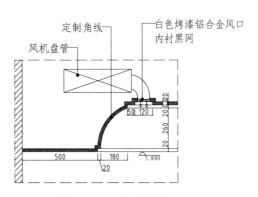

图 15-107　吊顶详图

（3）装饰造型详图：独立的或依附于墙柱的装饰造型，是表现装饰的艺术氛围和情趣的构造体，如影视墙、花台、屏风、壁龛、栏杆造型等的平、立、剖面图及线脚详图。如图 15-108 所示为影视墙详图的绘制结果。

（4）家具详图：主要指需要现场制作、加工、油漆的固定式家具，如衣柜、书柜、储藏柜等。有时候也包括可移动的家具，如床、书桌、展示台灯。如图 15-109 所示为鞋柜详图的绘制结果。

（5）装饰门窗及门窗套详图：门窗是装饰工程中的主要施工内容之一。其形式多种多样，在室内起着分割空间、烘托装饰效果的作用，它的样式、选材和工艺做法在装饰图中有着特殊的地位。其图样有门窗及门窗套立面图、剖面图和节点图。

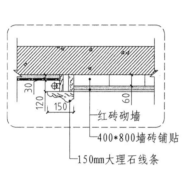

图 15-108　影视墙详图

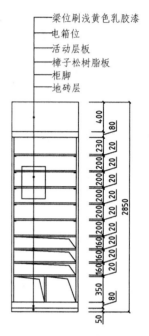

图 15-109　鞋柜详图

（6）楼地面详图：反映地面艺术造型及细部做法等内容。

（7）小品及装饰物详图：小品、装饰物详图包括雕塑、水景、指示牌、织物等的制作图。

第 16 章

绘制室内电气图和给排水图

本章要点

- 室内装潢电气设计概述
- 绘制图例表
- 绘制别墅插座平面布置图
- 绘制别墅开关平面布置图
- 绘制冷热水管走向图

室内的电气图和给排水图属于建筑设备工程图的范畴，建筑设备工程通常是指安装在建筑物内的给排水管道、采暖通风空调、电气照明托管道，以及相应的设施、装置。它们服务于建筑物，使建筑能够更好地发挥本身的功能，改善和提高使用者的生活质量或者生产者的生活环境。

本章以别墅建筑设备工程图中的电气图和给排水图为例，为读者介绍这两种图形的绘制方法。

16.1 室内装潢电气设计概述

电气工程根据用途分为两类：一类为强电工程，为人们提供能源及动力和照明；另一类为弱电工程，为人们提供信息服务，如电话线和有线电视等。不同用途的电气工程应独立设置为一个系统，如照明系统、动力系统、电话系统、电视系统、消防系统、电气接地系统等。同一个建筑内可以按照需要来同时设多个电气系统。

本节介绍有关室内照明方面的理论知识，包括照明系统的组成、照明设计的原则等知识。

16.1.1 室内照明设计的原则

1. 实用性

室内照明应保证规定的照度水平，满足工作、学习和生活的需要。设计应从室内整体环境出发，全面考虑光源、光质，投光方向和角度的选择；使室内活动的功能、使用性质、空间造型、色彩陈设等与其相协调，以取得整体环境效果。

2. 安全性

在一般情况下，线路、开关、灯具的设置都需有可靠的安全措施；诸如分电盘和分线路一定要有专人管理，电路和配电方式要符合安全标准，不允许超载；在危险的地方要设置明显标志，以防止漏电、短路等火灾和伤亡事故发生。

3. 经济性

照明设计的经济性有两个方面的意义：一是采用先进技术，充分发挥照明设施的实际效果，尽可能以较少的投入获得较大的照明效果；二是在确定照明设计时要符合我国当前在电力供应、设备和材料方面的生产水平。

4. 艺术性

照明装置不仅可以装饰房间，还有美化环境的作用。室内照明有助于丰富空间，形成一定的环境气氛；照明可以增加空间的层次和深度，光与影的变化使静止的空间生动起来，能够创造出美的意境和氛围。

所以室内照明设计时应正确地选择照明方式、光源种类、灯具造型及体量，同时处理好颜色、光的投射角度，以取得改善空间感、增强环境的艺术效果。

16.1.2 室内照明的方式

室内照明方式的选用要根据不同空间对灯光的照度和亮度的需求方式进行分配，常见的照明方式有5种。

1. 直接照明

直接照明指光线通过灯具射出，90％以上的光通量分布到作业工作面上，这种照明方式是直接照明。

2. 半直接照明

半直接照明方式使用半透明材料制成的灯罩罩住灯泡上部，60％～90％的光通量集中射向作业工作面，10％～50％的光通量经半透明灯罩扩散而向上漫射，形成的阴影比较柔和。

这种照明方式常用在空间较低的场所的普通照明。由于漫射光线能照亮平顶，使房间顶部高度增加，所以能产生较高的空间感。

3．间接照明

将光源遮蔽而产生的间接光的照明方式，其中 90％～100％的光通量通过天棚或前面反射作用于工作面，10％左右的光通量则直接照射工作面。

4．半间接照明

半间接照明恰好和半直接照明相反，60％左右的光通量射向棚顶，形成间接光源；10％～40％的部分光线经灯罩向下扩散。

5．漫射照明

漫射照明是利用灯具的折射功能来控制眩光，将光线向四周扩散漫射。这类照明光线性能柔和，视觉舒适，适用于休息场所。

16.1.3 室内照明的常用灯具

现代各种各样的灯具层出不穷，提供给人们多元化的选择。在选购灯具的时候，可以根据居室的装饰风格、使用场所等因素来进行选购。

1．吊灯

吊灯是悬挂在室内屋顶上的照明工具，经常用做大面积范围的一般照明。

大部分吊灯带有灯罩，灯罩常用金属、玻璃和塑料制成。用做普通照明时，多悬挂在距地面 2.1m 处；用做局部照明时，大多悬挂在距地面 1m～1.8m 处。吊灯的造型、大小、质地、色彩对室内气氛会有影响，在选用时一定要与室内环境相协调。如图 16-1 所示为中式吊灯，如图 16-2 所示为欧式吊灯。

图 16-1　中式吊灯

图 16-2　欧式壁灯

2．吸顶灯

吸顶灯是直接安装在天花板上的一种固定式灯具，用于室内一般照明，如图 16-3 所示。

吸顶灯种类繁多，但可归纳为以白炽灯为光源的吸顶灯和以荧光灯为光源的吸顶灯。以白炽灯为光源的吸顶灯，灯罩用玻璃、塑料、金属等不同材料制成。以荧光灯为光源的吸顶灯，大多采用有晶体花纹的有机玻璃罩和乳白玻璃罩、外形多为长方形。吸顶灯多用于整体照明，办公室、会议室、走廊等地方经常使用。

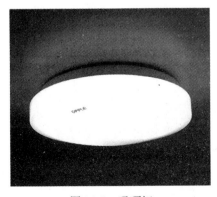

图 16-3　吸顶灯

3．嵌入式灯

嵌入式灯是指嵌在楼板隔层里的灯具，具有较好的下射配光，如图 16-4 所示。该类灯具有聚光型和散光型两种。

聚光型灯一般用于局部照明要求的场所，如金银首饰店、商场货架等处；散光型灯一般多用于局部照明以外的辅助照明，例如宾馆走道、咖啡馆走道等。

4．壁灯

壁灯是一种安装在墙壁建筑支柱及其他立面上的灯具，一般用于补充室内一般照明，如图 16-5 所示。

图 16-4　嵌入式灯

图 16-5　壁灯

壁灯设在墙壁上和柱子上，它除了有实用价值外，也有很强的装饰性，使平淡的墙面变得光影丰富。壁灯的光线比较柔和，作为一种背景灯，可使室内气氛显得优雅，常用于大门口、门厅、卧室、公共场所的走道等；壁灯安装高度一般在 1.8m～2m 之间，不宜太高，同一表面上的灯具高度应该统一。

5．台灯

台灯主要用于局部照明，如图 16-6 所示。书桌上、床头柜上和茶几上都可用台灯。它不仅是照明器，又是很好的装饰品，对室内环境起美化作用。

6．立灯

立灯又称"落地灯"，也是一种局部照明灯具。它常摆设在沙发和茶几附近，用于待客、休息和阅读照明，如图 16-7 所示。

图 16-6　台灯

图 16-7　落地灯

7. 轨道射灯

轨道射灯由轨道和灯具组成的，如图 16-8 所示。

灯具沿轨道移动，灯具本身也可改变投射的角度，是一种局部照明用的灯具。主要特点是可以通过集中投光以增强某些特别需要强调的物体。已被广泛应用在商店、展览厅、博物馆等室内照明，以增加商品、展品的吸引力。它也正在走向家庭，如壁画射灯、窗头射灯等。

图 16-8　轨道射灯

16.1.4　常用室内电气元件图形符号

电气工程图常常采用大量的图形符号来表示电气设施，因此应该熟悉各种图形符号。电气图常用的图形符号（常用）如表格 16-1 所示。

表 16-1　电气图形符号

符　号	说　明	符　号	说　明
	单联单控开关		双极开关
	双联双控开关		三联单控开关
	双控单极开关		三个插座
	单相二、三级插座		带保护剂的（电源）插座
TV	有线电视插座	C	网络插座
	直线电话插座	J	电线接箱
C	信息插座	F	传真机插座

16.2　绘制图例表

在绘制电气图的时候，开关或者灯具的表示均使用图例来表示。图例有国家规定的通行标准，也有行业内惯用的表示方法。本节以国家最新颁布的《房屋建筑室内装饰装修制图标准》为例，为读者介绍其中的关于开关类、灯具类、插座类图例的绘制方法。

16.2.1 绘制开关类图例

开关根据使用方法可以分为多种不同的类型，常见的主要有单联单控开关、双联双控开关、三联单控开关等。本节为读者介绍这些常见开关图例的表示方法，各开关图例的图示效果都相差不大，可以在彼此的基础上进行编辑修改来得到另一类开关图形。

步骤 1 绘制单联单控开关。调用 C（圆）命令，绘制半径为 50 的圆形，如图 16-9 所示。

步骤 2 按下〈F10〉键，开启极轴功能，并将增量角设置为 45°。

步骤 3 调用 L（直线）命令，绘制直线，如图 16-10 所示。

步骤 4 调用 TR（修剪）命令，修剪线段，如图 16-11 所示。

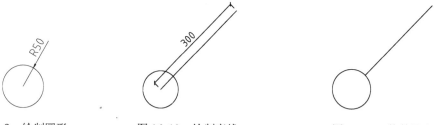

图 16-9　绘制圆形　　　图 16-10　绘制直线　　　图 16-11　修剪线段

步骤 5 创建成块。调用 B（创建块）命令，在弹出的"块定义"对话框中设置图块的名称，如图 16-12 所示；将绘制完成的开关图形创建成块，以方便以后调用。

步骤 6 绘制双联单控开关。调用 CO（复制）命令，移动复制一份绘制完成的单联单控开关；调用 L（直线）命令，绘制直线，如图 16-13 所示。

步骤 7 调用 RO（旋转）命令，旋转所绘制的直线图形，如图 16-14 所示。

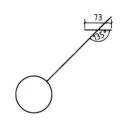

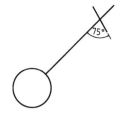

图 16-12　"块定义"对话框　　　图 16-13　绘制直线　　图 16-14　旋转直线

步骤 8 调用 O（偏移）命令，偏移直线，如图 16-15 所示。

步骤 9 调用 M（移动）命令，移动偏移得到的直线，使长度一致的两条直线相互对齐，如图 16-16 所示。

步骤 10 绘制三联单控开关。调用 O（偏移）命令，设置偏移距离为 30，偏移直线，注意 3 条直线要相互对齐，如图 16-17 所示。

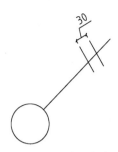
图 16-15 偏移直线

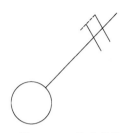
图 16-16 移动直线

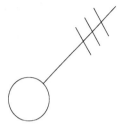
图 16-17 偏移直线

步骤 11 绘制双极开关。调用 CO（复制）命令，移动复制一份绘制完成的单联单控开关；调用 L（直线）命令，绘制直线，如图 16-18 所示。

步骤 12 调用 O（偏移）命令，设置偏移距离为 30，偏移直线；调用 TR（修剪）命令，修剪直线，如图 16-19 所示。

步骤 13 绘制双控单极开关。调用 CO（复制）命令，移动复制一份绘制完成的双极开关图形；调用 E（删除）命令，删除多余线段；调用 MI（镜像）命令，镜像复制图形，完成双控单极开关图形的绘制，如图 16-20 所示。

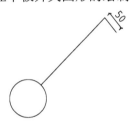
图 16-18 绘制直线

图 16-19 修剪直线

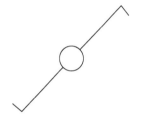
图 16-20 双控单极开关

提示： 在绘制完成一个开关图形后，应该调用 B（创建块）命令，将其创建成块，方便调用。

16.2.2 绘制灯具类图例

灯具的种类比开关的种类更多，特别是为了满足装饰效果而设计生产、流通的灯具更是不计其数。本节仅为读者介绍一些在室内装饰装潢中常见的灯具类型图例的绘制方法，包括射灯、吸顶灯、吊灯等类型的灯具。

步骤 1 绘制格栅射灯。调用 REC（矩形）命令，绘制尺寸为 235×235 矩形，如图 16-21 所示。

步骤 2 调用 C（圆）命令，绘制半径为 94 的圆形，如图 16-22 所示。

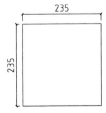
图 16-21 绘制矩形

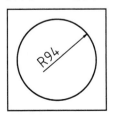
图 16-22 绘制圆形

> 提示：在《房屋建筑室内装饰装修制图标准》中，单头的格栅射灯图例如图 16-23 所示。因为在本书所选的实例中对格栅射灯进行简化，故提供标准中的规范图例为读者提供参考。

步骤 3 绘制吸顶灯。调用 C（圆）命令，绘制半径为 179 的圆形，如图 16-24 所示。

步骤 4 单击"绘图"工具栏上的"多边形"按钮，命令行提示如下。创建的多边形如图 16-25 所示。

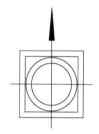

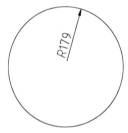

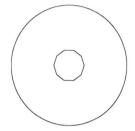

图 16-23　单头格栅射灯图例　　　图 16-24　绘制圆形　　　图 16-25　绘制多边形

命令：_polygon↙

输入侧面数 <4>: 10

指定正多边形的中心点或 [边(E)]:　　　　　　//在绘图区中指定正多边形的中心点

输入选项 [内接于圆(I)/外切于圆(C)] <I>: I

指定圆的半径: 47　　　　　　　　　　　　　　//输入半径参数

步骤 5 调用 L（直线）命令，连接多边形各边中点与圆心，绘制直线，如图 16-26 所示。

步骤 6 调用 EX（延伸）命令，延伸直线，如图 16-27 所示。

步骤 7 调用 TR（修剪）命令，修剪线段，完成吸顶灯的绘制，如图 16-28 所示。

步骤 8 绘制吊灯。调用 C（圆形）命令，分别绘制半径为 194、258 的圆形，如图 16-29 所示。

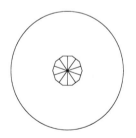

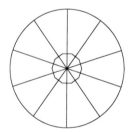

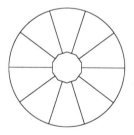

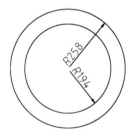

图 16-26　绘制直线　　　图 16-27　延伸直线　　　图 16-28　修剪线段　　　图 16-29　绘制圆形

步骤 9 调用 L（直线）命令，绘制直线，如图 16-30 所示。

步骤 10 调用 E（删除）命令，删除半径为 258 的圆形，完成吊灯的绘制，如图 16-31 所示。

步骤 11 绘制壁灯。调用 C（圆）命令，绘制半径分别为 100、80 的圆形，如图 16-32 所示。

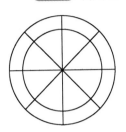 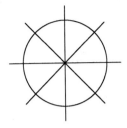 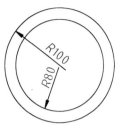 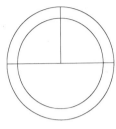

图 16-30 绘制直线　　图 16-31 绘制吊灯　　图 16-32 绘制圆形　　图 16-33 绘制直线

步骤 12 调用 L（直线）命令，绘制直线，如图 16-33 所示。

步骤 13 调用 E（删除）命令，删除半径为 100 的圆形，完成吊灯的绘制，如图 16-34 所示。

步骤 14 填充图案。调用 H（图案填充）命令，在弹出的"图案填充和渐变色"对话框中设置参数，如图 16-35 所示。

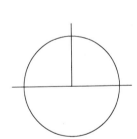

图 16-34 删除圆形　　　　　图 16-35 "图案填充和渐变色"对话框

步骤 15 在对话框中单击"添加：拾取点"按钮 ，在绘图区中拾取填充区域；按〈Enter〉键返回对话框，单击"确定"按钮关闭对话框即可完成图案填充，绘制的壁灯如图 16-36 所示。

步骤 16 绘制台灯。调用 C（圆）命令，分别绘制半径为 140、80、30 的圆形，如图 16-37 所示。

步骤 17 调用 L（直线）命令，绘制直线，如图 16-38 所示。

步骤 18 调用 E（删除）命令，删除半径为 140 的圆形，绘制的壁灯如图 16-39 所示。

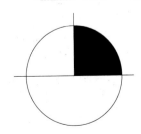 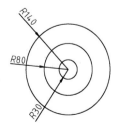 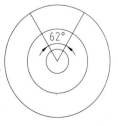 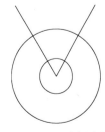

图 16-36 图案填充　　图 16-37 绘制圆形　　图 16-38 绘制直线　　图 16-39 删除圆形

16.2.3　绘制插座类图例

插座有各种类型，包括三孔的、两孔的，以及防水的、带保护极的等。本节从《房屋建筑室内装饰装修制图标准》中抽取在绘制室内电气图时常用到的插座图例，为读者介绍其绘制方法。

步骤 1　绘制电源插座。调用 C（圆）命令，绘制半径为 80 的圆形；调用 L（直线）命令，过圆心绘制直线，如图 16-40 所示。

步骤 2　调用 TR（修剪）命令，修剪圆形；调用 E（删除）命令，删除直线，如图 16-41 所示。

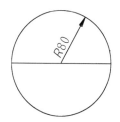

图 16-40　绘制直线

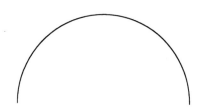

图 16-41　删除直线

步骤 3　调用 L（直线）命令，绘制直线，完成电源插座的绘制，如图 16-42 所示。

步骤 4　绘制带保护极的电源插座。调用 CO（复制）命令，移动复制一份绘制完成的电源插座图形至一旁；调用 L（直线）命令，绘制直线，绘制带保护极的电源插座，如图 16-43 所示。

步骤 5　绘制 3 个插座图形。调用 CO（复制）命令，移动复制一份绘制完成的电源插座图形至一旁；调用 E（删除）命令，删除直线；调用 CO（复制）命令，向上移动复制半圆图形，如图 16-44 所示。

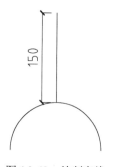

图 16-42　绘制直线

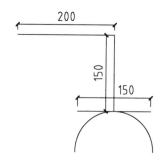

图 16-43　带保护极的电源插座

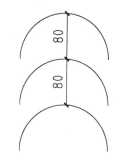

图 16-44　复制半圆图形

步骤 6　调用 L（直线）命令，绘制直线，完成 3 个插座图形的绘制，如图 16-45 所示。

步骤 7　绘制单相二、三级插座。调用 CO（复制）命令，移动复制一份绘制完成的 3 个插座图形至一旁；调用 E（删除）命令，删除多余图形；调用 L（直线）命令，绘制直线，绘制单相二、三级插座，如图 16-46 所示。

步骤 8　绘制电话插座。调用 REC（矩形）命令，绘制矩形，如图 16-47 所示。

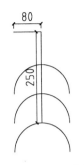

图 16-45 绘制 3 个插座

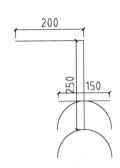

图 16-46 单相二、三级插座

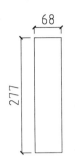

图 16-47 绘制矩形

步骤 9 调用 L（直线）命令，绘制直线，如图 16-48 所示。

步骤 10 填充图案。调用 H（图案填充）命令，在弹出的"图案填充和渐变色"对话框中选择"预定义"类型图案，选择名称为 SOLID 的填充图案，为图形绘制图案填充，完成电话插座的绘制，如图 16-49 所示。

步骤 11 标注网络插座。调用 MT（多行文字）命令，绘制文字标注，完成网络插座的标注，如图 16-50 所示。

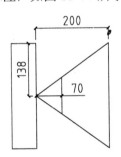

图 16-48 绘制直线

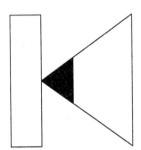

图 16-49 绘制电话插座

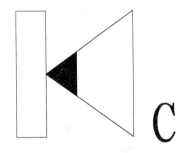

图 16-50 绘制网络插座

步骤 12 绘制电视插座。调用 REC（矩形）命令，绘制矩形，如图 16-51 所示。

步骤 13 调用 MT（多行文字）命令，绘制文字标注，如图 16-52 所示。

步骤 14 调用 L（直线）命令，绘制直线，完成电视插座的绘制，如图 16-53 所示。

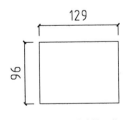

图 16-51 绘制矩形

图 16-52 绘制文字标注

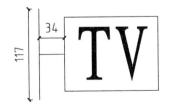

图 16-53 电视插座

16.3 绘制别墅插座平面布置图

插座平面图用于表示室内各区域插座的分布情况。在居室的电气线路设计中，要根据人们的使用情况来设置各种类型的插座。

16.3.1 绘制地下室插座平面布置图

在制图时，要根据电器的摆放位置或者习惯来确定插座的位置。接下来可以绘制强电插座及弱电插座连线，表示大概的线路走向。本节为读者介绍地下室插座平面图的绘制方法，包括调入插座图形及绘制插座间的连线。

步骤 1 调用地下室平面布置图。调用 CO（复制）命令，复制一份绘制完成的地下室平面布置图；调用 E（删除）命令，删除平面图的多余图形，如图 16-54 所示。

步骤 2 插入插座符号。调用 I（插入）命令，将前面绘制的各类插座图形调入当前图形中；调用 RO（旋转）命令，调整图形的位置；调用 CO（复制）命令，复制重复使用的图形，如图 16-55 所示。

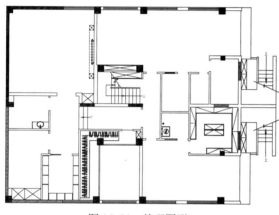

图 16-54　整理图形

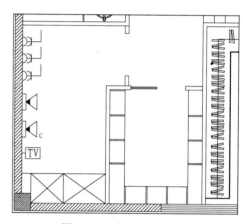

图 16-55　插入插座符号

步骤 3 重复操作，继续往地下室各区域调用各类插座图形，如图 16-56 所示。

步骤 4 绘制强电线路。调用 L（直线）命令，绘制电源（强电）插座连线，如图 16-57 所示。

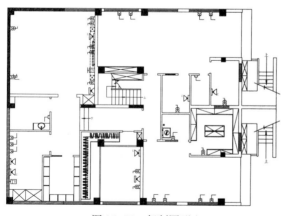

图 16-56　复制图形

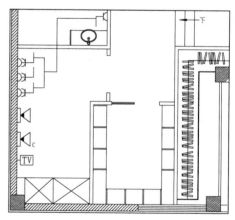

图 16-57　绘制直线

步骤 5 重复调用 L（直线）命令，继续绘制强电线路，如图 16-58 所示。

步骤 6 绘制弱电线路。调用 L（直线）命令，绘制信号（弱电）插座之间的连线，并将线型设置为虚线，如图 16-59 所示。

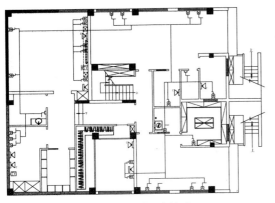

图 16-58 绘制强电线路

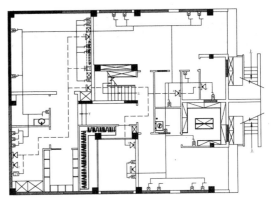

图 16-59 绘制弱电线路

步骤 7 绘制图例表。调用 REC（矩形）命令、X（分解）命令、O（偏移）命令，绘制矩形并偏移矩形边；调用 MT（多行文字）命令，添加说明文字，如图 16-60 所示。

步骤 8 图名标注。调用 MT（多行文字）、L（直线）命令，绘制图名标注，完成插座布置图，如图 16-61 所示。

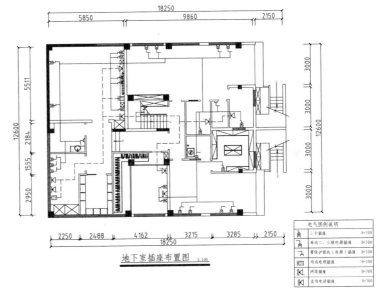

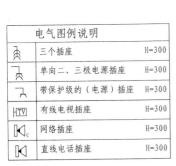

电气图例说明		
	三个插座	H=300
	单向二、三极电源插座	H=300
	带保护级的（电源）插座	H=300
HTV	有线电视插座	H=300
Kc	网络插座	H=300
K	直线电话插座	H=300

图 16-60 绘制图例表

图 16-61 图名标注

16.3.2 绘制一层插座平面布置图

一层插座的分布主要集中在会客厅和休息室中。此外，厨房的插座也要配合厨具的位置来进行设置。

步骤 1 调用一层平面布置图。调用 CO（复制）命令，复制一份绘制完成的一层平面布置图；调用 E（删除）命令，删除平面图的多余图形。

步骤 2 插入插座符号。调用 I（插入）命令，将前面绘制的各类插座图形调入当前图形中；调用 RO（旋转）命令，调整图形的位置；调用 CO（复制）命令，复制重复使用的图形，如图 16-62 所示。

步骤 3 绘制强电线路。调用 L（直线）命令，绘制电源（强电）插座连线，如图 16-63 所示。

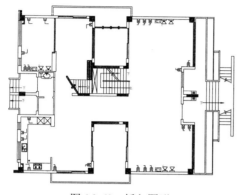

图 16-62 插入图形

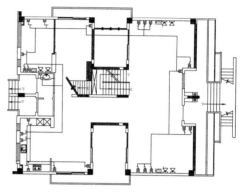

图 16-63 绘制强电线路

步骤 4 绘制弱电线路。调用 L（直线）命令，绘制信号（弱电）插座之间的连线，并将线型设置为虚线。

步骤 5 图名标注。调用 MT（多行文字）、L（直线）命令，绘制图名标注，完成插座布置图，如图 16-64 所示。

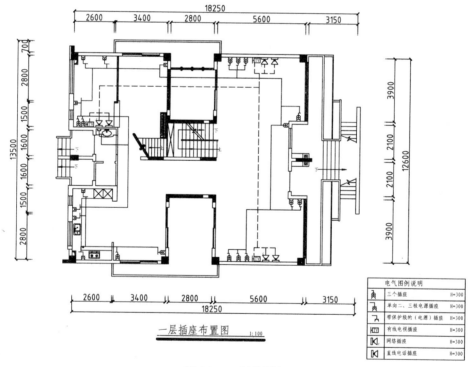

图 16-64 标注图名

16.3.3 绘制二层插座平面布置图

二层卧室较多，小孩房由于兼顾休息与学习功能，所以在选择和安装插座的时候要满足孩子平时学习的情况。在写字台附近，电源插座和网络插座是必不可少的。电源插座用于接通台灯，弥补卧室本身灯具光源的不足；而网络插座当然就是为了上网而准备的了。

步骤 1 调用二层平面布置图。调用 CO（复制）命令，复制一份绘制完成的二层平面布置图；调用 E（删除）命令，删除平面图的多余图形。

步骤 2 插入插座符号。调用 I（插入）命令，将前面绘制的各类插座图形调入当前图形中；调用 RO（旋转）命令，调整图形的位置；调用 CO（复制）命令，复制重复使用的图形，如图 16-65 所示。

步骤 3 绘制强电线路。调用 L（直线）命令，绘制电源（强电）插座连线，如图 16-66 所示。

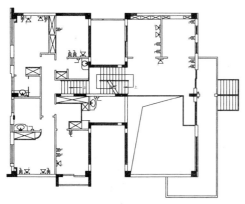

图 16-65　调入图形

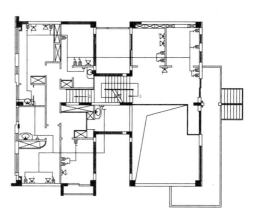

图 16-66　绘制强电线路

步骤 4 绘制弱电线路。调用 L（直线）命令，绘制信号（弱电）插座之间的连线，并将线型设置为虚线。

步骤 5 图名标注。调用 MT（多行文字）、L（直线）命令，绘制图名标注，完成插座布置图的绘制，如图 16-67 所示。

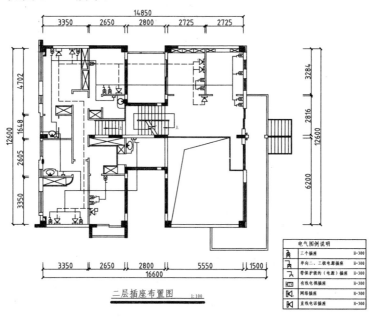

图 16-67　标注图名

16.3.4　绘制三层插座平面布置图

三层是主卧室区，插座的选择和安装可以沿用前面所介绍的方法。但是值得注意的是，在主卧室内可以安装电话插座，以连接室内的电话。

步骤 1 调用三层平面布置图。调用 CO（复制）命令，复制一份绘制完成的三层平面布置图；调用 E（删除）命令，删除平面图的多余图形。

步骤 2 插入插座符号。调用 I（插入）命令，将前面绘制的各类插座图形调入当前图形中；调用 RO（旋转）命令，调整图形的位置；调用 CO（复制）命令，复制重复使用的图形，如图 16-68 所示。

步骤 3 绘制强电线路。调用 L（直线）命令，绘制电源（强电）插座连线，如图 16-69 所示。

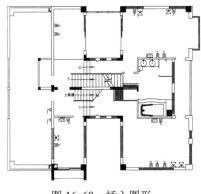

图 16-68　插入图形

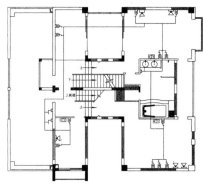

图 16-69　绘制强电线路

步骤 4 绘制弱电线路。调用 L（直线）命令，绘制信号（弱电）插座之间的连线，并将线型设置为虚线。

步骤 5 图名标注。调用 MT（多行文字）、L（直线）命令，绘制图名标注，完成插座布置图，如图 16-70 所示。

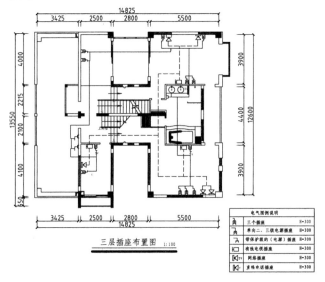

图 16-70　标注三层插座平面布置图

16.3.5 绘制阁楼插座平面布置图

阁楼为储藏空间，安装常规的电源插座即可满足需求。但是在面积较为充足的空间可以安装电视和网络插座，因为这里可以设置一个小型的视听室；事先安装了插座，可以为即时使用提供便利。

步骤 1 调用阁楼平面布置图。调用 CO（复制）命令，复制一份绘制完成的阁楼平面布置图；调用 E（删除）命令，删除平面图的多余图形。

步骤 2 插入插座符号。调用 I（插入）命令，将前面绘制的各类插座图形调入当前图形中；调用 RO（旋转）命令，调整图形的位置；调用 CO（复制）命令，复制重复使用的图形，如图 16-71 所示。

步骤 3 绘制电线线路。调用 L（直线）命令，绘制电源（强电）插座连线；调用 L（直线）命令，绘制信号（弱电）插座之间的连线，并将线型设置为虚线。

步骤 4 图名标注。调用 MT（多行文字）、L（直线）命令，绘制图名标注，完成阁楼插座平面布置图，如图 16-72 所示。

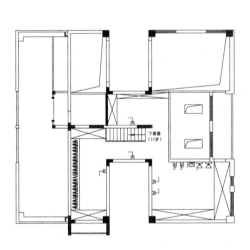

图 16-71　调入图形

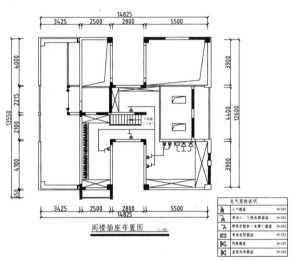

图 16-72　完成阁楼插座平面布置图

16.4　绘制别墅开关平面布置图

开关与灯具相连，用来控制开关的开/关。由于室内使用的装饰灯具较多，所以相应的开关也较多。本节为读者介绍别墅各层开关平面图的绘制方法。

16.4.1 绘制地下室开关布置图

在制图时，每个功能区根据灯具的类型来安装相应的开关。接下来绘制灯具之间的连线，以及灯具和开关的连线，以表明灯具和开关之间线路的大致走向。

步骤 1 调用地下室顶面布置图。调用 CO（复制）命令，复制一份绘制完成的地下室顶面布置图；调用 E（删除）命令，删除平面图的多余图形，如图 16-73 所示。

步骤 2 插入开关符号。调用 I（插入）命令，将前面绘制的各类开关图形调入当前图形中；调用 RO（旋转）命令，调整图形的位置；调用 CO（复制）命令，复制重复使用的图形，如图 16-74 所示。

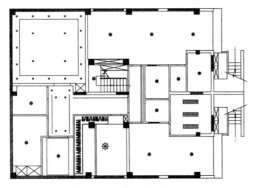

图 16-73　整理图形

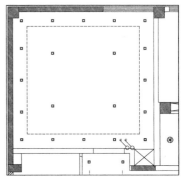

图 16-74　插入开关符号

步骤 3 重复操作，继续往地下室各区域插入开关符号图形，如图 16-75 所示。

步骤 4 绘制连接线路。调用 A（圆弧）命令，绘制灯具与开关符号之间的连接线路，如图 16-76 所示。

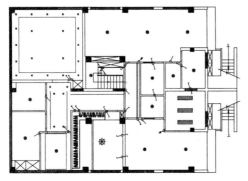

图 16-75　继续插入开关符号

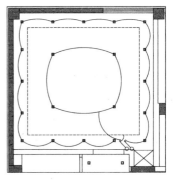

图 16-76　绘制连接线路

步骤 5 重复调用 A（圆弧）命令，继续绘制连接线路，如图 16-77 所示。

步骤 6 绘制图例表。调用 REC（矩形）命令，绘制矩形；调用 X（分解）命令，分解矩形；调用 O（偏移）命令，偏移矩形边；调用 MT（多行文字）命令，绘制文字说明，如图 16-78 所示。

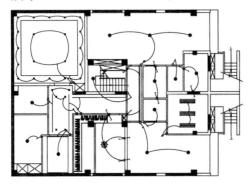

图 16-77　继续绘制线路

开关图例说明		
⚬	双极开关	H=1400
⚬	单联单控开关	H=1400
⚬	双联双控开关	H=1400
⚬	三联单控开关	H=1400
⚬	双控单极开关	H=1400

图 16-78　绘制图例表

步骤 7 图名标注。调用 MT（多行文字）命令，绘制图名和比例标注；调用 L（直线）命令，绘制宽度不一的两条直线，绘制图名标注，如图 16-79 所示。

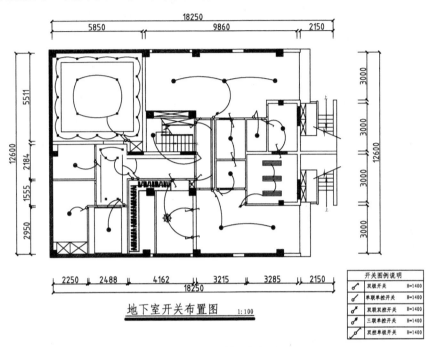

图 16-79　绘制图名标注

16.4.2　绘制一层开关布置图

一层顶棚制作了造型吊顶，灯具类型较多，有吊灯、射灯以及灯带等。下面为读者介绍绘制一层开关布置图的方法。

步骤 1 调用一层顶面布置图。调用 CO（复制）命令，复制一份绘制完成的一层顶面布置图；调用 E（删除）命令，删除平面图的多余图形，如图 16-80 所示。

步骤 2 插入开关符号。调用 I（插入）命令，将前面绘制的各类开关图形调入当前图形中；调用 RO（旋转）命令，调整图形的位置；调用 CO（复制）命令，复制重复使用的图形，如图 16-81 所示。

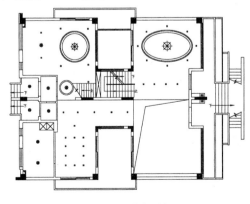

图 16-80　图形整理

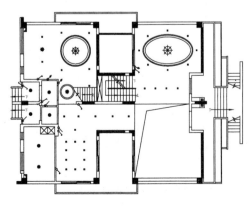

图 16-81　插入开关符号

步骤 3 绘制连接线路。调用 A（圆弧）命令，绘制灯具与开关符号之间的连接线路，如图 16-82 所示。

步骤 4 图名标注。调用 MT（多行文字）命令，绘制图名和比例标注；调用 L（直线）命令，绘制宽度不一的两条直线，绘制图名标注，如图 16-83 所示。

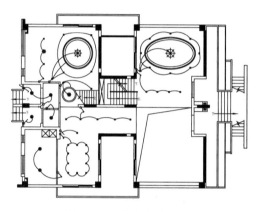

图 16-82　绘制连接线路

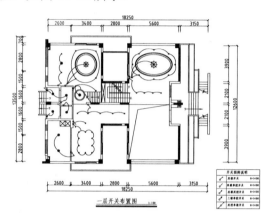

图 16-83　图名标注

16.4.3　绘制二层开关布置图

二层卧室较多，一般在卧室中使用双控单极开关。在卧室的入口处安装一个双控单极开关，然后在床头柜上方安装一个双控单极开关；这两个开关可以同时控制卧室内的主要光源；避免了在卧室中来回关闭灯具的烦琐。

下面为读者介绍绘制二层开关布置图的方法。

步骤 1 调用二层顶面布置图。调用 CO（复制）命令，复制一份绘制完成的二层顶面布置图；调用 E（删除）命令，删除平面图的多余图形，如图 16-84 所示。

步骤 2 插入开关符号。调用 I（插入）命令，将前面绘制的各类开关图形调入当前图形中；调用 RO（旋转）命令，调整图形的位置；调用 CO（复制）命令，复制重复使用的图形，如图 16-85 所示。

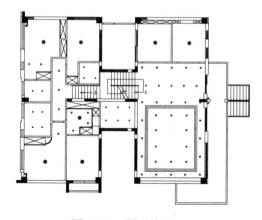

图 16-84　图形整理

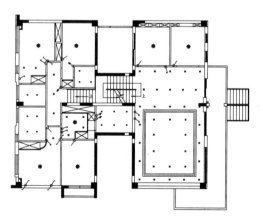

图 16-85　插入开关符号

步骤 3　绘制连接线路。调用 A（圆弧）命令，绘制灯具与开关符号之间的连接线路。

步骤 4　图名标注。调用 MT（多行文字）命令，绘制图名和比例标注；调用 L（直线）命令，绘制宽度不一的两条直线，绘制图名标注，如图 16-86 所示。

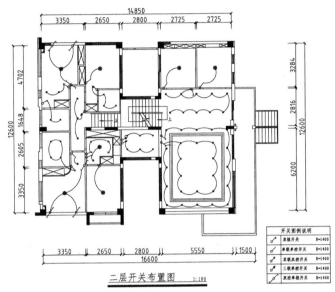

二层开关布置图　1:100

图 16-86　图名标注

16.4.4 绘制三层开关布置图

三层是主卧室区，开关的选择与安装按照常规的方法即可满足使用要求。值得考虑的是，卫生间的灯具应尽量安装在卫生间的外面。因为卫生间内水汽较多，容易对开关的使用造成影响。

下面为读者介绍三层开关布置图的绘制方法。

步骤 1　调用三层顶面布置图。调用 CO（复制）命令，复制一份绘制完成的三层顶面布置图；调用 E（删除）命令，删除平面图的多余图形，如图 16-87 所示。

步骤 2　插入开关符号。调用 I（插入）命令，将前面绘制的各类开关图形调入当前图形中；调用 RO（旋转）命令，调整图形的位置；调用 CO（复制）命令，复制重复使用的图形，如图 16-88 所示。

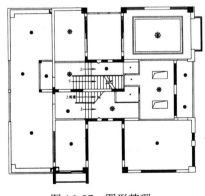

图 16-87　图形整理

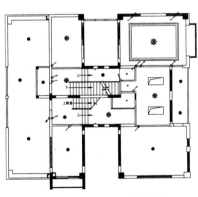

图 16-88　插入开关符号

步骤 3 绘制连接线路。调用 A（圆弧）命令，绘制灯具与开关符号之间的连接线路。

步骤 4 图名标注。调用 MT（多行文字）命令，绘制图名和比例标注；调用 L（直线）命令，绘制宽度不一的两条直线，绘制图名标注，如图 16-89 所示。

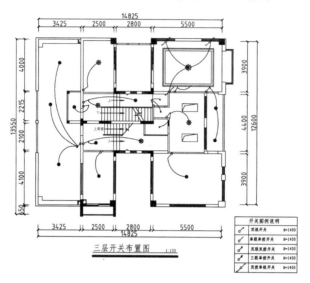

图 16-89 图名标注

16.4.5 绘制阁楼层开关布置图

阁楼的灯具种类单一，均为吸顶灯。因为不必考虑很多的使用上问题、电压上问题，所以开关的安装只要符合使用习惯即可。

下面为读者介绍绘制各楼层开关平面图的方法。

步骤 1 调用阁楼层顶面布置图。调用 CO（复制）命令，复制一份绘制完成的阁楼层顶面布置图；调用 E（删除）命令，删除平面图的多余图形，如图 16-90 所示。

步骤 2 插入开关符号。调用 I（插入）命令，将前面绘制的各类开关图形调入当前图形中；调用 RO（旋转）命令，调整图形的位置；调用 CO（复制）命令，复制重复使用的图形，如图 16-91 所示。

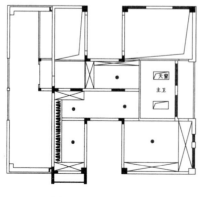

图 16-90 图形整理

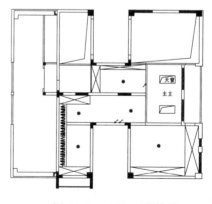

图 16-91 插入开关符号

步骤3　绘制连接线路。调用 A（圆弧）命令，绘制灯具与开关符号之间的连接线路。

步骤4　图名标注。调用 MT（多行文字）命令，绘制图名和比例标注；调用 L（直线）命令，绘制宽度不一的两条直线，绘制图名标注，如图 16-92 所示。

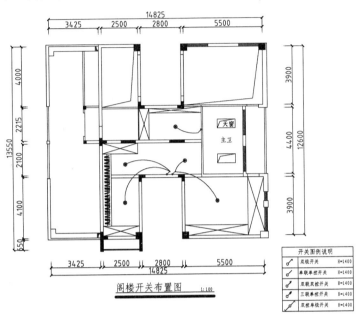

图 16-92　绘制效果

16.5　绘制冷热水管走向图

室内的给排水系统主要分为两个方面，即给水和排水系统。给水系统是指将水通过管道输送到建筑内各个配水位置；排水系统则是指将建筑物内各种污水（生活、生产污水等）通过管道排除。

冷热水管的走向属于建筑内给水系统中的一环，本节为读者介绍居室冷热水管走向图的绘制方法。

16.5.1　绘制地下室冷热水管走向图

居室中使用水的地方无非就是卫生间及厨房。地下室中没有厨房，但是有需要用水的卫生间和洗衣房。居室中冷水和热水是可以同时使用的，因为其属于不一样的管道。水龙头的设置一般遵循左冷右热的原则，此外还可以在开关上标示是冷水还是热水。

步骤1　调用地下室平面布置图。调用 CO（复制）命令，复制一份绘制完成的地下室平面布置图；调用 E（删除）命令，删除平面图的多余图形，保留洁具图形，如图 16-93 所示。

步骤2　绘制冷水管走向。调用 L（直线）命令，绘制水管走向（注意：左冷右热），如图 16-94 所示。

图 16-93 整理图形

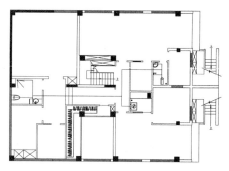

图 16-94 绘制冷水管走向

步骤 3 绘制热水管走向。调用 L（直线）命令，绘制热水管走向（注意：左冷右热），并将直线的线型设置为虚线，如图 16-95 所示。

步骤 4 绘制图例表。调用 REC（矩形）命令，绘制矩形；调用 X（分解）命令，分解矩形；调用 O（偏移）命令，偏移矩形边；调用 MT（多行文字）命令，添加文字说明，如图 16-96 所示。

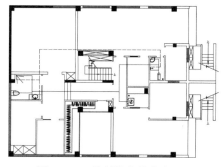

图 16-95 绘制热水管走向

图例	说明
-------	热水管
———	冷水管

图 16-96 绘制图例表

步骤 5 图名标注。调用 MT（多行文字）命令，绘制图名和比例标注；调用 L（直线）命令，分别绘制宽度为 0.00、0.35 的两条直线，完成图名标注的添加，如图 16-97 所示。

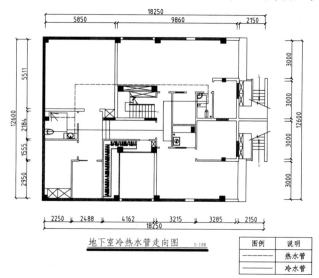

图 16-97 添加图名标注

16.5.2　绘制一层冷热水管走向图

一层的室内用水区域为公共卫生间和厨房。厨房的洗菜盆和卫生间的洗手盆均同时连接冷水和热水管道，所以在绘制水管连线的时候，要注意冷水开关与热水开关之间的连接，不要把不同供水系统的连线画错。

步骤 1 调用一层平面布置图。调用 CO（复制）命令，复制一份绘制完成的一层平面布置图；调用 E（删除）命令，删除平面图的多余图形，保留洁具图形，如图 16-98 所示。

步骤 2 绘制冷水管走向。调用 L（直线）命令，绘制水管走向（注意：左冷右热），如图 16-99 所示。

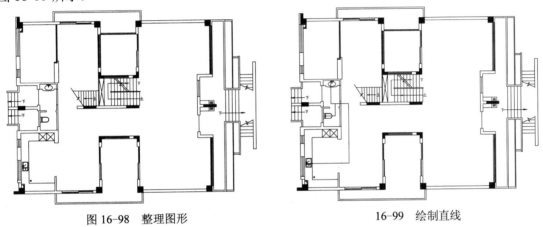

图 16-98　整理图形　　　　　　　　16-99　绘制直线

步骤 3 绘制热水管走向。调用 L（直线）命令，绘制热水管走向（注意：左冷右热），并将直线的线型设置为虚线。

步骤 4 图名标注。调用 MT（多行文字）命令，绘制图名和比例标注；调用 L（直线）命令，分别绘制宽度为 0.00、0.35 的两条直线，完成图名标注，如图 16-100 所示。

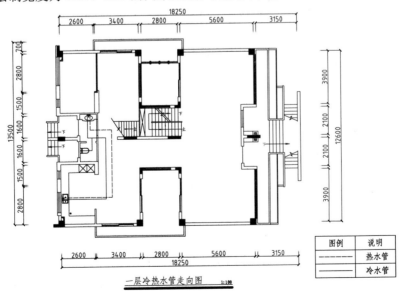

图 16-100　图名标注

16.5.3 绘制二层冷热水管走向图

二层的用水系统包括各卧室内卫生间的冷水与热水系统。位于卧室内的卫生间往往会设置淋浴器，因此淋浴器的冷、热水系统应与洗手盆的冷、热水系统相连接。

在绘制水管走向的时候，冷水管使用细实线来绘制，热水管采用虚线来绘制，以便对不同的供水系统进行区分。

步骤 1 调用二层平面布置图。调用 CO（复制）命令，复制一份绘制完成的二层平面布置图；调用 E（删除）命令，删除平面图的多余图形，保留洁具图形，如图 16-101 所示。

步骤 2 绘制冷水管走向。调用 L（直线）命令，绘制各卫生间区域内的水管走向（注意：左冷右热），如图 16-102 所示。

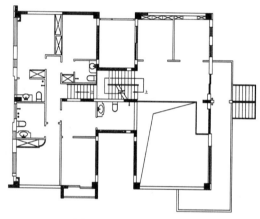

图 16-101　图形整理

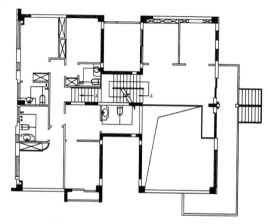

图 16-102　绘制冷水管走向

步骤 3 调用 L（直线）命令，绘制直线，将各区域内的冷水管示意图连接起来，如图 16-103 所示。

步骤 4 绘制热水管走向。调用 L（直线）命令，绘制热水管走向（注意：左冷右热），并将直线的线型设置为虚线，如图 16-104 所示。

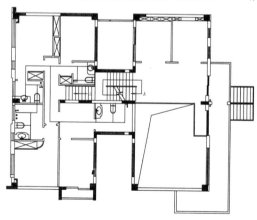

图 16-103　绘制冷水管走向

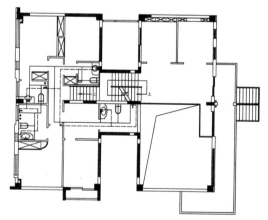

图 16-104　绘制热水管走向

步骤 5 图名标注。调用 MT（多行文字）命令，绘制图名和比例标注；调用 L（直线）命令，分别绘制宽度为 0.00、0.35 的两条直线，完成图名标注，如图 16-105 所示。

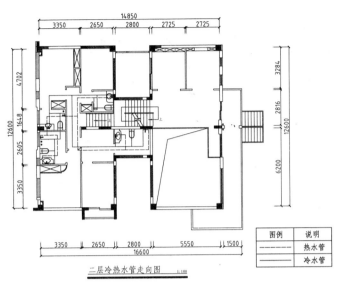

图 16-105 图名标注

16.5.4 绘制三层冷热水管走向图

三层室内仅主卫生间为用水区域，因此将洗手盆、淋浴器与马桶之间的给水系统通过绘制直线进行连接即可。在绘制的时候要注意，马桶是不需要绘制热水连线的，因为马桶的给水目的仅为清洁，不需要使用热水。

步骤 1 调用三层平面布置图。调用 CO（复制）命令，复制一份绘制完成的三层平面布置图；调用 E（删除）命令，删除平面图的多余图形，保留洁具图形，如图 16-106 所示。

步骤 2 绘制冷水管走向。调用 L（直线）命令，绘制主卫生间区域内的水管走向（注意：左冷右热），如图 16-107 所示。

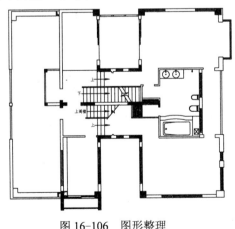

图 16-106 图形整理

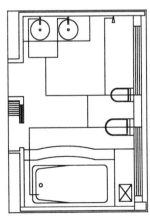

图 16-107 绘制冷水管走向

步骤 3 绘制热水管走向。调用 L（直线）命令，绘制热水管走向（注意：左冷右热），并将直线的线型设置为虚线。

步骤 4 图名标注。调用 MT（多行文字）命令，绘制图名和比例标注；调用 L（直线）命令，分别绘制宽度为 0.00、0.35 的两条直线，完成图名标注，如图 16-108 所示。

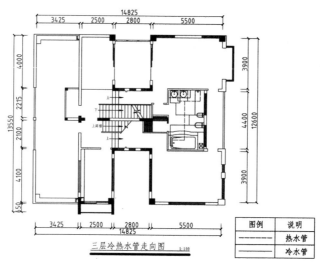

图 16-108　图名标注

16.6　设计专栏

运用本章所学知识绘制如图 16-109 所示的办公楼配电系统图。

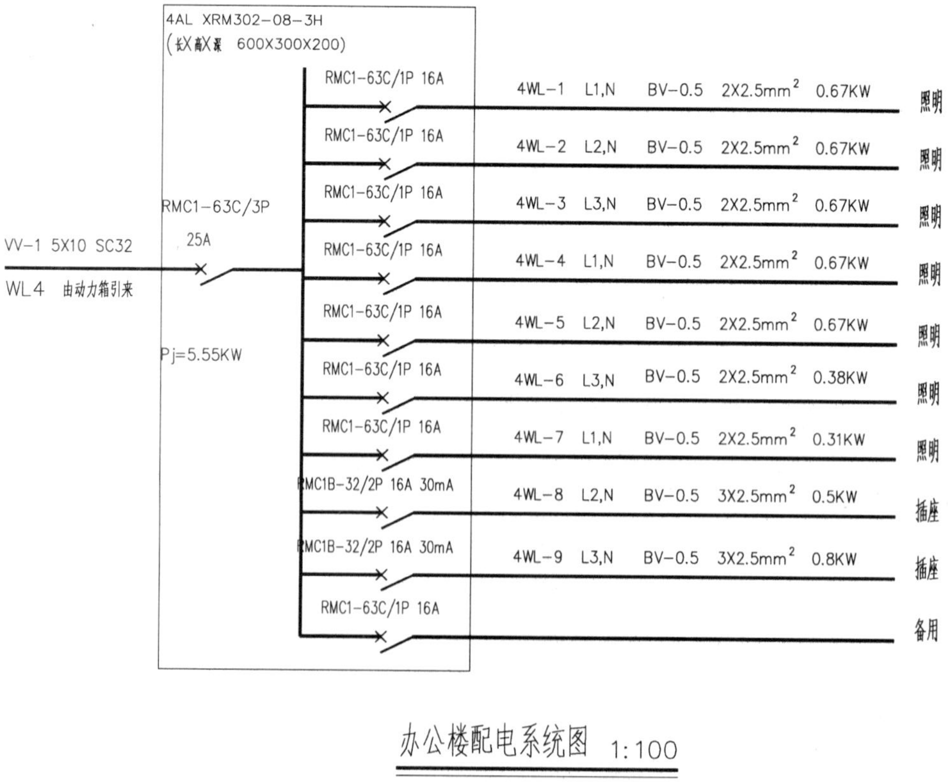

办公楼配电系统图 1:100

图 16-109　办公楼配电系统图

16.6.2　辅助绘图锦囊

室内的照明设计根据各功能分区的不同应采用不同种类的灯光，本节将对室内各主要功能分区的照明设计进行简单介绍，仅供参考。

1．客厅的照明设计

客厅是家中最大的休闲、活动空间，家人相聚、娱乐会客的重要场所；聊天、读书和看电视是客厅中的主要活动，写作和就餐也会在客厅中进行。实际上，客厅是家庭的心脏，这正是它需要高质量照明的充分原因。

明亮舒适的光线有助于相处中气氛的愉悦，休闲时可减轻眼睛的负担；在不同情形和时段亦可满足其他需求。一般而言，客厅的照明配置会运用主照明和辅助照明的灯光交互搭配，来营造空间的氛围。

假如将照明分成一系列的层次，那么主照明就要比所需要的照度稍微暗淡一些。它能被其他光点所补充，一些为了效果，一些为了特殊任务。例如，沙发后用于阅读和写作的明亮的光。

我们可以使用侧灯、台灯和落地灯，它们能够在需要的地方和需要的时候被用来满足特殊要求。在这些种类的灯具中使用柔和的不同光色的节能灯可以强化居室氛围的颜色设计。

此外，不要忽略了聚光灯。聚光灯的直射一个独特的特征，能够增加时尚感、立体感和优雅感，让您的客厅充满戏剧性；从纯粹的实用到艺术的美感或是极至的奢华。

如图 16-110 所示为客厅照明设计的效果。

2．卧室的照明设计

卧室是一个让人摆脱疲劳、休整身心、养精蓄锐的空间。因此卧室里的光环境应该以温馨、惬意为追求目的。

卧室的灯光照可分为普通照明、局部照明和装饰照明 3 种。普通照明供起居室休息，而局部照明则包括供梳妆、阅读、更衣收藏、看电视等；装饰照明主要在于创造卧室的空间气氛，如浪漫、温馨等氛。还应做到安全、可靠且方便维护与检修。

如图 16-111 所示为卧室照明设计的效果。

图 16-110　客厅照明

图 16-111　卧室照明

3．书房的照明设计

书房是重要的学习和工作的场所，所以恰当的照明设计可以保证使用者的身心健康，并提高学习和工作效率。

鉴于此，书房既要有明亮、清晰的阅读和书写环境，又要利于集中精力思考，力求简洁、淡雅。并采用健康光源，放松心情，保护视力。

书房灯具的选择不仅应充分考虑到亮度，而且应考虑到外形、色彩的装饰性，以适合于书房安静、雅致、具有文化氛围的学习、思考和创作环境。建议采用造型精致的吸顶灯、羊皮灯满足书房的整体亮度。

书桌上宜选用频闪低、显色柔和的护眼台灯，书柜内暗藏灯带，能帮助您准确地找到你想要的书籍，且兼具装饰效果。

如图 16-112 所示为书房照明设计的效果。

4．厨房的照明设计

厨房是家庭中最繁忙、劳务活动最多的地方。所以厨房的照明主要是实用，应选择合适的照度和显色性较高的光源，一般可选择白炽灯或荧光灯。

厨房照明一般把灯具设置在操作台的正上方，如操作台上方有壁柜时，可结合壁柜，在壁柜的下方安装灯具，使灯光照亮下方大块操作台。

此外，厨房的油烟较大，因此在选择厨房灯具的时候，应选择易清洁的灯具。

如图 16-113 所示为厨房照明设计的效果。

图 16-112　书房照明

图 16-113　厨房照明

第三篇
公装设计篇

第17章

办公室内装潢设计

与居室环境室内设计相比，在对办公室的设计构想上，设计师在平面规划中自始至终遵循实用、功能需求和人性化管理充分结合的原则。在设计中，既结合办公需求和工作流程，科学合理地划分职能区域，也考虑员工与领导之间、职能区域之间的相互交流。材料运用简洁、大方、耐磨、环保的现代材料，在照明采光上使用全局照明，能满足办公的需要。经过精心设计，在满足各种办公需要的同时，又简洁大方、美观，能充分体现出企业的形象与现代感。

本章介绍办公室室内设计施工图纸的绘制方法。

17.1　办公空间室内设计概述

公共空间与个人空间相比有许多不同之处，例如个人空间要保证其私密性，而公共空间则需要营造一个能容纳大众休闲或工作的场所。鉴于此，下面来简单介绍办公室室内设计的一些要点和值得注意的地方，以供参考。

17.1.1　现代办公空间的空间组成

公共空间与个人空间相比有虚的多不同之处，例如个人空间要保证其私密性，而公共空间则需要营造一个能容纳大众休闲或工作的场所。鉴于此，下面来简单介绍办公室室内设计的一些要点和值的注意的地方，以供参考。

17.1.2　办公室的设计要点

现代办公室的装饰装修，从选材至装饰，都有了比较严格的规定。因为办公室环境氛围的好坏，直接影响到员工的工作情绪。

1. 色彩应用

装修办公室时，色彩的选用越来越多样化，早已不再拘泥于既定的几种颜色。越来越多的色彩被用在办公室装修设计中，当然这些颜色的选择基于各个空间预期的视觉和感觉而定。暖色调可以给办公室装修营造一种舒适温馨的环境，鲜艳的颜色可以给办公室装修营造一种欢快的、充满活力的办公环境。颜色在很大程度上影响着办公室内办公人员的工作情绪。

2. 使用环保材料

在现代办公室装修中选材更趋向于天然环保型材料。石材、板岩及中间色至深色的木表面越来越流行。此外，环保的、可循环利用的褐色地毯变得更常用。绿色建材越来越受青睐，室内环境的污染性物质也越来越少。所以，地毯和系统家具也有很多好处。

3. 灯光配饰

现在的办公室装修自然采光非常受设计师及业主的青睐，但是办公室装修同样不可能没有灯。现在办公场所设计的趋势之一便是打开一块空间，让尽可能多的自然光线射入，同时还配有高大的窗户、天窗、太阳能电池板和中庭。而对于灯光光源，一般情况下，向上照射灯光和 LED 的照明在办公室装修业界备受青睐，原因是它们较其他更节能，而且使用起来更耐久。

17.1.3　办公室的空间设计

办公室中有各种功能不一的功能分区，应如何把握各类功能区的设计呢？下面简单介绍。

1. 关于办公室的面积

➢ 办公室内人员的面积为 $3.6m^2$/人～$6.5m^2$/人（不包括过道面积）。

➢ 普通办公室每人使用面积不应小于 $3m^2$，单间办公室净面积不宜小于 $10m^2$。

➢ 设计绘图室宜采用大房间或大空间，或用灵活隔断、家具等对大空间进行分隔。

➢ 设计绘图室，每人使用面积不应小于 $5m^2$。

2. 关于会议室的面积

➤ 会议室根据需要可分设大、中、小会议室。

➤ 中、小会议室可分散布置。小会议室使用面积宜为 30m² 左右，中会议室使用面积宜为 60m² 左右；中、小会议室每人使用面积：有会议桌的不应小于 1.80m²，无会议桌的不应小于 0.80m²。

➤ 大会议室应根据使用人数和桌椅设置情况确定使用面积。

3. 多功能的会议室（厅）

➤ 宜有电声、放映、遮光等设施。

➤ 中心会议室客容量：会议桌边长 600（mm）。

➤ 环式高级会议室客容量；环形内线长 700mm～1 000mm。

➤ 环式会议室服务通道宽：600mm～800mm。

4. 关于过道

最窄的走道应该是住宅中通往辅助房间的过道，其净宽不应小于 0.8m，这是"单行线"，一般只允许一个人通过。规范规定住宅中通往卧室、起居室的过道净宽不宜小于 1.0m 的宽度。

高层住宅的外走道和公共建筑的过道的净宽，一般都大于 1.2m，以满足两人并行的宽度。通常其两侧墙中距有 1.5m～2.4m，再宽则是兼有其他功能的过道，如课间活动、候诊等。

5. 关于办公家具的设计

➤ 办公桌。长：1200mm～1600mm；宽：500mm～650mm；高：700mm～800mm。

➤ 办公椅。高：400mm～450mm（长×宽）；450×450（mm）。

➤ 沙发。宽：600mm～800mm；高：350mm～400mm；背面：1000mm。

➤ 茶几。前置型：900（长）×400（宽）×400（高）（mm）；中心型：900（长）×900（宽）×400（高）（mm）、700（长）×700（宽）×400（高）（mm）；左右型：600（长）×400（宽）×400（高）（mm）。

➤ 书柜。高：1800mm；宽：1200mm～1500mm；深：450mm～500mm。

➤ 书架。高：1800mm；宽：1000mm～1300mm；深：350mm～450mm。

6. 卫生洁具的数量

➤ 男厕所每 40 人设大便器一具，每 30 人设小便器一具（小便槽按每 0.60m 的长度相当于一具小便器计算）。

➤ 女厕所每 20 人设大便器一具。

➤ 洗手盆每 40 人设一具。

7. 卫生间的设计尺寸

➤ 厕所蹲位隔板的最小宽（m）×深（m）分别为外开门时 0.9×1.2，内开门时为 0.9×1.4。

➤ 厕所间隔高度应为 1.50m～1.80m。

➤ 并列小便的中心距不应小于 0.65m。

➤ 单侧厕所隔间至对面墙面的净距，当采用内开门时不应小于 1.10m，当采用外开门时，不应小于 1.30m。

➤ 单侧厕所隔间至对面小便器外治之净距，当采用内开门时，不应小于 1.10m，当采用外开门时，不应小于 1.30m。

如图17-1所示为封闭式办公室和开敞式办公室的设计效果。

图17-1　封闭式办公室

17.2　绘制办公空间平面布置图

一个办公空间主要包括开敞式办公室、封闭式办公室、会议室及一些其他的辅助空间。处于不同岗位上的人员在不同的办公室处理日常的工作，其中既有分别又有联系。

本节介绍办公空间内各主要办公室平面布置图的绘制方法。

17.2.1　绘制董事长办公室平面图

董事长办公室配备了书柜，以及电视柜、电视机等家具，整墙书柜彰显了办公室使用者的人格的气度及学识的深度，因而很有必要。

步骤 1 绘制原始结构图。沿用本书前面所介绍的绘制原始结构图的方法，绘制办公室的原始结构图，结构如图17-2所示。

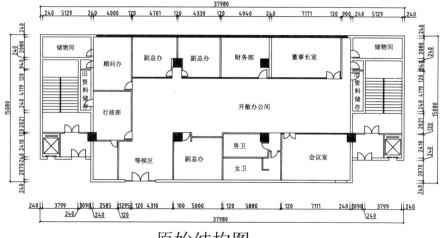

原始结构图　　1:100

图17-2　原始结构图

步骤 2 绘制书柜。调用 O（偏移）命令，偏移墙线，结果如图 17-3 所示。

步骤 3 调用 L（直线）命令，绘制直线，结果如图 17-4 所示。

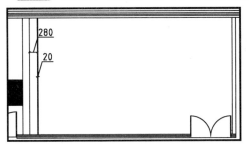

图 17-3 偏移墙线

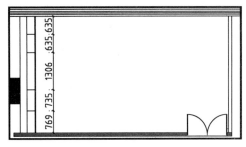

图 17-4 绘制直线

步骤 4 调用 L（直线）命令，绘制对角线，结果如图 17-5 所示。

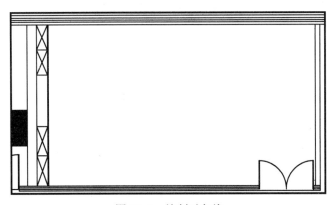

图 17-5 绘制对角线

步骤 5 绘制电视柜。调用 REC（矩形）命令，绘制矩形，结果如图 17-6 所示。

步骤 6 按下〈Ctrl+O〉组合键，打开配套光盘提供的"第 17 章\家具图例.dwg"文件，将其中的写字台等图形复制粘贴至当前图形中，插入图块的结果如图 17-7 所示。

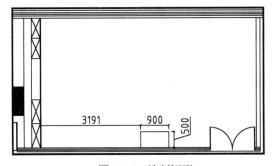

图 17-6 绘制矩形

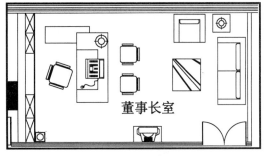

图 17-7 插入图块

17.2.2 绘制副总办公室平面图

副总办公室的面积较小，所以书柜较小。绘制副总办公室主要调用"直线"命令、"偏移"命令及"多段线"等命令。

步骤 1 绘制装饰柜。调用 L（直线）命令，绘制直线，结果如图 17-8 所示。

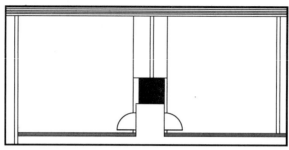
图 17-8 绘制直线

步骤 2 调用 O（偏移）命令，偏移直线，结果如图 17-9 所示。

步骤 3 调用 L（直线）命令，取偏移所得到的直线的中点为起点，绘制直线，结果如图 17-10 所示。

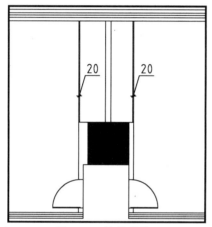
图 17-9 偏移直线

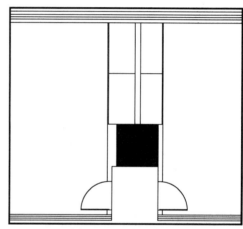
图 17-10 绘制直线

步骤 4 调用 PL（多段线）命令，绘制对角线，结果如图 17-11 所示。

步骤 5 按〈Ctrl+O〉组合键，打开配套光盘提供的"第 17 章\家具图例.dwg"文件，将其中写字台等图形复制粘贴至当前图形中，插入图块的结果如图 17-12 所示。

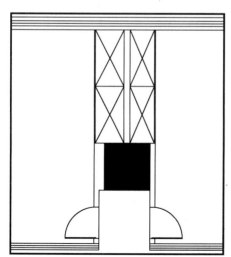
图 17-11 绘制对角线

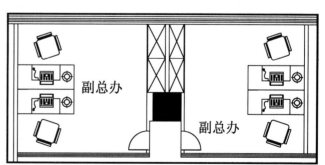
图 17-12 插入图块

17.2.3 绘制会议室平面图

会议室平面图主要的功能为召开大小会议，对重大事件进行讨论并最终定论的空间。绘制会议室平面图主要调用"直线"命令、"修剪"命令及"多段线"等命令。

步骤 1 绘制会议室墙面装饰平面图形。调用 O（偏移）命令，偏移墙线，结果如图 17-13 所示。

步骤 2 调用 L（直线）命令，绘制直线，结果如图 17-14 所示。

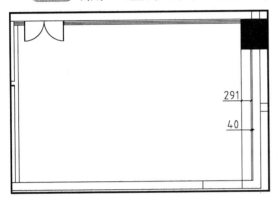

图 17-13　偏移墙线

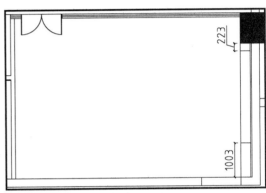

图 17-14　绘制直线

步骤 3 调用 TR（修剪）命令，修剪线段，结果如图 17-15 所示。

步骤 4 绘制灯带。调用 PL（多段线）命令，绘制灯带，结果如图 17-16 所示。

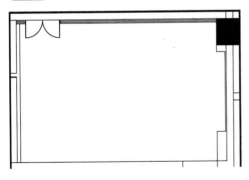

图 17-15　修剪线段

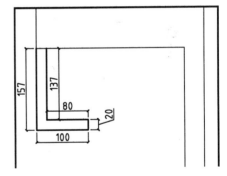

图 17-16　绘制灯带

步骤 5 调用 MI（镜像）命令，镜像复制绘制完成的图形，结果如图 17-17 所示。

步骤 6 填充石膏板图案。调用 H（图案填充）命令，按命令行提示进行操作打开"图案填充和渐变色"对话框，参数设置如图 17-18 所示。

步骤 7 在绘图区中拾取填充区域，填充图案的结果如图 17-19 所示。

步骤 8 按下〈Ctrl+O〉组合键，打开配套光盘提供的"第 17 章\家具图例.dwg"文件，将其中的会议桌等图形复制粘贴至当前图形中，插入图块的结果如图 17-20 所示。

步骤 9 沿用前面介绍的方法，绘制其他区域的平面图，结果如图 17-21 所示。

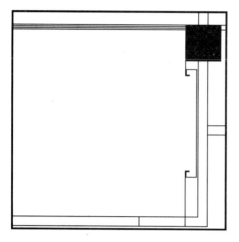

图 17-17 镜像复制

图 17-18 设置参数

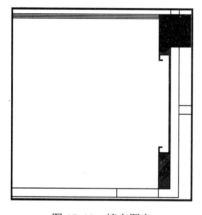

图 17-19 填充图案

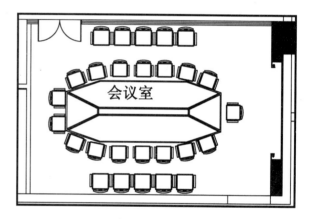

图 17-20 插入图块

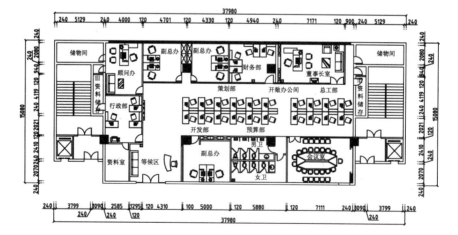

平面布置图 1:100

图 17-21 办公室平面图

17.3 绘制办公空间地材图

办公室的地面铺设材质主要为地毯，因其具备了吸音、易清洁等功能，而且能凸显该办公室的档次及品位。本节主要介绍办公空间地面布置图的绘制方法。

17.3.1 复制图形

地面布置图可以在平面布置图的基础上绘制，调用 CO（复制）命令，复制一份平面布置图至一旁；调用 E（删除）命令，删除多余的图形，图形的整理结果如图 17-22 所示。

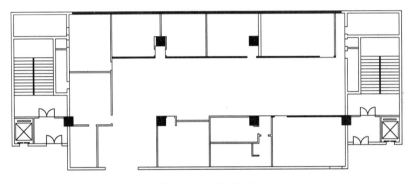

图 17-22 整理结果

17.3.2 绘制门槛线

门槛线用于区别各个区域的地面图案填充，可以调用 L（直线）命令来绘制，绘制结果如图 17-23 所示。

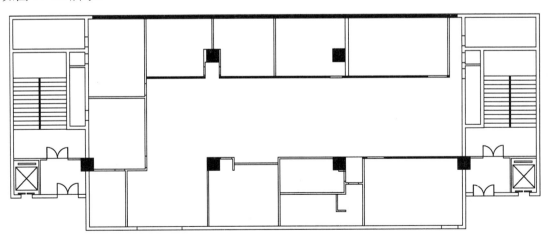

图 17-23 绘制直线

17.3.3 材料注释

地面铺设材料需要对其进行文字标注，才能使读图的人员和施工的人员明了其使用的具体材料，为施工提供方便。材料注释主要通过调用"多行文字"命令来完成。

步骤 1 调用 MT（多行文字）命令，在需要绘制文字标注的区域指定对角点绘制矩形，在弹出的在位文字编辑器对话框中输入文字标注，文字标注的结果如图 17-24 所示。

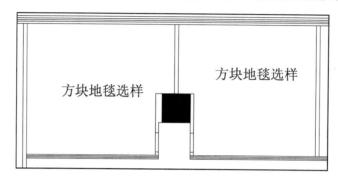

图 17-24　标注结果

步骤 2 重复操作，为地面图绘制材料标注，结果如图 17-25 所示。

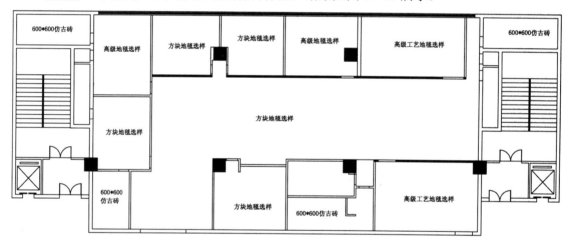

图 17-25　材料标注

17.3.4　填充地面图例

地面铺装材料的绘制可以调用"图案填充"命令，在"图案填充和渐变色"对话框中，可以选择填充图案的类型并且设置其填充比例和角度。

步骤 1 填充门槛石图案。调用 H（图案填充）命令，打开"图案填充和渐变色"对话框，参数设置如图 17-26 所示。

步骤 2 在绘图区中拾取填充区域，图案填充的结果如图 17-27 所示。

步骤 3 填充储藏室地面图案。调用 H（图案填充）命令，弹出"图案填充和渐变色"对话框，参数设置如图 17-28 所示。

步骤 4 在绘图区中拾取填充区域，图案填充的结果如图 17-29 所示。

图 17-26 设置参数

图 17-27 图案填充

图 17-28 设置参数

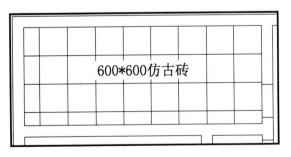

图 17-29 图案填充

步骤 5 填充顾问办公室地面图案。调用 H（图案填充）命令，打开"图案填充和渐变色"对话框，参数设置如图 17-30 所示。

步骤 6 在绘图区中拾取填充区域，图案填充的结果如图 17-31 所示。

图 17-30 设置参数

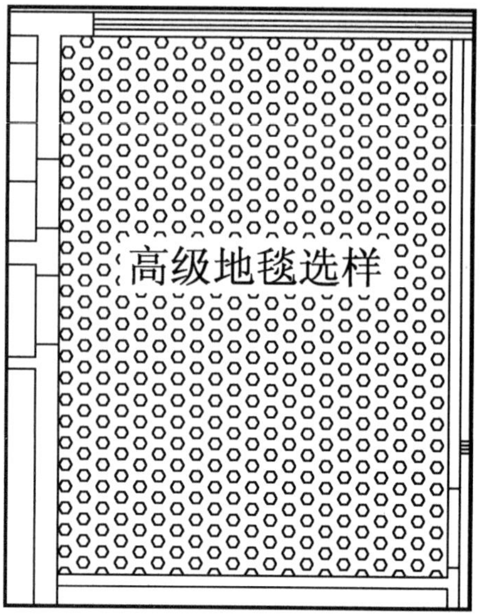

图 17-31 图案填充

步骤 7 填充副总办公室地面图案。调用 H（图案填充）命令，打开"图案填充和渐变色"对话框，参数设置如图 17-32 所示。

步骤 8 在绘图区中拾取填充区域，图案填充的结果如图 17-33 所示。

图 17-32 设置参数

图 17-33 图案填充

步骤 9 填充董事长办公室地面图案。调用 H（图案填充）命令，打开"图案填充和渐变色"对话框，参数设置如图 17-34 所示。

步骤 10 在绘图区中拾取填充区域，图案填充的结果如图 17-35 所示。

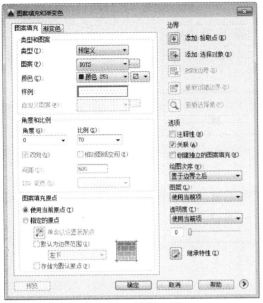

图 17-34　设置参数　　　　　　　图 17-35　图案填充

步骤 11　重复操作，地面布置图的绘制结果如图 17-36 所示。

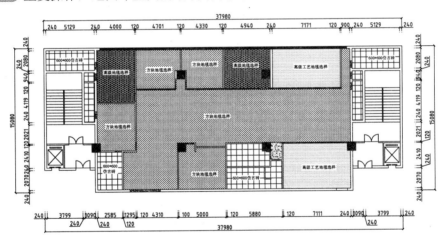

地面布置图　　　　1:100

图 17-36　绘制结果

17.4　绘制办公空间顶棚图

办公室的顶棚图依各个功能区的不同而设计制作了不同类型的吊顶，主要有石膏板吊顶、灰镜与壁纸相结合饰面的吊顶、吸音矿棉板吊顶等几种类型。

本节介绍办公空间顶棚平面图的绘制方法。

17.4.1　绘制会议室顶棚图

会议室的顶棚主要使用了 3 种材料，分别是石膏板、灰镜及壁纸。3 种材料交相辉映，互补不足，将现代与古典两种风格表现得淋漓尽致。

绘制会议室顶棚图用到的命令有"复制""偏移"及"修剪"等。

步骤 1 复制图形。调用 CO（复制）命令，移动复制一份平面布置图至一旁；调用 E（删除）命令，删除多余图形，图形整理的结果如图 17-37 所示。

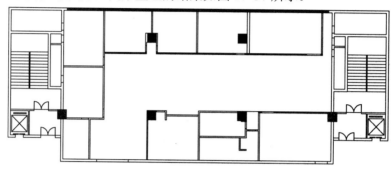

图 17-37　整理结果

步骤 2 绘制顶面轮廓。调用 L（直线）命令，绘制直线，结果如图 17-38 所示。

步骤 3 调用 O（偏移）命令，偏移线段；调用 TR（修剪）命令，修剪线段，结果如图 17-39 所示。

图 17-38　绘制直线

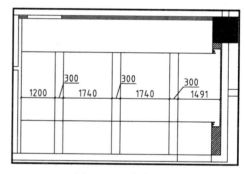

图 17-39　修剪线段

步骤 4 调用 TR（修剪）命令，修剪线段，结果如图 17-40 所示。

步骤 5 调用 REC（矩形）命令，绘制尺寸为 3460×200 的矩形，结果如图 17-41 所示。

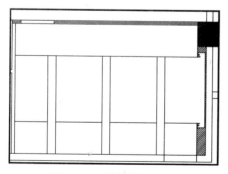

图 17-40　修剪线段

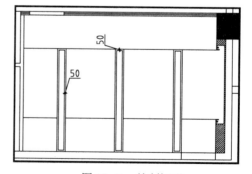

图 17-41　绘制矩形

步骤 6 调用 L（直线）命令，绘制直线，结果如图 17-42 所示。

步骤 7 绘制广告钉。调用 C（圆）命令，绘制半径为 15 的圆，结果如图 17-43 所示。

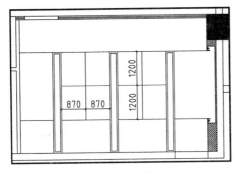

图 17-42　绘制结果

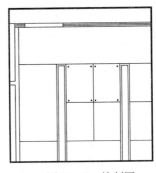

图 17-43　绘制圆

(步骤 8) 调用 CO（复制）命令，移动复制圆形，结果如图 17-44 所示。

(步骤 9) 调用 REC（矩形）命令，分别绘制尺寸为 135×161、42×41 的矩形，结果如图 17-45 所示。

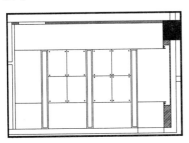

图 17-44　复制结果

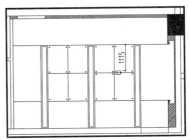

图 17-45　绘制矩形

(步骤 10) 调用 L（直线）命令，绘制直线，并将所绘制直线的线型设置为虚线，结果如图 17-46 所示。

(步骤 11) 调入灯具图块。按〈Ctrl+O〉组合键，打开配套光盘提供的"第 17 章\家具图例.dwg"文件，将其中灯具等图形复制粘贴至当前图形中，插入图块的结果如图 17-47 所示。

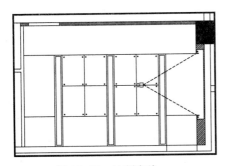

图 17-46　绘制直线

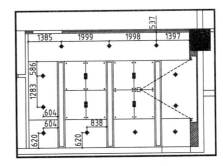

图 17-47　插入图块

(步骤 12) 填充灰镜材料图案。调用 H（图案填充）命令，打开"图案填充和渐变色"对话框，参数设置如图 17-48 所示。

(步骤 13) 在绘图区中拾取填充区域，图案填充的结果如图 17-49 所示。

(步骤 14) 填充壁纸材料图案。调用 H（图案填充）命令，打开"图案填充和渐变色"对话框，参数设置如图 17-50 所示。

(步骤 15) 在绘图区中拾取填充区域，图案填充的结果如图 17-51 所示。

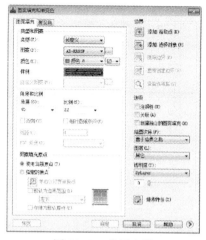

图 17-48　设置参数

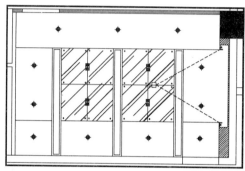

图 17-49　图案填充

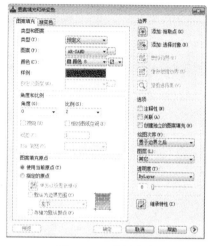

图 17-50　设置参数

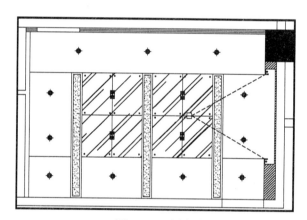

图 17-51　图案填充

步骤 16 标高标注。调用 I（插入）命令，在弹出的"插入"对话框中选择标高图块，根据命令行的提示选择标高点和输入标高值，绘制标高标注的结果如图 17-52 所示。

步骤 17 文字标注。调用 MT（多行文字）命令，绘制顶面材料的文字标注，结果如图 17-53 所示。

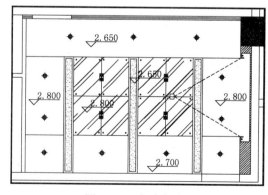

图 17-52　标高标注

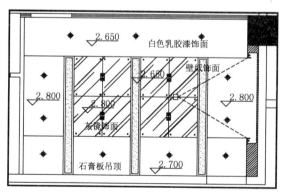

图 17-53　文字标注

17.4.2　绘制董事长办公室顶面图

董事长办公室的顶面图制作了石膏板吊顶，将办公区与会客区通过顶面进行区分，辅以白色乳胶漆饰面并制作了灯带，营造了一个和谐的办公氛围。

绘制董事长办公室顶面图调用的命令主要有"偏移""修剪"及"矩形"等。

步骤 1 绘制窗帘盒及射灯区。调用 O（偏移）命令，偏移墙线，结果如图 17-54 所示。

步骤 2 调用 TR（修剪）命令，修剪线段，结果如图 17-55 所示。

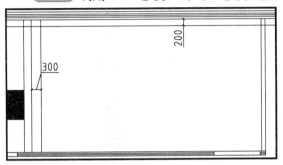

图 17-54　偏移墙线　　　　　　　　　　图 17-55　修剪线段

步骤 3 绘制吊顶轮廓。调用 O（偏移）命令，偏移线段，结果如图 17-56 所示。

步骤 4 调用 TR（修剪）命令，修剪线段，结果如图 17-57 所示。

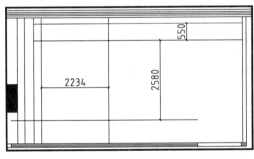
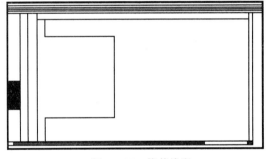

图 17-56　偏移线段　　　　　　　　　　图 17-57　修剪线段

步骤 5 调用 O（偏移）命令，偏移线段，结果如图 17-58 所示。

步骤 6 调用 TR（修剪）命令，修剪线段，结果如图 17-59 所示。

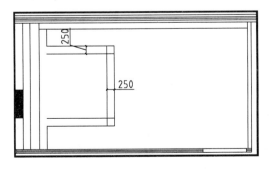
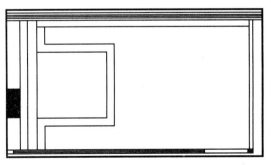

图 17-58　偏移线段　　　　　　　　　　图 17-59　修剪线段

步骤 7 调用 O（偏移）命令、TR（修剪）命令，偏移并修剪线段，结果如图 17-60 所示。

步骤 8 调用 REC（矩形）命令，绘制矩形，结果如图 17-61 所示。

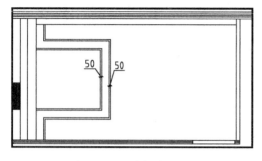

图 17-60　绘制结果

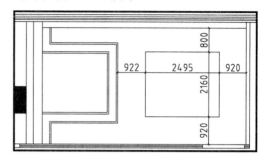

图 17-61　绘制矩形

步骤 9 绘制灯带。调用 O（偏移）命令，设置偏移距离为 50，往外偏移矩形，并将所偏移的矩形的线型设置为虚线，结果如图 17-62 所示。

步骤 10 调入灯具图块。按〈Ctrl+O〉组合键，打开配套光盘提供的"第 17 章\家具图例.dwg"文件，将其中灯具等图形复制粘贴至当前图形中，插入图块的结果如图 17-63 所示。

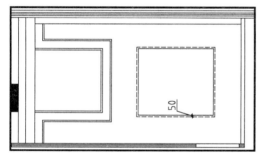

图 17-62　绘制灯带

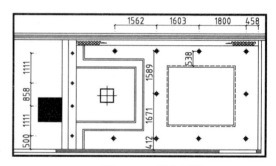

图 17-63　插入图块

步骤 11 标高标注。调用 I（插入）命令，在弹出的"插入"对话框中选择标高图块，根据命令行的提示选择标高点和输入标高值，绘制标高标注的结果如图 17-64 所示。

步骤 12 文字标注。调用 MT（多行文字）命令，绘制顶面材料的文字标注，结果如图 17-65 所示。

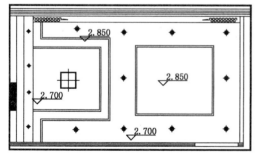

图 17-64　标高标注

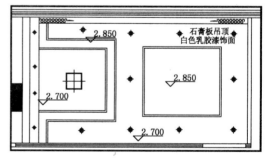

图 17-65　文字标注

步骤 13 重复操作，绘制其他区域的顶面布置图，结果如图 17-66 所示。

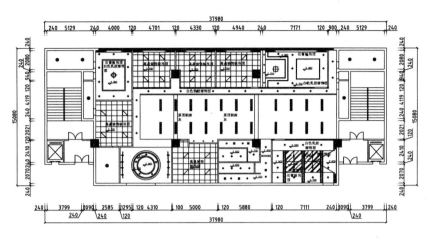

顶面布置图　　　　1:100

图 17-66　绘制结果

17.5　绘制办公空间立面图

办公空间的立面图设计都比较简单，在满足功能的前提下，辅以适当的装饰，既不单调又保持了居室装潢的整体感觉。

本节介绍办公空间主要立面图的绘制方法。

17.5.1　绘制董事长室 D 立面图

董事长室 D 立面图主要指书柜立面图。书柜的制作形式为带门的底柜，两侧制作玻璃层板和玻璃推拉门，方便摆放装饰物；中间制作吸音软包，辅以装饰画。整个书柜简洁大气，富有生气。

绘制董事长室 D 立面图调用的命令主要有"偏移""修剪"及"镜像"等。

步骤 1 加入立面指向符号。按〈Ctrl+O〉组合键，打开配套光盘提供的"第 17 章\家具图例.dwg"文件，将其中立面指向符号图形复制粘贴至平面图中，插入符号的结果如图 17-67所示。

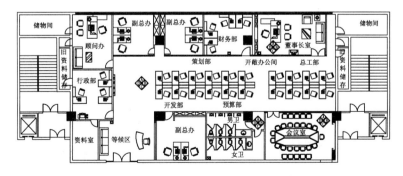

图 17-67　加入立面指向符号

步骤 2 绘制立面轮廓。调用 REC（矩形）命令，绘制矩形；调用 X（分解）命令，分解矩形；调用 O（偏移）命令，偏移矩形边，结果如图 17-68 所示。

步骤 3 调用 O（偏移）命令，偏移矩形边，结果如图 17-69 所示。

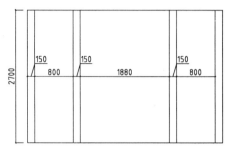

图 17-68　偏移矩形边

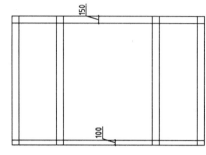

图 17-69　绘制结果

步骤 4 调用 TR（修剪）命令，修剪线段，结果如图 17-70 所示。

步骤 5 绘制装饰柜。调用 O（偏移）命令，偏移线段；调用 TR（修剪）命令，修剪线段，结果如图 17-71 所示。

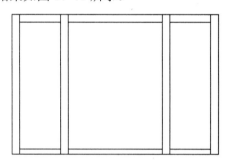

图 17-70　修剪线段

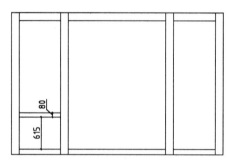

图 17-71　绘制装饰柜

步骤 6 调用 O（偏移）命令、TR（修剪）命令，偏移并修剪线段，结果如图 17-72 所示。

步骤 7 绘制柜门、把手。调用 L（直线）命令，绘制直线；调用 REC（矩形）命令，绘制尺寸为 103×33 的矩形，结果如图 17-73 所示。

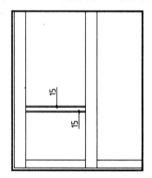

图 17-72　修剪结果

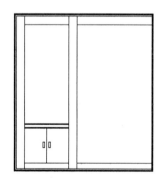

图 17-73　绘制结果

步骤 8 填充柜门图案。调用 H（图案填充）命令，打开"图案填充和渐变色"对话框，参数设置如图 17-74 所示。

步骤 9 在绘图区中拾取填充区域，图案填充的结果如图 17-75 所示。

图 17-74 设置参数

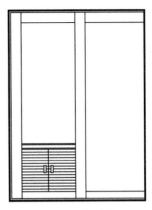

图 17-75 图案填充

步骤 10 调用 MI（镜像）命令，镜像复制绘制完成的图形，结果如图 17-76 所示。

步骤 11 调用 L（直线）命令，绘制直线，结果如图 17-77 所示。

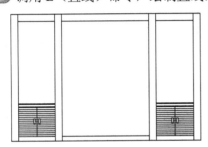

图 17-76 镜像复制

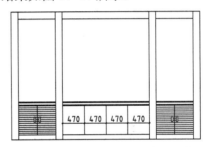

图 17-77 绘制直线

步骤 12 重复上述绘制柜门的操作，绘制门把手并填充柜门图案，结果如图 17-78 所示。

步骤 13 绘制层板。调用 O（偏移）命令，偏移线段；调用 TR（修剪）命令，修剪线段，结果如图 17-79 所示。

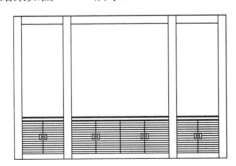

图 17-78 绘制结果

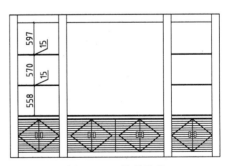

图 17-79 修剪线段

步骤 14 调入装饰物图块。按〈Ctrl+O〉组合键，打开配套光盘提供的"第 17 章\家具图例.dwg"文件，将其中的挂画等图形复制粘贴至当前图形中，插入图块的结果如图 17-80 所示。

步骤 15 填充茶镜材料图案。调用 H（图案填充）命令，打开"图案填充和渐变色"对话框，参数设置如图 17-81 所示。

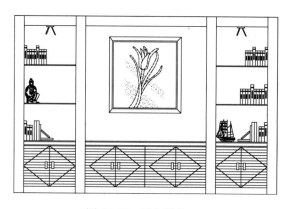

图 17-80　插入图块

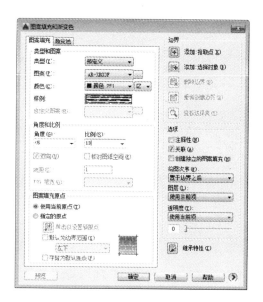

图 17-81　设置参数

步骤 16 在绘图区中拾取填充区域，图案填充的结果如图 17-82 所示。

步骤 17 填充墙面软包材料图案。调用 H（图案填充）命令，打开"图案填充和渐变色"对话框，参数设置如图 17-83 所示。

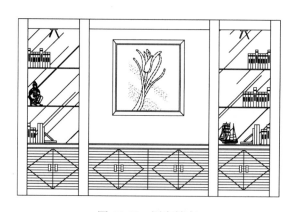

图 17-82　图案填充

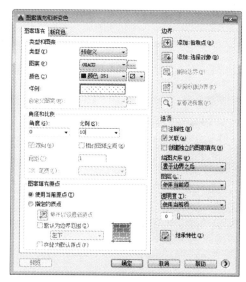

图 17-83　设置参数

步骤 18 在绘图区中拾取填充区域，图案填充的结果如图 17-84 所示。

步骤 19 文字标注。调用 MLD（多重引线）标注命令，分别指定引线箭头的位置、引线基线的位置，绘制多重引线标注的结果如图 17-85 所示。

步骤 20 尺寸标注。调用 DLI（线性标注）命令，为立面图绘制尺寸标注，结果如图 17-86 所示。

步骤 21 图名标注。调用 MT（多行文字）命令、L（直线）命令，绘制图名标注，结果如图 17-87 所示。

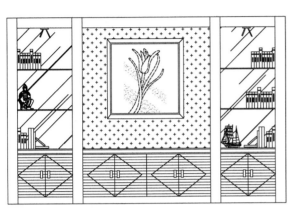

图 17-84　图案填充

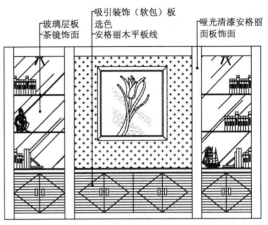

图 17-85　多重引线标注

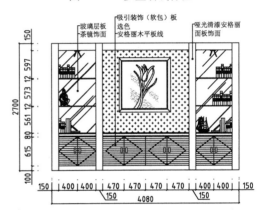

董事长室D立面图　　1:50

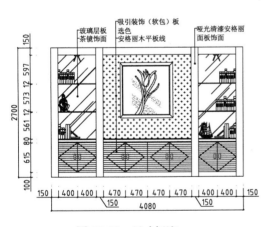

图 17-86　尺寸标注

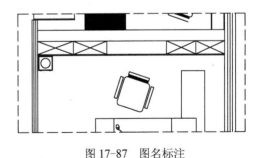

图 17-87　图名标注

17.5.2　绘制会议室 A 立面图

由于开会必须保证私密性，所以会议室墙面装饰要配备吸音功能，以将内部的声音隔绝。绘制会议室 A 立面图调用的命令主要有"矩形""偏移"及"直线"等。

步骤 1　绘制立面轮廓。调用 REC（矩形）命令，绘制矩形；调用 X（分解）命令，分解矩形；调用 O（偏移）命令，偏移矩形边，结果如图 17-88 所示。

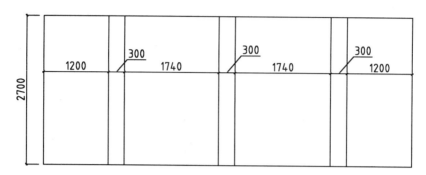

图 17-88　绘制结果

步骤 2 调用 O（偏移）命令，偏移矩形边，结果如图 17-89 所示。

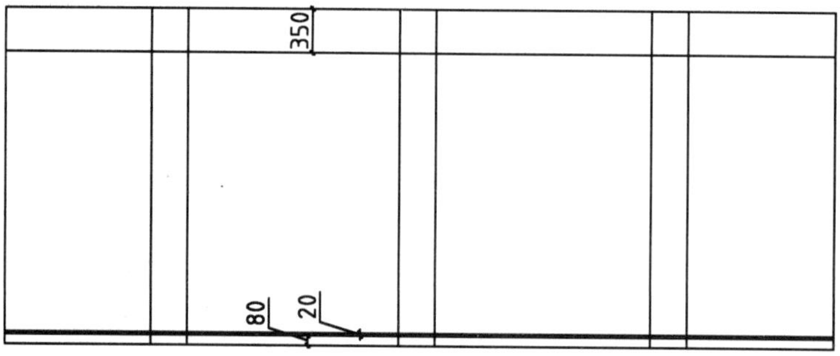

图 17-89　偏移矩形边

步骤 3 调用 TR（修剪）命令，修剪线段，结果如图 17-90 所示。

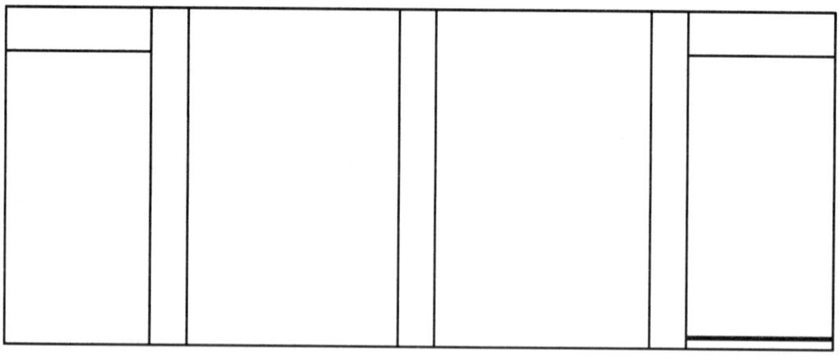

图 17-90　修剪线段

步骤 4 绘制门洞。调用 O（偏移）命令，偏移线段；调用 TR（修剪）命令，修剪线段，结果如图 17-91 所示。

步骤 5 绘制玻璃门。调用 L（直线）命令，绘制直线；调用 PL（多段线）命令，绘制门开启的方向线，结果如图 17-92 所示。

步骤 6 绘制墙面装饰轮廓。调用 O（偏移）命令，偏移线段；调用 TR（修剪）命令，修剪线段，结果如图 17-93 所示。

步骤 7 重复操作，绘制其他的墙面装饰轮廓，结果如图 17-94 所示。

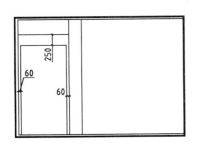

图 17-91 绘制门洞

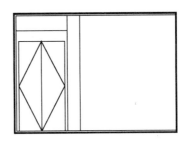

图 17-92 绘制玻璃门

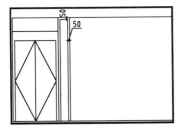

图 17-93 绘制墙面装饰轮廓

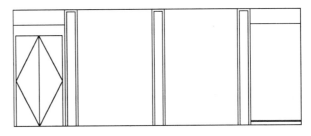

图 17-94 绘制其他的墙面装饰轮廓

步骤 8 填充透光云石灯片材料图案。调用 H（图案填充）命令，打开"图案填充和渐变色"对话框，参数设置如图 17-95 所示。

步骤 9 在绘图区中拾取填充区域，图案填充的结果如图 17-96 所示。

图 17-95 设置参数

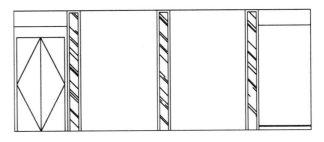

图 17-96 图案填充

步骤 10 填充白色线条材料图案。调用 H（图案填充）命令，打开"图案填充和渐变色"对话框，参数设置如图 17-97 所示。

步骤 11 在绘图区中拾取填充区域，图案填充的结果如图 17-98 所示。

步骤 12 填充高级墙纸材料图案。调用 H（图案填充）命令，打开"图案填充和渐变色"对话框，参数设置如图 17-99 所示。

步骤 13 在绘图区中拾取填充区域，图案填充的结果如图 17-100 所示。

图 17-97　设置参数

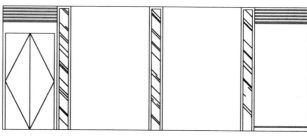

图 17-98　图案填充

图 17-99　设置参数

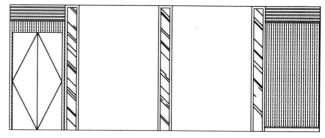

图 17-100　图案填充

步骤 14 绘制墙面软包轮廓。调用 O（偏移）命令，偏移线段；调用 TR（修剪）命令，修剪线段，结果如图 17-101 所示。

步骤 15 重复操作，绘制其他的墙面软包轮廓，结果如图 17-102 所示。

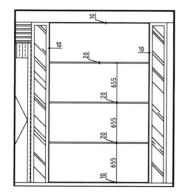

图 17-101　绘制墙面软包轮廓

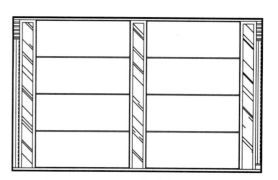

图 17-102　绘制其他的墙面软包轮廓

步骤 16 填充墙面软包材料图案。调用 H（图案填充）命令，打开"图案填充和渐变色"对话框，参数设置如图 17-103 所示。

步骤 17 在绘图区中拾取填充区域，图案填充的结果如图 17-104 所示。

图 17-103 设置参数

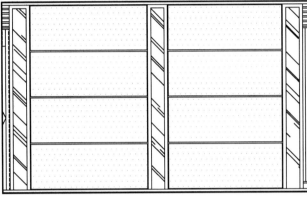

图 17-104 图案填充

步骤 18 调用 MLD（多重引线）标注命令，分别指定引线箭头的位置、引线基线的位置，绘制多重引线标注的结果如图 17-105 所示。

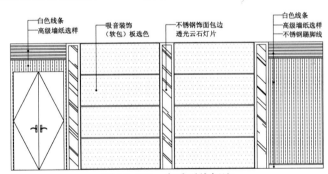

图 17-105 多重引线标注

步骤 19 调用 DLI（线性标注）命令，为立面图绘制尺寸标注，结果如图 17-106 所示。

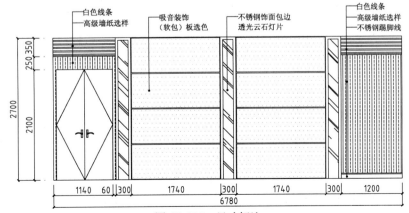

图 17-106 尺寸标注

步骤 20 调用 MT（多行文字）命令、L（直线）命令，绘制图名标注，结果如图 17-107 所示。

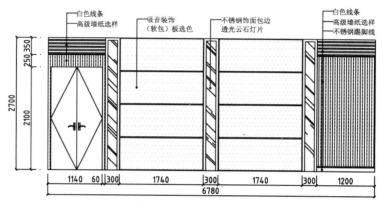

会议室A立面图　1:50

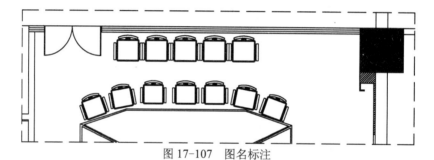

图 17-107　图名标注

17.6　设计专栏

17.6.1　上机实训

运用本章所学知识绘制如图 17-108 所示的开敞办公间 C 立面图。

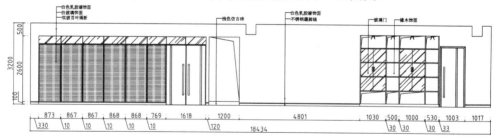

开敞办公间C立面图　1:50

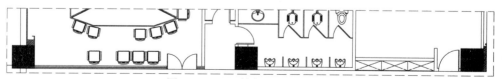

图 17-108　开敞办公间 C 立面图

17.6.2 辅助绘图锦囊

办公室中有各种功能不一的功能分区，那么应如何把握各类功能区的设计？下面简单介绍。

1. 关于办公室的面积

➢ 办公室内人员的面积为 3.6—6.5m²/人（不包括过道面积）。

➢ 普通办公室每人使用面积不应小于 3m²，单间办公室净面积不宜小于 10m²。

➢ 设计绘图室宜采用大房间或大空间，或用灵活隔断、家具等把大空间进行分隔；

➢ 设计绘图室，每人使用面积不应小于 5m²。

2. 关于会议室的面积

➢ 会议室根据需要可分设大、中、小会议室。

➢ 中、小会议室可分散布置。小会议室使用面积宜为 30m² 左右，中会议室使用面积宜为 60m² 左右；中、小会议室每人使用面积：有会议桌的不应小于 1.80m²，无会议桌的不应小于 0.80m²。

➢ 大会议室应根据使用人数和桌椅设置情况确定使用面积。

➢ 作多功能使用的会议室（厅）宜有电声、放映、遮光等设施。

➢ 中心会议室客容量：会议桌边长 600（mm）。

➢ 环式高级会议室客容量；环形内线长 700—1 000mm。

➢ 环式会议室服务通道宽：600—800mm。

3. 关于过道宽

最窄的走道应该是住宅中通往辅助房间的过道，其净宽不应小于 0.8m，这是"单行线"，一般只允许一个人通过。规范规定住宅中通往卧室、起居室的过道净宽不宜小于 1.0m 的宽度。

高层住宅的外走道和公共建筑的过道的净宽，一般都大于 1.2m，以满足两人并行的宽度。通常其两侧墙中距有 1.5～2.4m，再宽则是兼有其他功能的过道，如课间活动、候诊等等。

4. 卫生洁具的数量

➢ 男厕所每 40 人设大便器一具，每 30 人设小便器一具（小便槽按每 0.60m 长度相当一具小便器计算）；

➢ 女厕所每 20 人设大便器一具；

➢ 洗手盆每 40 人设一具；

注：①每间厕所大便器三具以上者，其中一具宜设坐式大便器。

②设有大会议室的楼层应相应增加厕位。

③专用卫生间可只设坐式大便器、洗手盆和面镜。

5. 卫生间的设计尺寸

➢ 厕所蹲位隔板的最小宽（m）×深（m）分别为外开门时 0.9×1.2，内开门时为 0.9×1.4。

➢ 厕所间隔高度应为 1.50～1.80m。

➢ 并列小便的中心距不应小于 0.65m。

➢ 单侧厕所隔间至对面墙面的净距，当采用内开门时不应小于 1.10m，当采用外开门时，不应小于 1.30m。

➢ 单侧厕所隔间至对面小便器外治之净距，当采用内开门时，不应小于 1.10m，当采用外开门时，不应小于 1.30m。

第 **18** 章

餐厅室内装潢设计

随着人们生活水平的日益提高，越来越多的人喜欢去餐厅就餐。为了体现风格的多样性，现在有一部分餐厅为中西结合。通过对餐厅室内空间的分隔、布局、照明与材质上的灵活运用，使餐厅的室内设计环境中的光、色、质融为一体，体现出中西餐厅的风格特色。让人们有一种放松的心情，给客人一个舒适温馨的就餐环境。本节通过对某二层餐厅室内设计讲解餐厅的设计理论和施工图的绘制方法。

18.1 餐厅室内设计概述

下面介绍在餐饮建筑的室内设计中需要注意的一些设计要点。

18.1.1 餐饮空间设计的基本原则

下面就餐饮空间设计的基本原则问题，简单介绍在设计构思过程中所需要注意的问题。

1. 满足使用功能要求

了解餐厅的格局、经营理念、经营内容和方式，以及销售阶层后，餐厅设计中的空间大小、形式、组合方式必须从功能出发，注重餐厅空间设计的合理性。

2. 满足精神功能要求

精神功能是餐饮业发展的灵魂，餐饮空间设计需要针对特定的消费人群的精神需求，用不同的空间主题来迎合消费心理。

3. 满足技术功能的要求

了解材料的性能、加工、成型、搭配，作为表达设计理念的手段。满足技术环境的设计要求，包括声音环境、采光系统、采暖系统和消防系统的技术要求。

4. 具有独特个性的要求

独特的个性是餐饮业的生命，餐厅空间设计应在"独特"上下功夫，塑造出本餐厅读一无二的个性，突出空间环境的特色。

5. 满足顾客目标导向的需求

餐厅空间设计以目标市场为依据，设计者必须把握顾客的经济承受能力和心理需求，为顾客提供一个在经济和心理上都满意的餐厅。

18.1.2 餐厅设计要点

下面介绍餐厅设计中的要点，包括设施布局、面积指标及设施的常用尺寸。

1. 设施布局

> 独立设立餐厅和宴会厅的布局使就餐环境独立而优雅，功能设施之间没有干扰。

> 在裙房或主楼低层设餐厅和宴会厅是多数饭店采用的布局形式，功能连贯、整体、内聚。

> 主楼顶层设立观光型餐厅，此种布局（包括旋转餐厅）特别受旅游者和外地客人的欢迎。

> 休闲餐厅布局（包括咖啡、酒吧、酒廊）比较自由灵活，大堂一隅、中庭一侧、顶层、平台及庭园等处均可设置，可以增添建筑内休闲、自然、轻松的氛围。

2. 餐厅设施的面积指标

餐厅的面积一般以 $1.85m^2$ / 座计算，其中中低档餐厅的面积约为 $1.5m^2$ / 座，高档餐厅的面积约为 $2.0m^2$ / 座。指标过小会造成拥挤，指标过宽会增加工作人员的劳作时间与精力。饭店中的餐厅应大、中、小型相结合，大中型餐厅餐座总数约占总餐座数的 70%～80%。小餐厅约占餐座数的20%～30%。影响面积的因素有饭店的等级、餐厅等级、餐座形式等。

饭店中餐饮部分的规模以面积和用餐座位数为设计指标，因饭店的性质、等级和经营方式而异。饭店的等级越高，餐饮面积指标越大，反之则越小。我国饭店建筑设计规范中有明确说明，高等级饭店每间客房的餐饮面积为 $9m^2$～$110m^2$，床位与餐座比率约为 $1:1$～$1:20$。

3. 餐饮设施的常用尺寸

餐厅服务走道的最小宽度为 900mm；通路最小宽度为 250mm；餐桌最小宽度为 700mm；四人方桌 900mm×900mm；四人长桌 1200mm×750mm；六人长桌 1500mm×750mm；八人长桌 2300mm×750mm。圆桌最小直径：1 人桌 750mm；2 人桌 850mm；4 人桌 1050mm；6 人桌 1200mm；8 人桌 1500mm。餐桌高 720mm；餐椅座面高 440mm～450mm；吧台固定凳高 750mm，吧台桌面高 1050mm，服务台桌面高 900mm，搁脚板高 250mm。

如图 18-1 所示为中式与西式餐厅的设计效果，本章介绍餐厅室内设计施工图的绘制方法。

图 18-1　中、西式餐厅设计效果

18.2　绘制餐厅平面布置图

本节介绍了餐厅平面布置的绘制，其中主要讲解了散客区、厢房、吧台的绘制。

18.2.1　整理图形

步骤 1 按〈Ctrl+O〉组合键，打开配套光盘提供的"第 18 章\餐厅原始结构图"素材文件，如图 18-2 所示。

步骤 2 调用 CO（复制）命令，复制一份原始结构图到一旁。

步骤 3 调用 L（直线）命令，绘制直线；调用 TR（修剪）命令，修剪多余线段，完成窗洞的绘制，结果如图 18-3 所示。

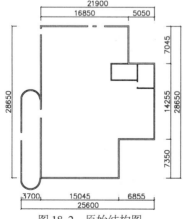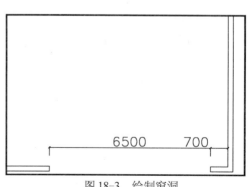

图 18-2　原始结构图　　　　　　　　　　图 18-3　绘制窗洞

18.2.2 绘制散客区

步骤 1 调用 L（直线）命令，绘制直线；调用 O（偏移）命令，设置偏移距离为 100，偏移直线，结果如图 18-4 所示。

步骤 2 调用 L（直线）命令，绘制直线；调用 TR（修剪）命令，修剪多余线段，绘制结果如图 18-5 所示。

步骤 3 调用 REC（矩形）命令，绘制尺寸为 500×5050 的矩形，结果如图 18-6 所示。

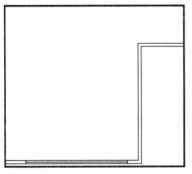

图 18-4 偏移直线

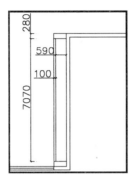

图 18-5 修剪线段

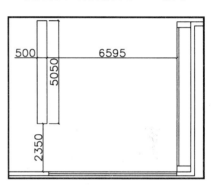

图 18-6 绘制矩形

步骤 4 调用 L（直线）命令，绘制直线，结果如图 18-7 所示。

步骤 5 按〈Ctrl+O〉组合键，打开"第 18 章\家具图例.dwg"文件，将其中的家具图形复制粘贴到图形中，结果如图 18-8 所示。

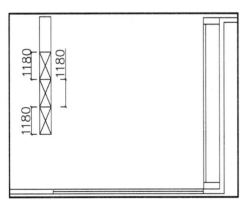

图 18-7 修剪线段

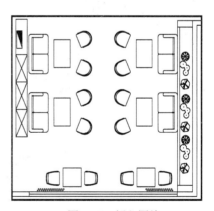

图 18-8 插入图块

18.2.3 绘制吧台

步骤 1 调用 L（直线）命令，绘制直线；调用 O（偏移）命令，偏移直线，结果如图 18-9 所示。

步骤 2 调用 L（直线）命令，绘制直线；调用 O（偏移）命令，偏移直线；调用 TR（修剪）命令，修剪多余线段，结果如图 18-10 所示。

步骤 3 调用 H（图案填充）命令，在弹出的"图案填充和渐变色"对话框中设置参数，如图 18-11 所示。

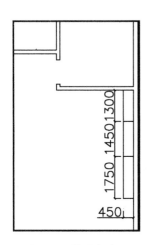

图 18-9　偏移直线

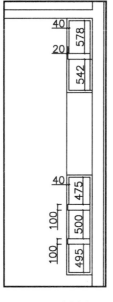

图 18-10　绘制结果

图 18-11　设置参数

步骤 4 在对话框中单击"添加：拾取点"按钮，在绘图区中拾取填充区域，填充结果如图 18-12 所示。

步骤 5 调用 L（直线）命令、O（偏移）命令、TR（修剪）命令，绘制吧台图形，结果如图 18-13 所示。

步骤 6 按〈Ctrl+O〉组合键，打开"第 18 章\家具图例.dwg"文件，将其中的家具图形复制粘贴到图形中，结果如图 18-14 所示。

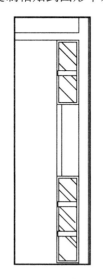

图 18-12　填充结果

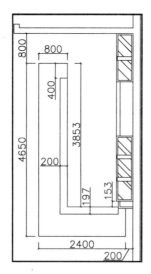

图 18-13　绘制吧台

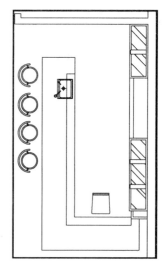

图 18-14　插入图块

18.2.4 绘制 C 厢房

步骤 1 调用 REC（矩形）命令，绘制尺寸为 1000×50 的矩形；调用 A（圆弧）命令，绘制圆弧，包厢门图形的绘制结果如图 18-15 所示。

步骤 2 调用 L（直线）命令，绘制直线；调用 O（偏移）命令，偏移直线；调用 T（修剪）命令，修剪多余线段，结果如图 18-16 所示。

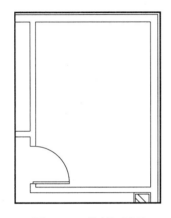

图 18-15　绘制门图形

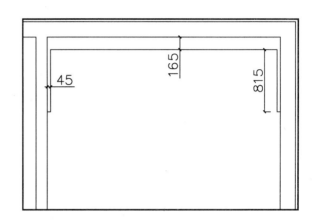

图 18-16　绘制结果

步骤 3 调用 L（直线）命令、O（偏移）命令、TR（修剪）命令，绘制如图 18-17 所示的图形。

步骤 4 调用 O（偏移）命令，偏移直线；调用 TR（修剪）命令，修剪多余线段，结果如图 18-18 所示。

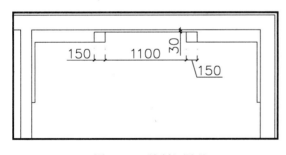

图 18-17　绘制门图形

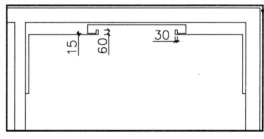

图 18-18　绘制结果

步骤 5 按〈Ctrl+O〉组合键，打开"第 18 章\家具图例.dwg"文件，将其中的家具图形复制粘贴到图形中，结果如图 18-19 所示。

步骤 6 调用 MT（多行文字）命令，打开"文字格式"对话框，输入功能区的名称，单击"确定"按钮关闭对话框，标注结果如图 18-20 所示。

步骤 7 重复上述操作，绘制餐厅的平面布置图，结果如图 18-21 所示。

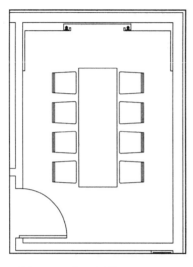
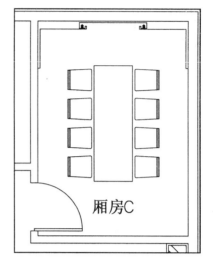

图 18-19　插入图块　　　　　　　　　　图 18-20　文字标注

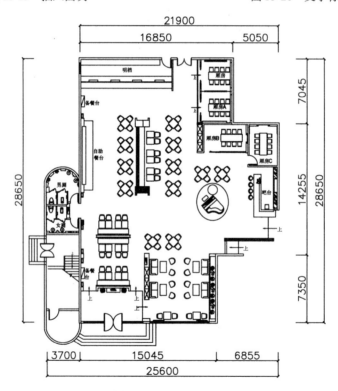

图 18-21　平面布置图

18.3　绘制餐厅地面布置图

本节介绍餐厅地面布置图的绘制方法，其中主要讲解了散客区、包厢等地面铺贴的绘制。

18.3.1 绘制散客区地面布置图

步骤 1 调用 CO（复制）命令，复制一份平面布置图到一旁；调用 E（删除）命令，删除不必要的图形；调用 L（直线）命令，在门口处绘制直线，整理结果如图 18-22 所示。

步骤 2 调用 L（直线）命令，绘制直线；调用 TR（修剪）命令，修剪多余线段，结果如图 18-23 所示。

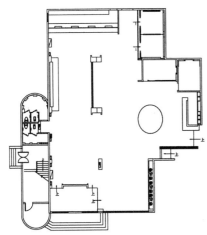

图 18-22　整理结果

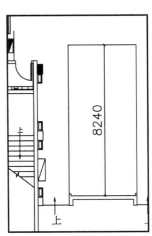

图 18-23　绘制结果

步骤 3 调用 H（图案填充）命令，在弹出的"图案填充和渐变色"对话框中设置参数，如图 18-24 所示。

步骤 4 在对话框中单击"添加：拾取点"按钮，在绘图区中拾取填充区域，填充结果如图 18-25 所示。

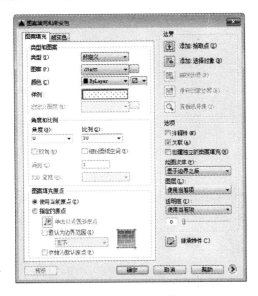

图 18-24　设置参数

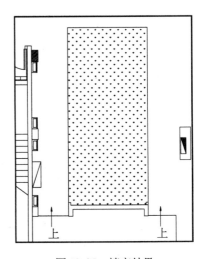

图 18-25　填充结果

18.3.2 绘制 C 厢房和钢琴展台地面布置图

步骤 1 调用 L（直线）命令、O（偏移）命令、TR（修剪）命令，绘制如图 18-26 所示的图形。

步骤 2 调用 O（偏移）命令，设置偏移距离为 50，偏移线段；调用 TR（修剪）命令，修剪多余线段，并将偏移得到的线段的线型更改为虚线，灯带的绘制结果如图 18-27 所示。

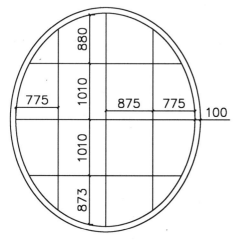

图 18-26 绘制结果

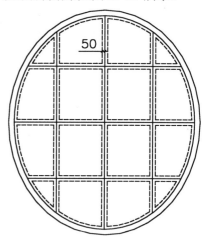

图 18-27 绘制灯带

步骤 3 调用 H（图案填充）命令，在弹出的"图案填充和渐变色"对话框中选择 AR-RROOF 图案，设置填充角度为 45°、填充比例为 20，填充结果如图 18-28 所示。

步骤 4 调用 H（图案填充）命令，在弹出的"图案填充和渐变色"对话框中设置参数，如图 18-29 所示。

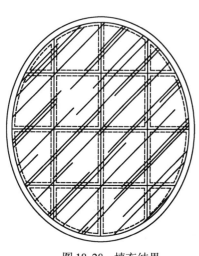

图 18-28 填充结果

图 18-29 设置参数

步骤 5 在对话框中单击"添加：拾取点"按钮，在绘图区中拾取填充区域，填充结果如图 18-30 所示。

步骤 6 调用 MLD（多重引线）标注命令，弹出"文字格式"对话框，输入地面铺装材料的名称，单击"确定"按钮关闭对话框，标注结果如图 18-31 所示。

图 18-30　填充结果

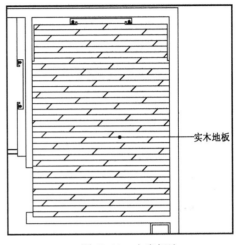

图 18-31　文字标注

步骤 7 重复上述操作，完成餐厅地面布置图的绘制，结果如图 18-32 所示。

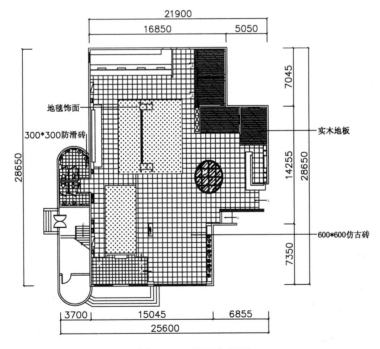

图 18-32　地面布置图

18.4　绘制餐厅顶面布置图

本节介绍餐厅顶面布置图的绘制方法，其中主要讲解了散客区、吧台、包厢等顶面图的绘制。

18.4.1 绘制散客区顶面布置图

步骤 1 调用 CO（复制）命令，复制一份地面布置图到一旁；调用 E（删除）命令，删除不必要的图形；调用 L（直线）命令，在门口处绘制直线，整理结果如图 18-33 所示。

步骤 2 调用 O（偏移）命令，设置偏移距离为 100，偏移线段；调用 TR（修剪）命令，修剪多余线段，并将偏移段段的线型更改为虚线，完成灯带的绘制，结果如图 18-34 所示。

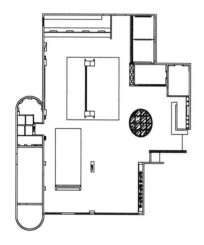

图 18-33 整理结果

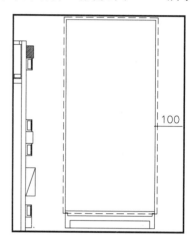

图 18-34 绘制灯带

步骤 3 调用 REC（矩形）命令，绘制尺寸为 3200×2300 的矩形；调用 CO（复制）命令，移动复制矩形，结果如图 18-35 所示。

步骤 4 调用 H（图案填充）命令，在弹出的"图案填充和渐变色"对话框中设置参数，如图 18-36 所示。

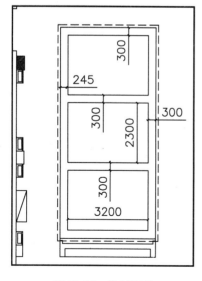

图 18-35 绘制矩形

图 18-36 设置参数

步骤 5 在对话框中单击"添加：拾取点"按钮▣，在绘图区中拾取填充区域，填充结果如图 18-37 所示。

步骤 6 按〈Ctrl+O〉组合键，打开"第 18 章\家具图例.dwg"文件，将其中的"灯具"图形复制粘贴到图形中，结果如图 18-38 所示。

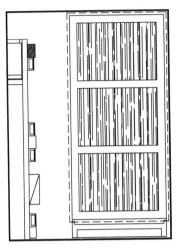

图 18-37 填充结果

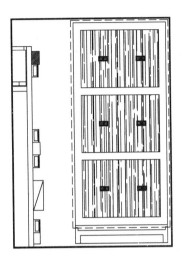

图 18-38 插入图块

18.4.2 绘制吧台顶面布置图

步骤 1 调用 O（偏移）命令，偏移线段；调用 TR（修剪）命令，修剪多余线段，结果如图 18-39 所示。

步骤 2 调用 O（偏移）命令，偏移线段，并将偏移线段的线型更改为虚线，完成灯带的绘制，结果如图 18-40 所示。

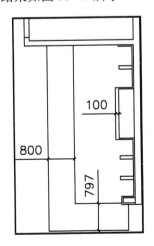

图 18-39 绘制结果

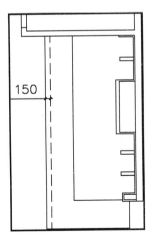

图 18-40 绘制灯带

步骤 3 调用 H（图案填充）命令，在弹出的"图案填充和渐变色"对话框中设置参数，如图 18-41 所示。

步骤 4 在对话框中单击"添加：拾取点"按钮 ，在绘图区中拾取填充区域，填充结果如图 18-42 所示。

图 18-41 设置参数

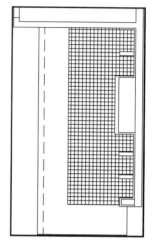

图 18-42 填充结果

步骤 5 调用 H（图案填充）命令，在弹出的"图案填充和渐变色"对话框中设置参数，如图 18-43 所示。

步骤 6 在对话框中单击"添加：拾取点"按钮 ，在绘图区中拾取填充区域，填充结果如图 18-44 所示。

步骤 7 按〈Ctrl+O〉组合键，打开"第 18 章\家具图例.dwg"文件，将其中的"灯具"图形复制粘贴到图形中，结果如图 18-45 所示。

图 18-43 设置参数

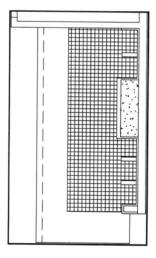

图 18-44 填充结果

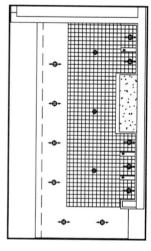

图 18-45 插入图块

18.4.3 绘制 C 厢房顶面布置图

步骤 1 调用 O（偏移）命令，偏移线段；调用 TR（修剪）命令，修剪多余线段，并将偏移线段的线型更改为虚线，完成灯带的绘制，结果如图 18-46 所示。

步骤 2 调用 H（图案填充）命令，在弹出的"图案填充和渐变色"对话框中设置参数，如图 18-47 所示。

步骤 3 在对话框中单击"添加：拾取点"按钮，在绘图区中拾取填充区域，填充结果如图 18-48 所示。

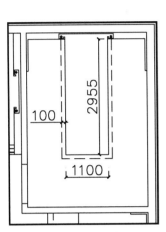

图 18-46 绘制结果

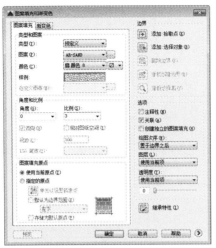

图 18-47 设置参数

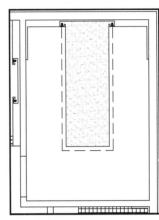

图 18-48 填充结果

步骤 4 按〈Ctrl+O〉组合键，打开"第 18 章\家具图例.dwg"文件，将其中的"灯具"图形复制粘贴到图形中，结果如图 18-49 所示。

步骤 5 调用 MLD（多重引线）命令，为顶面铺装材料标注文字，结果如图 18-50 所示。

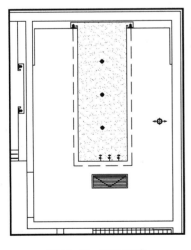

图 18-49 插入图块

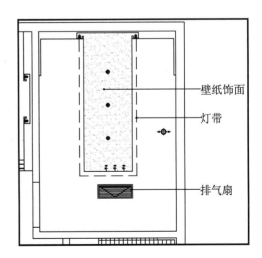

图 18-50 文字标注

步骤 6 重复上述操作，完成餐厅顶面布置图的绘制，结果如图 18-51 所示。

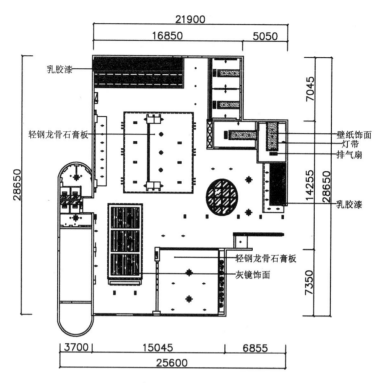

图 18-51 顶面布置图

18.5 绘制自助餐台立面图

本节介绍自助餐台立面图的绘制方法，其中主要调用了"填充"、"偏移"、"修剪"等命令。

步骤 1 调用 CO（复制）命令，移动复制自助餐台立面图的平面部分到一旁；调用 RO（旋转）命令，翻转图形的角度，整理结果如图 18-52 所示。

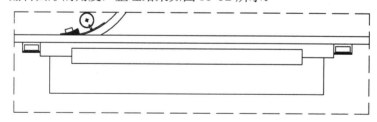

图 18-52 整理结果

步骤 2 调用 REC（矩形）命令，绘制尺寸为 9025×3300 的矩形；调用 X（分解）命令，分解矩形。

步骤 3 调用 O（偏移）命令，偏移矩形边；调用 TR（修剪）命令，修剪多余线段，结果如图 18-53 所示。

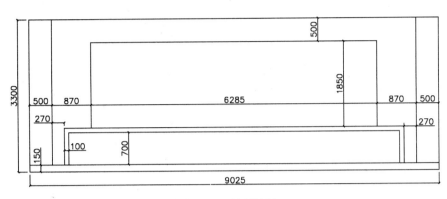

图 18-53 绘制结果

步骤 4 调用 H（图案填充）命令，在弹出的"图案填充和渐变色"对话框中设置参数，如图 18-54 所示。

步骤 5 在对话框中单击"添加：拾取点"按钮 ，在绘图区中拾取填充区域，填充结果如图 18-55 所示。

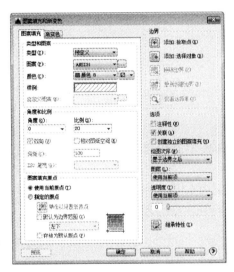

图 18-54 设置参数

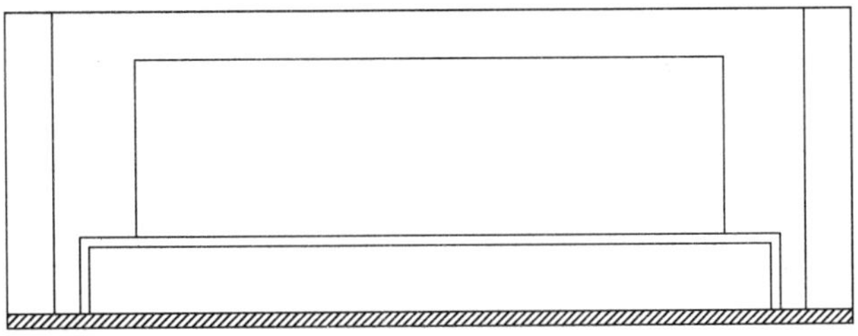

图 18-55 填充结果

步骤 6 调用 O（偏移）命令，偏移线段；调用 TR（修剪）命令，修剪多余线段，结果如图 18-56 所示。

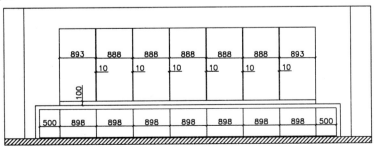

图 18-56 修剪结果

步骤 7 调用 O（偏移）命令，偏移线段，并将偏移线段的线型更改为虚线，完成灯带的绘制，结果如图 18-57 所示。

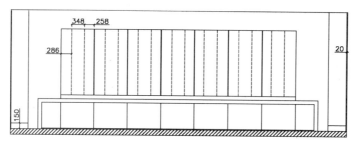

图 18-57 绘制灯带

步骤 8 调用 O（偏移）命令，偏移线段；调用 TR（修剪）命令，修剪多余线段，结果如图 18-58 所示。

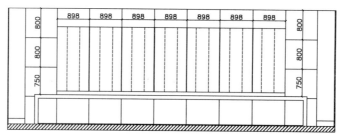

图 18-58 修剪结果

步骤 9 调用 H（图案填充）命令，在弹出的"图案填充和渐变色"对话框中设置参数，如图 18-59 所示。

步骤 10 在对话框中单击"添加：拾取点"按钮，在绘图区中拾取填充区域，填充结果如图 18-60 所示。

图 18-59 设置参数

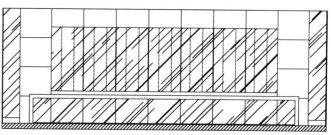

图 18-60 填充结果

步骤 11 调用 H（图案填充）命令，在弹出的"图案填充和渐变色"对话框中设置参数，如图 18-61 所示。

步骤 12 在对话框中单击"添加：拾取点"按钮，在绘图区中拾取填充区域，填充结果如图 18-62 所示。

图 18-61 设置参数

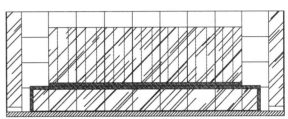

图 18-62 填充结果

步骤 13 调用 MLD（多重引线）标注命令，弹出"文字格式"对话框，输入立面材料的名称，单击"确定"按钮关闭对话框，标注结果如图 18-63 所示。

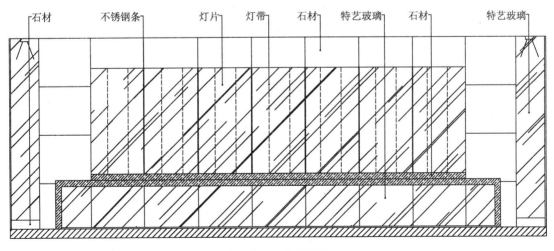

图 18-63 文字标注

步骤 14 调用 DLI（线性）标注命令，标注立面图尺寸，结果如图 18-64 所示。

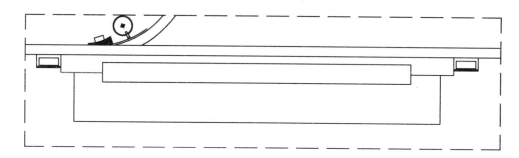

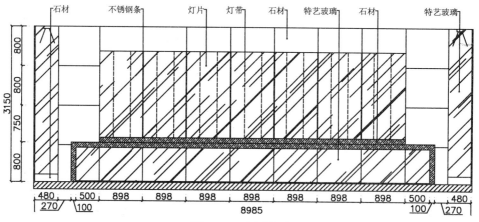

图 18-64　尺寸标注

18.6　绘制厢房过道立面图

本节介绍了厢房过道立面图的绘制方法，其中主要介绍了推拉门和储藏柜的绘制方法。

步骤 1 调用 CO（复制）命令，移动复制自助餐台立面图的平面部分到一旁；调用 RO（旋转）命令，翻转图形的角度，整理结果如图 18-65 所示。

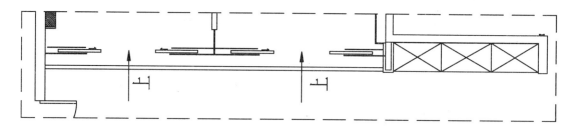

图 18-65　整理结果

步骤 2 调用 REC（矩形）命令，绘制尺寸为 10220×3300 的矩形；调用 X（分解）命令，分解矩形。

步骤 3 调用 O（偏移）命令，偏移矩形边；调用 TR（修剪）命令，修剪多余线段，结果如图 18-66 所示。

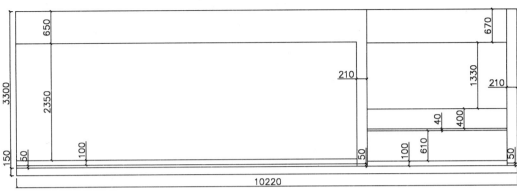

图 18-66 绘制结果

步骤 4 调用 L（直线）命令，绘制直线；调用 O（偏移）命令，偏移线段；调用 TR（修剪）命令，修剪多余线段，结果如图 18-67 所示。

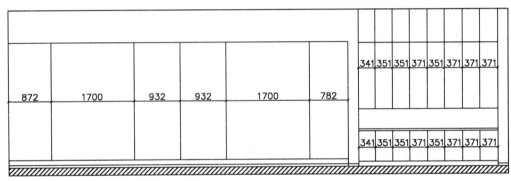

图 18-67 绘制结果

步骤 5 调用 L（直线）命令、O（偏移）命令、TR（修剪）命令，绘制如图 18-68 所示的图形。

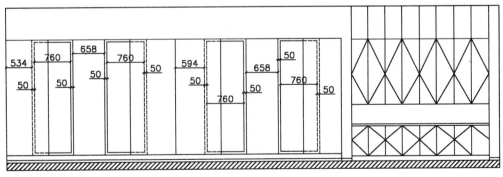

图 18-68 绘制结果

步骤 6 调用 H（图案填充）命令，在弹出的"图案填充和渐变色"对话框中选择 AR-RROOF 图案，设置填充角度为 45°、填充比例为 20，填充结果如图 18-69 所示。

步骤 7 调用 H（图案填充）命令，在弹出的"图案填充和渐变色"对话框中选择 AR-RROOF 图案，设置填充角度为 90°、填充比例为 20，填充结果如图 18-70 所示。

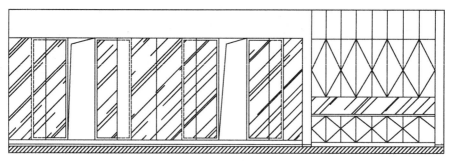

图 18-69　填充结果

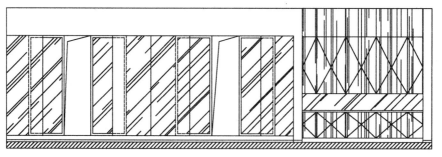

图 18-70　填充结果

步骤 8　调用 H（图案填充）命令，在弹出的"图案填充和渐变色"对话框中设置参数，如图 18-71 所示。

步骤 9　在对话框中单击"添加：拾取点"按钮⊞，在绘图区中拾取填充区域，填充结果如图 18-72 所示。

图 18-71　设置参数

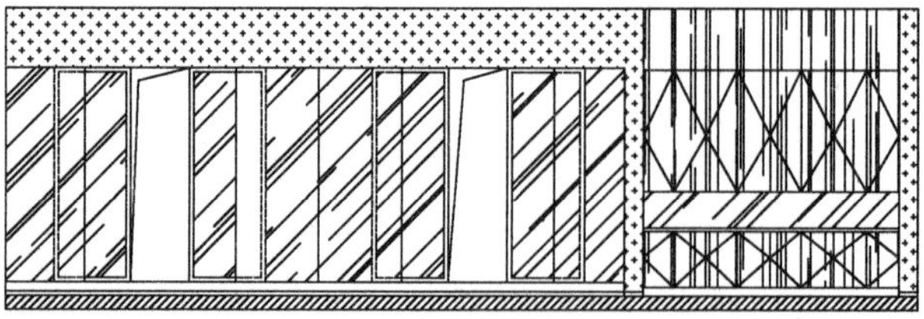

图 18-72　填充结果

步骤 10　调用 MLD（多重引线）标注命令，弹出"文字格式"对话框，输入立面材料的名称，单击"确定"按钮关闭对话框，标注结果如图 18-73 所示。

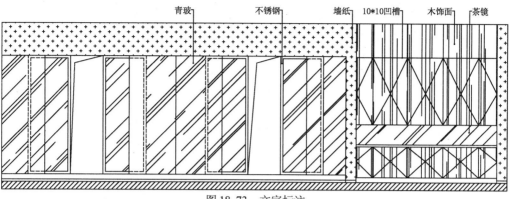

图 18-73　文字标注

步骤 11 调用 DLI（线性）标注命令，标注立面图尺寸，结果如图 18-74 所示。

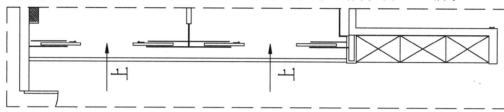

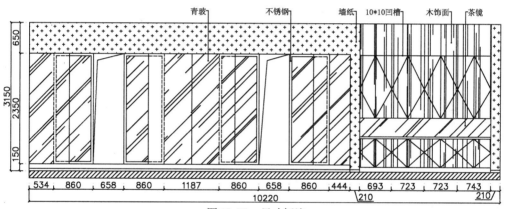

图 18-74　尺寸标注

18.7　绘制餐厅入口立面图

本节介绍了餐厅入口立面图的绘制方法，其中主要介绍了玻璃幕墙的绘制方法。

步骤 1 调用 CO（复制）命令，移动复制餐厅入口立面图的平面部分到一旁，整理结果如图 18-75 所示。

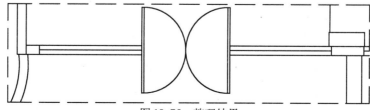

图 18-75　整理结果

步骤 2 调用 REC（矩形）命令，绘制尺寸为 3300×7645 的矩形；调用 X（分解）命令，分解矩形。

步骤 3 调用 O（偏移）命令，偏移线段；调用 TR（修剪）命令，修剪多余线段，结果如图 18-76 所示。

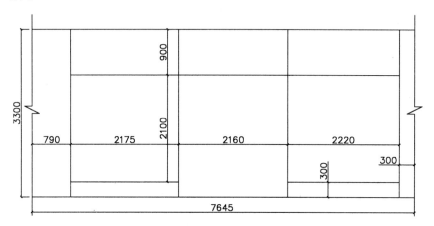

图 18-76　绘制结果

步骤 4 调用 O（偏移）命令、TR（修剪）命令，绘制如图 18-77 所示的图形。

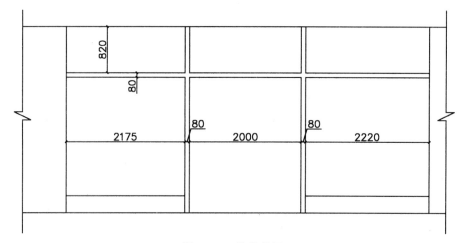

图 18-77　修剪结果

步骤 5 调用 REC（矩形）命令，绘制尺寸为 1800×40、48×184 的矩形。

步骤 6 调用 O（偏移）命令，偏移线段；调用 TR（修剪）命令，修剪多余线段，结果如图 18-78 所示。

步骤 7 调用 H（图案填充）命令，在弹出的"图案填充和渐变色"对话框中选择 AR-RROOF 图案，设置填充角度为 45°、填充比例为 20，填充结果如图 18-79 所示。

步骤 8 调用 MLD（多重引线）标注命令，弹出"文字格式"对话框，输入立面材料的名称，单击"确定"按钮关闭对话框，标注结果如图 18-80 所示。

步骤 9 调用 DLI（线性）标注命令，标注立面图尺寸，结果如图 18-81 所示。

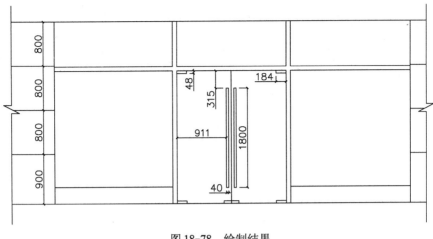

图 18-78　绘制结果

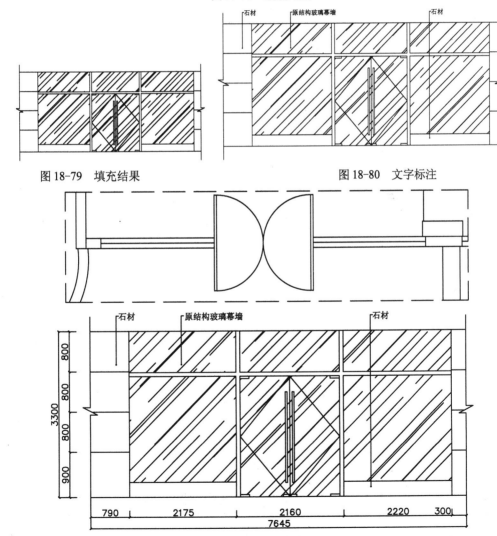

图 18-79　填充结果

图 18-80　文字标注

图 18-81　尺寸标注

18.8 绘制吧台立面图

本节介绍了吧台立面图的绘制方法，其中主要介绍了吧台和墙面装饰的绘制方法。

步骤 1 调用 CO（复制）命令，移动复制吧台立面图的平面部分到一旁；调用 RO（旋转）命令，翻转图形的角度，整理结果如图 18-82 所示。

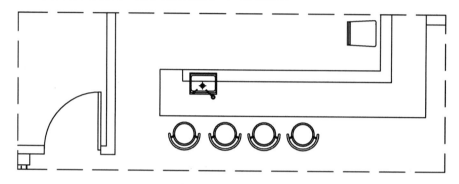

图 18-82 整理结果

步骤 2 调用 REC（矩形）命令，绘制尺寸为 3300×7436 的矩形；调用 X（分解）命令，分解矩形。

步骤 3 调用 O（偏移）命令，偏移矩形边；调用 TR（修剪）命令，修剪多余线段，结果如图 18-83 所示。

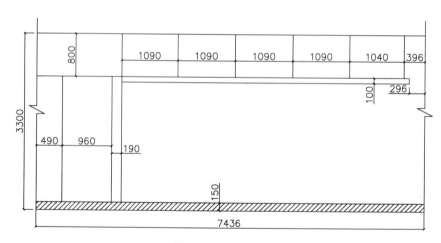

图 18-83 绘制结果

步骤 4 调用 REC（矩形）命令、O（偏移）命令、TR（修剪）命令，绘制门图形及灯带图形，结果如图 18-84 所示。

步骤 5 调用 REC（矩形）命令，绘制尺寸为 4510×50 的矩形；调用 CO（复制）命令，移动复制所绘制的矩形。

步骤 6 调用 L（直线）命令，绘制直线；调用 TR（修剪）命令，修剪多余线段，结果如图 18-85 所示。

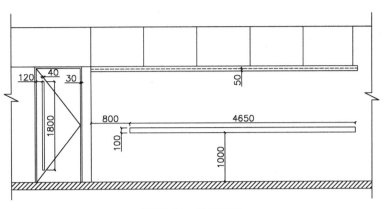

图 18-84　绘制结果

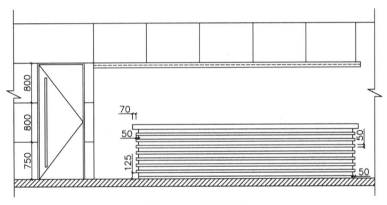

图 18-85　修剪结果

步骤 7 调用 H（图案填充）命令，在弹出的"图案填充和渐变色"对话框中选择 AR-RROOF 图案，设置填充角度为 90°、填充比例为 15，填充结果如图 18-86 所示。

步骤 8 调用 H（图案填充）命令，在弹出的"图案填充和渐变色"对话框中设置参数，如图 18-87 所示。

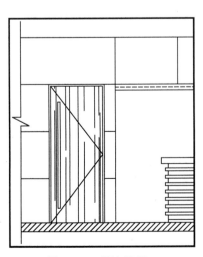

图 18-86　填充结果

图 18-87　设置参数

步骤 9 在对话框中单击"添加：拾取点"按钮囗，在绘图区中拾取填充区域，填充结果如图 18-88 所示。

步骤 10 调用 H（图案填充）命令，在弹出的"图案填充和渐变色"对话框中设置参数，如图 18-89 所示。

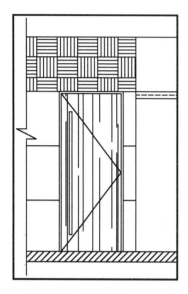

图 18-88 填充结果

图 18-89 设置参数

步骤 11 在对话框中单击"添加：拾取点"按钮囗，在绘图区中拾取填充区域，填充结果如图 18-90 所示。

步骤 12 调用 MLD（多重引线）标注命令，弹出"文字格式"对话框，输入立面材料的名称。单击"确定"按钮关闭对话框，标注结果如图 18-91 所示。

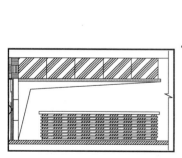

图 18-90 填充结果

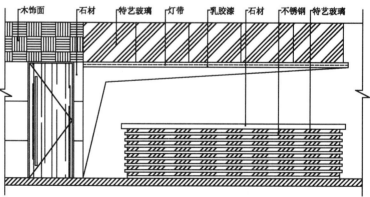

图 18-91 文字标注

步骤 13 调用 DLI（线性）标注命令，标注立面图尺寸，结果如图 18-92 所示。

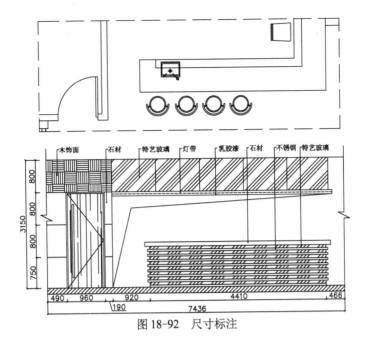

图 18-92 尺寸标注

18.9 绘制厢房 B 的 A 立面图

本节介绍了厢房 B 的 A 立面图的绘制方法，其中主要介绍了玻璃门的绘制方法。

步骤 1 调用 CO（复制）命令，移动复制厢房 B 的 A 立面图的平面部分到一旁；调用 RO（旋转）命令，翻转图形的角度，整理结果如图 18-93 所示。

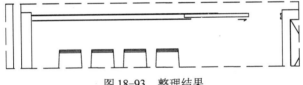

图 18-93 整理结果

步骤 2 调用 REC（矩形）命令，绘制尺寸为 2750×4760 的矩形；调用 X（分解）命令，分解矩形。

步骤 3 调用 O（偏移）命令，偏移矩形边；调用 TR（修剪）命令，修剪多余线段，结果如图 18-94 所示。

步骤 4 调用 L（直线）命令，绘制直线，并将所绘制的直线的线型更改为虚线，完成灯带的绘制，结果如图 18-95 所示。

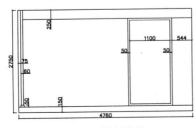

图 18-94 绘制结果

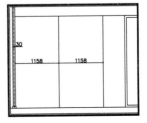

图 18-95 绘制灯带

步骤 5 调用 H（图案填充）命令，在弹出的"图案填充和渐变色"对话框中设置参数，如图 18-96 所示。

步骤 6 在对话框中单击"添加：拾取点"按钮，在绘图区中拾取填充区域，填充结果如图 18-97 所示。

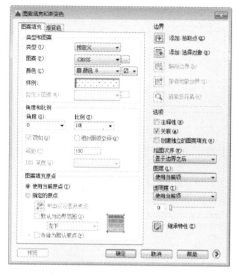

图 18-96　设置参数

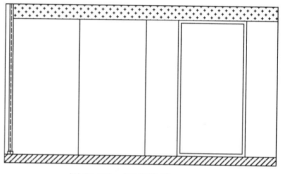

图 18-97　填充结果

步骤 7 调用 H（图案填充）命令，在弹出的"图案填充和渐变色"对话框中设置参数，如图 18-98 所示。

步骤 8 在对话框中单击"添加：拾取点"按钮，在绘图区中拾取填充区域，填充结果如图 18-99 所示。

图 18-98　设置参数

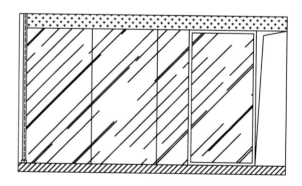

图 18-99　填充结果

步骤 9 调用 MLD（多重引线）标注命令，弹出"文字格式"对话框，输入立面材料的名称。单击"确定"按钮关闭对话框，标注结果如图 18-100 所示。

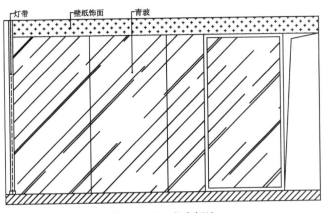

图 18-100 文字标注

步骤 10 调用 DLI（线性）标注命令，标注立面图尺寸，结果如图 18-101 所示。

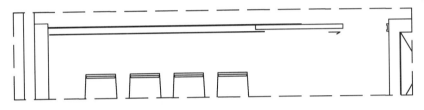

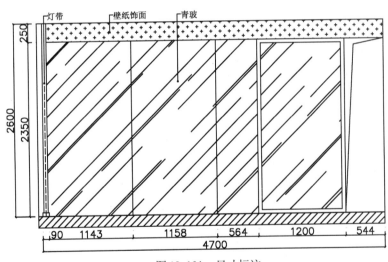

图 18-101 尺寸标注

18.10 设计专栏

18.10.1 上机实训

用本章所学知识点绘制厢房 B 的 C 立面图，如图 18-102 所示。

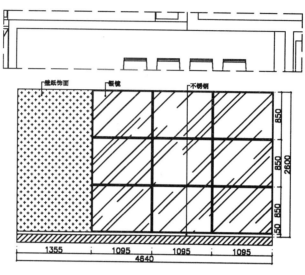

图 18-102　绘制厢房 B 的 C 立面图

18.10.2　辅助绘图锦囊

下面介绍餐厅设计中的以下要点，包括设施布局、面积指标以及设施的常用尺寸。

1. 设施布局

➢ 独立设立餐厅和宴会厅此种布局使就餐环境独立而优雅，功能设施之间没有干扰。

➢ 在裙房或主楼低层设餐厅和宴会厅多数饭店采用的布局形式是，功能连贯、整体、内聚。

➢ 主楼顶层设立观光型餐厅，此种布局（包括旋转餐厅）特别受旅游者和外地客人的欢迎。

➢ 休闲餐厅布局（包括咖啡、酒吧、酒廊）比较自由灵活，大堂一隅、中庭一侧、顶层、平台及庭

➢ 园等处均可设置，增添了建筑内休闲、自然、轻松的氛围。

2. 餐厅设施的面积指标

餐厅的面积一般以 $1.85m^2$／座计算，其中中低档餐厅约 $1.5m^2$／座，高档餐厅约 $2.0m^2$／座。指标过小会造成拥挤，指标过宽会增加工作人员的劳作活动时间与精力。饭店中的餐厅应大、中、小型相结合，大中型餐厅餐座总数约占总餐座数的 70%—80%。小餐厅约占餐座数的 20%—30%。影响面积的因素有：饭店的等级、餐厅等级、餐座形式等。

饭店中餐饮部分的规模以面积和用餐座位数为设计指标，随饭店的性质、等级和经营方式而异。饭店的等级越高，餐饮面积指标越大，反之则越小。我国饭店建筑设计规范中有明确说明，高等级饭店每间客房的餐饮面积为 9—110，床位与餐座比率约为 1∶1—1∶20。

3. 餐饮设施的常用尺寸

餐厅服务走道的最小宽度为 900mm；通路最小宽度为 250mm；餐桌最小宽度为700mm；四人方桌 900×900mm；四人长桌 1200×750mm；六人长桌 1500×750mm；八人长桌 2300×750mm。圆桌最小直径：1 人桌 750mm；2 人桌 850mm；4 人桌 1050mm；6 人桌 1200mm；8 人桌 1500mm。餐桌高 720mm；餐椅座面高 440—450mm；吧台固定凳高750mm，吧台桌面高 1050mm，服务台桌面高 900mm，搁脚板高 250mm。

第19章

专卖店室内装潢设计

消费决定需求，随着大众消费水平的日益提高，消费场所即商业空间的舒适度开始受到人们的重视，商业空间细分程度也越来越高，专卖店就是商业空间中较为典型的一类。专卖店室内设计在原则上力求营造最佳的商品陈列环境，顾客进入商店后的第一印象仿佛置身于艺术的气氛中，因感到幸福不已而产生强烈的购买欲望。

本章以某高档洁具专卖店为例，讲解高档洁具专卖店的设计方法。

19.1　专卖店设计概述

专卖店是专门经营某一种或某一品牌的商品及提供相应服务的商店，它是满足消费者对某种商品多样性需求及零售要求的商业场所。专卖店可以按销售品种、品牌来分，商品品种全、规格齐，挑选余地比较大。这种集形象展示、沟通交流、产品销售、售后服务于一体的专卖店服务营销模式，是在原来专柜宣传基础上的功能的拓展和延伸，专卖店的建立在销售的提升、品牌形象的营造、消费者的吸引、企业文化的宣传、产品陈列和推广等方面发挥了至关重要的作用。

19.1.1　专卖店空间的设计内容

1. 门面、招牌

专卖店给人的第一视觉就是门面，门面的装饰直接显示商店的名称、行业、经营特色、档次，是招揽顾客的重要手段，同时也是形成市容的一部分，如图 19-1 所示。

2. 橱窗

一般作为专卖店建筑的一部分，橱窗既有展示商品、宣传广告之用，又有装饰店面之用，如图 19-2 所示。

在设计橱窗时需要考虑以下几个因素。

➢ 要与店面外观造型相协调。

➢ 不能影响实际使用面积。

➢ 要方便顾客观赏和选购，橱窗横向中心线最好能与顾客的视平线平行，便于顾客对展示内容的解读。

➢ 考虑必需的防尘、防淋、防晒、防光、防眩光、防盗等。

➢ 橱窗的平台高于室内地面不应小于 0.20m，高于室外地面不应小于 0.50m。

图 19-1　门面设计

图 19-2　橱窗设计

3. 货柜

货柜是满足商品展示及存储行为的一种封闭或半封闭式的商业陈设，可以分为柜台式售货柜和自选式售货柜。

柜台售货柜是专卖店中用于销售、包装、剪切、计量和展示商品的载体,由封闭式玻璃柜台和货橱两部分构成。

自选式售货柜通常为开放式展示橱、柜,供顾客自选。其样式不但需要考虑商品的用途、性质,更需要考虑顾客的年龄层次和生活习惯等因素。

4. 货架

泛指专卖店营业厅中展示和放置营销商品的橱、架、柜和箱等各种器具,由立柱片、横梁和斜撑等共建组成。

货架的布置是专卖店布置的主要内容,由货架构成的通道,决定顾客的流向,不论采用垂直交叉、斜线交叉、辐射式、自由流通式还是直接式等布置方法,都应该为经营内容的变更保留一定的活动余地,以便根据需要调整货架布置方式。

5. 询问台

询问台又称为导购台,是一种主要解决来宾的购物问询,指点顾客所要查找的地方方位等问题的指向性商业陈设,询问台还能提供简单的服务项目。询问台的位置一般在专卖店空间的入口处,易于识别。其形态应该与整个室内空间的陈设风格相统一,但是材料与色彩的选择应该醒目、突出,具有适当的个性特征。

6. 柜台

柜台是专卖店空间中展示、销售商品的载体,也是货品空间与顾客空间的分隔物,柜台多采用轻质材料及通透材料。柜台长度、宽度及高度既要便于销售,尽可能减少营业员的劳动强度,又应便于顾客欣赏及选择商品,具体尺寸可以根据商品的种类和服务方式确定。

19.1.2 专卖店平面布置图要点

作为专卖店,店面布置的主要目的是突出商品特征,使顾客产生购买欲望,同时又便于他们挑选和购买。专卖店的设计讲究线条简洁明快、不落俗套,能给人带来一种视觉冲击最好。

在布置专卖店面时,要考虑多种相关因素,诸如空间的大小、种类的多少、商品的样式和功能、灯光的排列和亮度、通道的宽窄、收银台的位置和规模、电线的安装及政府有关建筑方面的规定等。

另外,店面的布置最好留有依季节变化而进行调整的余地,使顾客不断产生新鲜和新奇的感觉,激发他们不断来消费的愿望。一般来说,专卖店的格局只能延续 3 个月的时间,每月变化已成为许多专卖店经营者的促销手段之一。

19.2 绘制高档洁具专卖店建筑平面图

如图 19-3 所示为洁具专卖店建筑平面图,下面简单介绍其绘制流程。

步骤 1 绘制轴网。根据业主提供的建筑图样,绘制出轴网。轴网由若干条水平和垂直轴线组成,可通过 O(偏移)命令的方法进行绘制。如图 19-4 所示为绘制完成的洁具专卖店轴网图。

步骤 2 绘制柱子。专卖店空间柱子尺寸为 600×700 及 500×1120,用实心矩形表示,在轴网中添加柱子后的效果如图 19-5 所示。

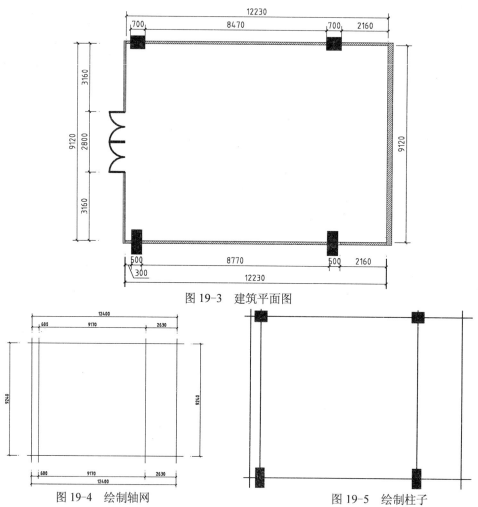

图 19-3　建筑平面图

图 19-4　绘制轴网

图 19-5　绘制柱子

步骤 3 绘制墙体。墙体可用多线命令绘制，也可以通过偏移轴线方法进行绘制，然后在墙体中填充图案，完成后效果如图 19-6 所示。

步骤 4 绘制门窗。先修剪出门洞，然后调用 I（插入）命令插入门图块，对门口两边的墙体进行拆除，安装玻璃，可以通过偏移的方法进行绘制，完成的效果如图 19-7 所示。

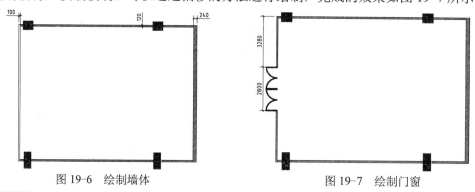

图 19-6　绘制墙体

图 19-7　绘制门窗

步骤 5 插入图名。调用 I（插入）命令插入图名，洁具专卖店建筑平面图绘制完成，结果如图 19-3 所示。

19.3 绘制洁具专卖店平面布置图

展厅是洁具店的核心区域，是展示洁具产品、顾客选购产品的场所，空间布局安排是否合理会直接影响到商店的商品销售。

本例洁具专卖店平面布置图如图 19-8 所示。

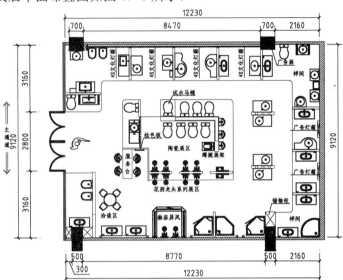

图 19-8　平面布置图

步骤 1 复制图形。平面布置图可以在建筑平面图的基础上进行绘制，调用 CO（复制）命令复制洁具专卖店的建筑平面图。

步骤 2 绘制物品展示区外轮廓。设置"JJ_家具"图层为当前图层。

步骤 3 调用 PL（多段线）命令，绘制物品展区外轮廓，如图 19-9 所示。

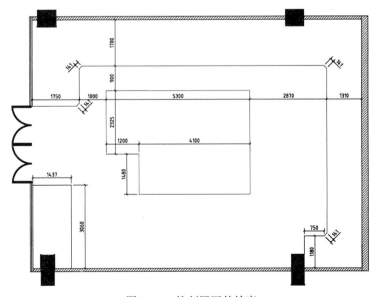

图 19-9　绘制展区外轮廓

步骤 4 绘制物品展示区平面布置图。陶瓷展区平面布置图如图 19-10 所示。

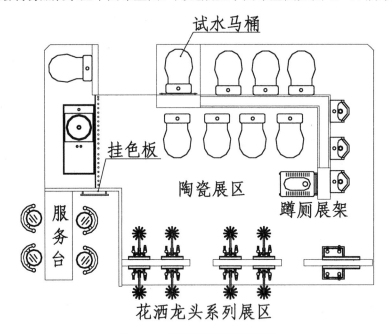

图 19-10　陶瓷展区平面布置图

步骤 5 调用 O（偏移）命令，在展区外轮廓的基础上绘制展区隔板，完成效果如图 19-11 所示。

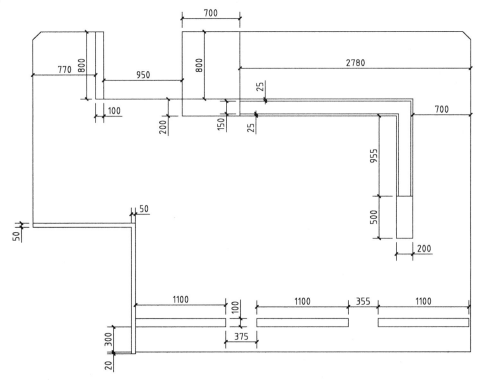

图 19-11　绘制展区隔板

步骤 6 绘制珠帘。调用 L（直线）命令，绘制玻璃，结果如图 19-12 所示。

步骤 7 调用 C（圆）命令，绘制半径为 13 的圆表示珠帘，调用 CO（复制）命令，进行复制，完成效果如图 19-13 所示。

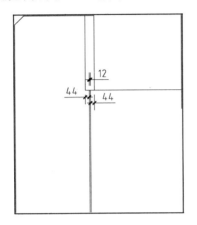
图 19-12 绘制玻璃

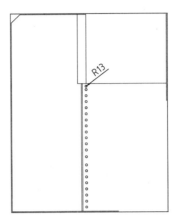
图 19-13 绘制圆

步骤 8 调用 O（偏移）命令，绘制服务台，结果如图 19-14 所示。

步骤 9 调用 REC（矩形）命令，绘制挂色板，如图 19-15 所示。

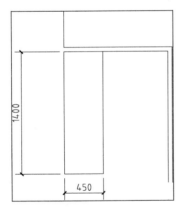
图 19-14 绘制服务台

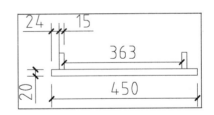
图 19-15 绘制挂色板

步骤 10 从图库中调入所需要的图块，复制到陶瓷展区合适区域，完成平面布置图的绘制。

步骤 11 其他展区平面布置图请读者参照前面介绍的方法自行绘制，由于篇幅有限，在这就不进行详细介绍。

19.4 绘制洁具专卖店地面布置图

绘制完成的洁具专卖店地面布置图如图 19-16 所示，以下讲解绘制方法。

步骤 1 复制图形。调用 CO（复制）命令复制专卖店平面布置图，并删掉室内的家具图形，如图 19-17 所示。

步骤 2 绘制门槛线。设置"DM_地面"图层为当前图层。

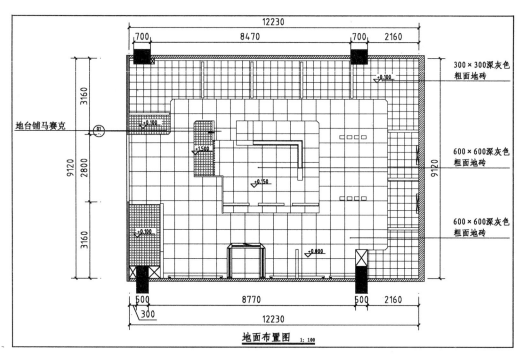

图 19-16　地面布置图

步骤 3 删除门图块，调用 REC（矩形）命令绘制门槛线，封闭填充区域，如图 19-18 所示。

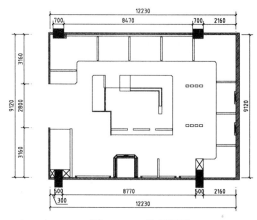

图 19-17　整理图形

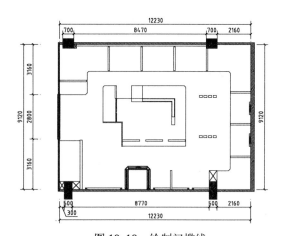

图 19-18　绘制门槛线

步骤 4 绘制马赛克。专卖店入门左右两边及前方展区的地台铺设的是马赛克，调用 H（图案填充）命令，填充图案，填充参数及效果如图 19-19 所示。

步骤 5 绘制地砖。调用 H（图案填充）命令，对专卖店的其他区域填充"用户自定义"图案，填充参数及效果如图 19-20 和图 19-21 所示。

步骤 6 文字标注。在绘制了地面图形之后，还需要用文字对图形进行说明，如地面类型、颜色、尺寸等。

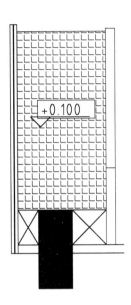

图 19-19 填充参数和效果

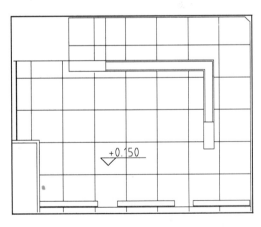

图 19-20 填充参数及效果

步骤 7 设置 "ZS_注释" 图层为当前图层。

步骤 8 设置当前注释比例为 1：50，设置多重引线样式为 "圆点"。

步骤 9 调用 MLD（引线标注）命令，添加地面材料注释，如图 19-16 所示。专卖店地面布置图绘制完成。

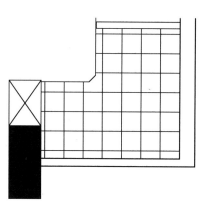

图 19-21　填充参数及效果

19.5　绘制洁具专卖店顶面布置图

洁具专卖店顶面的布置如图 19-22 所示。顶面布置图的内容包括各种吊顶图形、灯具、说明文字、尺寸和标高等，本例顶棚图形绘制较简单，主要在于顶棚的造型和灯光的设计，读者可以根据给出的顶面布置图及灯具布置图，根据前面所介绍的知识来自行绘制。

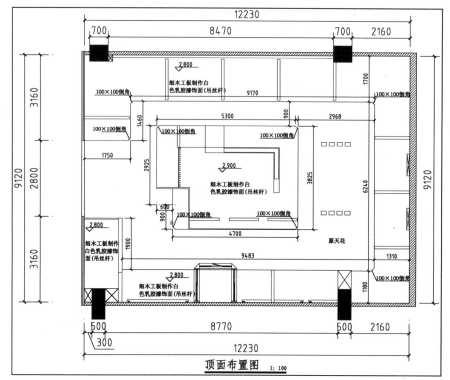

图 19-22　顶面布置图

19.6　绘制洁具专卖店立面布置图

以下以专卖店 A、C 立面图为例，介绍专卖店立面图的绘制方法。

19.6.1　绘制 A 立面图

绘制完成的 A 立面图如图 19-23 所示，该立面图主要表达了洗手盆展区所在墙面的做法及它们之间的关系。

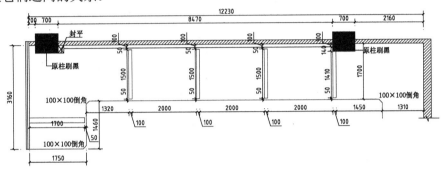

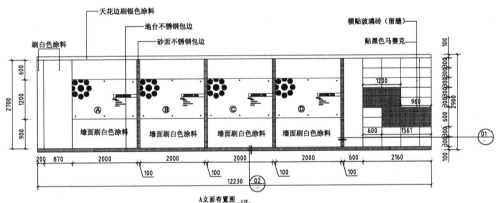

图 19-23　A 立面布置图

步骤 1 复制图形。绘制立面图需要借助平面布置图，调用 COPY/CO 命令，复制专卖店平面布置图上的 A 立面图的平面部分。

步骤 2 绘制 A 立面图基本轮廓。设置"QT_墙体"图层为当前图层。

步骤 3 调用 REC（矩形）命令，绘制尺寸为 12230×2900 的矩形，如图 19-24 所示。

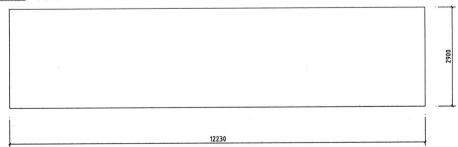

图 19-24　绘制矩形

步骤 4 设置"LM_立面"图层为当前图层。

步骤 5 调用 O（偏移）命令，绘制表示地面及顶面线段，如图 19-25 所示。

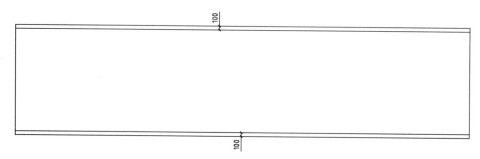

图 19-25 偏移线段

步骤 6 调用 O（偏移）命令，划分各区域，如图 19-26 所示。

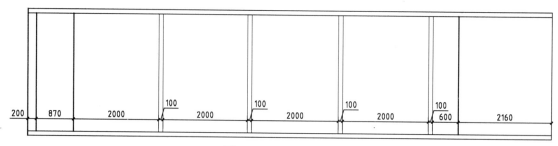

图 19-26 划分各区域

步骤 7 调用 H（图案填充）命令，对采用砂面不锈钢包边做法的区域进行图案填充，填充参数如图 19-27 所示，效果如图 19-28 所示。

图 19-27 填充参数

步骤 8 调用 O（偏移）命令，绘制样间墙面做法，结果如图 19-29 所示。

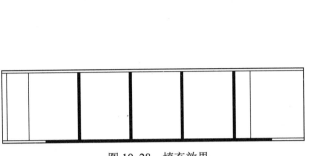

图 19-28 填充效果 　　　　　　　　 图 19-29 偏移线段

步骤 9 调用 H（图案填充）命令，对墙面马赛克做法进行图案填充，填充参数如图 19-30 所示，完成效果如图 19-31 所示。

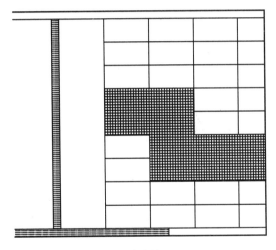

图 19-30 填充参数 　　　　　　　　 图 19-31 填充效果

步骤 10 调用 O（偏移）命令，绘制文化灯箱，结果如图 19-32 所示。

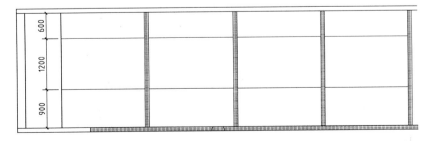

图 19-32 绘制文化灯箱

步骤 11 调用 C（圆）命令，绘制直径为 23 的圆，表示广告钉，并调用 CO（复制）命令，复制到各文化灯箱，完成效果如图 19-33 所示。

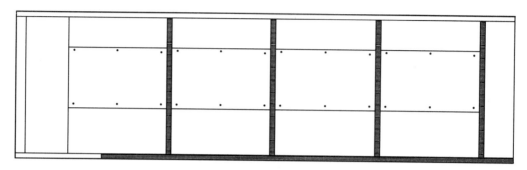

图 19-33　绘制广告钉

步骤 12 调用 MT（多行文字）命令，对各文化灯箱进行编号标注，结果如图 19-34 所示。

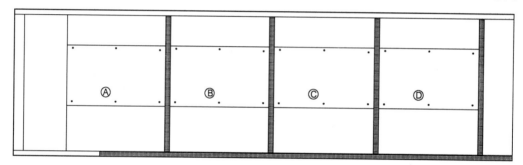

图 19-34　编号标注

步骤 13 插入图块。从图库中调入文化灯箱背景广告图块，将其复制到立面区域，效果如图 19-35 所示。

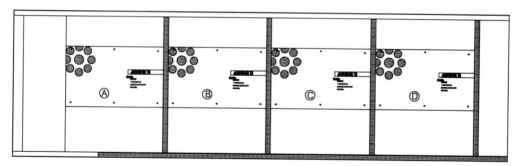

图 19-35　插入图块

步骤 14 尺寸标注与文字说明。将 "BZ_标注" 图层设置为当前图层，设置注释比例为 1:50，调用 DLI（线性）标注命令进行尺寸标注，结果如图 19-36 所示。

步骤 15 设置 "ZS_注释" 图层为当前图层。调用 "多重引线" 命令绘制注释。

步骤 16 插入图名。调用 I（插入）命令，插入 "图名" 图块，设置图名为 "A 立面布置图"，A 立面图布置图绘制完成。

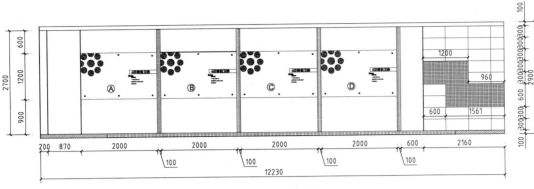

图 19-36　尺寸标注

19.6.2　绘制 C 立面图

　　C 立面图如图 19-37 所示。该立面图主要表达了淋浴屏风、整体浴室等墙面的做法，以及各墙面之间的关系，其绘制方法与 A 立面图相似，以下简单介绍其绘制过程。

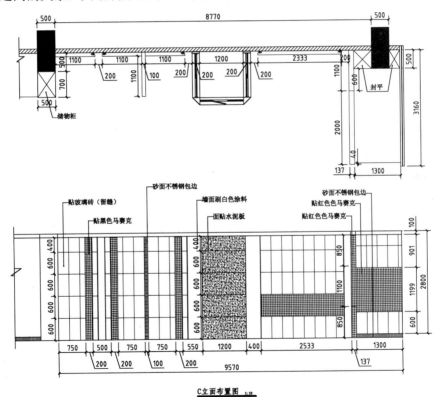

图 19-37　C 立面布置图

　　步骤 1　绘制立面外轮廓。C 立面的外轮廓可以根据平面布置图进行绘制，也可以与前面介绍的 A 立面图绘制方法一样通过绘制矩形得到立面外轮廓，结果如图 19-38 所示。

步骤 2 绘制顶面。调用 O（偏移）命令，选择上方轮廓线向下偏移，偏移距离为 100，效果如图 19-39 所示。

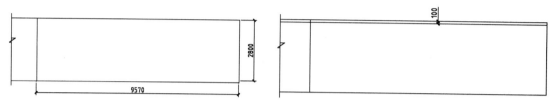

图 19-38　绘制立面外轮廓

图 19-39　绘制顶面

步骤 3 绘制淋浴屏风墙面。调用 O（偏移）命令，绘制淋浴屏风墙面，结果如图 19-40 所示。

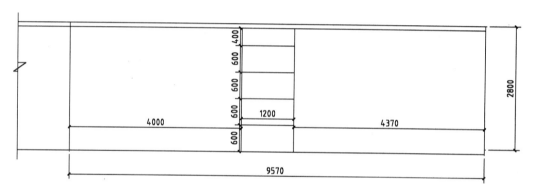

图 19-40　绘制屏风墙面

步骤 4 调用 H（图案填充）命令，对墙面进行填充，填充参数及效果如图 19-41 所示。

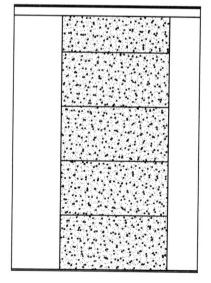

图 19-41　填充墙面

步骤 **5** 绘制其他墙面区域。调用 O（偏移）命令及 H（图案填充）命令，对其他墙面区域进行绘制及填充，完成效果如图 19-42 所示。

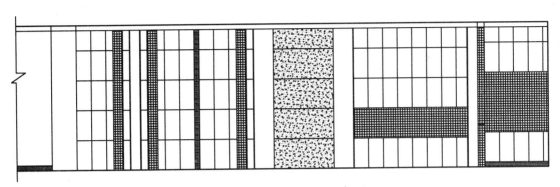

图 19-42　绘制其他墙面区域

步骤 **6** 标注尺寸和文字说明。将"BZ_标注"图层设置为当前图层，设置注释比例为 1∶50，调用 DLI（线性）标注命令，进行尺寸标注，结果如图 19-43 所示。

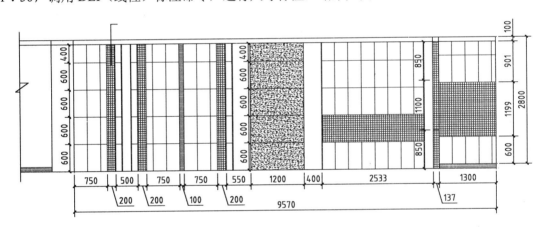

图 19-43　尺寸标注

步骤 **7** 设置"ZS_注释"图层为当前图层。调用"多重引线"命令绘制注释，结果见图 19-37。

步骤 **8** 插入图名。调用 I（插入）命令，插入"图名"图块，设置图名为"C 立面布置图"，C 立面布置图绘制完成。

19.7　设计专栏

19.7.1　上机实训

请读者参考前面讲解的方法，完成如图 19-44 所示的 B 立面布置图的绘制。

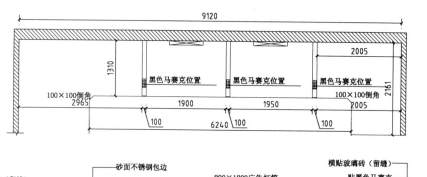

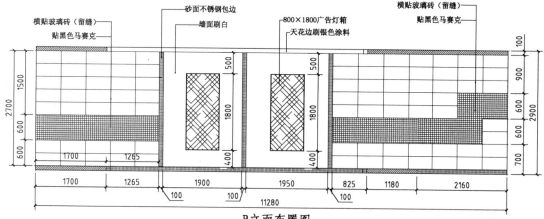

B立面布置图 1:50

图 19-44   B 立面布置图

19.7.2 辅助绘图锦囊

　　在创造独特个性的专卖店的展示空间过程中，灯光是至关重要的因素。巧妙的灯光设计可以提高商品的陈列效果，强化顾客的购买欲望，提高品牌的附加值。灯光并不是单独地发挥作用，而是要与空间互相整合、渗透、补充、交叉起作用。灯光需要空间载体来体现，空间要用灯光来揭示、强化和渲染，两者协同深化并升华空间，从而营造各种专卖店的空间形象，传达其所表达的文化内涵。

附录 AutoCAD 2016 常用快捷命令

快捷命令	执行命令	命令说明	快捷命令	执行命令	命令说明
A	ARC	圆弧	DR	DRAWORDER	显示顺序
ADC	ADCENTER	AutoCAD 设计中心	DRA	DIMRADIUS	半径标注
AA	AREA	区域	DRE	DIMREASSOCIATE	更新关联的标注
AR	ARRAY	阵列	DS	DSETTINGS	草图设置
AV	DSVIEWER	鸟瞰视图	DT	TEXT	单行文字
B	BLOCK	创建块	E	ERASE	删除对象
BH	BHATCH	绘制填充图案	ED	DDEDIT	编辑单行文字
BC	BCLOSE	关闭块编辑器	EL	ELLIPSE	椭圆
BE	BEDIT	块编辑器	EX	EXTEND	延伸
BO	BOUNDARY	创建封闭边界	EXP	EXPORT	输出数据
BR	BREAK	打断	F	FILLET	圆角
BS	BSAVE	保存块编辑	FI	FILTER	过滤器
C	CIRCLE	圆	G	GROUP	对象编组
CH	PROPERTIES	修改对象特征	GD	GRADIENT	渐变色
CHA	CHAMFER	倒角	GR	DDGRIPS	夹点控制设置
CHK	CHECKSTANDARD	检查图形 CAD 关联标准	H	HATCH	图案填充
CLI	COMMANDLINE	调入命令行	HE	HATCHEDIT	编修图案填充
CO 或 CP	COPY	复制	I	INSERT	插入块
COL	COLOR	对话框式颜色设置	IAD	IMAGEADJUST	图像调整
D	DIMSTYLE	标注样式设置	IAT	IMAGEATTACH	光删图像
DAL	DIMALIGNED	对齐标注	ICL	IMAGECLIP	图像裁剪
DAN	DIMANGULAR	角度标注	IM	IMAGE	图像管理器
DBA	DIMBASELINE	基线式标注	J	JOIN	合并
DCE	DIMCENTER	圆心标记	L	LINE	绘制直线
DCO	DIMCONTINUE	连续式标注	LA	LAYER	图层特性管理器
DDA	DIMDISASSOCIATE	解除关联的标注	LE	LEADER	快速引线
DDI	DIMDIAMETER	直径标注	LEN	LENGTHEN	调整长度
DED	DIMEDIT	编辑标注	LI	LIST	查询对象数据
DI	DIST	求两点之间的距离	LO	LAYOUT	布局设置
DIV	DIVIDE	定数等分	LS	LIST	查询对象数据
DLI	DIMLINEAR	线性标注	LT	LINETYPE	线型管理器
DO	DOUNT	圆环	LTS	LTSCALE	线型比例设置
DOR	DIMORDINATE	坐标式标注	LW	LWEIGHT	线宽设置
DOV	DIMOVERRIDE	更新标注变量	M	MOVE	移动对象

（续）

快捷命令	执行命令	命令说明	快捷命令	执行命令	命令说明
MA	MATCHPROP	线型匹配	S	STRETCH	拉伸
ME	MEASURE	定距等分	SC	SCALE	比例缩放
MI	MIRROR	镜像对象	SE	DSETTINGS	草图设置
ML	MLINE	绘制多线	SET	SETVAR	设置变量值
MO	PROPERTIES	对象特性修改	SN	SNAP	捕捉控制
MS	MSPACE	切换至模型空间	SO	SOLID	填充三角形或四边形
MT	MTEXT	多行文字	SP	SPELL	拼写
MV	MVIEW	浮动视口	SPE	SPLINEDIT	编辑样条曲线
O	OFFSET	偏移复制	SPL	SPLINE	样条曲线
OP	OPTIONS	选项	ST	STYLE	文字样式
OS	OSNAP	对象捕捉设置	STA	STANDARDS	规划 CAD 标准
P	PAN	实时平移	T	MTEXT	多行文字输入
PA	PASTESPEC	选择性粘贴	TA	TABLET	数字化仪
PE	PEDIT	编辑多段线	TB	TABLE	插入表格
PL	PLINE	绘制多段线	TI	TILEMODE	图纸空间和模型空间的设置切换
PO	POINT	绘制点			
POL	POLYGON	绘制正多边形	TO	TOOLBAR	工具栏设置
PR	OPTIONS	对象特征	TOL	TOLERANCE	形位公差
PRE	PREVIEW	输出预览	TR	TRIM	修剪
PRINT	PLOT	打印	TS	TABLESTYLE	表格样式
PS	PSPACE	图纸空间	UC	UCSMAN	UCS 管理器
PU	PURGE	清理无用的空间	UN	UNITS	单位设置
QC	QUICKCALC	快速计算器	V	VIEW	视图
R	REDRAW	重画	W	WBLOCK	写块
RA	REDRAWALL	所有视口重画	X	EXPLODE	分解
RE	REGEN	重生成	XA	XATTACH	附着外部参照
REA	REGENALL	所有视口重生成	XB	XBIND	绑定外部参照
REC	RECTANGLE	绘制矩形	XC	XCLIP	剪裁外部参照
REG	REGION	2D 面域	XL	XLINE	构造线
REN	RENAME	重命名	XR	XREF	外部参照管理器
RO	ROTATE	旋转	Z	ZOOM	缩放视口